建筑工程施工技术

（第二版）

主　编 ◎ 王丽梅　胡　婷　黄小亚

副主编 ◎ 李姗姗　张　岩　刘　佳

参　编 ◎ 陶　琴　郑　艳　赵宏强　吴正飞

西南交通大学出版社

·成　都·

图书在版编目（CIP）数据

建筑工程施工技术 / 王丽梅，胡婷，黄小亚主编
. -- 2 版. -- 成都：西南交通大学出版社，2024.1
ISBN 978-7-5643-9562-9

Ⅰ. ①建… Ⅱ. ①王… ②胡… ③黄… Ⅲ. ①建筑工程 - 工程施工 - 高等学校 - 教材 Ⅳ. ①TU74

中国国家版本馆 CIP 数据核字（2023）第 221379 号

Jianzhu Gongcheng Shigong Jishu
建筑工程施工技术
（第二版）

主编　王丽梅　胡　婷　黄小亚

责任编辑	杨　勇
封面设计	吴　兵
出版发行	西南交通大学出版社 （四川省成都市金牛区二环路北一段 111 号 西南交通大学创新大厦 21 楼）
营销部电话	028-87600564　028-87600533
邮政编码	610031
网　　址	http://www.xnjdcbs.com
印　　刷	成都蜀通印务有限责任公司
成品尺寸	185 mm × 260 mm
印　　张	23.25
字　　数	552 千
版　　次	2015 年 9 月第 1 版　　2024 年 1 月第 2 版
印　　次	2024 年 1 月第 4 次
书　　号	ISBN 978-7-5643-9562-9
定　　价	48.00 元

课件咨询电话：028-81435775
图书如有印装质量问题　本社负责退换
版权所有　盗版必究　举报电话：028-87600562

PREFACE 前言

建筑施工技术是建筑类专业的一门主干专业课程。其主要内容是研究建筑工程各分部分项工程的施工工艺流程、施工方法、技术措施和要求以及质量验收方法等，对培养学生在施工一线的岗位能力有着重要的作用。

建筑施工技术涉及面广，综合性、实践性强，其发展又日新月异。随着高等教育改革的深入，如何培养适应建筑市场需求的具备工程素质和岗位技能的应用型人才是摆在土木工程教育者面前的首要问题。建筑施工技术课程在教学内容、教学手段、教学方法和教材建设等各方面都面临更新，为适应地方高校培养应用型高级技术人才的需要，本教材的编写力求教学内容与形式上的改革，改满堂灌为理论教学与实践教学相结合，以理论为指导，以实践为目的，实践巩固理论，理论指导实践的循环教学模式，努力使学生将理论知识转化为工作能力，达到学以致用的目的。同时将课程思政以润物细无声的方式加入到教材实际工程案例中，并全程贯彻劳动教育理念，培养学生吃苦耐劳的传统优良品德。

编者针对重庆本土经济、区域经济和工程建设的实际情况，对建筑工程相关单位岗位设置以及职业证书需求情况作了调研，结合实际建设项目，突出知识点的实用性和操作性，使学生真正地学懂会用。本教材将建筑工程施工理论知识与本土工程建设施工的实际相结合，切实突出“岗课证”连通性，体现了教材的应用性和实践性特色。

本教材立足于解决建筑工程中的技术问题，对于工程建设中经常所涉及的技术问题基本上都做了讲解和阐述，都有系统的知识结构作支撑，对于工程建设中很少用到或者碰到的技术问题，就用了很少的篇幅一笔带过，因而本教材的针对性较强；其次，本教材在很多章节上采用案例教学，实践性较强，同时配合有实训部分进行教学，努力训练学生对知识的实际操作能力和综合运用能力。

本书总共分为 10 个模块，分别是模块 1 施工准备、模块 2 土方工程、模块 3 地基与基础工程、模块 4 脚手架与垂直运输工程、模块 5 钢筋混凝土工程、模块 6 砌体工程、模块 7 保温隔热工程、模块 8 防水工程、模块 9 装饰装修工程、模块 10 绿色施工。

本书由重庆建筑科技职业学院陶琴编写模块 1，重庆建筑科技职业学院胡婷编写模块 2 和模块 3，重庆建筑科技职业学院黄小亚编写模块 4 和模块 6，重庆建筑科技职业学院王丽梅编写模块 5，重庆建筑科技职业学院李姗姗编写模块 7 和模块 8，重庆建筑科技职业学院张岩编写模块 9，重庆建筑科技职业学院郑艳编写模块 10。中铁二院工程集团有限责任公司高级工程师赵宏强参与编写了模块 5 中的特殊季节施工内容，中建五局装饰幕墙有限公司高级工程师吴正飞参与编写了模块 7 中的板块材料保温材料内容，并且两位高工还为教材编写提供了有关案例及修改意见。

在编写本书过程中，编者参考了多种规范、教材、手册、著作和论文及网络资料，引用了一些实际工程案例，在此一并致谢。由于编者水平有限和时间仓促，书中难免存在不足之处，诚挚希望广大师生和相关读者提出宝贵意见，给予批评指正。

编　者

2023 年 5 月

CONTENTS 目录

模块1 施工准备 ······ 001
1.1 原始资料的调查研究 ······ 003
1.2 施工技术资料的准备 ······ 006
1.3 施工现场准备 ······ 010
1.4 资源准备 ······ 011
习 题 ······ 012
模块2 土方工程 ······ 014
2.1 土方工程概述 ······ 016
2.2 土方工程量计算 ······ 021
2.3 土方边坡支护 ······ 033
2.4 降、排水施工 ······ 036
2.5 土方机械化施工 ······ 042
2.6 土方开挖与回填 ······ 046
习 题 ······ 053
模块3 地基与基础工程 ······ 054
3.1 地基与基础工程概述 ······ 056
3.2 地基处理 ······ 058
3.3 浅基础工程 ······ 067
3.4 桩基础工程 ······ 074
习 题 ······ 098
模块4 脚手架与垂直运输工程 ······ 099
4.1 脚手架的要求和分类 ······ 101
4.2 常用落地式脚手架简介 ······ 103
4.3 常用非落地式脚手架简介 ······ 115
4.4 垂直运输工程 ······ 122
习 题 ······ 134
模块5 钢筋混凝土工程 ······ 135
5.1 模板工程 ······ 139
5.2 钢筋工程 ······ 155

5.3　混凝土工程……173
5.4　预应力混凝土工程……190
5.5　特殊季节施工……224
习　题……230
模块 6　砌体工程……233
6.1　砌筑材料……238
6.2　砖砌体施工……243
6.3　石砌体施工……251
6.4　砌块砌体施工……254
6.5　框架填充墙施工……259
6.6　特殊季节施工……260
6.7　砌筑工程常见质量问题与施工安全技术……263
习　题……266
模块 7　保温隔热工程……268
7.1　整体保温隔热层……270
7.2　松散材料保温隔热层……277
7.3　板状材料保温隔热层……279
习　题……283
模块 8　防水工程……285
8.1　屋面防水工程施工……289
8.2　厨房、卫生间防水工程施工……307
8.3　地下防水工程施工……311
习　题……323
模块 9　装饰装修工程……325
9.1　抹灰工程……330
9.2　门窗安装工程……335
9.3　饰面砖板工程……338
9.4　吊顶工程……340
9.5　隔墙工程……341
9.6　涂饰及裱糊工程……343
习　题……348
模块 10　绿色施工……349
10.1　绿色施工概述……352
10.2　绿色施工技术……356
习　题……365

模块 1　施工准备

知识目标

1. 了解建设场地勘察包括哪些内容。
2. 了解施工技术资料准备的内容。
3. 掌握施工现场准备主要内容。
4. 掌握冬季、雨季、夏季施工准备。

技能目标

1. 正确对建设场地条件、设施等情况进行调查。
2. 能根据施工现场情况进行施工现场准备。
3. 能根据季节进行详细的施工准备方案。

价值目标

机会是留给有准备的人的。无论是建造万丈高楼还是一层平楼，施工准备阶段永远是施工阶段的第一个子阶段，是为项目的正式开工建设做好基础条件的阶段。

本模块引入昆明滇池国际会展中心项目展馆工程项目。昆明滇池国际会展中心按照了“国内一流、国际领先”的目标定位，以打造“世纪精品、传世之作”为宗旨，使昆明新国际会展中心既是云南的，也是世界的。以展馆工程在施工准备阶段相关内容为出发点，阐述土地移交滞后带来的不利影响和解决方案，从而对学生进行人生观和价值观教育，培养其基本的职业修养和道德品质，为其成为合格的工程师打下基础。

典型案例

如图 1.1 所示。

1. 工程概况

朝天扬帆项目总占地面积约为 91 782 m^2，建设用地地形为梯形，北面的东西宽约 220 m，南面的东西宽约 495 m，南北长约 310 m，总建筑面积约为 112.3 万平方米，由 8 栋超高层塔楼、6 层商业裙房和 3 层地下室组成，是集大型购物中心、高端住宅、办公楼、服务公寓和酒店为一体的城市综合体。其中 T3N 和 T4N 统称为北塔，T1/T2/T3S/T4S/T5/T6 统称南塔。T2/T3S/T4S/T5 四栋塔楼在屋顶通过一座长达 300 m 的空中连桥彼此相连，T4S 屋顶设有空中走廊通往 T4N。如图 1.2 所示。

重庆朝天扬帆项目施工准备

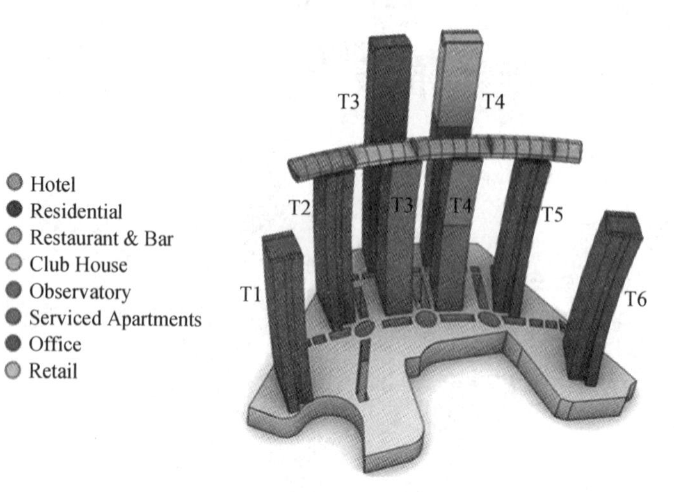

图 1.1　朝天扬帆设计图

图 1.2　朝天扬帆项目

2. 开工前施工难点

按照设计，要在朝天门地区 9 万多平方米的土地上建造出 112 万平方米的建筑，这样大规模的工程对于凯德来说，也是一个巨大的挑战，并且是地处朝天门码头这个特殊地理位置上。此外，项目特殊的水晶连廊设计尽管充满创意，但是在施工上却遇到了极大的技术阻碍，更有施工体量大、时间短、同步施工单位多等难点。

3. 施工准备

按照设计图纸进行开工之前，施工准备阶段的工作非常重要。施工前对朝天门地区的特殊地理特征、洪水、大雾、高温、江风等一系列因素都进行了勘察调研，并做好了季节性、气候性施工准备。

根据施工技术难点对施工技术图纸进行审查核实准备。

根据工期和体量对资源和施工现场进行准备和排查。

模块任务

老李在乡镇修建一栋5层自住房，自建房修到一半之后，发现需要的部分建筑材料在本市已没有。咨询有经验的工程师之后，成本增加已成不争的事实，此时老李懊悔不已。

任何工程项目在开工之前，必须进行施工准备，如若不进行施工准备工作，则很有可能出现状况，导致成本增加，工期延长，甚至工程项目最终不能完成。那么，开工前的施工准备，具体包含哪些内容你知道吗？

1.1 原始资料的调查研究

1.1.1 建设场地勘察

建设场地勘察主要是了解建设地点的地形、地貌、地质、水文、气象以及市场状况和施工条件、周围环境和障碍物情况等，一般可作为确定施工方法和技术措施的依据。

对于施工区城内的建筑物、构筑物、水井、树木、坟墓、沟渠、电杆、车道、土堆、青苗等地面物，均可用目测的方法进行，并详细记录下来；对于场区内的地下埋设物，如地下沟道、人防工程、地下水管、电缆等，可向当地村镇有关部门调查了解，以便于拟定障碍物的拆除方案以及土方施工和地基处理方法。

1.1.2 社会劳动力与生活设施的调查

社会劳动力和生活设施调查情况见表1.1。

表1.1 社会劳动力和生活设施调查

项目	调查内容	调查目的
社会劳动力	1. 少数民族地区的风俗习惯。 2. 当地能提供的劳动力人数、技术水平和来源。 3. 上述人员的生活安排	1. 拟定劳动力计划。 2. 安排临时设施
房屋设施	1. 必须在工地居住的单身人数和户数。 2. 能作为施工用的现有的房屋栋数，每栋面积，结构特征，总面积，位置，水、暖、电、卫设备状况。 3. 上述建筑物的适宜用途，用作宿舍、食堂、办公室的可能性	1. 确定现有房屋为施工服务的可能性。 2. 安排临时设施
周围环境	1. 主副食品供应，日用品供应，文化教育、消防治安等机构能为施工提供的支援能力。 2. 邻近医疗单位至工地的距离，可能就医情况。 3. 当地公共汽车、邮电服务情况。 4. 周围是否存在有害气体，污染情况，有无地方病	安排职工生活基地，解除后顾之忧

1.1.3 建设场址自然条件的调查

建设场址自然条件调查情况见表1.2。

表 1.2　建设场址自然条件调查

项目	调查内容	调查目的
气温	1. 年平均、最高、最低温度，最冷、最热月份的逐日平均温度。 2. 冬、夏季室外计算温度。 3. ≤−3 °C、≤0 °C、≤5 °C 的天数，起止时间	1. 确定防暑降温的措施。 2. 确定冬季施工措施。 3. 估计混凝土、砂浆强度
雨（雪）	1. 雨季起止时间。 2. 月平均降雨（雪）量、最大降雨（雪）量、一昼夜最大降雨（雪）量。 3. 全年雷暴日数	1. 确定雨期施工措施。 2. 确定工地排水、防洪方案。 3. 确定工地防雷设施
风	1. 主导风向及频率（风玫瑰图）。 2. ≥8 级风的全年天数、时间	1. 确定临时设施的布置方案。 2. 确定高空作业及吊装的技术安全措施
地形	1. 区域地形图：（1∶10 000）～（1∶25 000）。 2. 工程位置地形图：（1∶1 000）～（1∶2 000）。 3. 该地区城市规划图。 4. 经纬生标桩、水准基桩位置	1. 选择施工用地。 2. 布置施工总平面图。 3. 场地平整及土方量计算。 4. 了解障碍物及其数量
地质	1. 钻孔布置图。 2. 地质剖面图：土层类别、厚度。 3. 物理力学指标：天然含水量、孔隙比、塑性指数、渗透系数、压缩试验及地基土强度。 4. 地层的稳定性：断层滑块、流砂。 5. 最大冻结深度。 6. 地基土破坏情况，钻井、古墓、防空洞及地下构筑物	1. 土方施工方法的选择。 2. 地基土的处理方法。 3. 基础施工方法。 4. 复核地基基础设计。 5. 拟订障碍物拆除方案
地震	地震等级	确定对基础的影响、注意事项
地下水	1. 最高、最低水位及时间。 2. 水的流速、流向、流量。 3. 水质分析，水的化学成分。 4. 抽水试验	1. 基础施工方案选择。 2. 降低地下水水位的方法。 3. 拟订防止侵蚀性介质的措施
地面水	1. 临近江河湖泊距工地的距离。 2. 洪水、平水、枯水期的水位、流量及航道深度。 3. 水质分析。 4. 最大、最小冻结深度及结冻时间	1. 确定临时给水方案。 2. 确定施工运输方式。 3. 确定水工工程施工方案。 4. 确定工地防洪方案

1.1.4　水、电、气供应条件的调查

水、电、气等条件调查情况见表 1.3。

表1.3 水、电、气等条件调查

项目	调查内容	调查目的
供排水	1. 工地用水与当地现有水源连接的可能性、可供水量、接管地点、管径、材料、埋深、水压、水质及水费；至工地距离，沿途地形地物的状况。 2. 自选临时江河水源的水质、水量、取水方式、至工地距离，沿途地形、地物状况，自选临时水井的位置、深度、管径、出水量和水质。 3. 利用永久性排水设施的可能性，施工排水的去向、距离和坡度，有无洪水影响，防洪设施状况	1. 确定施工及生活供水方案。 2. 确定工地排水方案和防洪设施。 3. 拟订供排水设施的施工进度计划
供电与电信	1. 当地电源位置，引入的可能性，可供电的容量。电源、导线截面和电费，引入方向，接线地点及其至工地距离，沿途地形地物的状况。 2. 建设单位和施工单位自有的发变电设备的型号、台数和容量。 3. 利用邻近电信设施的可能性，电话、电报局等至工地的距离，可能增设电信设备、线路的情况	1. 确定施工供电方案。 2. 确定施工通信方案。 3. 拟订供电、通信设施的施工进度计划
供气（汽）	1. 蒸汽来源，可供蒸汽量，接管地点，管径，埋深、至工地距高，沿途地形地物状况，蒸汽价格。 2. 建设、施工单位自有锅炉的型号、台数和能力，所需燃料和水质标准。 3. 当地或建设单位可能提供的压缩空气、氧气的能力，至工地距离	1. 确定施工及生活用气的方案。 2. 确定压缩空气、氧气的供应计划

1.1.5 机械设备与建筑材料的调查

地方资源条件调查见表1.4，地方建筑材料及构件生产企业调查见表1.5。

表1.4 地方资源条件调查表

序号	材料名称	产地	储藏量	质量	开采量	出厂价	开发费	运距	单位运价	备注
1										
2										
……										

表1.5 地方建筑材料及构件生产企业调查表

序号	企业名称	产品名称	单位	规格	质量	生产能力	生产方式	出厂价格	运距	运输方式	单位运价	备注
1												
2												
……												

1.1.6 交通运输条件的调查

交通运输条件调查情况见表 1.6。

表 1.6 交通运输条件调查表

项目	调查内容	调查目的
铁路	1. 邻近铁路专用线、车站至工地的距离及沿途运输条件。 2. 站场卸货线长度、起重能力和储存能力。 3. 装载单个货物的最大尺寸、质量的限制。 4. 运费、装卸费和装卸力量	1. 选择施工运输方式。 2. 拟订施工运输计划
公路	1. 主要材料产地至工地的公路等级，路面构造宽度及完好情况，允许最大载重量，途经桥涵等级和允许最大载重量。 2. 当地专业运输机构及附近村镇能提供的装卸、运输能力，汽车、畜力、人力车的数量及运输效率、运费、装卸费。 3. 当地有无汽车修配厂，修配能力和至工地距离	1. 选择施工运输方式。 2. 拟订施工运输计划
水路	1. 货源、工地至邻近河流、码头渡口的距离，道路情况。 2. 洪水、平水、枯水期时通航的最大船只及吨位，取得船只的可能性。 3. 码头装卸能力，最大起重量，增设码头的可能性。 4. 渡口渡船的能力，同时可载汽车、马车数，每日次数能为施工提供的能力。 5. 运费、渡口费、装卸费	1. 选择施工运输方式。 2. 拟订施工运输计划

1.2 施工技术资料的准备

1.2.1 熟悉和审查施工图纸

1. 熟悉、审查施工图纸的依据

（1）建设单位和设计单位提供的初步设计或扩大初步设计（技术设计）、施工图设计、建筑总平面、土方竖向设计和城市规划等资料文件。

（2）调查、搜集的原始资料。

（3）设计、施工验收规范和有关技术规定。

2. 熟悉、审查设计图纸的目的

（1）能够按照设计图纸的要求顺利地进行施工，生产出符合设计要求的最终建筑产品（建筑物或构筑物）。

（2）能够在拟建工程开工之前，让从事建筑施工和经营管理的工程技术人员充分地了解和掌握设计图纸的设计意图、结构与构造特点和技术要求。

（3）通过审查发现设计图纸中存在的问题和错误，使其在施工开始之前改正，为拟建工程的施工提供一份准确、齐全的设计图纸。

3. 熟悉、审查设计图纸的内容

（1）审查拟建工程的地点、建筑总平面图同国家、城市或地区规划是否一致，建筑物或构筑物的设计功能和使用要求是否符合卫生、防火及美化城市方面的要求。

（2）审查设计图纸是否完整、齐全，设计图纸和资料是否符合国家有关工程建设的设计、施工方面的方针和政策。

（3）审查设计图纸与说明书在内容上是否一致，设计图纸与其各组成部分之间有无矛盾和错误。

（4）审查建筑总平面图与其他结构图在几何尺寸、坐标、标高、说明等方面是否一致，技术要求是否正确。

（5）审查工业项目的生产工艺流程和技术要求，掌握配套投产的先后次序和相互关系，审查设备安装图纸与其相配合的装饰施工图纸在坐标、标高上是否一致，掌握装饰施工质量是否满足设备安装的要求。

（6）审查地基处理与基础设计同拟建工程地点的工程水文、地质等条件是否一致，建筑物或构筑物与地下建筑物或构筑物、管线之间的关系。

（7）明确拟建工程的结构形式和特点，复核主要承重结构的强度、刚度和稳定性是否满足要求，检查设计图纸中工程复杂、施工难度大和技术要求高的分部分项工程或新结构、新材料、新工艺，检查现有施工技术水平和管理水平能否满足工期和质量要求并讨论采取何种可行的技术措施加以保证。

（8）明确建设期限、分期分批投产或交付使用的顺序和时间，工程所用的主要材料，设备的数量、规格、来源和供货日期，明确建设、设计和施工等单位之间的协作、配合关系，建设单位可以提供的施工条件。

4. 熟悉、审查设计图纸的程序

熟悉、审查设计图纸的程序通常分为自审阶段、会审阶段和现场签证三个阶段。

1）设计图纸的自审阶段

施工单位收到拟建工程的设计图纸和有关技术文件后，应尽快组织有关工程技术人员熟悉和自审图纸，写出自审图纸记录。自审图纸记录应包括对设计图纸的疑问和有关建议。

2）设计图纸的会审阶段

一般由建设单位主持，由设计单位和施工单位参加，三方进行设计图纸的会审。图纸会审时，首先由设计单位的工程主设人向与会者说明拟建工程的设计依据、意图和功能要求，并对特殊结构、新材料、新工艺和新技术提出设计要求；然后施工单位根据自审记录以及对设计意图的了解，提出对设计图纸的疑问和建议；最后在统一认识的基础上，对所探讨的问题逐一做好记录，形成“图纸会审纪要”，由建设单位正式行文，参加单位共同会签、盖章，作为与设计文件同时使用的技术文件和指导施工的依据，以及建设单位与施工单位进行工程结算的依据。

3）设计图纸的现场签证阶段

在拟建工程施工的过程中，如果发现施工的条件与设计图纸的条件不符，或者发现图纸中仍然有错，或者因为材料的规格、质量不能满足设计要求，或者因为施工单位提出了合理化建议，需要对设计图纸进行及时修订时，应遵循技术核定和设计变更的签证制度，进行图纸的施工现场签证。如果设计变更的内容对拟建工程的规模、投资影响较大时，要报请项目的原批准单位批准。在施工现场的图纸修改、技术核定和设计变更资料，都要有正式的文字记录，归入拟建工程施工档案，作为指导施工、竣工验收和工程结算的依据。

1.2.2 原始资料的调查分析

1. 自然条件的调查分析

建设地区自然条件调查分析的主要内容有：地区水准点和绝对标高等情况；地质构造、土的性质和类别、地基土的承载力、地震级别和烈度等情况；河流流量和水质、最高洪水和枯水期的水位等情况；地下水位的高低变化情况，含水层的厚度、流向、流量和水质等情况：气温、雨、雪、风和雷电等情况；土的冻结深度和冬雨季的期限等情况。

2. 技术经济条件的调查分析

建设地区技术经济条件调查分析的主要内容有：地方建筑施工企业的状况；施工现场的动迁状况；当地可利用的地方材料状况：国拨材料供应状况；地方能源和交通运输状况；地方劳动力和技术水平状况；当地生活供应、教育和医疗卫生状况；当地消防、治安状况和参加施工单位的力量状况。

1.2.3 编制施工图预算和施工预算

1. 编制施工图预算

施工图预算是技术准备工作的主要组成部分之一，是按照施工图确定的工程量，按照施工组织设计所拟定的施工方法、建筑工程预算定额及其取费标准，由施工单位编制的确定建筑安装工程造价的经济文件，它是施工企业签订工程承包合同、工程结算、建设银行拨付工程价款、进行成本核算、加强经营管理等方面工作的重要依据。

2. 编制施工预算

施工预算是根据施工图预算、施工图纸、施工组织设计或施工方案、施工定额等文件进行编制的，它直接受施工图预算的控制。它是施工企业内部控制各项成本支出、考核用工、“两算”对比、签发施工任务单、限额领料、基层进行经济核算的依据。

1.2.4 编制施工组织设计

施工组织设计是施工准备工作的重要组成部分，也是指导施工现场全部生产活动的技术经济文件。建筑施工生产活动的全过程是非常复杂的物质财富再创造过程，为了正确处理人与物、主体与辅助、工艺与设备、专业与协作、供应与消耗、生产与储存、使用与维修以及它们在空间布置、时间排列之间的关系，必须根据拟建工程的规模、结构特点和建设单位的要求，在原始资料调查分析的基础上，编制出一份能切实指导该工程全部施工活动的科学方案。

施工准备阶段的监理工作程序为：审查施工组织设计→组织设计技术交底和图纸会审→下达工程开工令→检查落实施工条件→检查承建单位质保体系→审查分包单位→测量控制网点移交施工复测→开工项目的设计图纸提供→进场材料的质量检验→进场施工设备的检查→业主提供条件检查→组织人员设备→检查测量、试验资质→撰写监理审图意见→检查承建单位审图意见→检查业主审图意见→汇总审图意见交设计单位→形成四方会议纪要。

施工监理工作的总程序如图 1.3 所示。

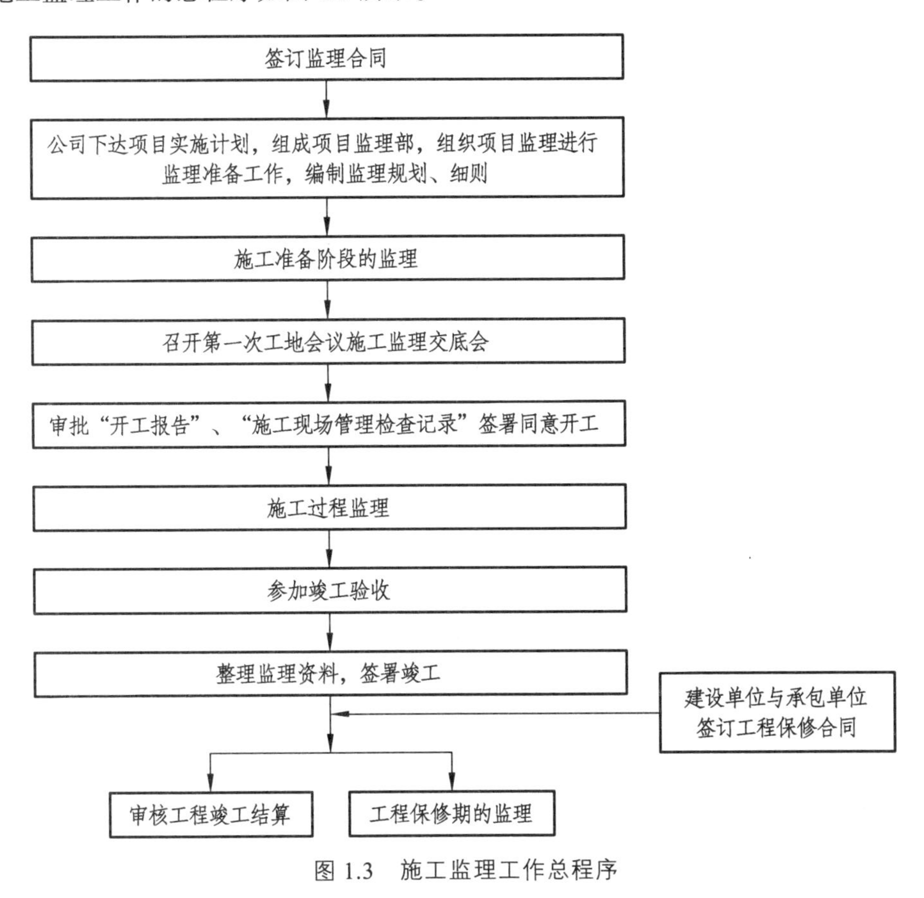

图 1.3 施工监理工作总程序

1.3 施工现场准备

1.3.1 施工现场准备工作的范围

施工现场准备工作由两个方面组成：一是建设单位应完成的施工现场准备工作；二是施工单位应完成的施工现场准备工作。

1.3.2 施工现场准备工作的主要内容

1. 做好施工场地的控制网测量

按照设计单位提供的建筑总平面图及给定的永久性经纬坐标控制网和水准控制基桩进行厂区施工测量，设置厂区的永久性经纬坐标桩、水准基桩，建立厂区工程测量控制网。

2. 搞好“三通一平”

（1）路通：施工现场的道路是组织物资运输的动脉。拟建工程开工前，必须按照施工总平面图的要求，修好施工现场的永久性道路（包括厂区铁路、厂区公路）以及必要的临时性道路，形成完整畅通的运输网络，为建筑材料进场、堆放创造有利条件。

（2）水通：水在施工现场的生产和生活中是不可缺少的。拟建工程开工之前，必须按照施工总平面图的要求接通施工用水和生活用水的管线，使其尽可能与永久性给水系统结合起来，做好地面排水系统，为施工创造良好的环境。

（3）电通：电是施工现场的主要动力来源。拟建工程开工前，要按照施工组织设计的要求，接通电力和电信设施，做好其他能源（如蒸汽、压缩空气）的供应，确保施工现场动力设备和通信设备的正常运行。

（4）平整场地：按照建筑施工总平面图的要求，首先拆除场地上妨碍施工的建筑物或构筑物，然后根据建筑总平面图规定的标高和土方竖向设计图纸，进行挖（填）土方的工程量计算，确定平整场地的施工方案，进行平整场地的工作。

3. 做好施工现场的补充勘探

对施工现场做补充勘探是为了进一步寻找枯井、防空洞、古墓、地下管道、暗沟和枯树根等隐蔽物，以便及时拟订处理隐蔽物的方案并实施，为基础工程施工创造有利条件。

4. 建造临时设施

按照施工总平面图的布置，建造临时设施，为正式开工准备好生产、办公、生活、居住和储存等临时用房。

5. 安装、调试施工机具

按照施工机具需要量计划，组织施工机具进场，根据施工总平面图将施工机具安置在规定的地点或仓库。对于固定的机具要进行就位、搭棚、接电源、保养和调试等工作。所有施工机具都必须在开工之前进行检查和试运转。

6. 做好建筑构（配）件、制品和材料的储存与堆放工作

按照建筑材料，构（配）件和制品的需要量计划组织进场，根据施工总平面图规定的地点和指定的方式进行储存和堆放。

7. 及时提供建筑材料的试验申请计划

按照建筑材料的需要量计划，及时提供建筑材料的试验申请计划。如钢材机械性能和化学成分等的试验，混凝土或砂紫的配合比和强度等试验。

8. 做好冬雨季施工安排

按照施工组织设计的要求，落实冬雨季施工的临时设施和技术措施。

9. 进行新技术项目的试制和试验

按照设计图纸和施工组织设计的要求，认真进行新技术项目的试制和试验。

10. 设置消防、保安设施

按照施工组织设计的要求，根据施工总平面图的布置，建立消防、保安等组织机构和有关的规章制度，布置安排好消防、保安等措施。

1.4　资源准备

1.4.1　劳动力组织准备

（1）劳动力准备根据工程情况分基础工程、主体工程、装饰工程三个阶段。

（2）根据工期和分段流水施工计划，做好劳动组织和确定劳动计划。

（3）所有施工班组均应由经验丰富、技术过硬、责任心强的正式工带班，施工人员均应为技术熟练的合同工。

（4）劳动力进场前必须进行专门的培训及进场教育，之后持证上岗。

（5）制订劳动力安排计划表。

1.4.2　物资准备

（1）制订完善的材料管理制度，对材料的入库、保管及防火、防盗制订出切实可行的管理办法，加强对材料的验收，包括质量的验收与数量的验收。

（2）根据工程进度的实际情况，对建筑材料分批组织进场。

（3）现场材料严格按照施工平面布置图的位置堆放，以减少二次搬运，便于排水与装卸，做到堆放整齐，并插好标牌，以便识别，清点、使用。

（4）根据安全防护及劳动保护的要求，制订出安全防护用品需用量计划。

（5）组织安排施工机具的分批进场及安装就位。

（6）组织施工机具的调试及维修保养。

（7）制订好施工机具的需用量。

模块小结

本模块主要介绍了施工准备的主要内容，现场勘察的内容，施工技术资料的准备、施工现场准备的内容，资源准备、季节性施工准备等内容。

通过学习本模块，学生应了解建设场地勘察包括哪些内容，了解施工技术资料准备的内容，掌握施工现场准备主要内容，掌握冬季、雨季、夏季施工准备。

任务评价

（1）将全班学生分成若干组，每组 4 ~ 5 人。

（2）每组学生根据所学知识，并上网查询资料，将现场勘察和施工现场准备等相关内容制成 PPT 文件，每组派出 1 名代表在课堂上进行讲解。（讲解时间控制在 5 min 左右）

（3）老师按下表给各小组打分。

任务评分表

评分标准	满分	实际得分	备注
积极参与活动	25		
内容扣题、正确	25		
讲解流畅	25		
其他	25		
总分	100		

习　题

一、单选题

1. 下列活动中不属于施工组织准备的是（　　）。

A. 建立拟建工程项目的领导机构　　B. 建立精干的施工队组

C. 组织审查施工图　　D. 建立健全各项管理制度

2. 下列不属于环境调查要求的为（ ）。

A. 细致　　B. 系统全面

C. 客观　　D. 合理的预测

3. 下列活动中是整个施工准备工作核心的是（ ）。

A. 技术资料准备　　B. 物资准备

C. 现场准备　　D. 组织准备

4. 以下不是施工物资准备工作的是（ ）。

A. 建筑材料的准备　　B. 构（配）件和制品的加工准备

C. 建筑安装机具的准备　　D. 生产办公设备的准备

5. 在建筑工程的用地范围内，（ ），接通施工用水、用电和道路，这几项工作简称为“三通一平”。

A. 平整场地　　B. 通气

C. 通网　　D. 平整路线

二、填空题

1. 施工准备工作按其范围的不同，可分为施工总准备、单项（单位）工程施工条件准备和____________________。

2. 施工总准备是以____________为对象而进行的需要统一部署的各项施工准备。

3. 施工准备按拟建工程所处的施工阶段不同，可分为________________、各分部分项工程开始前的阶段性施工准备、日常作业准备等3种。

4. 物资准备工作主要包括的____________________准备，构（配）件和制品的加工准备，建筑安装机具的准备。

5. ____________________是指对工程项目的施工过程有影响的各种外部因素的总和，它们构成了项目施工管理的边界。

三、简答题

1. 简述施工准备工作的基本内容。

2. 简述施工调查的内容。

3. 施工组织准备的主要内容有哪些?

4. 简述建筑施工项目现场准备的主要内容。

5. 施工技术准备的主要内容有哪些?

模块 2　土方工程

知识目标

1. 土的工程性质对施工的影响。
2. 土方机械的性能、特点及提高效率采用的方法。
3. 土方施工的准备工作和辅助工作内容。
4. 坑（槽）挖掘、土方回填的施工工艺要求。

技能目标

1. 根据施工现场的实际情况、工作性质、工程量的大小和地表（下）水情况。
2. 能判断土的类别，正确选择土方机械和施工方法。
3. 依据网格图、断面图计算场地平整的土方量。
4. 组织浅基础坑（槽）检查验收工作。
5. 编制一个单位工程的土方施工方案。

价值目标

本章以 2009 年 6 月上海“楼脆脆”事故案例为主线，以学生为主体，重点阐述基坑开挖原则、预留土和弃土处理，雨季施工的处理方法。同学们要遵守职业道德、规范和法律的意识。用专业知识解决实际身边工程问题，端正学习态度，立鸿鹄志，做工程界的追梦人。

上海“楼脆脆”事故

典型案例

北京某国际中心基坑支护工程

北京某国际中心位于朝阳区东长安街延长线，原北京第一机床厂院内。基坑北侧距居民楼最近距离为 3.36 m，西侧距丽晶苑（24）层为 6.9 m。工程占地面积 9 444.8 m^2，总建筑面积 23.96×10^4 m^2。该工程基坑开挖长 279 m，宽 47 ~ 67 m，开挖深度为 24.86 ~ 26.56 m。

基坑北侧：砖砌挡墙 + 灌注桩 + 5 层锚杆支护体系。

西侧、南侧：连续墙 + 5 层锚杆支护体系。

基坑的东侧、南侧东段：采用土钉墙 + 灌注桩 + 锚杆支护体系。

连续墙厚度 600 ~ 800 mm，深度 20.24 ~ 34.1 m；管棚采用ϕ108 钢花管，水平间距 1.5 m，竖向间距 1.5 m；护坡桩采用ϕ800 钢筋混凝土灌注桩，桩间距均为 1.4 m；锚杆长度 21 ~ 30 m。如图 2.1 所示。

图 2.1 北京某国际中心基坑支护工程

降水方式：采用大口管、渗井抽渗结合的闭合降水方案。如图 2.2 所示。

图 2.2 降水方式

西侧支护形式：连续墙 + 锚杆桩；北侧支护形式：挡土墙 + 灌注桩 + 锚杆桩。如图 2.3 所示。

图 2.3 西侧、北侧支护

土方工程是建筑施工的一个主要分部工程，也是建筑工程施工的第一道工序。它包括土的开挖、运输和回填压实等主要施工过程，以及排水、降水和土壁支护等准备和辅助过程。常见的土方工程有平整场地、挖基坑、挖基槽、挖土方和土方回填。

模块任务

运用方格网法的计算方法以及四棱柱法的计算公式完成案例中土方工程量的计算。

某建筑场地方格网如下图所示。方格边长为 20 m，要求场地排水坡度 $i_x = 0.3\%$，$i_y = 0.2\%$。试按挖填平衡的原则计算各角点的施工高度（不考虑土的可松性影响），计算总的挖方量和填方量。

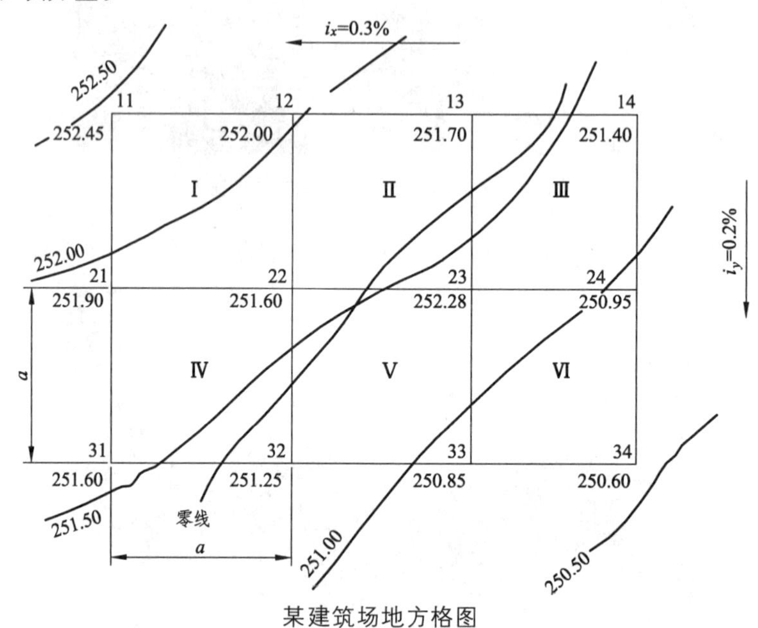

某建筑场地方格图

土方工程具有工程量大、施工工期长、施工条件复杂、工人劳动强度大等特点。土方工程多是露天作业，受气候、季节、水文、地质影响大，在雨季和冬季施工时更加困难。因此，要合理安排与组织土方工程施工，注意做好排水降水和土壁稳定的技术措施，改善施工条件；尽量采用机械化和先进技术施工，充分发挥机械效率，减轻繁重的体力劳动，加快施工速度，缩短工期，提高劳动生产率及降低工程成本，为整个建筑工程提供一个平整、坚实、干燥的施工场地，为基础工程施工做好准备。

2.1 土方工程概述

2.1.1 土方工程主要施工内容

1. 土方工程的概念

土方工程是建筑工程施工中的主要工程之一，包括一切土（石）方的挖梆、填筑、运输，以及排水、降水等施工过程，以及降水、排水和土壁支护等工作。常见的土方工程有场地平整、挖基坑、挖基槽、挖土方和土方回填。

1）场地平整

平整场地是指厚度在 300 mm 以内的挖填、找平工作。

2）挖基坑

挖基坑指挖土底面积在 20 m² 以内，且底长为底宽 3 倍者。

3）挖基槽

挖基槽指挖土宽度在 3 m 以内，挖土长度等于或大于宽度 3 倍以上者。

4）挖土方

挖土方指挖土宽度在 3 m 以上，挖土底面积在 20 m² 以上，平整场地厚度在 300 mm 以上者。

5）土方回填

常见的有基础回填、室内回填和管道沟槽回填。

2. 土方工程的施工特点

土方工程施工具有工程量大、施工工期长、施工条件复杂、劳动强度大的特点。建筑工地的场地平整，土方工程量可达数百万立方米以上，施工面积达数平方千米，大型基坑的开挖，有的深达 30 多米。土方施工条件复杂，又多为露天作业，受气候、水文、地质等影响较大，难以确定的因素较多。因此在组织土方工程施工前，必须做好施工组织设计，选择好施工方法和机械设备，制订合理的土方调配方案，实行科学管理，以保证工程质量，并取得好的经济效果。

2.1.2　土的基本性质

1. 土的组成

土由土颗粒、水和空气组成，我们一般把它们叫作土的固相、液相和气相。这三部分之间的比例关系是不断变化的。三者之间的比例不同，所反映的物理状态也不同，如干燥、湿润，密实、稍密或松散。这些物理指标对评价土的工程性质，进行土的工程分类具有重要意义。

土的三相物质是混合分布的，为研究阐述方便，一般用土的三相图表示，把土的固体颗粒、水、空气各自划分开来，一般也利用土的三相图来掌握土的组成（见图 2.4）。

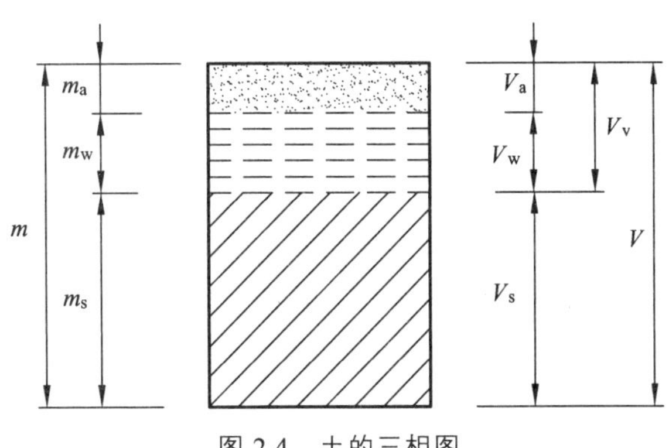

图 2.4　土的三相图

图 2.4 中各符号的含义：

m——土的总质量（kg），$m = m_a + m_w + m_s$；

m_a——土中空气的质量；

m_w——土中水的质量（kg）；

m_s——土中固体颗粒的质量（kg）；

V——土的总体积（m^3），$V = V_a + V_w + V_s$；

V_a——土中空气体积（m^3）；

V_w——土中水所占的体积（m^3）；

V_s——土中固体颗粒体积（m^3）；

V_v——土中孔隙体积（m^3），$V_v = V_a + V_w$。

2. 土的物理性质

1）土的天然含水量

在天然状态下，土中水的质量与固体颗粒质量之比的百分率叫土的天然含水量，反映了土的干湿程度，用 w 表示，即：

$$w = \frac{m_w}{m_s} \times 100\% \tag{2.1}$$

式中 m_w——土中水的质量（kg）；

m_s——土中固体颗粒的质量（kg）。

土的含水量表示土的干湿程度：土的含水量在 5%以内，称为干土；土的含水量为 5%～30%，称为潮湿土；土的含水量大于 30%，称为湿土。

2）土的天然密度和干密度

土的天然密度是在天然状态下单位体积土的质量。它与土的密实程度和含水量有关。土的天然密度用ρ来表示，按下式计算：

$$\rho = \frac{m}{V} \tag{2.2}$$

干密度是土的固体颗粒质量与总体积的比值，用下式表示：

$$\rho_d = m_s / V \tag{2.3}$$

式中 ρ_d——土的天然密度和干密度（kg/m^3）；

m——土的总质量（kg）；

m_s——土中固体颗粒的质量（kg）；

V——土的体积（m^3）。

土的密度一般用环刀法测定，即用一个体积已知的环刀（图 2.5）切入土样中，上下端用刀削平，称出质量，减去环刀的质量，与环刀的体积相比，就得到土的天然密度。不同的土，密度不同，密度越大，土越密实，强度越高，压缩变形越小。

图 2.5 环刀

在一定程度上，土的干密度反映了土的颗粒排列紧密程度。土的干密度越大，表示土越密实。

3）土的孔隙比和孔隙率

孔隙比和孔隙率反映了土的密实程度。孔隙比和孔隙率越小，土越密实。孔隙比 e 是土的孔隙体积与固体体积的比值，用下式表示：

$$e = V_v / V_s \tag{2.4}$$

孔隙率 n 是土的孔隙体积与总体积的比值，用百分率表示，即：

$$n = V_v / V \times 100\% \tag{2.5}$$

式中　V_v——土的孔隙体积（m^3）；

V_s——土的固体体积（m^3）；

V——土的总体积（m^3）。

4）土的渗透系数

土的渗透系数表示单位时间内水穿透土层的能力，以 m/d 表示。根据土的渗透系数的不同，可分为透水性土（如砂土）和不透水性土（如黏土）。它影响施工降水与排水的速度，一般土的渗透系数见表 2.1。

表 2.1　土的渗透系数

土的名称	渗透系数/（m/d）	土的名称	渗透系数/（m/d）
黏土	<0.005	中砂	5.00～20.00
亚黏土	0.005～0.10	均质中砂	35～50
轻亚黏土	0.10～0.50	粗砂	20～50
黄土	0.25～0.50	圆砾石	50～100
粉砂	0.50～1.00	卵石	100～500
细砂	1.00～5.00		

5）土的可松性

土具有可松性，即自然状态下的土经开挖后，其体积因松散而增大，以后虽经回填压实，仍不能恢复其原来的体积。土的可松性程度用可松性系数表示，分为最初可松性系数 K_s 和最终可松性系数 K_s'，见表 2.2。

表 2.2　土的可松性系数

土的类别	K_s	K_s'	土的类别	K_s	K_s'
一类土	1.08～1.17	1.01～1.04	五类土	1.30～1.45	1.10～1.20
二类土	1.14～1.28	1.02～1.05	六类土	1.30～1.45	1.10～3.20
三类土	1.24～1.30	1.04～1.07	七类土	1.30～1.45	1.10～1.20
四类土	1.26～1.37	1.06～1.09	八类土	1.45～1.50	1.20～1.30

（1）最初可松性系数

$$K_s = V_2/V_1 \tag{2.6a}$$

（2）最终可松性系数

$$K_s' = V_3/V_1 \tag{2.6b}$$

式中 V_1——土在天然状态下的体积（m^3）；

V_2——土挖出后在松散状态下的体积（m^3）；

V_3——土经回填压（夯）实后的体积（m^3）。

特别提示：

土的最初可松性系数K_s是计算车辆装运土方体积及挖土机械的主要参数。

土的最终可松性系数K_s'是计算填方所需挖土工程量的主要参数。

【例 2.1】 某基坑体积为800 m^3，其基础体积为200 m^3，试计算取土挖方的体积。如果运土车容量为5 m^3一车，回填后剩余土需运多少车次？

已知：$K_s = 1.30$，$K_s' = 1.15$。

【解】 挖土松散体积：$800 \times 1.30 = 1\,040$（m^3）

回填土天然体积：（$800 - 200$）$/1.15 = 521.74$（m^3）

回填土松散体积：$521.7 \times 1.30 = 678.26$（$m^3$）

弃土体积：$1\,040 - 678.26 = 361.74$（m^3）

运土车次：$n = 361.74/5 = 73$（车次）

2.1.3 土的工程分类

土的种类繁多，其工程性质直接影响土方工程施工方法的选择、劳动量的消耗和工程费用。

土的分类方法很多，如按照土的沉积年代、按照颗粒级配、按照密实度分类等。在土方工程施工中，按土的开挖难易程度分为八类，一至四类为土，五至八类为岩石。土的分类与现场鉴别方法见表2.3。

表2.3 土的分类与现场鉴别方法

土的分类	土的名称	可松性系数		现场鉴别方法
		K_s'	K_s	
一类土（松软土）	砂，亚砂土，冲积砂土层，种植土，泥炭（淤泥）	1.08～1.17	1.01～1.03	能用锹、锄头挖掘
二类土（普通土）	亚黏土，潮湿的黄土，夹有碎石、卵石的砂，种植土，填筑土及亚砂土	1.14～1.28	1.02～1.05	用锹、锄头挖掘，少许用镐翻松
三类土（坚土）	软及中等密实黏土，重亚黏土，粗砾石，干黄土及含碎石、卵石的黄土、亚黏土，压实的填筑土	1.24～1.30	1.04～1.07	要用镐，少许用锹、锄头挖掘，部分用撬棍

续表

土的分类	土的名称	可松性系数		现场鉴别方法
		K_s'	K_s	
四类土（砂砾坚土）	重黏土及含碎石、卵石的黏土，粗卵石，密实的黄土，天然级配砂石，软泥灰岩及蛋白石	1.26 ~ 1.32	1.06 ~ 1.09	整个用镐、撬棍，然后用锹挖掘，部分用楔子及大锤
五类土（软石）	硬石炭纪黏土，中等密实的页岩、泥灰岩、白垩土，胶结不紧的砾岩，软的石灰岩	1.30 ~ 1.45	1.10 ~ 1.20	用镐或撬棍、大锤挖掘，部分使用爆破方法
六类土（次坚石）	泥岩，砂岩，砾岩，坚实的页岩，泥灰岩，密实的石灰岩，风化花岗岩，片麻岩	1.30 ~ 1.45	1.10 ~ 1.20	用爆破方法开挖，部分用风镐
七类土（坚石）	大理岩，辉绿岩，玢岩，粗、中粒花岗岩，坚实的白云岩、砂岩、砾岩、片麻岩、石灰岩，风化痕迹的安山岩、玄武岩	1.30 ~ 1.45	1.10 ~ 1.20	用爆破方法开挖
八类土（特坚硬石）	安山岩，玄武岩，花岗片麻岩，坚实的细粒花岗岩、闪长岩、石英岩、辉长岩、辉绿岩、玢岩	1.45 ~ 1.50	1.20 ~ 1.30	用爆破方法开挖

施工现场部分工具依次为铁锹、锄头、镐、风镐，如图 2.6 所示。

图 2.6　施工工具

2.2　土方工程量计算

在土方工程施工之前，必须计算土方的工程量。但各种土方工程的外形有时很复杂，而且不规则。一般情况下，将其划分成为一定的几何形状，采用具有一定精度而又和实际情况近似的方法进行计算。

2.2.1　场地平整

1. 定　义

建筑场地通常按照平面图竖向设计要求，设置在一个高程或几个不同高程的平面上。所以土方工程施工时，必须对建设场地进行平整。场地平整就是将高低不平的天然地面改造成我们所要求的设计的平坦地面。当场地对高程无特殊要求时，一般可以根据在平整前和平整后的土方量相等的原则来确定场地的设计高程。使挖土土方量和填土土方量基本一致，从而减少场地土方施工的工程量，使开挖出的土方得到合理的利用。

2. 方格网法计算场地平整土方量

大面积场地平整的土方量，通常采用方格网法计算。即根据方格网各方格角点的自然地面标高计算出实际采用的设计标高，再算出相应的角点填挖高度（施工高度），然后计算每一方格的土方量，并算出场地边坡的土方量。这样便可求得整个场地的填、挖土方总量。其步骤如下。

1）场地设计标高的确定

确定场地设计标高时应考虑以下因素：

（1）满足建筑规划和生产工艺及运输的要求。

（2）尽量利用地形，减少挖填方数量。

（3）场地内的挖、填土方量力求平衡，使土方运输费用最少。

（4）有一定的排水坡度，满足排水要求。

如设计文件对场地设计标高无明确规定和特殊要求，可参照下述步骤和方法确定：

（1）初步计算场地设计标高。

初步计算场地设计标高的原则是场地内挖填方平衡，即场地内挖方总量等于填方总量。

如图 2.7 所示，根据已有地形图，将场地划分为若干个方格。方格边长一般为 20 m、30 m、40 m，将自然地面高程标注在方格网点上。

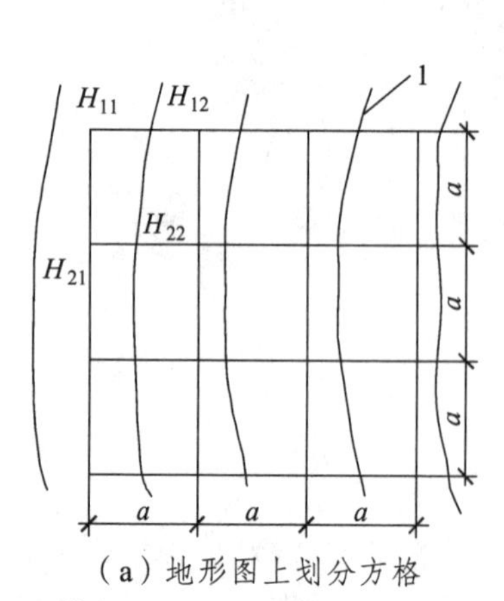

（a）地形图上划分方格

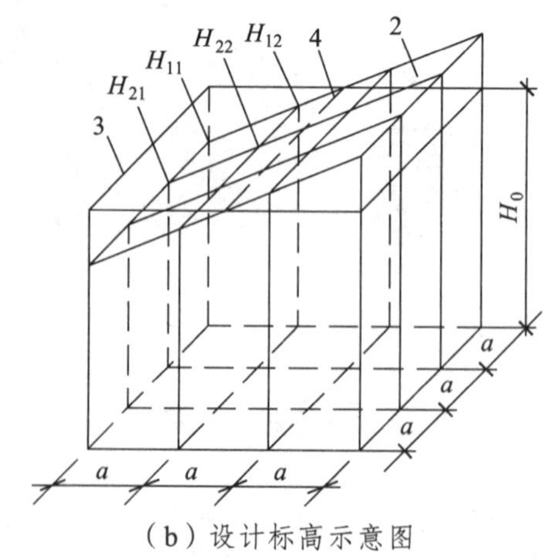

（b）设计标高示意图

1—等高线；2—自然地面；3—设计标高平面；4—自然地面与设计标高平面的交线（零线）。

图 2.7　场地设计标高计算简图

按照挖填平衡原则，场地设计标高可按下式计算：

$$H_0Na^2=\sum\left(a^2\frac{H_{11}+H_{12}+H_{21}+H_{22}}{4}\right)$$

$$H_0=\frac{\sum(H_{11}+H_{12}+H_{21}+H_{22})}{4N} \tag{2.7a}$$

式中　N——方格网个数。

由图 2.7 可见：H_{11} 系一个方格的角点标高；H_{12}、H_{21} 系相邻两个方格公共角点标高；H_{22} 则系相邻的 4 个方格的公共角点标高。如果将所有方格的 4 个角点标高相加，则类似 H_{11} 这样的角点标高加 1 次，类似 H_{12} 的角点标高加 2 次，类似 H_{22} 的角点标高要加 4 次。因此，式（2.7a）可改写为：

$$H_0=\frac{\sum H_1+2\sum H_2+3\sum H_3+4\sum H_4}{4N} \tag{2.7b}$$

式中　H_1——1 个方格共有的角点标高；

H_2——2 个方格共有的角点标高；

H_3——3 个方格共有的角点标高；

H_4——4 个方格共有的角点标高。

（2）场地设计标高的调整。

按式（2.7a）或（2.7b）计算的设计标高 H_0 系一理论值，实际上还需考虑以下因素进行调整：

① 由于具有可松性，按 H_0 进行施工，填土将有剩余，必要时可相应地提高设计标高。

② 由于受设计标高以上的填方工程用土量，或设计标高以下的挖方工程挖土量的影响，设计标高会降低或提高。

③ 由于边坡挖填方量不等，或经过经济比较后将部分挖方就近弃于场外、部分填方就近从场外取土而引起挖填土方量的变化，需相应地增减设计标高。

（3）考虑泄水坡度对角点设计标高的影响。

按上述计算及调整后的场地设计标高进行场地平整时，整个场地将处于同一水平面，但实际上由于排水的要求，场地表面均应有一定的泄水坡度。因此，应根据场地泄水坡度的要求（单向泄水或双向泄水），计算出场地内各方格角点实际施工时所采用的设计标高。

① 单向泄水时，场地各点设计标高的求法：

场地用单向泄水时，以计算出的设计标高 H_0 作为场地中心线（与排水方向垂直的中心线）的标高（图 2.8），场地内任意一点的设计标高为：

$$H_n=H_0\pm l_i \tag{2.8}$$

式中　H_n——场地内任一点的设计标高；

l——该点至场地中心线的距离；

i——场地泄水坡度（不小于 2‰）；

±——沿坡度方向高处为 +，低处为 −。

例如：图 2.8 中 H_{52} 点的设计标高为：

$$H_{52}=H_0-l_i=H_0-1.5ai \tag{2.9}$$

② 双向泄水时，场地各点设计标高的求法：

场地用双向泄水时，以 H_0 作为场地中心点的标高（图 2.9），场地内任意一点的设计标高为：

$$H_n=H_0\pm l_x i_x\pm l_y i_y \tag{2.10}$$

式中 l_x，l_y——该点对场地中心线 x—x，y—y 的距离；

i_x，i_y——x—x，y—y 方向的泄水坡度；

±——沿坡度方向高处为 +，低处为 -。

例如，图 2.9 中场地内 H_{42} 点的设计标高为：

$$H_{42}=H_0-1.5ai_x-0.5ai_y \tag{2.11}$$

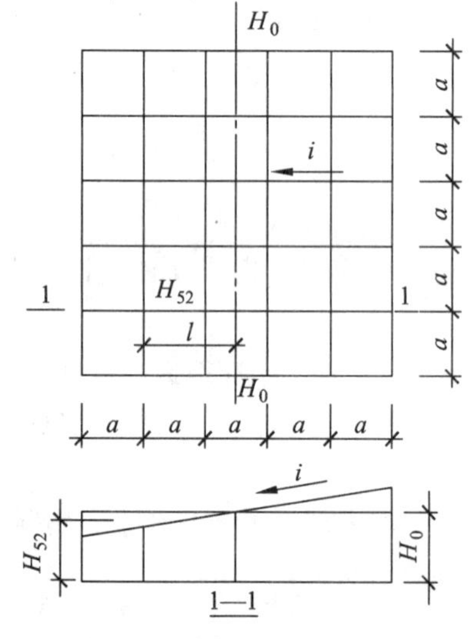

图 2.8 单向泄水坡度的场地

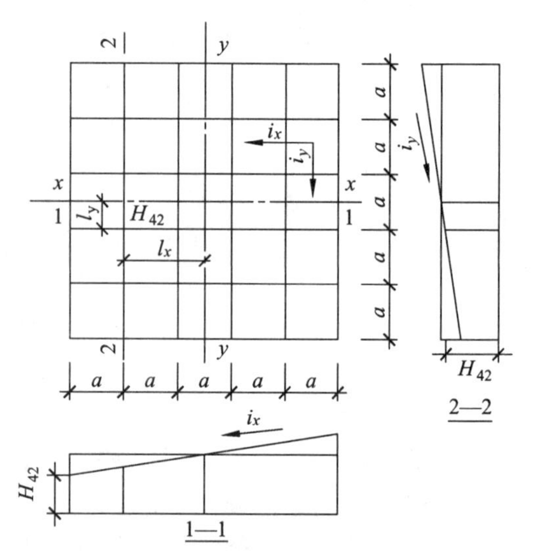

图 2.9 双向泄水坡度的场地

2）计算各方格角点的施工高度

根据已有地形图，将场地划分为若干个方格。方格边长一般为 20 m、30 m、40 m，将设计高程和自然地面高程分别标注在方格网点上。各方格角点的施工高度按下式计算：

$$h_n=H_n-H \tag{2.12}$$

式中 h_n——角点施工高度，即填挖高度，以“+”为填，“-”为挖；

H_n——角点的设计标高（若无泄水坡度时，即为场地的设计标高）；

H——角点的自然地面标高。

3）计算零点位置，标出零线

当同一方格的 4 个角点的施工高度全为“+”或全为“-”时，说明该方格内的土方全部为填方或全部为挖方；如果一个方格中一部分角点的施工高度为“+”，而另一部分为“-”时，说明此方格中的土方一部分为填方，而另一部分为挖方，这时必定存在不挖不填的点，这样的点叫零点；把一个方格中的所有零点都连接起来，形成直线或曲线，这道线叫零线，即挖方与填方的分界线。

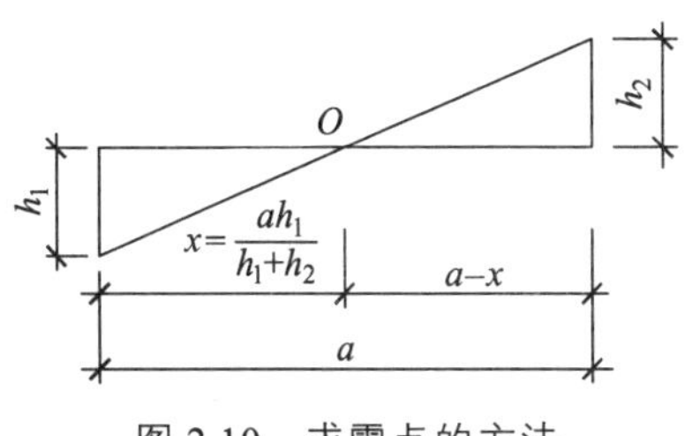

图 2.10　求零点的方法

计算零点的位置，是根据方格角点的施工高度用几何法求出，如图 2.10 所示。

$$x_1=\frac{h_1}{h_1+h_2}\cdot a\,,\quad x_2=\frac{h_2}{h_1+h_2}\cdot a \qquad (2.13)$$

式中　x_1，x_2——角点至零点的距离（m）；

h_1，h_2——相邻两角点的施工高度（m），均用绝对值；

a——方格网的边长（m）。

4）计算方格土方工程量

按方格网底面积图形和表 2.4 所列公式，计算每个方格内的挖方或填方量。

表 2.4　常用方格网计算公式

项　目	图　示	计算公式
一点填方或挖方（三角形）		$V=\frac{1}{2}bc\frac{\sum h}{3}=\frac{bch_3}{6}$ 当 $b=c=a$ 时，$V=\frac{a^2h_3}{6}$
二点填方或挖方（梯形）		$V_+=\frac{b+c}{2}a\frac{\sum h}{4}=\frac{a}{8}(b+c)(h_1+h_3)$ $V_-=\frac{d+e}{2}a\frac{\sum h}{4}=\frac{a}{8}(d+e)(h_2+h_4)$
三点填方或挖方（五角形）		$V=\left(a^2-\frac{bc}{2}\right)\frac{\sum h}{5}$ $=\left(a^2-\frac{bc}{2}\right)\frac{h_1+h_2+h_4}{5}$
四点填方或挖方（正方形）		$V=\frac{a^2}{4}\sum h=\frac{a^2}{4}(h_1+h_2+h_3+h_4)$

注：a——方格网的边长（m）；

b，c——零点到一角的边长（m）；

h_1，h_2，h_3，h_4——方格网四角点的施工高程（m），用绝对值代入；

$\sum h$——填方或挖方施工高程的总和（m），用绝对值代入。

特别提示：以上公式可理解为柱体体积等于底面积乘以其所有角点的平均高度。

3. 边坡土方量计算

边坡的土方量可以划分为两种近似几何形体来计算，一种为三角棱锥体，另一种为三角棱柱体，其计算公式如下：

1）三角棱锥体边坡体积

三角棱锥体边坡体积（图 2.11 中的①）计算公式如下：

$$V_1 = \frac{1}{3} A_1 l_1 \tag{2.14}$$

式中 l_1——边坡①的长度；

A_1——边坡①的端面积，即

$$A_1 = \frac{h_2(mh_2)}{2} = \frac{mh_2^2}{2} \tag{2.15}$$

式中 h_2——角点的挖土高度；

m——边坡的坡度系数。

2）三角棱柱体边坡体积

三角棱柱体边坡体积（图 2.11 中的④）计算公式如下：

$$V_4 = \frac{A_1 + A_2}{2} l_4 \tag{2.16}$$

当两端横断面面积相差很大的情况下，则：

$$V_4 = \frac{l_4}{6}(A_1 + 4A_0 + A_2) \tag{2.17}$$

式中 l_1——边坡④的长度；

A_1，A_2，A_0——边坡④两端及中部的横断面面积，算法同上。

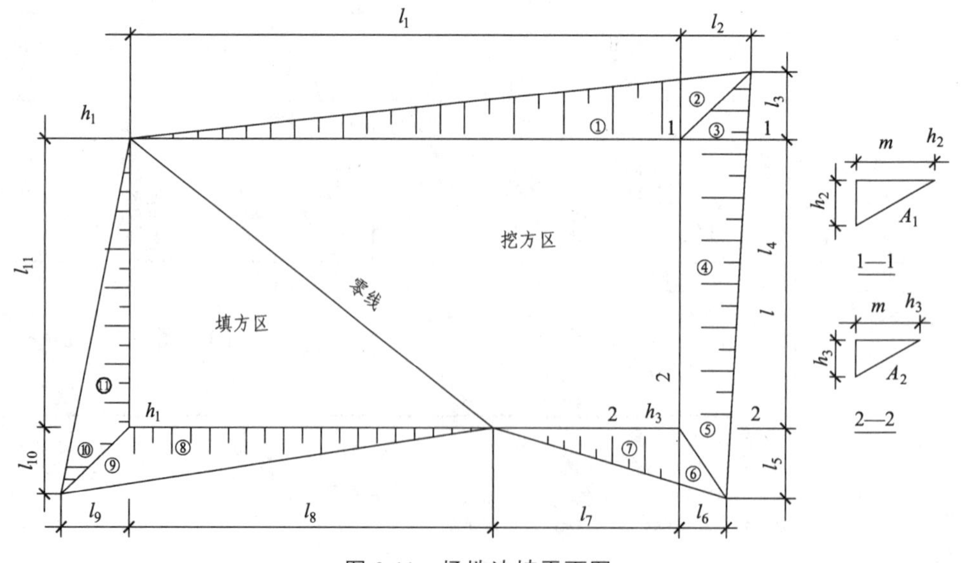

图 2.11　场地边坡平面图

计算场地总土方量时，先按上表求出各方格的挖、填方土方量和场地周围边坡的挖、填方土方量，把挖、填方，分别加起来，就得到场地挖、填方的总土方量。

【例 2.2】 某建筑地地形图和方格网（边长 $a = 20.0$ m）布置如图 2.12 所示。土壤为二类土，场地地面泄水坡度 $i_x = 0.3\%$，$i_y = 0.2\%$。试确定场地设计标高（不考虑土的可松性影响，余土加宽边坡），计算各方格挖、填土方工程量。

图例：	角点编号	施工高度
	角点标高	设计标高

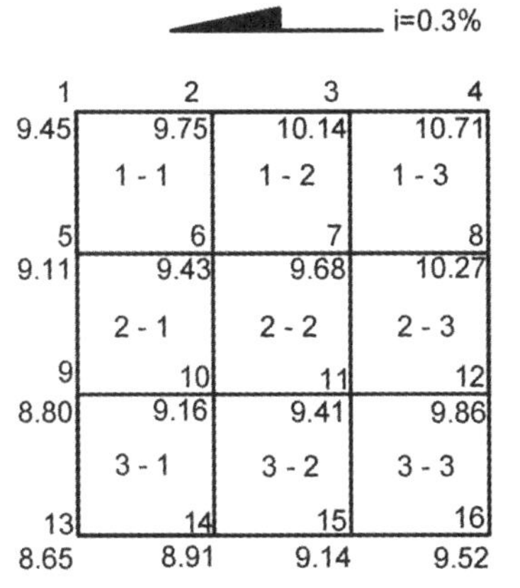

图 2.12　某场地地形图和方格网布置

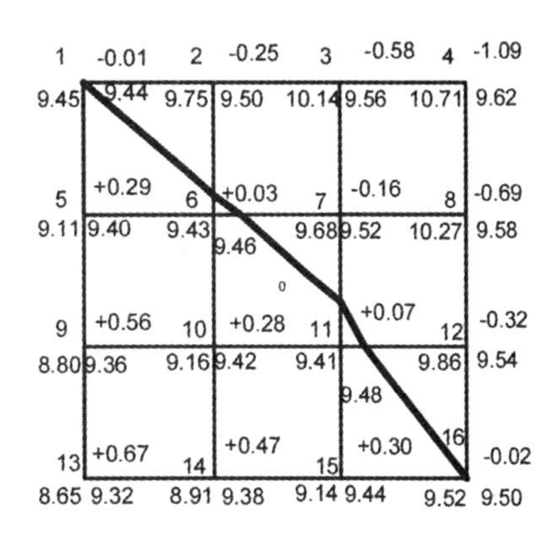

图 2.13　某场地计算土方工程量

【解】（1）计算场地设计标高 H_0。

$$\sum H_1 = 9.45 + 10.71 + 8.65 + 9.52 = 38.33\ (\mathrm{m})$$

$$\sum H_2 = 2 \times (9.75 + 10.14 + 9.11 + 10.27 + 8.80 + 9.86 + 8.91 + 9.14) = 151.96\ (\mathrm{m})$$

$$4\sum H_4 = 4 \times (9.43 + 9.68 + 9.16 + 9.41) = 150.72\ (\mathrm{m})$$

由式（2.7b）得：

$$H_0 = \frac{\sum H_1 + 2\sum H_2 + 4\sum H_4}{4N} = \frac{38.33+151.96+150.76}{4\times 9} = 9.47\ (\mathrm{m})$$

（2）根据泄水坡度计算各方格角点的设计标高。

以场地中心点（几何中心 0）为 H_0，由式（2.10）得各角点设计标高为：

$$H_1 = H_0 - 30 \times 0.3\% + 30 \times 0.2\% = 9.47 - 0.09 + 0.06 = 9.44\ (\mathrm{m})$$

$$H_2 = H_0 - 10 \times 0.3\% + 30 \times 0.2\% = 9.50\ (\mathrm{m})$$

$$H_5 = H_0 - 30 \times 0.3\% + 10 \times 0.2\% = 9.47 - 0.09 + 0.02 = 9.40\ (\mathrm{m})$$

$$H_6 = H_0 - 10 \times 0.3\% + 10 \times 0.2\% = 9.40 + 0.06 = 9.46\ (\mathrm{m})$$

$$H_9 = H_0 - 30 \times 0.3\% - 10 \times 0.2\% = 9.47 - 0.09 - 0.02 = 9.36\ (\mathrm{m})$$

其余各角点设计标高均可按此方法求出，设计标高标注详见图 2.13。

（3）计算各角点的施工高度。

由式（2.12）得各角点的施工高度（以“+”为填方，“-”为挖方）：

$h_1 = 9.44 - 9.45 = -0.01$（m）

$h_2 = 9.50 - 9.75 = -0.25$（m）

$h_3 = 9.56 - 10.14 = -0.58$（m）

⋮

各角点施工高度见图 2.13。

（4）确定“零线”，即挖、填方的分界线。

由式（2.13）确定零点的位置，将相邻边线上的零点相连，即为“零线”，见图 2.13。如 1.5 线上：$x_1 = [0.01/(0.01 + 0.29)] \times 20 = 0.67$（m），即零点距角点 1 的距离为 0.67 m。

（5）计算各方格土方工程量 [以（+）为填方，（-）为挖方]。

① 全填或全挖方格，由表 2.4 中公式可得：

$$V_{2-1} = \frac{20^2}{4} \times (0.29+0.03+0.56+0.26) = 29+3+56+26 = 114\ (\text{m}^3) \qquad (+)$$

$$V_{3-1} = 56+26+67+47 = 196\ (\text{m}^3) \qquad (+)$$

$$V_{3-2} = 26+7+47+30 = 110\ (\text{m}^3) \qquad (+)$$

$$V_{1-3} = 58+109+16+69 = 252\ (\text{m}^3) \qquad (-)$$

② 两挖、两填方格，由表 2.4 中公式可得：

$$V_{1-1} = \frac{0.29+0.03}{4} \times \frac{(19.33+2.14)\times 20}{2} = 17.18\ (\text{m}^3) \qquad (+)$$

$$V_{1-1} = \frac{0.01+0.25}{4} \times \frac{(0.67+17.86)\times 20}{2} = 12\ (\text{m}^3) \qquad (-)$$

$$V_{3-3} = 20.66\ (\text{m}^3) \qquad (+)$$

$$V_{3-3} = 15\ (\text{m}^3) \qquad (-)$$

③ 三填一挖或三挖一填方格，由表 2.4 中公式可得：

$$V_{1-2} = \frac{2.14+3.16}{2} \times \frac{0.03}{3} = 0.03\ (\text{m}^3) \qquad (+)$$

$$V_{1-2} = \left(20 - \frac{2.14+3.16}{2}\right) \times \frac{00.25+0.58+0.16}{5} = 78.53\ (\text{m}^3) \qquad (-)$$

$$V_{2-2} = 12.48\ (\text{m}^3) \qquad (+)$$

$$V_{2-2} = 6.29\ (\text{m}^3) \qquad (-)$$

$$V_{2-3} = 0.25\ (\text{m}^3) \qquad (+)$$

$$V_{2-3} = 91.08\ (\text{m}^3) \qquad (-)$$

将计算出的各方格土方工程量按挖、填方分别相加，得场地土方工程量总计：

挖方：$V(-)=454.9\ m^3$

填方：$V(+)=470.6\ m^3$

挖方、填方基本平衡。

2.2.2 土方调配

土方量计算完成后，即可着手土方的调配工作。土方调配，就是对挖土的利用、堆弃和填土的取得三者之间的关系进行综合协调的处理。好的土方调配方案，应该是使土方运输量或费用达到最小，而且又能方便施工。

（1）应力求达到挖方与填方基本平衡和就近调配，使挖方量与运距的乘积之和尽可能为最小，即土方运输量或费用最小。

（2）土方调配应考虑近期施工与后期利用相结合的原则，考虑分区与全场相结合的原则，还应尽可能与大型地下建筑物的施工相结合，以避免重复挖运和场地混乱。

（3）合理布置挖、填方分区线，选择恰当的调配方向、运输线路，使土方机械和运输车辆的性能得到充分发挥。

（4）好土用在回填质量要求高的地区。

（5）土方平衡调配应尽可能与城市规划和农田水利相结合，将余土一次性运到指定弃土场，做到文明施工。

总之，进行土方调配，必须根据现场具体情况、有关技术资料、工期要求、土方施工方法与运输方法综合考虑，并按上述原则，经计算比较，来选择经济合理的调配方案。

2.2.3 基坑与基槽土方量计算

1. 土方边坡

1）土方边坡的概念

土方工程施工中，必须使基坑或基槽的土壁保持稳定。为了防止塌方，保证施工安全，在基坑或基槽开挖深度超过一定限度时，土壁应做成有一定斜度的边坡，或者加临时支撑以保证土壁的稳定。

2）边坡坡度及边坡形式

（1）土方边坡坡度用其高度 H 与其底宽 B 之比表示。

$$\text{土方边坡坡度}=\frac{H}{B}=\frac{1}{B/H}=\frac{1}{m}$$

式中，$m=B/H$，称为坡度系数。

（2）土方边坡大小应根据土质、开挖深度、开挖方法、施工工期、地下水位、坡顶荷载及气候条件等因素确定。边坡可做成直线形、折线形或阶梯形（如图 2.14）。

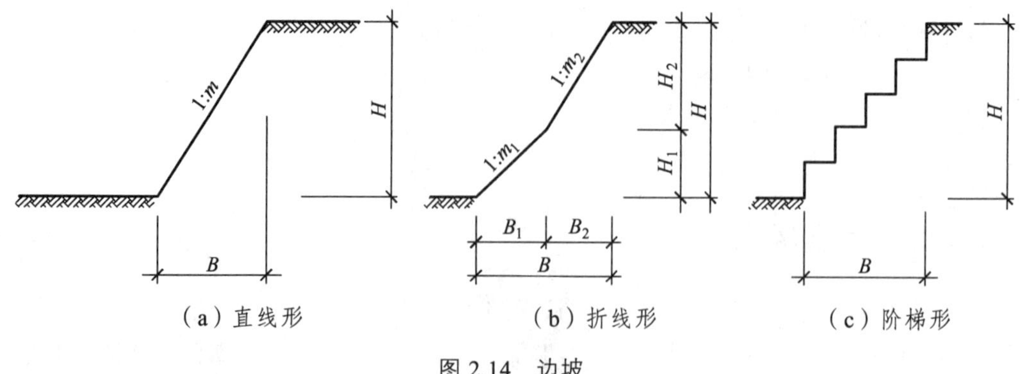

图 2.14　边坡

特别提示：当土质均匀时用直线形；土分层时采用折线形，折线形又分为上陡下缓和上缓下陡；当放坡深度较大时，采用阶梯形。

土方边坡坡度一般在设计文件上有规定，若设计文件上无规定，可按照《建筑地基基础工程施工质量验收规范》（GB 50202—2018）第 6.2.3 条的规定执行。

3）不放坡的最小深度

规范规定，当地质条件良好、土质均匀且地下水位低于基坑或管沟底面高程时，挖方边坡可挖成直壁而不加支撑，但深度不宜超过下列规定：

（1）密实、中密的砂土和碎石类土（填充物为砂土）　1.0 m

（2）硬塑、可塑的轻亚黏土及亚黏土　1.25 m

（3）硬塑、可塑的黏土及碎石类土（填充物为黏性土）　1.5 m

（4）坚硬的黏土　2.0 m

4）边坡坡度值

当土的湿度、土质及其他地质条件较好且地下水位低于基底时，深度 5 m 以内不加支撑的基坑基槽或管沟，其边坡的最陡坡度见表 2.5。

表 2.5　深度在 5 m 内的基坑（槽）或管沟边坡的最陡坡度

土的类别	边坡的坡度		
	坡顶无荷载	坡顶有静载	坡顶有动载
中密的砂土	1∶1.00	1∶0.25	1∶1.50
中密的碎石土（充填物为砂土）	1∶0.75	1∶1.00	1∶1.25
硬塑的轻亚黏土	1∶0.67	1∶0.73	1∶1.00
中密的碎石土（充填物为黏性土）	1∶0.50	1∶0.67	1∶0.75
硬塑的亚黏土、黏土	1∶0.33	1∶0.50	1∶0.67
老黄土	1∶0.10	1∶0.25	1∶0.33
软土（经井点降水后）	1∶1.00		

由于影响因素较多，精确地计算边坡稳定尚有困难，一般工程目前都是根据经验确定土方边坡。

2. 基坑土方量计算

基坑是指坑底面积在 50 m² 以内，且长宽比小于等于 3∶1 的矩形土体。基坑土方量可按立体几何中的拟柱体（由两个平行的平面做底的一种多面体）体积公式计算。如图 2.15 所示，即：

$$V=\frac{H}{6}+(F_1+4F_0+F_2) \tag{2.18}$$

式中　H——基坑深度（m）；

F_1，F_2——基坑上、下的底面积（m²）；

F_0——基坑中截面的面积（m²）。

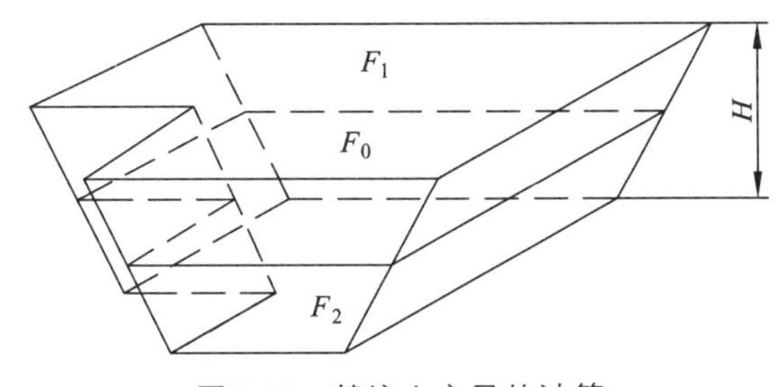

图 2.15　基坑土方量的计算

【例 2.3】　已知某基坑底长 80 m，底宽 60 m。场地地面高程为 176.50，基坑底面的高程为 168.50，四面放坡，坡度系数为 0.5，试计算挖方工程量。

【解】　基坑的高度：H = 176.50 − 168.50 = 8（m）

基坑的上口长度：80 + 8 × 0.5 × 2 = 88（m）

基坑的上口宽度：60 + 8 × 0.5 × 2 = 68（m）

$$F_1 = 68\times 88 = 5\ 984\ (\mathrm{m}^2)$$

$$F_2 = 60\times 80 = 4\ 800\ (\mathrm{m}^2)$$

$$F_0 = 64\times 84 = 5\ 376\ (\mathrm{m}^2)$$

则 $V = H/6\times(F_1 + 4F_0 + F_2) = 8/6\times(5\ 984 + 4\times 5\ 376 + 4\ 800) = 43\ 050.67$（m³）

实际工程中，基坑底大都是矩形，考虑工作面和放坡后，基坑大多为倒置的四棱台形，因此它的体积公式也可以选用四棱台的体积公式计算，即：

$$V=(a+2c+kh)\times(b+2c+kh)\times h+1/3k^2h^3$$

式中　a——长底边；

b——短底边；

c——工作面；

h——挖土深度；

k——放坡系数。

【例 2.4】 某坑坑底长 80 m，宽 60 m，深 8 m，四边放坡，边坡坡度 1∶0.5，试计算挖土土方工程量。若地下室的外围尺寸为 78 m × 58 m，土的最初可松性系数 K_s = 1.13，最终可松性系数 K_s' = 1.03，回填结束后，余土外运，用斗容量 5 m³ 的车运，需运多少车？

【解】 基坑长 $a_{基坑}$ = 80 m，宽 $b_{基坑}$ = 60 m，挖土土方工程量：

$$V = h(a_{基坑} + mh)(b_{基坑} + mh) + \frac{1}{3}m^2h^3$$

$$= 8\times(80+0.5\times8)\times(60+0.5\times8)+\frac{1}{3}\times0.5^2\times8^3 = 43\ 050.7\ (\mathrm{m}^3)$$

挖土土方工程量为 43 050.7 m³。

地下室体积：

$$78\times58\times8 = 36\ 192\ (\mathrm{m}^3)$$

回填土量（夯实状态）：

$$V_3 = 挖土体积 - 地下室体积 = 43\ 050.7 - 36\ 192 = 6\ 858.7\ (\mathrm{m}^3)$$

回填土土方工程量为 6 858.7 m³。

$$K_s' = \frac{V_3}{V_1} \Rightarrow 回填土量（天然状态）V_1 = \frac{V_3}{K_s'} = \frac{6\ 858.7}{1.03} = 6\ 659\ (\mathrm{m}^3)$$

余土量（松散状态）：

$$V_{余} = K_s(V - V_1) = (43\ 050.7 - 6\ 659)\times1.13 = 41\ 122.6\ (\mathrm{m}^3)$$

需运车数：$n = \frac{V_{余}}{5} = \frac{41\ 122.6}{5} = 8\ 224.5$，取 8 225

$$n = 8\ 225$$

所以，需运车数 8 225 辆。

3. 基槽土方量计算

底宽小于 5 m，且长宽比大于 3∶1 的土体称为基槽，基槽路堤管沟的土方工程量，可以沿长度方向分段后，再用同样方法计算，如图所示，即：

$$V = \frac{L_1}{6} + (F_1 + 4F_0 + F_2) \tag{2.19}$$

$$V = V_1 + V_2 + \cdots + V_n \tag{2.20}$$

式中 V_1——第 1 段的土方量；

L_1——第 1 段的长度；

V_1，V_2，V_n——各段的总土方量。

2.3　土方边坡支护

开挖基坑（槽）时，如地质和周围条件允许，可放坡开挖，这往往是比较经济的。但在建筑稠密地区施工，有时不允许按要求放坡的宽度开挖，或有防止地下水渗入基坑要求时，就需要土壁支撑或板桩支撑土壁，以保证施工的顺利和安全，并减少对相邻已有建筑物的不利影响。

1. 基槽的支撑方法

横撑式支撑开挖较窄的沟槽，多用横撑式土壁支撑（见图 2.16）。

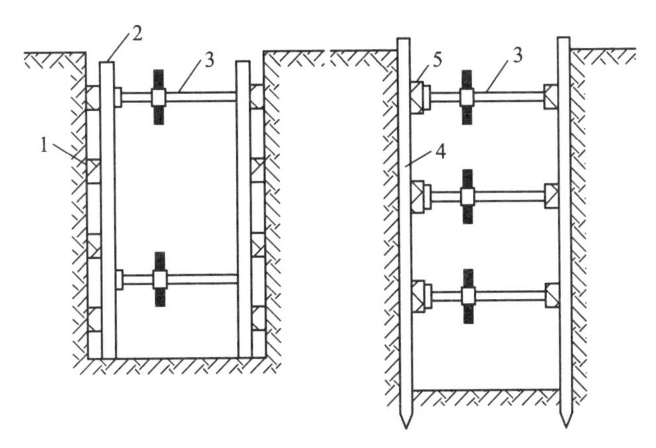

1—水平挡土板；2—竖楞木；3—工具式支撑；4—竖直挡土板；5—横楞木。

图 2.16　横撑式支撑

横撑式土壁支撑根据挡土板的不同，分为水平挡土板和垂直挡土板两类（见图 2.17）。水平挡土板的布置又分为断续式和连续式两种。湿度小的黏性土挖土深度小于 3 m 时，可用断续式水平挡土板支撑；对松散、湿度大的土壤可用连续式水平挡土板支撑，挖土深度可达 5 m。对松散和湿度很高的土可用垂直式挡土板支撑，挖土深度不限。

（a）间断式水平挡土板

（b）垂直挡土板

图 2.17　挡土板

2. 浅基坑的支撑方法

开挖浅基坑时，采用的支撑方法有斜撑支撑和锚拉支撑，如图 2.18 所示。

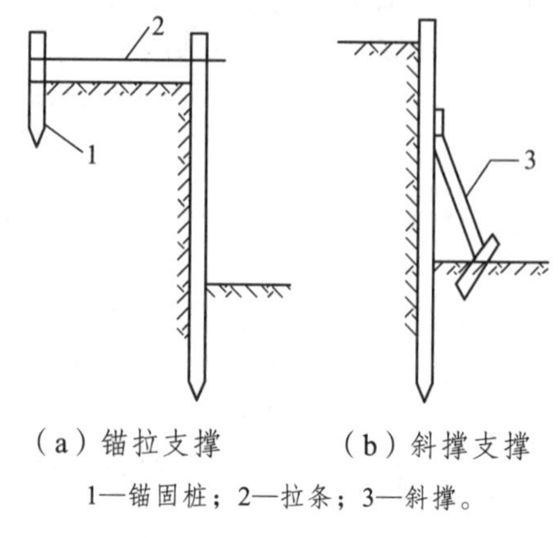

（a）锚拉支撑　　（b）斜撑支撑

1—锚固桩；2—拉条；3—斜撑。

图 2.18　浅基坑常用支撑形式

（1）斜撑支撑。水平挡土板钉在柱桩内侧，柱桩外侧用斜撑支顶，斜撑底端支在木桩上，在挡土板内侧回填土。适用于开挖较大型、深度不大的基坑或使用机械挖土。

（2）锚拉支撑。水平挡土板支在柱桩的内侧，柱桩一端打入土中，另一端用拉杆与锚桩拉紧，在挡土板内侧回填土。适用于开挖较大型、深度不大的基坑或使用机械挖土，而能安设横撑时使用。

3. 深基坑的支护方法

深基坑开挖时，采用的支护方法有型钢桩加挡板支护、钢板桩支护、灌注桩排桩支护、挡土灌注桩与土层锚杆结合支护、双层挡土灌注桩支护、地下连续墙支护、土钉墙、护坡桩加锚杆支护等。

（1）型钢桩横挡板支护。挡土位置预先打入钢轨、工字钢或 H 型钢桩，间距 1 ~ 1.5 m，然后边挖方，边将 3 ~ 6 cm 厚的挡土板塞进钢桩之间挡土，并在横向挡板与型钢桩之间打入楔子，使横板与土体紧密接触（见图 2.19）。适用于地下水位较低，深度不很大的一般黏性或砂土层中应用。

（2）钢板桩支护。钢板桩为一种支护结构，既挡土又防水。当开挖的基坑较深，地下水较高且出现流砂的危险时，如未采用降低地下水位的方法，则可用钢板桩打入土中，使地下水在土中渗流的路线延长，降低水力坡度，从而防止流砂产生。在靠近原有建筑物开挖基坑时，为了防止原建筑物基础的下沉，也应打设板桩支护。钢板桩在临时工程中可多次重复使用（见图 2.20）。

图 2.19　型钢桩横挡板支护

（3）灌注桩排桩支护。在开挖基坑的周围，用钻机钻孔，现场灌注钢筋混凝土桩，达到强度后，在基坑中间用机械或人工挖土，下挖 1 m 左右装上横撑，在桩背面装上拉杆与已设锚桩拉紧，然后继续挖土至要求深度。在桩间土方挖成外拱形，使之起土拱作用。如基坑深度小于 6 m，或邻近有建筑物，也可不设锚拉杆，采取加密桩距或加大桩径处理。适于开挖较大、较深（>6 m）基坑，临近有建筑物，不允许支护，背面地基有下沉、位移时采用（见图 2.21）。

图 2.20 钢板桩支护

图 2.21 灌注桩排桩支护

（4）挡土灌注桩与土层锚杆结合支护。同挡土灌注桩支撑，但在桩顶不设锚桩锚杆，而是挖至一定深度，每隔一定距离向桩背面斜下方用锚杆钻机打孔，安放钢筋锚杆，用水泥压力灌浆，达到强度后，安上横撑，拉紧固定，在桩中间进行挖土，直至设计深度。如设 2～3 层锚杆，可挖一层土，装设一次锚杆。适用于大型较深基坑，施工期较长，邻近有高层建筑，不允许支护，邻近地基不允许有任何下沉位移时采用。

（5）双层挡土灌注桩支护。将挡土灌注桩在平面布置上由单排桩改为双排桩，呈对应或梅花式排列，桩数保持不变，双排桩的桩径 d 一般为 400～600 mm，排距 L 为（1.5～3）d。适用于基坑较深，采用单排混凝土灌注桩挡土，强度和刚度均不能胜任时使用（见图 2.22）。

图 2.22 挡土灌注桩支护

（6）地下连续墙支护。在开挖的基坑周围，先建造混凝土或钢筋混凝土地下连续墙，达到强度后，在墙中间用机械或人工挖土，直至要求深度。当跨度、深度很大时，可在内部加设水平支撑及支柱。用于逆作法施工，每下挖一层，将下一层梁、板、柱浇筑完成，以此作为地下连续墙的水平框架支撑，如此循环作业，直到地下室的底层全部挖完土，浇筑完成。适用于开挖较大、较深（>10 m）、有地下水，周围有建筑物、公路的基坑，作为地下结构外墙的一部分，或用于高层建筑的逆作法施工，作为地下室结构的部分外墙。

（7）土钉墙。土钉墙是一种边坡稳定式的支护，其作用与被动起挡土作用的上述围护墙不同，它是起主动嵌固作用，增加边坡的稳定性，使基坑开挖后坡面保持稳定。施工时，每挖深 1.5 m 左右，挂细钢筋网，喷射细石混凝土面层厚 50 ~ 100 mm，然后钻孔插入钢筋（长 10 ~ 15 m，纵、横间距 1.5 m × 1.5 m），加垫板并灌浆，依次进行直至坑底。基坑坡面有较陡的坡度。土钉墙适用于基坑侧壁安全等级宜为二级、三级的非软土场地，基坑深度不宜大于 12 m（见图 2.23）。

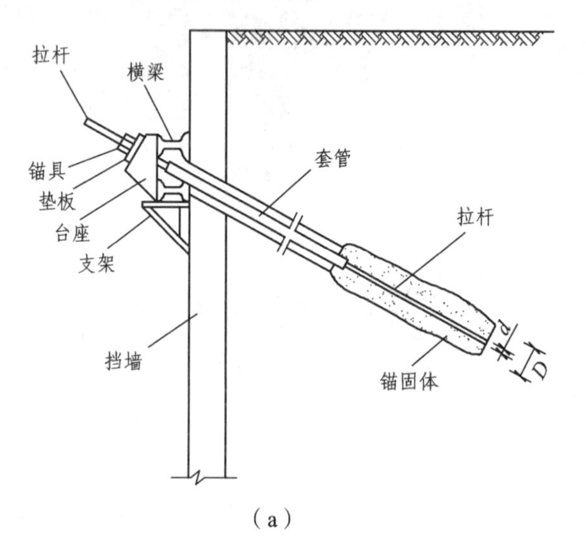

（a）

（b）

图 2.23　土钉墙

2.4　降、排水施工

施工排水和人工降低地下水位是配合基坑开挖的安全措施之一。当基坑或基槽开挖至地下水位以下时，土的含水层被切断，地下水将不断渗入坑内。大气降水、施工用水等也会流入坑内。基坑或沟槽内的土被水浸泡后可能引起边坡的坍塌，使施工不能正常进行，还会影响地基承载能力。所以，做好施工排水和降水工作，保持干燥的开挖工作面是十分重要的。施工前应进行降水与排水的设计。

基坑或沟槽降水的方法通常有集水井降水法和井点降水法。无论采用何种方法，降水工作应持续到基础施工完毕并回填土后才能停止。

1. 集水井降水法

集水井降水法是在基坑开挖过程中，沿坑底周围开挖排水沟，排水沟纵坡宜控制在

1‰ ~ 2‰，在坑底每隔 30 ~ 40 m 设置集水井，地下水通过排水沟流入集水井中，然后用水泵抽至坑外，如图 2.24 所示。

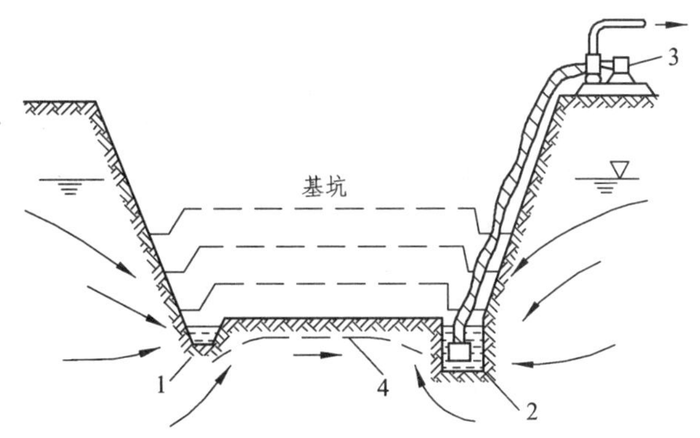

1—排水明沟；2—集水井；3—水泵；4—降低后的地下水。

图 2.24　明沟、集水井排水

集水井降水法是一种常用的简易的降水方法，适用于面积较小、降水深度不大的基坑（槽）开挖工程。

1）集水井设置

四周的排水沟及集水井一般应设置在基础 0.4 m 以外，地下水流的上游。沟边缘离开边坡坡脚不应小于 0.3 m，底面比挖土面低 0.3 ~ 0.4 m，排水纵坡控制在 0.1% ~ 0.2%以内。集水井的直径或宽度，一般为 0.6 ~ 0.8 m（其深度随着挖土的加深而加深，要始终低于挖土面 0.7 ~ 1.0 m）。当基坑挖至设计标高后，井底应低于坑底 1 ~ 2 m，并铺设 0.3 m 碎石滤水层，以免在抽水时将泥沙抽出，并防止井底的土被搅动。排水沟和集水井应设置在建筑物基础底面范围以外，且在地下水走间的上游。根据基坑涌水量的大小、基坑平面形状和尺寸、水泵的抽水能力等，确定集水井的数量和间距。一般每 20 ~ 40 m 设置 1 个。

2）水泵的选用

集水明沟排水是用水泵从集水井中抽水，常用的水泵有潜水泵、离心泵和泥浆泵。选用水泵的抽水量为基坑涌水量的 1.5 ~ 2 倍。

2. 井点降水法

对软土或土层中含有细砂、粉砂或淤泥层时，不宜采用集水井降水法，因为在基坑中直接排水，地下水将产生自下而上或从边坡向基坑方向流动的动水压力，容易导致边坡塌方和产生“流砂现象”使基底土结构遭受破坏，这种情况应考虑采用井点降水法。

【知识链接】

流砂现象指的是，当基坑挖土达到地下水位以下，而土是细砂或粉砂，又采用集水坑降水时，在一定的动水压力作用下，坑底下的土就会形成流动状态，随地下水一起流动涌进坑内，发生的现象。如图 2.25 所示。

图 2.25　流砂现象

井点降水有轻型井点和管井井点两类。对不同类型的井点降水可根据土的渗透系数、降水深度、设备条件及经济性选用，可参见表 2.6 选择。其中轻型井点应用最为广泛。

表 2.6　各种井点的适用范围

井点类型		土层渗透系数/（m/d）	降低水位深度/m
轻型井点	一级轻型井点	0.1 ~ 50	3 ~ 6
	二级轻型井点	0.1 ~ 50	6 ~ 12
	喷射井点	0.1 ~ 5	8 ~ 20
	电渗井点	<0.1	根据选用的井点确定
管井类	管井井点	20 ~ 200	3 ~ 5
	深井井点	10 ~ 250	>15

1）轻型井点设备

轻型井点设备由管路系统和抽水设备组成，如图 2.26 所示。

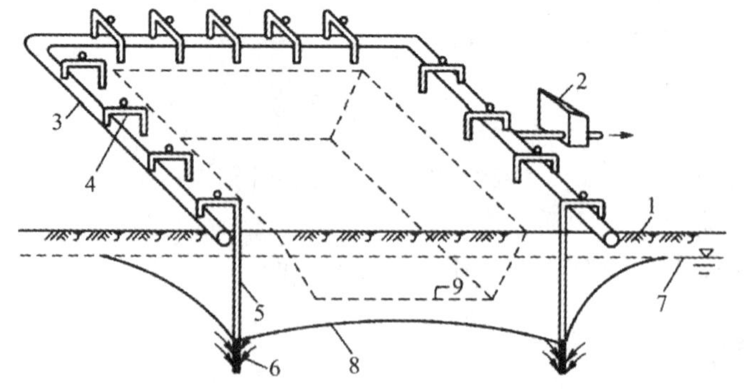

1—地面；2—水泵房；3—总管；4—弯联管；5—井点管；6—滤管；7—原地下水位；8—降水后水位；9—基坑底。

图 2.26　轻型井点法降低地下水位示意图

（1）管路系统。它包括：滤管、井点管、弯联管及总管等。

① 滤管。滤管为进水设备，通常采用长 1.0 ~ 1.5 m、直径 38 mm 或 51 mm 的无缝钢管，管壁钻有直径为 12 ~ 18 mm 的呈梅花形排列的滤孔，滤孔面积为滤管表面积的 20% ~ 25%。管壁外面包以两层孔径不同的滤网，内层为 30 ~ 50 孔/cm^2 的黄铜丝或尼龙丝布的细滤网，外层为 3 ~ 10 孔/cm^2 的同样材料的粗滤网或棕皮。滤网外面再绕一层粗铁丝保护网，滤管下端为一铸铁塞头，如图 2.27 所示。滤管上端与井点管连接。

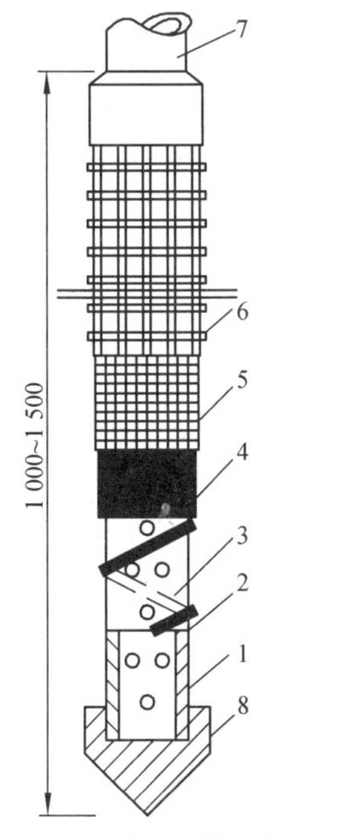

1—钢管；2—管壁上小孔；3—塑料管；4—细滤网；5—粗滤网；6—粗铁丝保护网；7—井点管；8—铸铁头。

图 2.27　滤管构造

② 井点管。井点管为直径 38 mm 或 51 mm、长 5 ~ 7 m 的钢管，可整根或分节组成。井点管的上端用弯联管与总管相连。

③ 总管。总管为直径 100 ~ 127 mm 的无缝钢管，每段长 4 m，其上装有与井点管连接的短接头，间距为 0.8 ~ 1.6 m。

（2）抽水设备。抽水设备常用的有真空泵、射流泵和隔膜泵井点设备。

2）轻型井点的布置

井点系统的布置，应根据基坑大小与深度、土质、地下水位高低与流向、降水深度要求等而定。

（1）平面布置。当基坑或沟槽宽度小于 6 m，且降水深度不超过 5 m 时，可用单排线状井点，布置在地下水流的上游一侧，两端延伸长度不小于坑槽宽度，如图 2.28 所示。

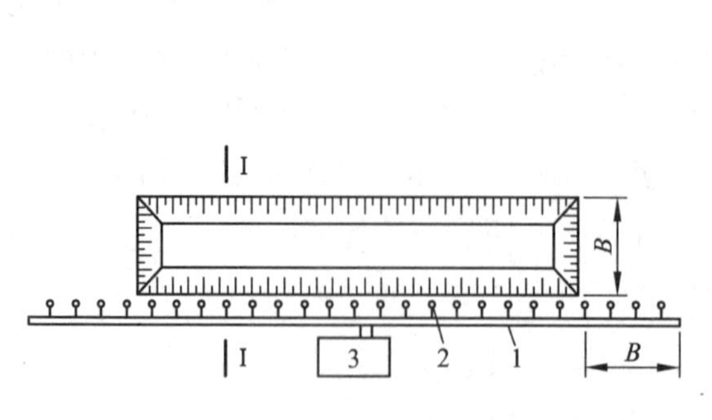

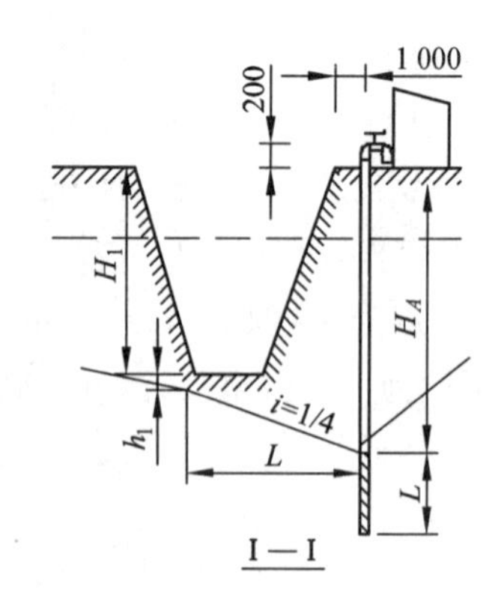

图 2.28 单排井点布置图

当基坑或沟槽宽度大于 6 m 或土质不良，则用双排线状井点，位于地下水流上游一排井点管的间距应小些，下游一排井点管的间距可大些。

当基坑面积较大时，基坑宜用环状井点，如图 2.29 所示，有时亦可布置成 U 形，以利于挖土机和运土车辆出入基坑。井点管距离基坑壁一般可取 0.7 ~ 1.2 m，以防局部发生漏气。井点管间距一般为 0.8 m、1.2 m、1.6 m，由计算或经验确定。井点管在总管四角部位适当加密。

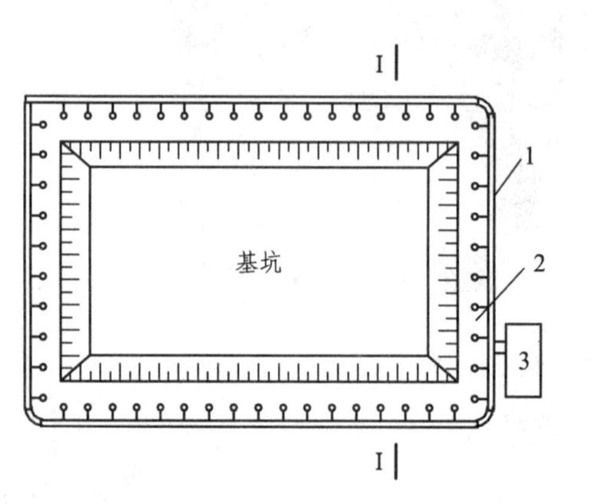

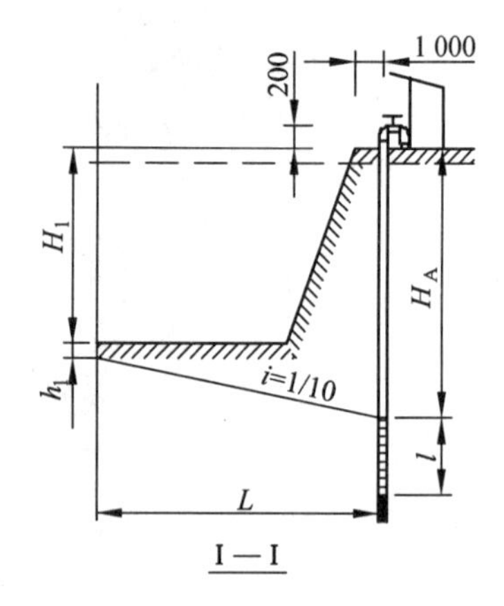

图 2.29 环形井点布置图

（2）高程布置。轻型井点的降水深度，从理论上讲可达 10.3 m，但由于管路系统的水头损失，其实际降水深度一般不超过 6 m。井点管埋设深度（不包括滤管）按式（2.21）计算：

$$H = H_1 + h + iL \tag{2.21}$$

式中 H_1——井点管埋设面至基坑底面的距离（m）；

h——降低后的地下水位至基坑中心底面的距离，一般取 0.5 ~ 1.0 m；

i——水力坡度，单排井点为 1/4，双排井点为 1/7，环状井点为 1/10；

L——井点管至基坑中心的水平距离，当井点管为单排布置时 L 为井点管至对边坡脚的水平距离。

根据上式算出的 H，如大于 6 m，则应降低井点管抽水设备的埋置面，以适应降水深度要求。即将井点系统的埋置面接近原有地下水位线（要事先挖槽），个别情况下甚至稍低于地下水位（当上层土的土质较好时，先用集水井排水法挖去一层土，再布置井点系统），就能充分利用抽吸能力，使降水深度增加。井点管露出地面的长度一般为 0.2 ~ 0.3 m，以便与弯联管连接，滤管必须埋在透水层内。

当一级轻型井点达不到降水要求时，可采用二级井点降水，即先挖去第一级井点所疏干的土，然后再在其底部装设第二级井点，如图 2.30 所示。

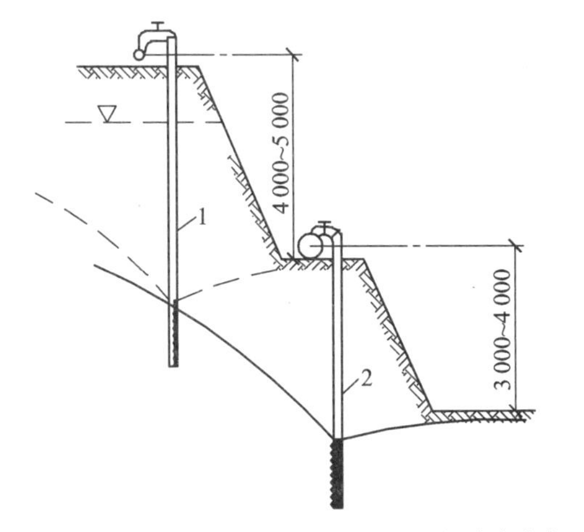

1——一级井点降水；2—二级井点降水。

图 2.30　二级井点降水示意图

3. 轻型井点的施工

井孔冲成后，立即拔出冲管，插入井点管，并在井点管与孔壁之间迅速填灌砂滤层，以防孔壁塌土。砂滤层的填灌质量是保证轻型井点顺利抽水的关键。一般宜选用干净粗砂，填灌均匀，并填至滤管顶上 1 ~ 1.5 m，以保证水流畅通。井点填砂后，在地面以下 0.5 ~ 1.0 m 内应用黏土封口，以防漏气。

轻型井点的施工程序为敷设总管，冲孔埋设井点管，安装抽水设备，抽水试运转。

井点管埋设有多种方法。一般采用冲孔法。用起重设备将冲管吊起插在井点位置上，然后开动高压水泵，将土冲松，冲管则边冲边沉。冲孔直径一般为 300 mm，以保证井管四周有一定厚度的砂滤层，冲孔深度宜比滤管底深 0.5 m 左右，以防冲管拔出时，部分土颗粒沉于底部而触及滤管底部。井点管埋设完毕，应接通总管与抽水设备进行试抽水，检查有无漏水、漏气，出水是否正常，有无淤塞等现象；如有异常情况，应检修好后方可使用。

井点管使用时，应保证连续不断地抽水，并准备双电源，正常出水规律是“先大后小，先混后清”。抽水时需要经常观测真空度，以判断井点系统工作是否正常。若井点管淤塞，可以听管内水流声响，用手扶管壁有振动感，夏、冬季手摸管子有夏冷、冬暖感等简便方法检查。如发现淤塞井点管太多，严重影响降水效果时，应逐根用高压水反向冲洗或拔出重埋。

井点管的拆除：地下构筑物竣工并进行回填土后，方可拆除井点系统。拔出井点管多借助于起重机，所留孔洞用砂或土填实，对地基有防渗要求时，地面上 2 m 应用黏土填实。

由于土方工程量大，尤其是建设一个大型工业企业，往往有几十万、几百万甚至几千万立方米的土方，其施工面积往往可达几平方千米，甚至几十平方千米。在这种情况下，土方工程全部由人工来完成，消耗的劳动量将是个庞大的数字且工期也会拖得很长。因此，为了减轻繁重的体力劳动、提高劳动生产率、加快工程进度、降低工程成本，在组织土方工程施工时，应尽可能采用机械化施工。

2.5 土方机械化施工

2.5.1 常用的土方施工机械

土方工程施工机械的种类繁多，常用的有推土机、铲运机、单斗挖土机、装载机、平土机、松土机、多斗挖土机和各种碾压、夯实机械等。

1. 推土机

推土机是土方工程施工的主要机械之一，按行走的方式，可分为履带式推土机和轮胎式推土机。履带式推土机附着力强，爬坡性能好，适应性强。轮胎式推土机行驶速度快，灵活性好。如图 2.31 所示。

图 2.31 液压式推土机外形图

推土机适应于场地清理和平整，开挖深度 1.5 m 以内的基坑、填平沟坑，也可配合铲运机和挖土机工作。推土机可推挖一至三类土，经济运距 100 m 以内，效率最高为 40 ~ 60 m。

为提高生产率，常采用下坡推土、槽形推土和并列推土等施工方法（见图 2.32）。在运距较远而土质又比较坚硬时，对于切土深度不大的，可采用多次铲土、分批集中、再一次推送的施工方法。

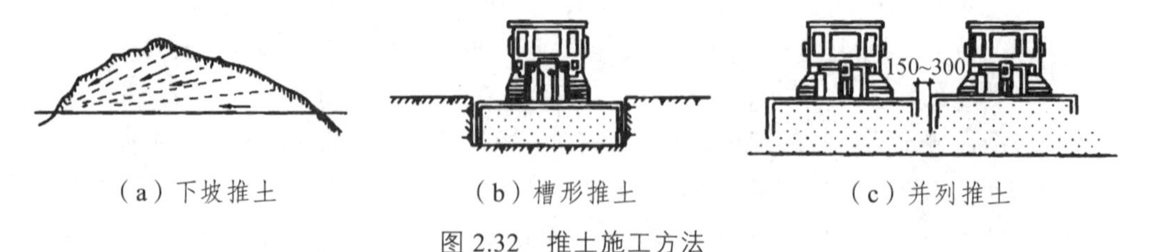

（a）下坡推土　（b）槽形推土　（c）并列推土

图 2.32 推土施工方法

2. 铲运机

铲运机是一种能够独立完成铲土、运土、卸土、填筑、整平的土方机械。可在一至三类土中直接挖、运土，常用于坡度在 20%以内的大面积土方挖、填、平整和压实，大型基坑、沟槽的开挖，路基和堤坝的填筑，不适于砾石层、冻土地带及沼泽地区使用。坚硬土开挖时要用推土机助铲或用松土机配合。

铲运机按行走机构可分为拖式铲运机（见图 2.33）和自行式铲运机（见图 2.34）两种。自行式铲运机适用于运距 800～3 500 m 的大型土方工程施工，以运距在 800～1 500 m 内的生产效率最高。拖式铲运机适用于运距为 80～800 m的土方工程施工，运距在 200～350 m 时，效率最高。

图 2.33　C6-2.5 型拖式铲运机外形图

图 2.34　C3-6 型自行式铲运机外形图

铲运机的运行路线如下所述（见图 2.35）。

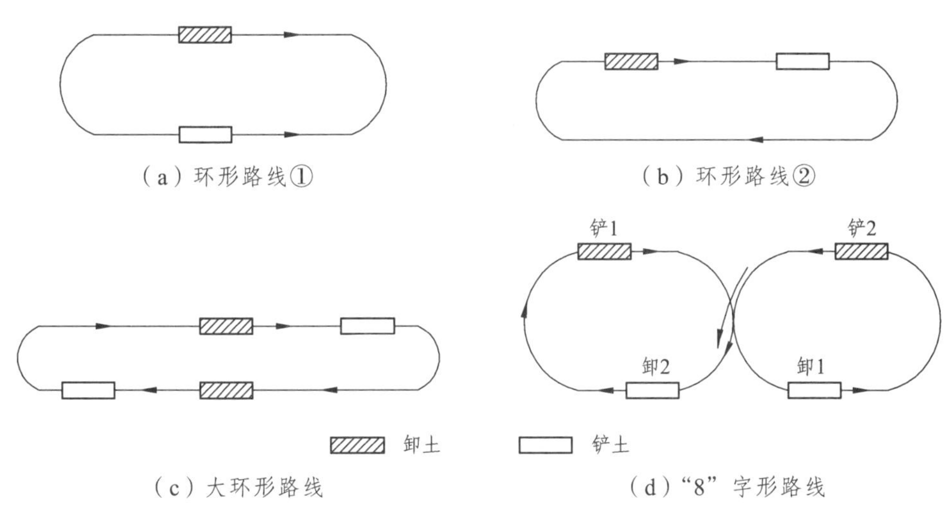

（a）环形路线①　（b）环形路线②

（c）大环形路线　（d）“8”字形路线

图 2.35　铲运机开行路线

（1）环形路线

对于地形起伏不大，而施工地段较短（50 ~ 100 m）和填方不高（0.1 ~ 1.5 m）的路堤及基坑与场地平整工程，宜采用环形路线。

（2）大环形路线

当填、挖交替，且相互间的距离又不大时，可采用大环形路线。这样可进行多次铲土和卸土，减少铲运机转弯次数，提高其工作效率。

（3）“8”字形路线

在地形起伏较大，施工地段狭长的情况下，宜采用“8”字形路线，按照这种路线运行，铲运机上、下坡时斜向行驶，所以坡度平缓，减少了转弯次数及空车行驶距离，可缩短运行时间，提高生产率。装土、运土和卸土时，按“8”字形运行，一个循环完成两次装土和卸土工序。装土和卸土沿直线运行，转弯时刚好把土装完或卸完，但两条路线间的夹角应小于 60°，此法可减少转弯次数和空车行驶距离，提高工效。

3. 单斗挖土机

单斗挖土机是基坑（槽）土方开挖常用的一种机械。依其工作装置的不同可分为正铲、反铲、拉铲和抓铲四种，如图 2.36 所示。

（a）正铲　（b）反铲　（c）拉铲　（d）抓铲

图 2.36　单斗挖土机

（1）正铲挖土机

正铲挖土机的挖土特点是：前进向上，强制切土。它适用于开挖停机面以上的一至三类土，且需与运土汽车配合完成整个挖运任务。开挖大型基坑时需设坡道，挖土机在坑内作业，适宜在土质较好、无地下水的地区工作。当地下水位较高时，应采取降低地下水位的措施，把基坑水疏干。

正铲挖土机挖土方式有两种：一种是正向挖土，侧向卸土，如图 2.37（a）所示。即挖土机沿前进方向挖土，运输车辆停在侧面卸土。另一种是正向挖土，后方卸土，如图 2.37（b）所示，即挖土机沿前进方向挖土，运输车辆停在挖土机后方装土。此法挖土机卸土时动臂转角大、生产率低，运输车辆要倒车进入，一般在基坑窄而深的情况下采用。

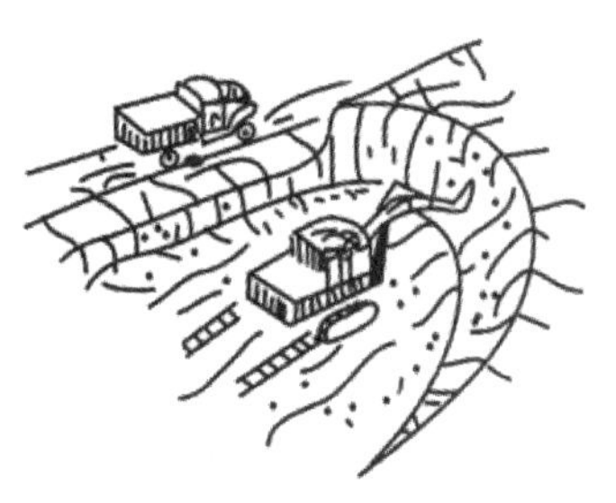

（a）正向挖土，侧向卸土

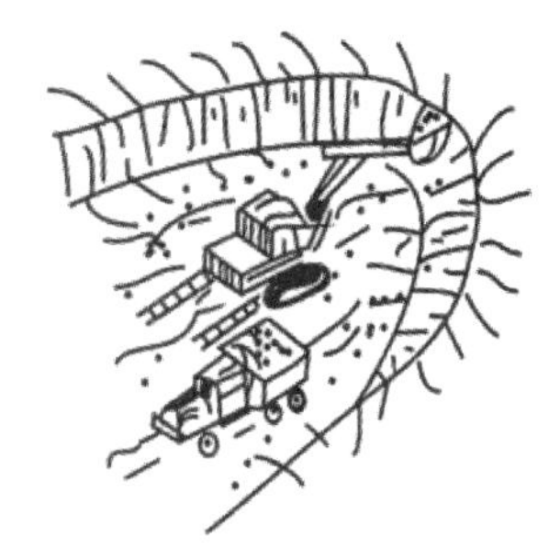

（b）正向挖土，后方卸土

图 2.37　正铲挖土机卸土方式

（2）反铲挖土机

反铲挖土机的挖土特点是：后退向下，强制切土。其挖掘力比正铲小，能开挖停机面以下的一至三类土（机械传动反铲只宜挖一至二类土）。适用于一次开挖深度在 4 m 左右的基坑、基槽和管沟，也可用于地下水位较高的土方开挖；在深基坑开挖中，依靠止水挡土结构或井点降水，反铲挖土机通过下坡道，采用台阶式接力方式挖土也是常用方法。

反铲挖土机的开挖方式有沟端开挖和沟侧开挖两种，如图 2.38 所示。沟端开挖，就是挖土机停在基坑（槽）的端部，向后倒退挖土，汽车停在基槽两侧装土。沟侧开挖，就是挖土机沿基槽的一侧直线移动，边走边挖土。

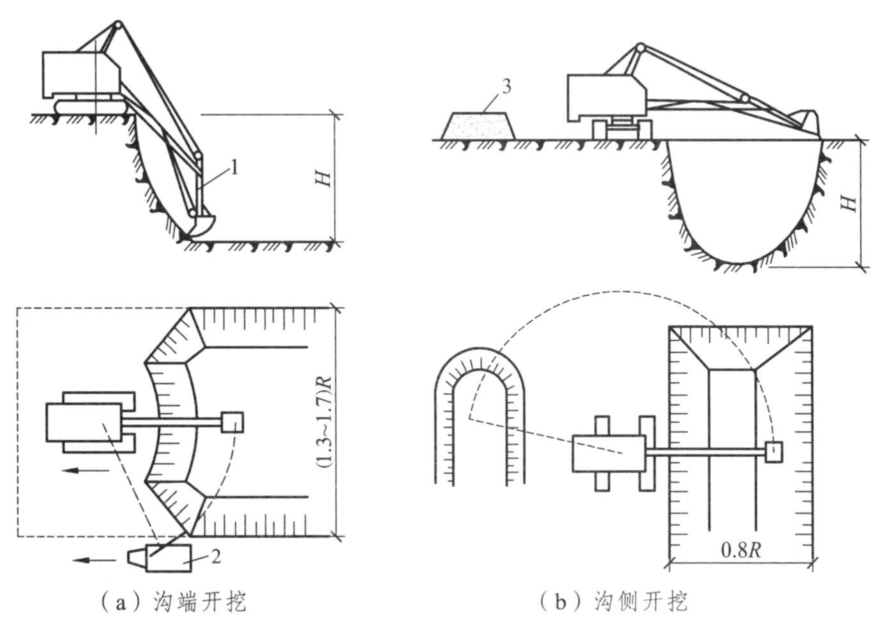

（a）沟端开挖　　（b）沟侧开挖

1—反铲挖土；2—自卸汽车；3—弃土堆。

图 2.38　反铲挖土机的开挖方式

（3）拉铲挖土机

挖土特点是：后退向下，自重切土；其挖土深度和挖土半径均较大，能开挖停机面以下的一类和二类土，但不如反铲动作灵活准确。适用于开挖较深较大的基坑（槽）、沟渠，挖取水中泥土以及填筑路基，修筑堤坝等。拉铲挖土机的开挖方式与反铲挖土机的开挖方式相似，有沟侧开挖和沟端开挖两种。如图 2.39 所示。

（4）抓铲挖土机

挖土特点是：直上直下，自重切土。其挖掘力较小，只能开挖停机面以下的一类和二类土。适用于开挖软土地基基坑，特别是窄而深的基坑、深槽、深井等；抓铲还可用于疏通旧有渠道以及挖取水中淤泥等，或用于装卸碎石、矿渣等松散材料。如图 2.40 所示。

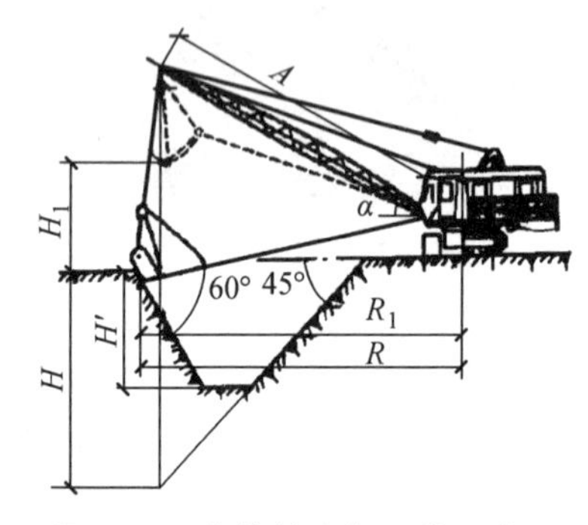

图 2.39　拉铲挖土机工作示意图

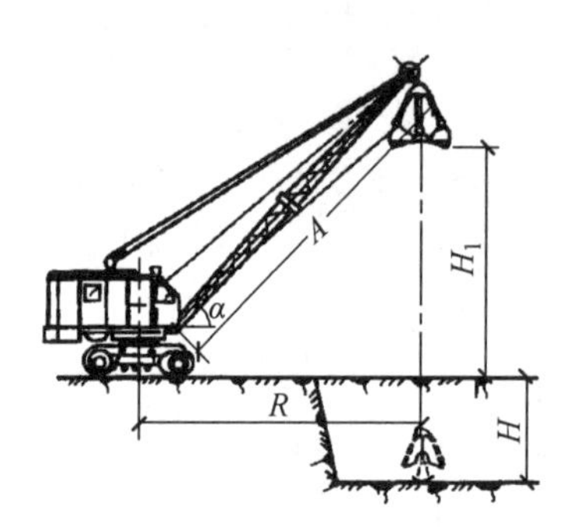

图 2.40　抓铲挖土机工作示意图

2.5.2　土方施工机械选择

在实际施工中，土方工程机械主要依据以下几方面因素选择：

（1）基坑情况，包括几何尺寸大小、深浅、土质、有无地下水及开挖方式等。

（2）作业环境，包括占地范围，工程大小，地上与地下障碍物等。

（3）季节，包括冬、雨期时间长短，冬期温度与雨期降水量等情况。

（4）机械配套与供应情况。

（5）施工工期较短和经济效益目标。

2.6　土方开挖与回填

2.6.1　施工准备工作

土方工程施工前通常需完成下列准备工作：

（1）建设单位应向施工单位提供当地实测地形图，原有的地下管线或建、构筑物的竣工图，土方施工图及工程地质，气象条件等技术资料，以便施工方进行设计，并应提供平面控制点和水准点，作为施工测量的依据。

（2）清理地面及地下的各种障碍物，已有建筑物或构筑物，道路，沟渠，通信，电力设施，地上和地下管道，坟墓树木等在施工前必须拆除，影响工程质量的软弱土层、腐殖土、大卵石、草皮、垃圾等也应进行清理，以便于施工的正常进行。

（3）排除地面水，场地内低洼地区的积水必须排除，同时应设置排水沟、截水沟和挡水土坝，有利于雨水的排出和拦截雨水的进入，使场地地面保持干燥，使施工顺利进行。

（4）根据规划部门侧放的建筑界限，街道控制点和水准点进行土方工程施工测量及定位放线之后，方可进行土方施工。

（5）在施工前应修筑临时道路，保证机械的正常进入，并应做好供水、供电等临时措施。

2.6.2　土方开挖

1. 放　线

放灰线时，在地上撒出灰线，标出基础挖土的界限。根据房屋主轴线控制点，确定开挖边线，如图 2.41 所示。

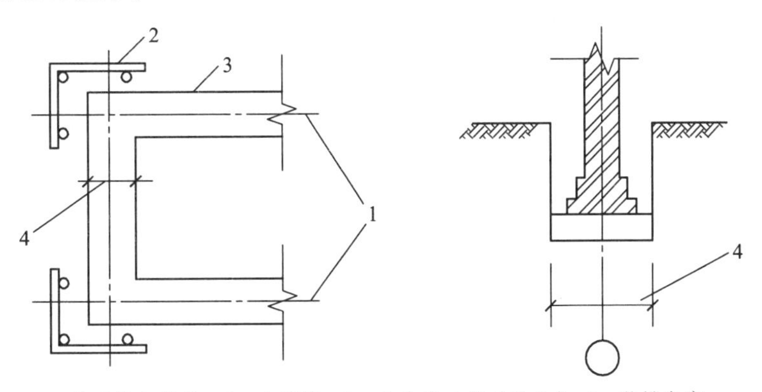

1—墙（柱）轴线；2—龙门板；3—白灰线（基础边线）；4—基槽宽度。

图 2.41　放线示意图

2. 基坑（槽）开挖

基坑（槽）土方开挖时，主要注意以下几方面的问题：

（1）选择合理的施工机械、开挖顺序和开挖路线。

（2）土方开挖施工宜在干燥环境下作业。

（3）不宜在坑边堆置弃土或使用其他重型机械。

（4）应避免超挖。

（5）基坑开挖后，应及时做好坡面的防护工作。

（6）与原有基础保持一定距离。

3. 基坑（槽）验收

1）检验内容

（1）核实基坑的位置、平面尺寸、坑底高程。

（2）核对基坑土质和地下水情况。

（3）核对地下物体及空洞的位置、深度、形状。

2）检验方法

直接观察法、轻型动力触探法。

3）验槽目的

基槽（坑）挖至基底设计高程后，必须通知勘察、设计、监理、建设部门会同验槽，经处理合格后签证，再进行基础工程施工，这是确保工程质量的关键程序之一。验槽目的在于检查地基是否与勘察设计资料相符合。

一般设计依据的地质勘察资料取自建筑物基础的有限几个点，无法反映钻孔之间的土质变化，只有在开挖后才能确切地了解。如果实际土质与设计地基土不符，则应由结构设计人员提出地基处理方案，处理后经有关单位签署后归档备查。

4）验槽方法

验槽主要靠施工经验观察为主，而对于基底以下的土层不可见部位，要辅以钎探、夯探配合共同完成。

（1）观察验槽

主要观察基槽基底和侧壁土质情况、土层构成及其走向情况以及是否有异常现象等，以判断是否达到设计要求的土层。观察内容主要为槽底土质、土的颜色、土的软硬、土的虚实情况。

（2）钎　探

对基槽底以下 2～3 倍基础宽度的深度范围内，土的变化和分布情况，或软弱土层，需要用钎探明。钎探方法为：将一定长度的钢钎打入槽底以下的土层内，根据每打入一定深度的锤击次数，间接地判断地基土质的情况。打钎分人工和机械两种方法。

① 钢钎的规格和数量

人工打钎时，钢钎用直径为 22～25 mm 的钢筋制成，钎尖为 60，尖锥状，钎长为 1.8～2.5 m。打钎用的锤质量为 1.63～2.04 kg，举锤高度一般为 50～70 cm。将钢钎垂直打入土中，并记录每打入土层 30 cm 的锤击数。用打钎机打钎时，其锤质量约 10 kg，锤的落距为 50 cm，钢钎直径为 25 mm，长 1.8 m，见图 2.42。

图 2.42　钎探

② 钎探记录和结果分析

先绘制基槽平面图，在图上根据要求确定钎探点的平面位置，并依次编号制成钎探平面图。钎探时按钎探平面图标定的钎探点顺序进行，最后整理成钎探记录表。全部钎探完毕后，逐层地分析研究钎探记录，逐点进行比较，将锤击数显著过多或过少的钎孔在钎探平面图上做上记号，然后再在该部位进行重点检查。如有异常情况，要认真进行处理。

（3）夯探

夯探较之钎探方法更为简便，不用复杂的设备而是用铁夯或蛙式打夯机对基槽进行夯击，凭夯击时的声响来判断下卧后的强弱或有无土洞或暗墓。

2.6.3　土方回填

1. 回填土的选择

为了保证填方工程在强度和稳定性方面的要求，必须正确选择土的种类和填筑方法。

（1）含有大量有机物的土，石膏或水溶性硫酸盐含量大于 5%的土，冻结或液化状态的黏土或粉状砂质黏土等，一般不能作填土之用。但在场地平整工程中，除修建房屋和构筑物的地基填土外，其余各部分填方所用的土不受此限制。

（2）填土应分层进行，并尽量采用同类土填筑。

（3）填土必须具有一定的密实度，以避免建筑物的不均匀沉陷。

（4）如采用不同土填筑时，应将透水性较大的土层置于透水性较小的土层之下。

（5）在填土施工时，土的实际干密度若大于或等于控制干密度，则符合质量要求。

填土时应先清除基底的树根、积水、淤泥和有机杂物，并分层回填、压实。填土应尽量采用同类土填筑。如采用不同种类填料分层填筑时，上层宜填筑透水性较小的填料，下层宜填筑透水性较大的填料。填方基土表面应做成适当的排水坡度，边坡不得用透水性较小的填料封闭。填方施工应接近水平地分层填筑。当填方位于倾斜的地面时，应先将斜坡挖成阶梯状，然后分层填筑，以防填土横向移动。分段填筑时，每层接缝处应做成斜坡形，上、下层错缝距离不应小于 1 m。

2. 填土压实方法

1）碾压法

碾压法是由沿着表面滚动的鼓筒或轮子的压力压实土壤。一切拖动和自动的碾压机具，常见的如平碾、羊足碾和气胎碾等，其工作原理都相同（见图 2.43）。这些机具主要用于大面积填土。平碾又叫压路机，适用于压实砂类土和黏性土；羊足碾和平碾不同，它是碾轮表面上装有许多羊蹄形的碾压凸脚，一般用拖拉机牵引作业。羊足碾有单桶和双桶之分，桶内根据要求可分为空桶、装水、装砂，以提高单位面积的压力，增加压实效果。羊足碾只能用来压实黏性土。气胎碾对土壤碾压较为均匀。

按碾轮重量，平碾可分为轻型（0 ~ 50 kN）、中型（60 ~ 90 kN）和重型（100 ~ 140 kN）三种。适于压实砂类土和黏性土，适用土类范围较广。轻型平碾压实土层的厚度不大，但土层上部变得较密实，当用轻型平碾初碾后，再用重型平碾碾压松土，就会取得较好的效果。如直接用重型平碾碾压松土，则由于强烈的起伏现象，其碾压效果较差。

（a）平碾　　（b）羊足碾　　（c）气胎碾

图 2.43　碾压机具

用碾压法压实填土时，铺土应均匀一致，碾压遍数要一样，碾压方向应从填土区的两边逐渐压向中心，每次碾压应有 15 ~ 20 cm 的重叠；碾压机械开行速度不宜过快，一般平碾不应超过 2 km/h，羊足碾控制在 2 km/h 之内，否则会影响压实效果。

2）夯实法

夯实法是利用夯锤自由下落的冲击力来夯实土壤，主要用于小面积的回填土或作业面受到限制的环境下的土壤压实。

夯实法分人工夯实和机械夯实两种。人工夯实所用的工具有木夯、石夯（见图 2.42）等；常用的夯实机械有夯锤、内燃夯土机、蛙式打夯机和利用挖土机或起重机装上夯板后的夯土机等，其中蛙式打夯机如图 2.44 所示。它的特点是轻巧灵活，构造简单，在小型土方工程中应用最广。

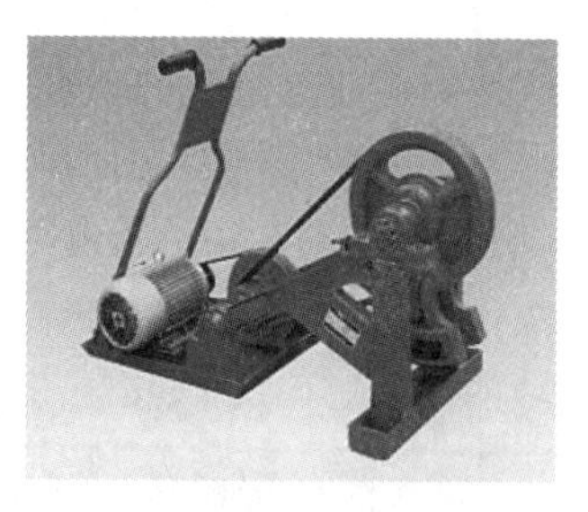

（a）蛙式打夯

（b）石夯（抬硪）

（c）石夯（飞硪）

（d）夯土机

图 2.44　夯实机械和工具

夯实法可夯实较厚的土层。重型夯土机（1 t 以上的重锤），其夯实厚度可达 1 ~ 1.5 m，但木夯、石夯、蛙式打夯机等夯实工具，其夯实厚度则较小，一般在 200 mm 以内。

3）振动压实法

振动压实法是用振动压实机械来压实土壤，用这种方法振实非黏性土效果较好。

振动平碾、振动凸块碾是将碾压和振动法结合起来的新型压实机械（见图 2.45）。振动平碾适用填料为爆破碎石碴、碎石类土、杂填土或轻亚黏土的大型填方，振动凸块碾则适用于亚黏土或黏土的大型填方。当压实爆破石碴或碎石类土时，可选用质量为 8 ~ 15 t 的振动平碾，铺土厚度为 0.6 ~ 1.5 m，先静压，后振动碾压，碾压遍数由现场试验确定，一般为 6 ~ 8 遍。

图 2.45　振动平碾

特别提示：对于平整场地、室内填土等大面积填土工程，多采用碾压和利用运土工具压实。对较小面积的填土工程，则宜用夯实机具进行压实。

3. 影响填土压实质量的因素

1）压实功的影响

填土压实后的密度与压实机械在其上所施加的功有一定的关系。土的密度与所消耗的功的关系见图 2.46。当土的含水量一定，在开始压实时，土的密度急剧增加，待到接近土的最大密度时，压实功虽然增加许多，而土的密度则变化甚小。在实际施工中，对于砂土只需碾压 2 ~ 3 遍，对亚砂土只需 3 ~ 4 遍，对亚黏土或黏土只需 5 ~ 6 遍。

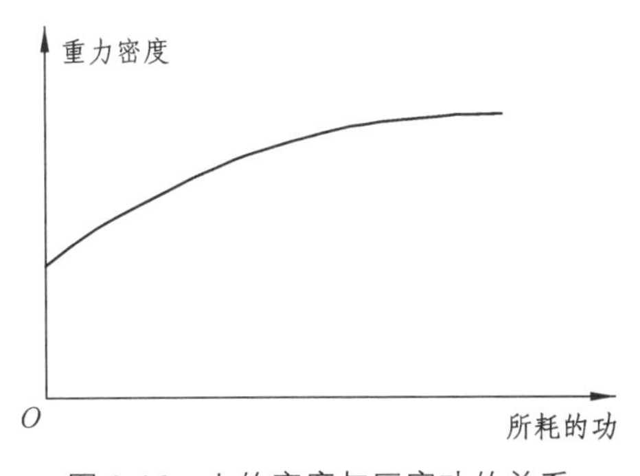

图 2.46　土的密度与压实功的关系

2）含水量的影响

土的含水量对填土压实有很大影响，较干燥的土，由于土颗粒之间的摩阻力大，填土不易被夯实。而含水量较大，超过一定限度，土颗粒间的空隙全部被水充填而呈饱和状态，填土也不易被压实，容易形成橡皮土。只有当土具有适当的含水量，土颗粒之间的摩阻力由于水的润滑作用而减少，土才易被压实。为了保证填土在压实过程中具有最优的含水量，当土过湿时，应予翻松晾晒或掺入同类干土及其他吸水性材料。如土料过干，则应预先洒水湿润。土的含水量一般以“手握成团、落地开花”为宜。

3）铺土厚度的影响

土在压实功的作用下，其应力随深度增加而逐渐减少，在压实过程中，土的密实度也是表层大，而随深度加深逐渐减少，超过一定深度后，虽经反复碾压，土的密实度仍与未压实前一样。各种不同压实机械的压实影响深度与土的性质、含水量有关，所以，填方每层铺土的厚度，应根据土质、压实的密实度要求和压实机械性能确定。

一般情况下，用羊足碾铺土时厚度为 30 cm 左右，用动力打夯机时为 40 cm 左右，人工打夯时为 20 cm 左右。

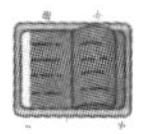

模块小结

本模块主要介绍了场地平整基坑开挖，基坑支撑与支护基坑降、排水以及基坑填筑与压实等内容。

通过本模块的学习，学生应了解土方工程施工特点，理解基坑开挖施工中的降低地下水水位方法，理解基坑边坡稳定及支坑结构设计方法的基本原理，掌握土方量的计算场地，平整施工的竖向规划设计，掌握填土压实的要求和方法。

任务评价

土方工程量计算评分表

序号	评分项目	应得分	实得分	备　注
1	标高 H_0 正确	10		
2	各角点设计标高 H_{ij} 正确	20		
3	各角点施工高度 h_{ij} 正确	10		
4	零点零线位置正确	10		
5	各方格挖（填）方量计算正确	20		
6	总挖方（填方）正确	10		
7	运土量计算正确	10		
8	综合印象	10		
9	合　计	100		

习　题

一、单选题

1. 某天然土，土样质量100 g，烘干后质量85 g，则该土样的含水量为（　　）。

A. 10%　　B. 15%

C. 17.6%　　D. 20%

2. 防止基坑的边坡坍塌的措施不包括（　　）。

A. 放足边坡　　B. 设置支撑

C. 人工挖土　　D. 降低地下水位

3. 开挖体积为1 000 m³的坑，若可松性系数 $K_s=1.20$，$K_s'=1.05$，挖出的土为（　　）。

A. 1 200 m³　　B. 833 m³

C. 1 050 m³　　D. 952 m³

4. 从建筑施工的角度，可将土石分为八类，其中根据（　　），可将土石分为八类。

A. 粒径大小　　B. 承载能力

C. 坚硬程度　　D. 孔隙率

5. 在土方填筑时，常以土的（　　）作为土的夯实标准。

A. 可松性　　B. 天然密度

C. 控制干密度　　D. 含水量

二、填空题

1. 填筑体积为1 000 m³的坑，若可松性系数 $K_s=1.20$，$K_s'=1.05$，需用松土为____________。

2. 在土质均匀、湿度正常、开挖范围内无地下水且敞漏时间不长的情况下，对较密实土和碎石类土的基坑或管沟开挖深度不超过____________时，可直立开挖不加支撑。

3. 某管沟宽度为8 m，降水轻型井点在平面上宜采用____________布置形式。

4. 正铲挖土机的挖土特点是____。

5. 填土压实方法有________________、________________、________________。

三、简答题

1. 土的可松性对土方施工有何影响？

2. 土方工程的土按什么进行分类？分哪几类？各用什么方式开挖？

3. 试述土方边坡坡度的表示方法，并分析影响边坡稳定的因素。

4. 简述正铲挖土机、反铲挖土机的工作特点、适用范围及如何正确选择开挖方式。

5. 填土压实有哪些方法？哪些因素是影响填土压实的主要因素，如何影响的？怎样检查填土压实质量？

模块3　地基与基础工程

知识目标

1. 熟悉常用的地基处理方法。
2. 掌握浅埋式钢筋混凝土的施工工艺及要求。
3. 掌握钢筋混凝土预制桩的施工工艺、质量控制及验收标准。
4. 掌握混凝土灌注桩基础的施工工艺、质量控制及验收标准。

技能目标

1. 正确处理常见地基，组织地基处理施工。
2. 能根据地基情况选择合适的桩基类型。
3. 组织桩基础施工。
4. 组织地基处理、基础工程检查验收工作。
5. 能编制地基处理、基础工程施工方案。

价值目标

万丈高楼平地起，无论是建造万丈高楼还是百尺高楼，都需要先打好地基，都需要从平地上一层一层逐渐往上建。基础承上启下，基础不牢，地动山摇。

本模块引入比萨斜塔，进而引入苏州虎丘塔。虎丘斜塔比比萨斜塔早200年建成，塔身的倾斜度和沉降都处于稳定状态。通过对比二者的建造历史及学术价值，引导学生坚定文化自信。以学生对虎丘斜塔的疑惑为出发点，重点阐述地基局部沉降原理、基础工程重要性、地基处理方法及基础工程施工工艺，解决与地基基础工程问题相关的复杂实际工程问题，从而进行正确的人生观和价值观教育，培养学生作为合格工程师应具备的基本职业修养与道德素质，发扬精益求精的精神，培养“责任担当”意识。打好基础，立志成才。

典型案例

苏州虎丘斜塔

珠海市某渔委商住楼基础工程

1. 工程概况

某渔委商住楼为32层钢筋混凝土框筒结构大楼，1层地下室，总面积23 150 m^2。基坑最深处（电梯井）－6.35 m。该大楼位于珠海市香洲区主干道凤凰路与乐园路交叉口，西北两面临街，南面与市粮食局5层办公楼相距3～4 m，东面为渔民住宅，距离大海200 m。

地质情况大致为：地表下第一层为填土，厚 2 m；第二层为海砂沉积层，厚 7 m；第三层为密实中粗砂，厚 10 m；第四层为黏土，厚 6 m；－25 m 以下为起伏岩层。地下水与海水相通，水位为－2.0 m，砂层渗透系数为 $K = 51.3$ m/d。

2. 基坑设计与施工

基坑采用直径 480 mm 的振动灌注桩支护，桩长 9 m，桩距 800 mm。当支护桩施工至粮食局办公楼附近时，大楼的伸缩缝扩大，外装修马赛克局部被振落，因此在粮食局办公楼前做 5 排直径为 500 mm 的深层搅拌桩，兼作基坑支护体与止水帷幕，其余区段在震动灌注桩外侧做 3 排深层搅拌桩（桩长 11～13 m，相互搭接 50～100 mm），以形成止水帷幕。基坑的支护桩和止水桩施工完毕后，开始机械开挖，当局部挖至－4 m 时，基坑内涌水涌砂，坑外土体下陷，危及附近建筑物及城市干道的安全，无法继续施工，只好回填基坑，等待处理。

3. 事故分析

止水桩施工质量差是造成基坑涌水涌砂的主要原因。基坑开挖后发现，深层搅拌止水桩垂直度偏差过大，一些桩根本没有相互搭接，桩间形成缝隙，甚至为空洞。坑内降水时，地下水在坑内外压差作用下，穿透层层桩间空隙进入基坑，造成基坑外围水土流失，地面塌陷，威胁临近的建筑物和道路。另外，深层搅拌桩相互搭接仅 50 mm，在桩长 13 m 的范围内，很难保证相临的完全咬合。

从以上分析可见，由于深层搅拌桩相互搭接量过小，施工设备的垂直度掌握不好，致使相临体不能完全弥合成为一个完整的防水体，所以即使基坑周边做了多排（3～5 排）搅拌，也没有解决好止水的问题，造成不必要的经济损失。

4. 事故处理

采用压力注浆堵塞桩间较小的缝隙，用棉絮包海带堵塞桩间小洞。用砂白为堰堵砂，导管引水，局部用灌注混凝土的方法堵塞桩间大洞。

在搅拌桩和灌注桩桩顶做一道钢筋混凝土圈梁，增加支护结构整体性。

在基坑外围挖宽 0.8 m、深 2.0 m 的渗水槽至海砂层，槽内填碎石，在基坑降水的同时，向渗水槽回灌，控制基坑外围地下水位。

通过采取以上综合处理措施，基坑内涌砂涌水现象消失，基坑外地面沉陷得以控制，确保了相临建筑物和道路的安全。

模块任务

小张打算给在农村住的父母盖一栋新房子。房子盖好后，他在装修的时候，发现墙体上出现裂缝。

小张监督了整个施工过程，没有发现有施工问题，而且用了最好的材料，为了让房子稳固，还加大了基础断面，因此他非常纳闷。后来，小张请教了学建筑的同学，同学告诉他可能是地基没有处理好，出现了不均匀的沉降，导致墙体出现裂缝。

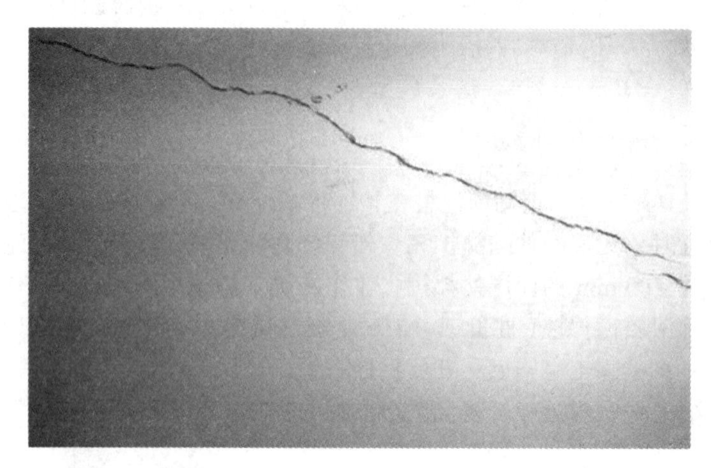

大部分地基在施工前，必须进行加固处理，如果不进行处理或不认真处理，则可能发生变形，引起基础的不均匀沉降，导致墙体裂缝。那么，你知道地基处理有哪些方法吗？

3.1　地基与基础工程概述

地基是指建筑物荷载作用下基底下方产生的变形不可忽略的那部分地层，而基础则是指将建筑物荷载传递给地基的下部结构。作为支承建筑物荷载的地基，必须能防止强度破坏和失稳，同时，必须控制基础的沉降不超过地基的变形允许值。在满足上述要求的前提下，尽量采用相对埋深不大，只须普通的施工程序就可建造起来的基础类型，即称天然地基上的浅基础；地基不能满足上述条件，则应进行地基加固处理，在处理后的地基上建造的基础，称人工地基上的浅基础。当上述地基基础形式均不能满足要求时，则应考虑借助特殊的施工手段相对埋深大的基础形式，即深基础（常用桩基），以求把荷载更多地传到深部的坚实土层中去。

3.1.1　地基土的工程特性

任何建筑物都必须有可靠的地基和基础。建筑物的全部重量（包括各种荷载）最终将通过基础传给地基。

作为建筑地基的岩土，可分为岩石、碎石土、砂土、黏性土、粉土、人工填土等。

（1）岩石：岩石的坚硬程度根据岩块的饱和单轴抗压强度分为坚硬岩、较硬岩、较软岩、软岩、极软岩。

（2）碎石土：分为漂石、块石、卵石、碎石、圆砾、角砾。碎石土的密实度既反映了地基土的承载特性，也反映了地基土的变形特性。

（3）砂土：可分为砾砂、粗砂、中砂、细砂、粉砂。砂的密实度既反映了地基土的承载特性，也反映了地基土的变形特性。

（4）黏性土：可分为黏土和粉性黏土。土的变形特性与土的强度密切相关。工程特性软黏土地基承载力低，强度增长缓慢；加荷后易变形且不均匀；变形速率大且稳定时间长；具有渗透性小、触变性及流变性大的特点。

（5）粉土：粉土的重要物理指标是孔隙比，当小于 0.75 时，粉土为密实状态，说明其承载和变形特性好。

（6）人工填土：可分为素填土、压实填土、杂填土、冲填土。未经处理的填土，地基受荷后易产生不均匀变形。杂填土主要出现在一些老的居民区和工矿区内，是人们的生活和生产活动所遗留或堆放的垃圾土。这些垃圾土一般分为三类：建筑垃圾土、生活垃圾土和工业生产垃圾土。不同类型的垃圾土、不同时间堆放的垃圾土很难用统一的强度指标、压缩指标、渗透性指标加以描述。杂填土的主要特点是无规划堆积、成分复杂、性质各异、厚薄不均、规律性差。因而同一场地表现为压缩性和强度的明显差异，极易造成不均匀沉降，通常都需要进行地基处理。

3.1.2　地基基础的类型

1. 基础的类型

（1）基础按照受力特点和材料性能分为刚性基础、柔性基础。

刚性基础。所选用的材料如砖、石、混凝土，抗压强度高，但抗拉抗剪强度偏低。刚性基础中压力分布角 α 称为刚性角，设计时应尽力使基础放大角与刚性角相一致。以保证基础地面不产生拉应力，最大限度地节约材料。受刚性角限制的基础称为刚性基础，构造上通过限制刚性基础的宽高比来满足刚性角要求。

柔性基础。在混凝土基础底部配置受力钢筋，利用钢筋受拉，基础可以承受弯矩，不受刚性角限制，所以钢筋混凝土基础也称为柔性基础。

（2）按埋置深度划分基础可分为浅基础与深基础两大类。

一般埋深小于 5 m 的为浅基础，大于 5 m 的为深基础。也可以按施工方法来划分：用普通基坑开挖和敞坑排水方法修建的基础称为浅基础，如砖混结构的墙基础、高层建筑的箱形基础（埋深可能大于 5 m）等；而用特殊施工方法将基础埋置于深层地基中的基础称为深基础，如桩基础、沉井、地下连续墙等。

2. 地基面临的问题及处理措施

地基所面临的问题主要有以下几个方面：

（1）承载力及稳定性问题。

（2）压缩及不均匀沉降问题。

（3）渗漏问题。

（4）液化问题。

（5）特殊土的特殊问题。

当天然地基存在上述五类问题之一或其中几个时，需采用地基处理措施以保证上部结构的安全与正常使用。通过地基处理，达到以下一种或几种目的：

（1）提高地基土的承载力。地基剪切破坏的具体表现形式有建筑物的地基承载力不够，由于偏心荷载或侧向土压力的作用使结构失稳；由于填土或建筑物荷载，使邻近地基产生隆起；土方开挖时边坡失稳基坑开挖时坑底隆起。地基土的剪切破坏主要因为地基土的抗剪强度不足，因此，为防止剪切破坏，就需要采取一定的措施提高地基土的抗剪强度。

（2）降低地基土的压缩性。地基的压缩性表现在建筑物的沉降和差异沉降大，而土的压缩性和土的压缩模量有关。因此，必须采取措施提高地基土的压缩模量，以减少地基的沉降和不均匀沉降。

（3）改善地基的透水特性。基坑开挖施工中，因土层内夹有薄层粉砂或粉土而产生管涌或流砂，这些都是因地下水在土中的运动而产生的问题，故必须采取措施使地基土降低透水性或减少其动水压力。

（4）改善地基土的动力特性。饱和松散粉细砂（包括部分粉土）在地震的作用下会发生液化在承受交通荷载和打桩时，会使附近地基产生振动下降，这些是土的动力特性的表现。地基处理的目的就是要改善土的动力特性以提高土的抗振动性能。

（5）改善特殊土不良地基特性。对于湿陷性黄土和膨胀土，就是消除或减少黄土的湿陷性或膨胀土的胀缩性。

3.2 地基处理

3.2.1 地基局部处理

1. 松土坑的处理

当坑的范围较小（在基槽范围内），可将坑中松软土挖除，使坑底及四壁均见天然土为止，回填与天然土压缩性相近的材料。当天然土为砂土时，用砂或级配砂石回填；当天然土为较密实的黏性土，则用 3∶7 灰土分层回填夯实；如为中密可塑的黏性土或新近沉积黏性土，可用 1∶9 或 2∶8 灰土分层回填夯实，每层厚度不大于 20 cm。

当坑的范围较大（超过基槽边沿）或因条件限制，槽壁挖不到天然土层时，则应将该范围内的基槽适当加宽，加宽部分的宽度可按下述条件确定：当用砂土或砂石回填时，基槽每边均应按 1∶1 坡度放宽；当用 1∶9 或 2∶8 灰土回填时，按 0.5∶1 坡度放宽；当用 3∶7 灰土回填时，如坑的长度≤2 m，基槽可不放宽，但灰土与槽壁接触处应夯实。

如坑在槽内所占的范围较大（长度在 5 m 以上），且坑底土质与一般槽底天然土质相同，可将此部分基础加深，做 1∶2 踏步与两端相接，踏步多少根据坑深而定，但每步高不大于 0.5 m，长不小于 1.0 m。

对于较深的松土坑（如坑深大于槽宽或大于 1.5 m 时），槽底处理后，还应适当考虑加强上部结构的强度，方法是在灰土基础上 1～2 皮砖处（或混凝土基础内）、防潮层下 1～2 皮砖处及首层顶板处，加配 $4\phi8\sim12$ mm 钢筋跨过该松土坑两端各 1 m，以防产生过大的局部不均匀沉降。

如遇到地下水位较高，坑内无法夯实时，可将坑（槽）中软弱的松土挖去后，再用砂土、碎石或混凝土代替灰土回填。如坑底在地下水位以下时，回填前先用粗砂与碎石（比例为 1∶3）分层回填夯实；地下水位以上用 3∶7 灰土回填夯实至要求高度。

2. 砖井或土井的处理

当砖井或土井在室外，距基础边缘 5 m 以内时，应先用素土分层夯实，回填到室外地坪以下 1.5 m 处，将井壁四周砖圈拆除或松软部分挖去，然后用素土分层回填并夯实。

如井在室内基础附近，可将水位降低到最低可能的限度，用中、粗砂及块石、卵石或碎砖等回填到地下水位以上 0.5 m。砖井应将四周砖圈拆至坑（槽）底以下 1 m 或更深些，然后再用素土分层回填并夯实，如井已回填，但不密实或有软土，可用大块石将下面软土挤紧，再分层回填素土夯实。

当井在基础下时，应先用素土分层回填夯实至基础底下 2 m 处，将井壁四周松软部分挖去，有砖井圈时，将井圈拆至槽底以下 1 ~ 1.5 m。当井内有水，应用中、粗砂及块石、卵石或碎砖回填至水位以上 0.5 m，然后再按上述方法处理；当井内已填有土，但不密实，且挖除困难时，可在部分拆除后的砖石井圈上加钢筋混凝土盖封口，上面用素土或 2∶8 灰土分层回填、夯实至槽底。

若井在房屋转角处，且基础部分或全部压在井上，除用以上办法回填处理外，还应对基础加强处理。当基础压在井上部分较少，可采用从基础中挑梁的办法解决。当基础压在井上部分较多，用挑梁的方法较困难或不经济时，则可将基础沿墙长方向向外延长出去，使延长部分落在天然土上。落在天然土上基础总面积应等于或稍大于井圈范围内原有基础的面积，并在墙内配筋或用钢筋混凝土梁来加强。

当井已淤填，但不密实时，可用大块石将下面软土挤密，再用上述办法回填处理。如井内不能夯填密实，上部荷载又较大，可在井内设灰土挤密桩或石灰桩处理；如土井在大体积混凝土基础下，可在井圈上加钢筋混凝土盖板封口，上部再用素土或 2∶8 灰土回填密实的办法处理，使基土内附加应力传布范围比较均匀，但要求盖板至基底的高差大于井径。

3. 局部软硬土的处理

当基础下局部遇基岩、旧墙基、大孤石、老灰土、化粪池、大树根、砖窑底等，均应尽可能挖除，以防建筑物由于局部落于较硬物上造成不均匀沉降，而使上部建筑物开裂。

若基础一部分落于基岩或硬土层上，一部分落于软弱土层上，基岩表面坡度较大，则应在软土层上采用现场钻孔灌注桩至基岩；或在软土部位做混凝土或砌块石支承墙（或支墩）至基岩；或将基础以下基岩凿去 0.3 ~ 0.5 m 深，填以中粗砂或土砂混合物作软性褥垫，使之能调整岩土交界部位地基的相对变形，避免应力集中出现裂缝；或采取加强基础和上部结构的刚度，来克服软硬地基的不均匀变形。

如基础一部分落于原土层上，另一部分落于回填土地基上时，可在填土部位用现场钻孔灌注桩或钻孔爆扩桩直至原土层，使该部位上部荷载直接传至原土层，以避免地基的不均匀沉降。

3.2.2　地基处理与加固方法

在软弱地基上建造建筑物或构筑物，利用天然地基有时不能满足设计要求，需要对地基进行人工处理，以满足结构对地基的要求，常用的人工地基处理方法有换土地基、重锤夯实、强夯、振冲、砂桩挤密、深层搅拌、堆载预压、化学加固等。

1. 换土地基

当建筑物基础下的持力层比较软弱，不能满足上部荷载对地基的要求时，常采用换土地基来处理软弱地基。这时先将基础下一定范围内承载力低的软土层挖去，然后回填强度较大的砂、碎石或灰土等，并夯至密实。实践证明：换土地基可以有效地处理某些荷载不大的建筑物地基问题，例如：一般的三四层房屋、路堤、油罐和水闸等的地基。换土地基按其回填的材料可分为砂地基、碎（砂）石地基、灰土地基等。

1）*砂地基和砂石地基*

砂地基和砂石地基是将基础下一定范围内的土层挖去，然后用强度较大的砂或碎石等回填，并经分层夯实至密实，以起到提高地基承载力、减少沉降、加速软弱土层的排水固结、防止冻胀和消除膨胀土的胀缩等作用。该地基具有施工工艺简单、工期短、造价低等优点。适用于处理透水性强的软弱黏性土地基，但不宜用于湿陷性黄土地基和不透水的黏性土地基，以免聚水而引起地基下沉和降低承载力。

（1）构造要求

砂地基和砂石地基的厚度一般根据地基底面处土的自重应力与附加应力之和不大于同一标高处软弱土层的容许承载力确定。地基厚度一般不宜大于 3 m，也不宜小于 0.5 m。地基宽度除要满足应力扩散的要求外，还要根据地基侧面土的容许承载力来确定，以防止地基向两边挤出。关于宽度的计算，目前还缺乏可靠的理论方法，在实践中常常按照当地某些经验数据（考虑地基两侧土的性质）或按经验方法确定。一般情况下，地基的宽度应沿基础两边各放出 200 ~ 300 mm，如果侧面地基土的土质较差时，还要适当增加。

（2）材料要求

砂和砂石地基所用材料，宜采用颗粒级配良好，质地坚硬的中砂、粗砂、砾砂、碎（卵）石、石屑或其他工业废粒料。在缺少中、粗砂和砾砂的地区可采用细砂，但宜同时掺入一定数量的碎（卵）石，其掺入量应符合地基材料含石量不大于 50%。所用砂石料，不得含有草根、垃圾等有机杂物，含泥量不应超过 5%，兼作排水地基时，含泥量不宜超过 3%，碎石或卵石最大粒径不宜大于 50 mm。

（3）施工要点

① 铺筑地基前应验槽，先将基底表面浮土、淤泥等杂物清除干净，边坡必须稳定，防止塌方。基坑（槽）两侧附近如有低于地基的孔洞、沟、井和墓穴等，应在未做换土地基前加以处理。

② 砂和砂石地基底面宜铺设在同一标高上，如深度不同时，施工应按先深后浅的程序进行。土面应挖成踏步或斜坡搭接，搭接处应夯压密实。分层铺筑时，接头应做成斜坡或阶梯形搭接，每层错开 0.5 ~ 1.0 m，并注意充分捣实。

③ 人工级配的砂、石材料，应按级配拌和均匀，再进行铺填捣实。

④ 换土地基应分层铺筑，分层夯（压）实，每层的铺筑厚度不宜超过表 3.1 规定数值，分层厚度可用样桩控制。施工时应对下层的密实度检验合格后，方可进行上层施工。

⑤ 在地下水位高于基坑（槽）底面施工时，应采取排水或降低地下水位的措施，使基坑（槽）保持无积水状态。如用水撼法或插入振动法施工时，应有控制地注水和排水。

⑥ 冬期施工时，不得采用夹有冰块的砂石作地基，并应采取措施防止砂石内水分冻结。

2）灰土地基

灰土地基是将基础底面下一定范围内的软弱土层挖去，用按一定体积配合比的石灰和黏性土拌和均匀，在最优含水量情况下分层回填夯实或压实而成。该地基具有一定的强度、水稳定性和抗渗性，施工工艺简单，取材容易，费用较低。适用于处理 1 ~ 4 m 厚的软弱土层。

（1）构造要求

灰土地基厚度确定原则同砂地基。地基宽度一般为灰土顶面基础砌体宽度加 2.5 倍灰土厚度之和。

表 3.1　砂和砂石地基每层铺筑厚度及最佳含水量

压实方法	每层铺筑厚度/mm	施工时最优含水量/%	施工说明	备　注
平振法	200 ~ 250	15 ~ 20	用平板式振捣器往复振捣	不宜使用干细砂或含泥量较大的砂铺筑的砂地基
插振法	振捣器插入深度	饱和	1. 用插入式振捣器 2. 插入点间距可根据机械振幅大小决定 3. 不应插至下卧黏性土层 4. 插入振捣完毕后所留的孔洞，应用砂填实	不宜使用细砂或含泥量较大的砂铺筑的砂地基
水撼法	250	饱和	1. 注水高度应超过每次铺筑面层 2. 用钢叉摇撼捣实，插入点间距 100 mm 3. 钢叉分四齿，齿的间距为 80 mm，长 300 mm	
夯实法	150 ~ 200	8 ~ 12	1. 用木夯或机械夯 2. 木夯质量 40 kg，落距 400 ~ 500 mm 3. 一夯压半夯，全面夯实	
碾压法	150 ~ 350	8 ~ 12	6 ~ 2 t 压路机往复碾压	适用于大面积施工的砂和砂石地基

注：在地下水位以下的地基，其最下层的铺筑厚度可比上表增加 50 mm。

（2）材料要求

灰土的土料宜采用就地挖出的黏性土及塑性指数大于 4 的粉土，但不得含有有机杂质或使用耕植土。使用前土料应过筛，其粒径不得大于 15 mm。

用作灰土的熟石灰应过筛，粒径不得大于 5 mm，并不得夹有未熟化的生石灰块，也不得含有过多的水分。

灰土的配合比一般为 2∶8 或 3∶7（石灰∶土）。

（3）施工要点

① 施工前应先验槽，清除松土，如发现局部有软弱土层或孔洞，应及时挖除后用灰土分层回填夯实。

② 施工时，应将灰土拌和均匀，颜色一致，并适当控制其含水量。现场检验方法是用手将灰土紧握成团，两指轻捏能碎为宜，如土料水分过多或不足时，应晾干或洒水润湿。灰土拌好后及时铺好夯实，不得隔日夯打。

③ 铺灰应分段分层夯筑，每层虚铺厚度应按所用夯实机具参照表 3.2 选用。每层灰土的夯打遍数，应根据设计要求的干密度在现场试验确定。

表 3.2　灰土最大虚铺厚度

夯实机具种类	质量/t	厚度/mm	备　注
石夯、木夯	0.04 ~ 0.08	200 ~ 250	人力送夯，落距 400 ~ 500 mm，每夯搭接半夯
轻型夯实机械	0.12 ~ 0.40	200 ~ 250	蛙式打夯机或柴油打夯机
压路机	6 ~ 10	200 ~ 300	双　轮

④ 灰土分段施工时，不得在墙角、柱基及承重窗间墙下接缝。上下两层灰土的接缝距离不得小于 500 mm，接缝处的灰土应注意夯实。

⑤ 在地下水位以下的基坑（槽）内施工时，应采取排水措施。夯实后的灰土，在 3 天内不得受水浸泡。灰土地基打完后，应及时进行基础施工和回填土，否则要做临时遮盖，防止日晒雨淋。刚打完毕或尚未夯实的灰土，如遭受雨淋浸泡，则应将积水及松软灰土除去并补填夯实，受浸湿的灰土，应在晾干后再夯打密实。

⑥ 冬期施工时，不得采用冻土或夹有冻土的土料，并应采取有效的防冻措施。

2. 强夯地基

强夯地基是用起重机械将重锤（一般 8 ~ 30 t）吊起从高处（一般 6 ~ 30 m）自由落下，给地基以冲击力和振动，从而提高地基土的强度并降低其压缩性的一种有效的地基加固方法。该法具有效果好、速度快、节省材料、施工简便，但施工时噪声和振动大等特点。适用于碎石土、砂土、黏性土、湿陷性黄土及填土地基等的加固处理。

1）机具设备

（1）起重机械

起重机宜选用起重能力为 150 kN 以上的履带式起重机，也可采用专用三角起重架或龙门架作起重设备。起重机械的起重能力为：当直接用钢丝绳悬吊夯锤时，应大于夯锤的 3 ~ 4 倍；当采用自动脱钩装置，起重能力取大于 1.5 倍锤重。

（2）夯　锤

夯锤可用钢材制作，或用钢板为外壳，内部焊接钢筋骨架后浇筑 C30 混凝土制成。夯锤底面有圆形和方形两种，圆形不易旋转，定位方便，稳定性和重合性好，应用较广。锤底面积取决于表层土质，对砂土一般为 3 ~ 4 m^2，黏性土或淤泥质土不宜使用，夯锤中宜设置若干个上下贯通的气孔，以减少夯击时的空气阻力。

（3）脱钩装置

脱钩装置应具有足够强度，且施工灵活。常用的工地自制自动脱钩器由吊环、耳板、销环、吊钩等组成，系由钢板焊接制成。

2）施工要点

（1）强夯施工前，应进行地基勘察和试夯。通过对试夯前后试验结果对比分析，确定正式施工时的技术参数。

（2）强夯前应平整场地，周围做好排水沟，按夯点布置测量放线确定夯位。地下水位较高时，应在表面铺 0.5 ~ 2.0 m 中（粗）砂或砂石地基，其目的是在地表形成硬层，可用以支承起重设备，确保机械通行、施工，又可便于强夯产生的孔隙水压力消散。

（3）强夯施工须按试验确定的技术参数进行。一般以各个夯击点的夯击数为施工控制值，也可采用试夯后确定的沉降量控制。夯击时，落锤应保持平稳，夯位准确，如错位或坑底倾斜过大，宜用砂土将坑底整平，才可进行下一次夯击。

（4）每夯击一遍完后，应测量场地平均下沉量，然后用土将夯坑填平，方可进行下一遍夯击。最后一遍的场地平均下沉量，必须符合要求。

（5）强夯施工最好在干旱季节进行，如遇雨天施工，夯击坑内或夯击过的场地有积水时，必须及时排除。冬期施工时，应将冻土击碎。

（6）强夯施工时应对每一夯实点的夯击能量、夯击次数和每次夯沉量等做好详细的现场记录。

3. 重锤夯实地基

重锤夯实是用起重机械将夯锤提升到一定高度后，利用自由下落时的冲击能来夯实基土表面，使其形成一层较为均匀的硬壳层，从而使地基得到加固。该法具有施工简便，费用较低，但布点较密，夯击遍数多，施工期相对较长，同时夯击能量小，孔隙水难以消散，加固深度有限，当土的含水量稍高，易夯成橡皮土，处理较困难等特点。适用于处理地下水位以上稍湿的黏性土、砂土、湿陷性黄土、杂填土和分层填土地基。但当夯击振动对邻近的建筑物、设备以及施工中的砌筑工程或浇筑混凝土等产生有害影响时，或地下水位高于有效夯实深度以及在有效深度内存在软黏土层时，不宜采用。

1）机具设备

（1）起重机械

起重机械可采用配置有摩擦式卷扬机的履带式起重机、打桩机、龙门式起重机或悬臂式桅杆起重机等。其起重能力：当采用自动脱钩时，应大于夯锤重量的 1.5 倍；当直接用钢丝绳悬吊夯锤时，应大于夯锤重量的 3 倍。

（2）夯　锤

夯锤形状宜采用截头圆锥体，可用 C20 钢筋混凝土制作，其底部可填充废铁并设置钢底板以使重心降低。锤的质量宜为 1.5 ~ 3.0 t，底直径 1.0 ~ 1.5 m，落距一般为 2.5 ~ 4.5 m，锤底面单位静压力宜为 15 ~ 20 kPa。吊钩宜采用自制半自动脱钩器，以减少吊索的磨损和机械振动。

2）施工要点

（1）施工前应在现场进行试夯，选定夯锤重量、底面直径和落距，以便确定最后下沉量及相应的夯击遍数和总下沉量。最后下沉量系指最后二击平均每击土面的夯沉量，对黏性土和湿陷性黄土取 10 ~ 20 mm，对砂土取 5 ~ 10 mm。通过试夯可确定夯实遍数，一般试夯 6 ~ 10 遍，施工时可适当增加 1 ~ 2 遍。

（2）采用重锤夯实分层填土地基时，每层的虚铺厚度以相当于锤底直径为宜，夯击遍数由试夯确定，试夯层数不宜少于 2 层。

（3）基坑（槽）的夯实范围应大于基础底面，每边应比设计宽度加宽 0.3 m 以上，以便于底面边角夯打密实。基坑（槽）边坡应适当放缓。夯实前坑（槽）底面应高出设计标高，预留土层的厚度可为试夯时的总下沉量再加 50 ~ 100 mm。

（4）夯实时地基土的含水量应控制在最优含水量范围以内。如土的表层含水量过大，可采用铺撒吸水材料（如干土、碎砖、生石灰等）或换土等措施；如土含水量过低，应适当洒水，加水后待全部渗入土中，一昼夜后方可夯打。

（5）在大面积基坑或条形基槽内夯击时，应按一夯挨一夯顺序进行［图 3.1（a）］。在一次循环中同一夯位应连夯两遍，下一循环的夯位，应与前一循环错开 1/2 锤底直径，落锤应平稳，夯位应准确。在独立柱基基坑内夯击时，可采用先周边后中间［图 3.1（b）］或先外后里的跳打法［图 3.1（c）］进行。基坑（槽）底面的标高不同时，应按先深后浅的顺序逐层夯实。

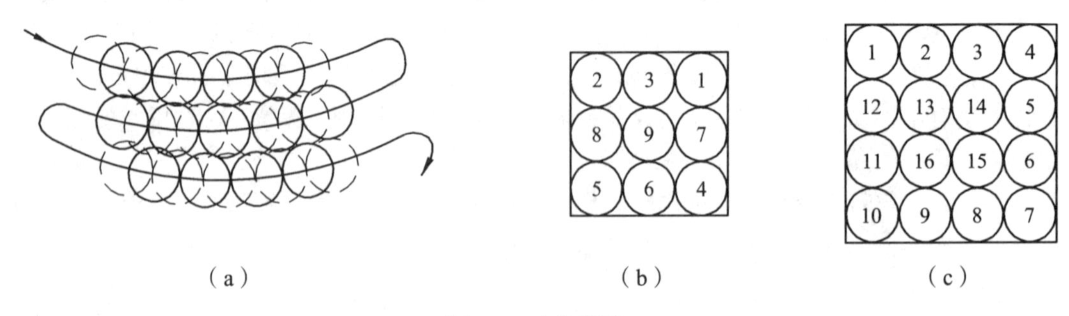

图 3.1　夯打顺序

（6）夯实完后，应将基坑（槽）表面修整至设计标高。冬期施工时，必须保证地基在不冻的状态下进行夯击。否则应将冻土层挖去或将土层融化。若基坑挖好后不能立即夯实，应采取防冻措施。

4. 振冲地基

振冲地基，又称振冲桩复合地基，是以起重机吊起振冲器，启动潜水电机带动偏心块，使振冲器产生高频振动，同时开动水泵，通过喷嘴喷射高压水流成孔，然后分批填以砂石骨料形成一根根桩体，桩体与原地基构成复合地基，以提高地基的承载力，减少地基的沉降和沉降差的一种快速、经济有效的加固方法。该法具有技术可靠，机具设备简单，操作技术易于掌握，施工简便，节省三材，加固速度快，地基承载力高等特点。

振冲地基按加固机理和效果的不同，可分为振冲置换法和振冲密实法两类。前者适用于处理不排水、抗剪强度小于 20 kPa 的黏性土、粉土、饱和黄土及人工填土等地基。后者适用于处理砂土和粉土等地基，不加填料的振冲密实法仅适用于处理黏土粒含量小于 10% 的粗砂、中砂地基。

1）机具设备

（1）振冲器

宜采用带潜水电机的振冲器，其功率、振动力、振动频率等参数，可按加固的孔径大小、达到的土体密实度选用。

（2）起重机械

起重能力和提升高度均应符合施工和安全要求，起重能力一般为 80 ~ 150 kN。

（3）水泵及供水管道

供水压力宜大于 0.5 MPa，供水量宜大于 20 m^3/h。

（4）加料设备

可采用翻斗车、手推车或皮带运输机等，其能力须符合施工要求。

（5）控制设备

控制电流操作台，附有 150 A 以上容量的电流表（或自动记录电流计）、500 V 电压表等。

2）施工要点

（1）施工前应先在现场进行振冲试验，以确定成孔合适的水压、水量、成孔速度、填料方法、达到土体密实时的密实电流值、填料量和留振时间。

（2）振冲前，应按设计图定出冲孔中心位置并编号。

（3）启动水泵和振冲器，水压可用 400 ~ 600 kPa，水量可用 200 ~ 400 L/min，使振冲器以 1 ~ 2 m/min 的速度徐徐沉入土中。每沉入 0.5 ~ 1.0 m，宜留振 5 ~ 10 s 进行扩孔，待孔内泥浆溢出时再继续沉入。当下沉达到设计深度时，振冲器应在孔底适当停留并减小射水压力，以便排除泥浆进行清孔。成孔也可采用将振冲器以 1 ~ 2 m/min 的速度连续沉至设计深度以上 0.3 ~ 0.5 m 时，将振冲器往上提到孔口，再同法沉至孔底。如此往复 1 ~ 2 次，使孔内泥浆变稀，排泥清孔 1 ~ 2 min 后，将振冲器提出孔口。

（4）填料和振密方法，一般采取成孔后，将振冲器提出孔口，从孔口往下填料，然后再下降振冲器至填料中进行振密（图 3.2），待密实电流达到规定的数值，将振冲器提出孔口。如此自下而上反复进行直至孔口，成桩操作即告完成。

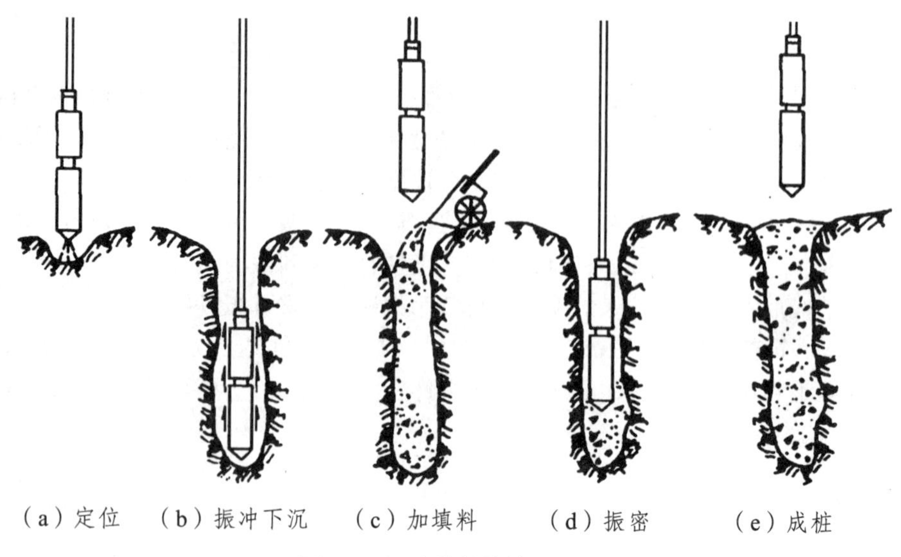

（a）定位　（b）振冲下沉　（c）加填料　（d）振密　（e）成桩

图 3.2　振冲法制桩施工工艺

（5）振冲桩施工时桩顶部约 1 m 范围内的桩体密实度难以保证，一般应予挖除，另做地基，或用振动碾压使之压实。

（6）冬期施工应将表层冻土破碎后成孔。每班施工完毕后应将供水管和振冲器水管内积水排净，以免冻结影响施工。

5. 其他地基加固方法简介

1）砂桩地基

砂桩地基是采用类似沉管灌注桩的机械和方法，通过冲击和振动，把砂挤入土中而成的。这种方法经济、简单且有效。对于砂土地基，可通过振动或冲击的挤密作用，使地基达到密实，从而增加地基承载力，降低孔隙比，减少建筑物沉降，提高砂基抵抗展动液化的能力。对于黏性土地基，可起到置换和排水砂井的作用，加速土的固结，形成置换桩与固结后软黏土的复合地基，显著地提高地基抗剪强度。这种桩适用于挤密松散砂土、素填土和杂填土等地基。对于饱和软黏土地基，由于其渗透性较小，抗剪强度较低，灵敏度又较大，要使砂桩本身挤密并使地基土密实往往较困难，相反地，却破坏了土的天然结构，使抗剪强度降低，因而对这类工程要慎重对待。

2）水泥土搅拌桩地基

水泥土搅拌桩地基系利用水泥、石灰等材料作为固化剂，通过特制的深层搅拌机械，在地基深处就地将软土和固化剂（浆液或粉体）强制搅拌，利用固化剂和软土之间所产生的一系列物理、化学反应，使软土硬结成具有一定强度的优质地基。本法具有无振动、无噪声、无污染、无侧向挤压，对邻近建筑物影响很小，且施工期较短，造价低廉，效益显著等特点。适用于加固较深较厚的淤泥、淤泥质土、粉土和含水量较高且地基承载力不大于 120 kPa 的黏性土地基，对超软土效果更为显著。多用于墙下条形基础、大面积堆料厂房地基，在深基开挖时用于防止坑壁及边坡塌滑、坑底隆起等，以及做地下防渗墙等工程上。

3）预压地基

预压地基是在建筑物施工前，在地基表面分级堆土或其他荷重，使地基土压密、沉降、固结，从而提高地基强度和减少建筑物建成后的沉降量。待达到预定标准后再卸载，建造建筑物。本法具有使用材料、机具方法简单直接，施工操作方便，但堆载预压需要一定的时间，对深厚的饱和软土，排水固结所需的时间很长，同时需要大量堆载材料等特点。适用于各类软弱地基，包括天然沉积土层或人工冲填土层，较广泛地用于冷藏库、油罐、机场跑道、集装箱码头、桥台等沉降要求较低的地基。实践证明，利用堆载预压法能取得一定的效果，但能否满足工程要求的实际效果，则取决于地基土层的固结特性、土层的厚度、预压荷载的大小和预压时间的长短等因素。因此在使用上受到一定的限制。

4）注浆地基

注浆地基是指利用化学溶液或胶结剂，通过压力灌注或搅拌混合等措施，而将土粒胶结起来的地基处理方法。本法具有设备工艺简单、加固效果好、可提高地基强度、消除土的湿陷性、降低压缩性等特点。适用于局部加固新建或已建的建（构）筑物基础、稳定边坡以及防渗帷幕等，也适用于湿陷性黄土地基，对于黏性土、素填土、地下水位以下的黄土地基，经试验有效时也可应用，但长期受酸性污水浸蚀的地基不宜采用。化学加固能否获得预期的效果，主要决定于能否根据具体的土质条件，选择适当的化学浆液（溶液和胶结剂）和采用有效的施工工艺。

总之，用于地基加固处理的方法较多，除上述介绍几种以外，还有高压喷射注浆地基等。

3.3　浅基础工程

3.3.1　浅基础分类

浅基础按受力特点可分为刚性基础和柔性基础。用抗压强度较大，而抗弯、抗拉强度小的材料建造的基础，如砖、毛石、灰土、混凝土、三合土等基础均属于刚性基础。刚性基础的最大拉应力和剪应力必定在其变截面处，其值受基础台阶的宽高比影响很大。因此，刚性基础按制台阶的宽高比（称刚性角）是个关键。用钢筋混凝土建造的基础叫柔性基础。它的抗弯、抗拉、抗压能力都很大，适用于地基土处较软弱，上部结构荷载较大的基础。

浅基础按构造形式分为单独基础、带形基础、箱形基础、筏板基础等。单独基础也称独立基础，多呈柱墩形，截面可做成阶梯形或锥形等；带形基础是指长度远大于其高度和宽度的基础，常见的是墙下条形基础，材料主要采用砖、毛石、混凝土和钢筋混凝土等。

3.3.2 刚性基础施工

1. 砖基础

以砖为砌筑材料，形成的建筑物基础即为砖基础。这种基础的特点是抗压性能好，整体性、抗拉、抗弯、抗剪性能较差，材料易得，施工操作简便，造价较低。适用于地基坚实、均匀，上部荷载较小，6 层和 6 层以下的一般民用建筑和墙承重的轻型厂房基础工程。

1）构造要求

砖基础分带形基础和独立基础，基础下部扩大称为大放脚。大放脚有等高式和不等高式（图 3.3）。当地基承载力≥150 kPa 时，采用等高式大放脚，即两皮一收，两边各收进 1/4 砖长。当地基承载力<150 kPa 时，采用不等高式大放脚，即两皮一收与一皮一收相间隔，两边各收进 1/4 砖长。大放脚的宽度应根据计算而定，各层大放脚的宽度应为半砖长的整数倍。

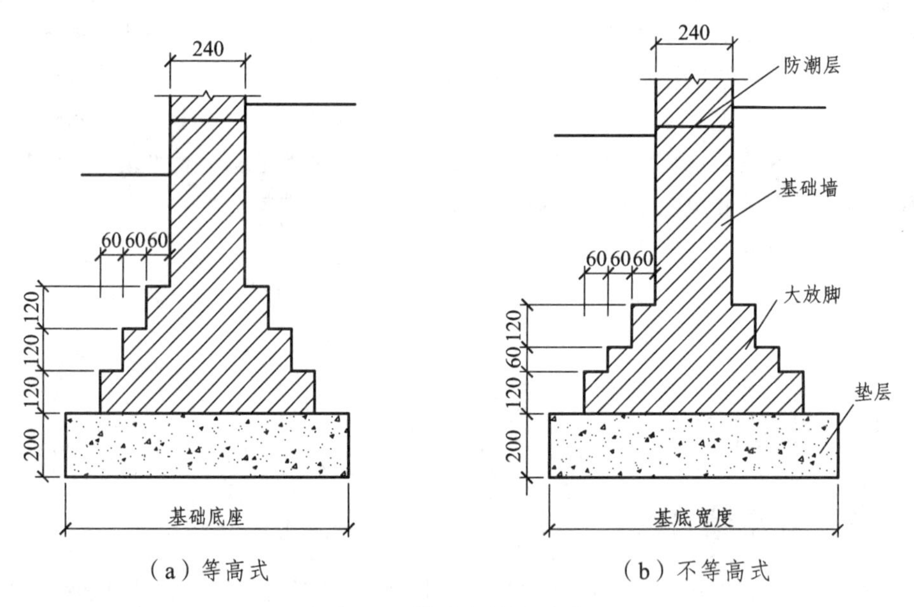

图 3.3 基础大放脚形式

2）施工要点

基槽（坑）开挖前，在建筑物的主要轴线部位设置龙门板，标明基础、墙身和轴线的位置。在挖土过程中，严禁碰撞或移动龙门板。

砖基础若不在同一深度，则应先由底往上砌筑。在高低台阶接头处，下面台阶要砌一定长度实砌体，砌到上面后和上面的砖一起退台。

砖基础的灰缝厚度为 8 ~ 12 mm，一般为 10 mm。砖基础接槎应留成斜槎，如因条件限制留成直槎时，应按规范要求设置拉结筋。砖基础内宽度超过 300 mm 的预留孔洞，应砌筑平拱或设置过梁。

2. 毛石基础

毛石基础是用强度等级不低于 MU30 的毛石，不低于 M5 的砂浆砌筑而形成。毛石基础的抗冻性较好，在寒冷潮湿地区可用于 6 层以下建筑物基础。

1）构造要求

毛石基础的断面形式有阶梯形和梯形（图 3.4）。基础的顶面宽度比墙厚大 200 mm，即每边宽出 100 mm，每阶高度一般为 300 ~ 400 mm，并至少砌二皮毛石。上阶梯的石块应至少压砌下级阶梯石块的 1/2。

2）施工要点

毛石基础可用毛石或毛条石，以铺浆法砌筑。灰缝厚度宜为 20 ~ 30 mm，砂浆应饱满。石基础宜分皮卧砌，并应上下错缝，内外搭接，不得采用外面侧立石块、中间填心的砌筑方法。每日砌筑高度不宜超过 1.2 m。在转角处及交接处应同时砌筑，如不能同时砌筑，应留成斜槎。

施工时，相邻阶梯的毛石应相互搭砌。砌第 1 层石块时，基底要坐浆，石块大面向下，基础的最上一层石块宜选用较大的毛石砌筑。基础的第 1 层及转角、交接处和洞口处选用较大的平毛石砌筑。毛石基础砌筑砂浆的强度等级应符合设计要求。

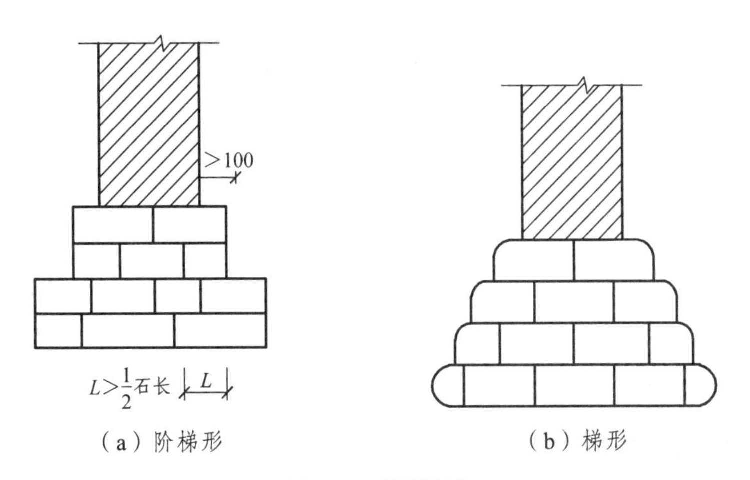

图 3.4　毛石基础

3. 混凝土和毛石混凝土基础

在浇筑混凝土基础时，应分层进行，并使用插入式振动器捣实。对阶梯形基础，每一阶高内应整分浇筑层。对于锥形基础要逐步地随浇筑随安装其斜面部分的模板，并注意边角处混凝土的密实。独立基础应连续浇筑完毕，不能分数次浇筑。

为了节约水泥，在浇筑混凝土时，可投入 25%左右的毛石，这种基础称为毛石混凝土基础。毛石的最大粒径不超过 150 mm，也不超过结构截面最小尺寸的 1/4。毛石投放前应用水冲洗干净并晾干。投放时，应分层、均匀地投放，保证毛石边缘包裹有足够的混凝土并振捣密实。

当基坑（槽）深度超过 2 m 时，不能直接倾落混凝土，应用溜槽将混凝土送入基坑。混凝土浇筑完毕，终凝后要加以覆盖和浇水养护。

3.3.3 浅埋式钢筋混凝土基础施工

1. 独立基础

当建筑物上部结构采用框架结构或单层排架结构承重时，基础常采用方形或矩形的单独基础，其形式有阶梯形、锥形等。单独基础有多种形式，如杯形基础、柱下单独基础（图 3.5）。当柱采用预制钢筋混凝土构件时，则基础做成杯口形，然后将柱子插入，并嵌固在杯口内，故称杯形基础。柱下单独基础：单独基础是柱基础最常用、最经济的一种类型，它适用于柱距为 4 ~ 12 m，荷载不大且均匀、场地均匀，对不均匀沉降有一定适应能力的结构的柱做基础。它所用材料根据柱的材料和荷载大小而定，常采用砖石、混凝土和钢筋混凝土等。在工业与民用建筑中应用范围很广，数量很大。这类基础埋置不深，用料较省，无需复杂的施工设备，地基不须处理即可修建，工期短，造价低，因而为各种建筑物特别是排架、框架结构优先采用的一种基础形式。墙下单独基础：当地基承载力较大，上部结构传给基础的荷载较小，或当浅层土质较差，在不深处有较好土层时，为了节约基础材料和减少开挖土方量可采用墙下单独基础。墙下单独基础的经济跨度为 3 ~ 5 m，砖墙砌在单独基础上边的钢筋混凝土梁上。

这种基础的抗弯和抗剪性能良好，可在竖向荷载较大、地基承载力不高以及承受水平力和力矩等荷载情况下使用。因高度不受台阶宽高比的限制，故适宜于需要“宽基浅埋”的场合下采用。

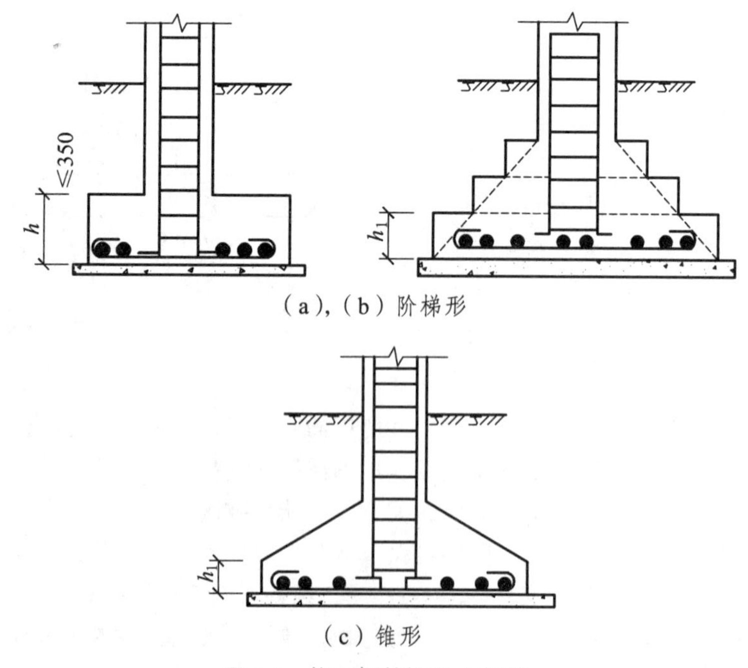

图 3.5 柱下钢筋混凝土基础

1）构造要求

（1）锥形基础（条形基础）边缘高度 h 不宜小于 200 mm；阶梯形基础的每阶高度 h_1 宜为 300 ~ 500 mm。

（2）垫层厚度一般为 100 mm，混凝土强度等级为 C10，基础混凝土强度等级不宜低于 C15。

（3）底板受力钢筋的最小直径不宜小于 8 mm，间距不宜大于 200 mm。当有垫层时钢筋保护层的厚度不宜小于 35 mm，无垫层时不宜小于 70 mm。

（4）插筋的数目与直径应与柱内纵向受力钢筋相同。插筋的锚固及柱的纵向受力钢筋的搭接长度，按国家现行《混凝土结构设计规范》的规定执行。

2）施工要点

（1）基坑（槽）应进行验槽，局部软弱土层应挖去，用灰土或砂砾分层回填夯实至基底相平。基坑（槽）内浮土、积水、淤泥、垃圾、杂物应清除干净。验槽后地基混凝土应立即浇筑，以免地基土被扰动。

（2）垫层达到一定强度后，在其上弹线、支模。铺放钢筋网片时底部用与混凝土保护层同厚度的水泥砂浆垫塞，以保证位置正确。

（3）在浇筑混凝土前，应清除模板上的垃圾、泥土和钢筋上的油污等杂物，模板应浇水加以湿润。

（4）基础混凝土宜分层连续浇筑完成。阶梯形基础的每一台阶高度内应分层浇捣，每浇筑完一台阶应稍停 0.5 ~ 1.0 h，待其初步获得沉实后，再浇筑上层，以防止下台阶混凝土溢出，在上台阶根部出现烂脖子，台阶表面应基本抹平。

（5）锥形基础的斜面部分模板应随混凝土浇捣分段支设并顶压紧，以防模板上浮变形，边角处的混凝土应注意捣实。严禁斜面部分不支模，用铁锹拍实。

（6）基础上有插筋时，要加以固定，保证插筋位置的正确，防止浇捣混凝土发生移位。混凝土浇筑完毕，外露表面应覆盖浇水养护。

2. 条形基础

墙下条形基础是在墙体下的条形基础。用以传递连续的条形荷载，可采用砖、毛石、灰土或素混凝土等材料砌筑而成。当基础上的荷载较大，或地基土承载力较低而需要加大基础宽度时，也可采用钢筋混凝土的条形基础，以承受所产生的弯曲应力。墙下钢筋混凝土条形基础（图 3.6）。

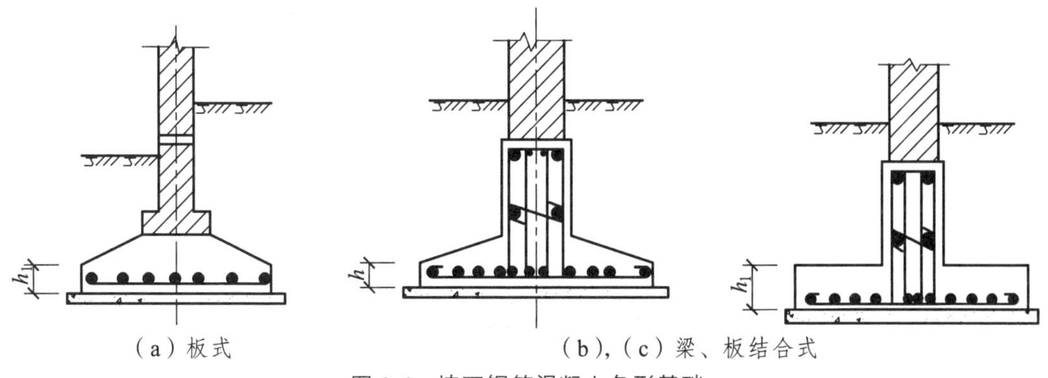

（a）板式　　（b），（c）梁、板结合式

图 3.6　墙下钢筋混凝土条形基础

1）构造要求

（1）垫层的厚度不宜小于 70 mm，通常采用 100 mm。

（2）锥形基础的边缘高度不宜小于 200 mm，阶梯形基础的每一级高度宜为 300 ~ 500 mm。

（3）受力钢筋的最小直径不宜小于 10 mm，间距不宜大于 200 mm，也不宜小于 100 mm；分布钢筋的直径不宜小于 8 mm，间距不大于 300 mm，每延米分布钢筋的面积不小于受力钢筋面积的 15%。

（4）保护层厚度：有垫层时不小于 40 mm，无垫层时不小于 70 mm。

2）施工要点

（1）基槽挖土采用反铲挖掘机开挖，人工辅助修坡修底，挖土顺序应沿房屋纵向，由一端逐步后退开挖，挖出的土方用汽车立即全部拉出场外。

（2）垫层施工要控制好厚度、宽度和表面平整，先用竹桩在槽底每隔 1 m 钉一个竹桩，控制桩顶为垫层面标高，垫层混凝土摊平后，应用平板振动器振实，并利用刮尺平整。

（3）条形基底钢筋绑扎前，应在基底垫层上用粉笔画好受力钢筋的间距，在转角和十字形交接处，受力钢筋应重叠布设。

（4）条基模板采用胶合模板，支撑采用松方木。

3. 筏式基础

筏式基础由钢筋混凝土底板、梁等组成，适用于地基承载力较低而上部结构荷载很大的场合。其外形和构造上像倒置的钢筋混凝土楼盖，整体刚度较大，能有效将各柱子的沉降调整得较为均匀。筏式基础一般可分为梁板式和平板式两类（图 3.7）。

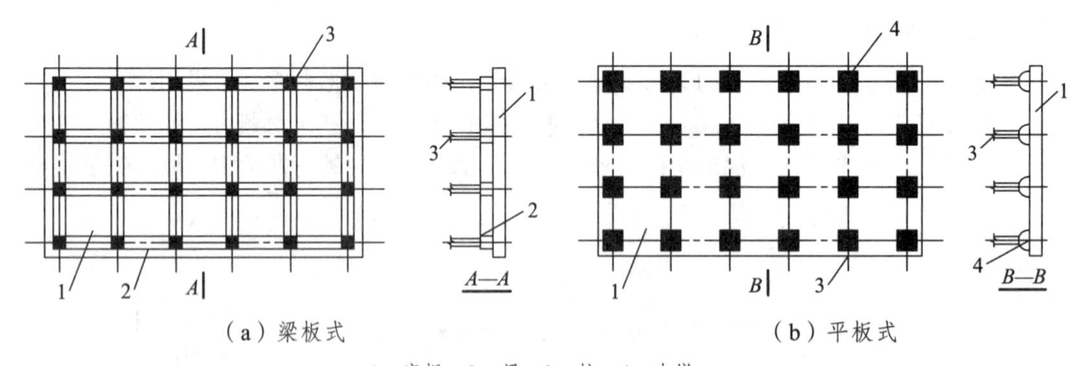

（a）梁板式　　（b）平板式

1—底板；2—梁；3—柱；4—支墩。

图 3.7　筏式基础

1）构造要求

（1）混凝土强度等级不宜低于 C20，钢筋无特殊要求，钢筋保护层厚度不小于 35 mm。

（2）基础平面布置应尽量对称，以减小基础荷载的偏心距。底板厚度不宜小于 200 mm，梁截面和板厚按计算确定，梁顶高出底板顶面不小于 300 mm，梁宽不小于 250 mm。

（3）底板下一般宜设厚度为 100 mm 的 C10 混凝土垫层，每边伸出基础底板不小于 100 mm。

2）施工要点

（1）施工前，如地下水位较高，可采用人工降低地下水位至基坑底不少于 500 mm，以保证在无水情况下进行基坑开挖和基础施工。

（2）施工时，可采用先在垫层上绑扎底板、梁的钢筋和柱子锚固插筋，浇筑底板混凝土，待达到25%设计强度后，再在底板上支梁模板，继续浇筑完梁部分混凝土；也可采用底板和梁模板一次同时支好，混凝土一次连续浇筑完成，梁侧模板采用支架支承并固定牢固。

（3）混凝土浇筑时一般不留施工缝，必须留设时，应按施工缝要求处理，并应设置止水带。

（4）基础浇筑完毕，表面应覆盖和洒水养护，并防止地基被水浸泡。

4. 箱形基础

箱形基础是由钢筋混凝土底板、顶板、外墙以及一定数量的内隔墙构成封闭的箱体（图3.8），基础中部可在内隔墙开门洞做地下室。该基础具有整体性好，刚度大，调整不均匀沉降能力及抗震能力强，可消除因地基变形使建筑物开裂的可能性，减少基底处原有地基自重应力，降低总沉降量等特点。适用作软弱地基上的面积较小、平面形状简单、上部结构荷载大且分布不均匀的高层建筑物的基础和对沉降有严格要求的设备基础或特种构筑物基础。

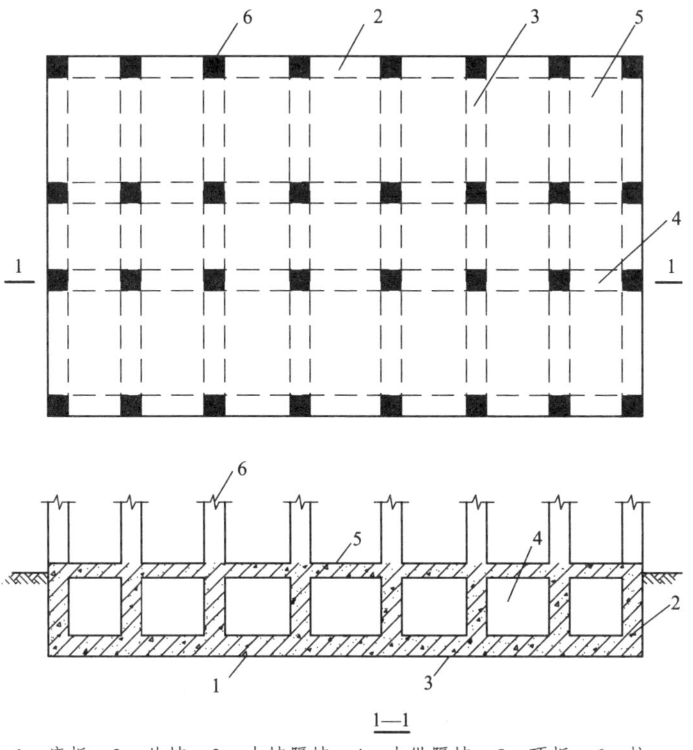

1—底板；2—外墙；3—内墙隔墙；4—内纵隔墙；5—顶板；6—柱。

图 3.8　箱形基础

1）构造要求

（1）箱形基础在平面布置上尽可能对称，以减少荷载的偏心距，防止基础过度倾斜。

（2）混凝土强度等级不应低于 C20，基础高度一般取建筑物高度的 1/8 ~ 1/12，不宜小于箱形基础长度的 1/16 ~ 1/18，且不小于 3 m。

（3）底、顶板的厚度应满足柱或墙冲切验算要求，并根据实际受力情况通过计算确定。底板厚度一般取隔墙间距的 1/8 ~ 1/10，一般为 300 ~ 1 000 mm，顶板厚度一般为 200 ~ 400 mm，内墙厚度不宜小于 200 mm，外墙厚度不应小于 250 mm。

（4）为保证箱形基础的整体刚度，平均每平方米基础面积上墙体长度应不小于 400 mm，或墙体水平截面面积不得小于基础面积的 1/10，其中纵墙配置量不得小于墙体总配置量的 3/5。

2）施工要点

（1）基坑开挖，如地下水位较高，应采取措施降低地下水位至基坑底以下 500 mm 处，并尽量减少对基坑底土的扰动。当采用机械开挖基坑时，在基坑底面以上 200 ~ 400 mm 厚的土层，应用人工挖除并清理，基坑验槽后，应立即进行基础施工。

（2）施工时，基础底板、内外墙和顶板的支模、钢筋绑扎和混凝土浇筑，可采取分块进行，其施工缝的留设位置和处理应符合钢筋混凝土工程施工及验收规范有关要求，外墙接缝应设止水带。

（3）基础的底板、内外墙和顶板宜连续浇筑完毕。为防止出现温度收缩裂缝，一般应设置贯通后浇带，带宽不宜小于 800 mm，在后浇带处钢筋应贯通，顶板浇筑后，相隔 2 ~ 4 周，用比设计强度提高一级的细石混凝土将后浇带填灌密实，并加强养护。

（4）基础施工完毕，应立即进行回填土。停止降水时，应验算基础的抗浮稳定性，抗浮稳定系数不宜小于 1.2；如不能满足时，应采取有效措施，譬如继续抽水直至上部结构荷载加上后能满足抗浮稳定系数要求为止，或在基础内采取灌水或加重物等，防止基础上浮或倾斜。

3.4 桩基础工程

一般建筑物都应该充分利用地基土层的承载能力，而尽量采用浅基础。但若浅层土质不良，无法满足建筑物对地基变形和强度方面的要求时，可以利用下部坚实土层或岩层作为持力层，这就要采取有效的施工方法建造深基础了。深基础主要有桩基础、墩基础、沉井和地下连续墙等几种类型，其中以桩基最为常用。

桩基一般由设置于土中的桩和承接上部结构的承台组成（图 3.9）。桩的作用在于将上部建筑物的荷载传递到深处承载力较大的土层上；或使软弱土层挤压，以提高土壤的承载力和密实度，从而保证建筑物的稳定性和减少地基沉降。

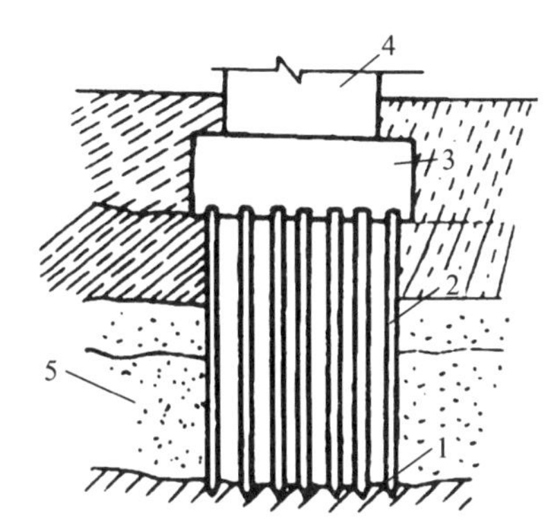

1—持力层；2—桩；3—桩基承台；4—上部建筑物；5—软弱层。

图 3.9　桩基础示意图

绝大多数桩基的桩数不止 1 根，而将各根桩在上端（桩顶）通过承台联成一体。根据承台与地面的相对位置不同，一般有低承台与高承台桩基之分。前者的承台底面位于地面以下，而后者则高出地面以上。一般来说，采用高承台主要是为了减少水下施工作业和节省基础材料，常用于桥梁和港口工程中。而低承台桩基承受荷载的条件比高承台好，特别在水平荷载作用下，承台周围的土体可以发挥一定的作用。在一般房屋和构筑物中，大多都使用低承台桩基。

3.4.1　桩基础分类

1. 按承载性质分

1）摩擦型桩

摩擦型桩又可分为摩擦桩和端承摩擦桩。摩擦桩是指在极限承载力状态下，桩顶荷载由桩侧阻力承受的桩；端承摩擦桩是指在极限承载力状态下，桩顶荷载主要由桩侧阻力承受的桩。

2）端承型桩

端承型桩又可分为端承桩和摩擦端承桩。端承桩是指在极限承载力状态下，桩顶荷载由桩端阻力承受的桩；摩擦端承桩是指在极限承载力状态下，桩顶荷载主要由桩端阻力承受的桩。

2. 按承台位置的高低不同分

1）高承台桩基础

承台底面高于地面，它的受力和变形不同于低承台桩基础。一般应用在桥梁、码头工程中。

2）低承台桩基础

承台底面低于地面，一般用于房屋建筑工程中。

3. 按桩的使用功能分

竖向抗压桩、竖向抗拔桩、水平受荷载桩、复合受荷载桩。

4. 按桩身材料分

混凝土桩、钢桩、组合材料桩。

5. 按成桩方法分

非挤土桩（如干作业法桩、泥浆护壁法桩、套筒护壁法桩）、部分挤土桩（如部分挤土灌注桩、预钻孔打入式预制桩等）、挤土桩（如挤土灌注桩、挤土预制桩等）。

6. 按桩制作工艺分

预制桩和现场灌注桩，现在使用较多的是现场灌注桩。

3.4.2 灌注桩施工

混凝土灌注桩是直接在施工现场的桩位上成孔，然后在孔内浇筑混凝土成桩。钢筋混凝土灌注桩还需在桩孔内安放钢筋笼后再浇筑混凝土成桩。

与预制桩相比较，灌注桩可节约钢材、木材和水泥，且施工工艺简单，成本较低。能适应持力层的起伏变化制成不同长度的桩，可按工程需要制作成大口径桩。施工时无需分节制作和接桩，减少大幅的运输和起吊工作量。施工时无振动、噪声小，对环境干扰较小。但其操作要求较严格，施工后需一定的养护期，不能立即承受荷载。

灌注桩按成孔方法分为钻孔灌注桩、沉管灌注桩、人工挖孔灌注桩、爆扩灌注桩等。

1. 钻孔灌注桩

钻孔灌注桩是指利用钻孔机械钻出桩孔，并在孔中浇筑混凝土（或先在孔中吊放钢筋笼）而成的桩。根据钻孔机械的钻头是否在土壤的含水层中施工，又分为泥浆护壁成孔和干作业成孔两种施工方法。

1）泥浆护壁成孔灌注桩

泥浆护壁成孔是利用泥浆保护稳定孔壁的机械钻孔方法。它通过循环泥浆将切削碎的泥石渣屑悬浮后排出孔外，泥浆护壁钻孔灌注桩适用于地下水位以下的黏性土、粉土、砂土、填土、碎（砾）石土及风化岩层，以及地质情况复杂，夹层多、风化不均、软硬变化较大的岩层，冲孔灌注桩除适应上述地质情况外，还能穿透旧基础、大孤石等障碍物，但在岩溶发育地区应慎重使用。

泥浆护壁成孔灌注桩施工工艺流程如下所述。

（1）测定桩位

平整清理好施工场地后，设置桩基轴线定位点和水准点，根据桩位平面布置施工图，定出每根桩的位置，并做好标志。施工前，桩位要检查复核，以防被外界因素影响而造成偏移。

（2）埋设护筒

护筒的作用是：固定桩孔位置，防止地面水流入，保护孔口，增高桩孔内水压力，防止塌孔，成孔时引导钻头方向。护筒用 4 ~ 8 mm 厚钢板制成，内径比钻头直径大 100 ~ 200 mm，顶面高出地面 0.4 ~ 0.6 m，上部开 1 ~ 2 个溢浆孔。埋设护筒时，先挖去桩孔处表土，将护筒埋入土中，其埋设深度，在黏土中不宜小于 1 m，在砂土中不宜小于 1.5 m。其高度要满足孔内泥浆液面高度的要求，孔内泥浆面应保持高出地下水位 1 m 以上。采用挖坑埋设时，坑的直径应比护筒外径大，护筒中心与桩位中心线偏差不应大于 50 mm，对位后应在护筒外侧填入黏土并分层夯实。

（3）泥浆制备

泥浆的作用是护壁、携砂排土、切土润滑、冷却钻头等，其中以护壁为主。泥浆制备方法应根据土质条件确定：在黏土和粉质黏土中成孔时，可注入清水，以原土造浆。在其他土层中成孔，泥浆可选用高塑性的黏土制备。施工中应经常测定泥浆密度，并定期测定黏度、含砂率和胶体率。为了提高泥浆质量可加入外掺料，如增重剂、增黏剂、分散剂等。

（4）成　孔

① 潜水钻机成孔

潜水钻机成孔示意图如图 3.10 所示。潜水钻机是一种旋转式钻孔机，其防水电机变速机构和钻头密封在一起，由桩架及钻杆定位后可潜入水、泥浆中钻孔。注入泥浆后通过正循环或反循环排渣法将孔内切削土粒、石渣排至孔外。目前使用的潜水钻，钻孔直径 400 ~ 800 mm，最大钻孔深度 50 m。潜水钻机既适用于水下钻孔，也可用于地下水位较低的干土层中钻孔。

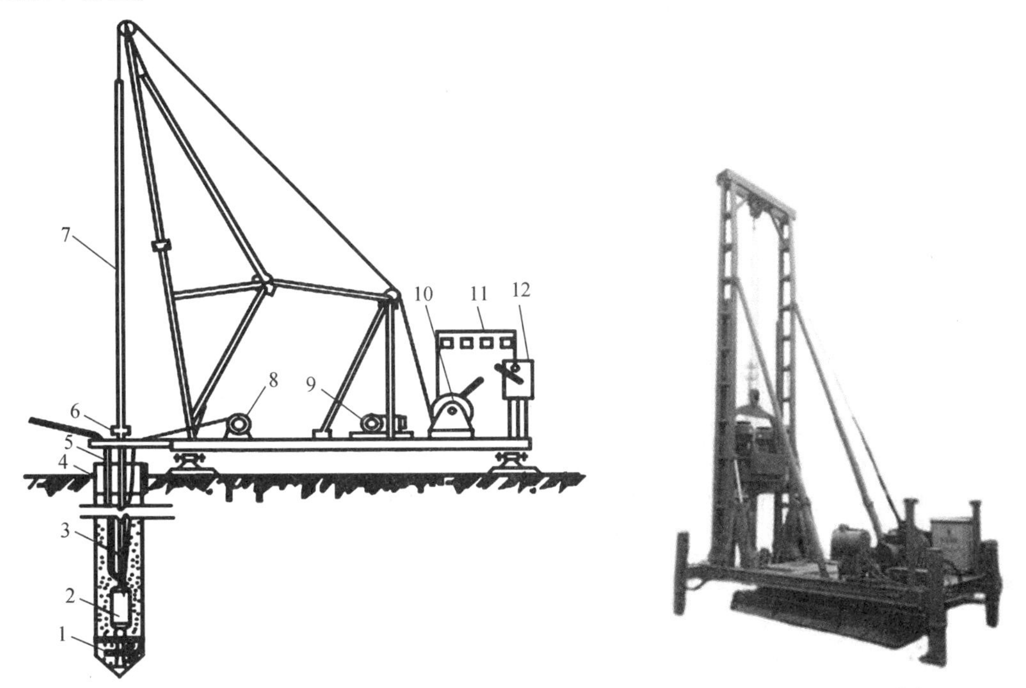

1—钻头；2—潜水钻机；3—电缆；4—护筒；5—水管；6—滚轮；7—钻杆；8—电缆盘；9—5 kN 卷扬机；10—10 kN 卷扬机；11—电流电压表；12—启动开关。

图 3.10　潜水钻机成孔示意图

潜水钻机成孔排渣有正循环排渣和泵举反循环排渣两种方式（图 3.11）。

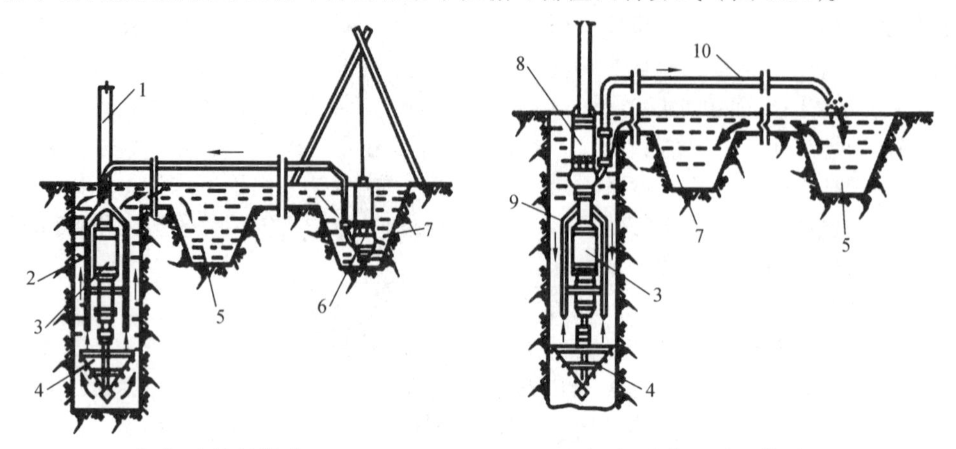

（a）正循环排渣　　（b）泵举反循环排渣

1—钻杆；2—送水管；3—主机；4—钻头；5—沉淀池；6—潜水泥浆泵；7—泥浆池；8—砂石泵；9—抽渣管；10—排渣胶管。

图 3.11　循环排渣方法

正循环排渣法：在钻孔过程中，旋转的钻头将碎泥渣切削成浆状后，利用泥浆泵压送高压泥浆，经钻机中心管、分叉管送入到钻头底部强力喷出，与切削成浆状的碎泥渣混合，携带泥土沿孔壁向上运动，从护筒的溢流孔排出。

反循环排渣法：砂石泵随主机一起潜入孔内，直接将切削碎泥渣随泥浆抽排出孔外。

② 成孔

冲击钻机通过机架、卷扬机把带刃的重钻头（冲击锤）提高到一定高度，靠自由下落的冲击力切削破碎岩层或冲击土层成孔（图 3.12）。冲孔前应埋设钢护筒，并准备好护壁材料。

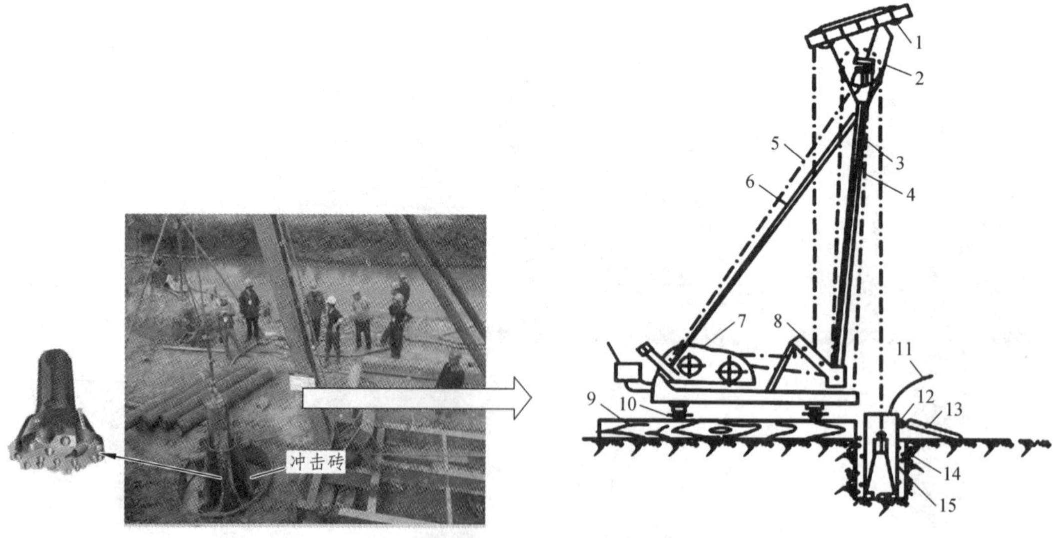

1—副滑轮；2—主滑轮；3—主杆；4—前拉索；5—后拉索；6—斜撑；7—双滚筒卷扬机；8—导向轮；9—垫木；10—钢管；11—供浆管；12—溢流口；13—泥浆渡槽；14—护筒回填土；15—钻头。

图 3.12　简易冲击钻孔机示意图

冲击钻头形式有十字形、工字形、人字形等，一般常用十字形冲击钻头（图 3.13）。

③ 冲抓锥成孔

冲抓锥（图 3.14）锥头上有一重铁块和活动抓片，通过机架和卷扬机将冲抓锥提升到一定高度，下落时松开卷筒刹车，抓片张开，锥头便自由下落冲入土中，然后开动卷扬机提升锥头，这时抓片闭合抓土。冲抓锥整体提升至地面上卸去土渣，依次循环成孔。该法成孔直径为 450 ~ 600 mm，成孔深度 10 m 左右，适用于松软土层（砂土、黏土）中冲孔，但遇到坚硬土层时宜换用冲击钻施工。

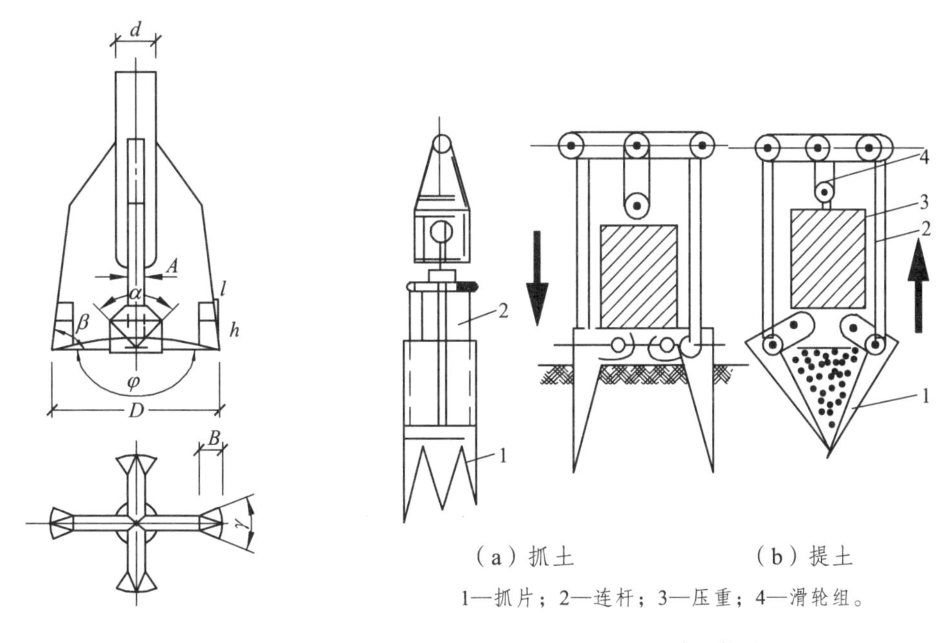

1—抓片；2—连杆；3—压重；4—滑轮组。

图 3.13　十字形冲击钻头　　　图 3.14　冲抓锥头

④ 回转钻成孔

回转钻成孔（图 3.15）是我国灌注桩施工中最常用的方法之一。按排渣方式不同也分为正循环回转钻成孔和反循环回转钻成孔两种。

正循环回转钻成孔由钻机回转装置带动钻杆和钻头回转切削破碎岩土，由泥浆泵往钻杆输进泥浆，泥浆沿孔壁上升，从孔口溢浆孔溢出流入泥浆池，经沉淀处理返回循环池。正循环成孔泥浆的上返速度低，携带土粒直径小，排渣能力差，岩土重复破碎现象严重，适用于填土、淤泥、黏土、粉土、砂土等地层，对于卵砾石含量不大 15%，粒径小于 10 mm 的部分砂卵砾石层和软质基岩及较硬基岩也可使用。

反循环回转钻成孔是由钻机回转装置，动钻杆和钻头回转切削破碎岩土，利用泵吸、气举、喷射等措施抽吸循环护壁泥浆，挟带钻渣从钻杆内腔抽吸出孔外的成孔方法。

（5）清　孔

当钻孔达到设计要求深度并经检查合格后，应立即进行清孔，目的是清除孔底沉渣以减少桩基的沉降量，提高承载能力，确保桩基质量。清孔方法有真空吸泥渣法、射水抽渣法、换浆法和掏渣法。

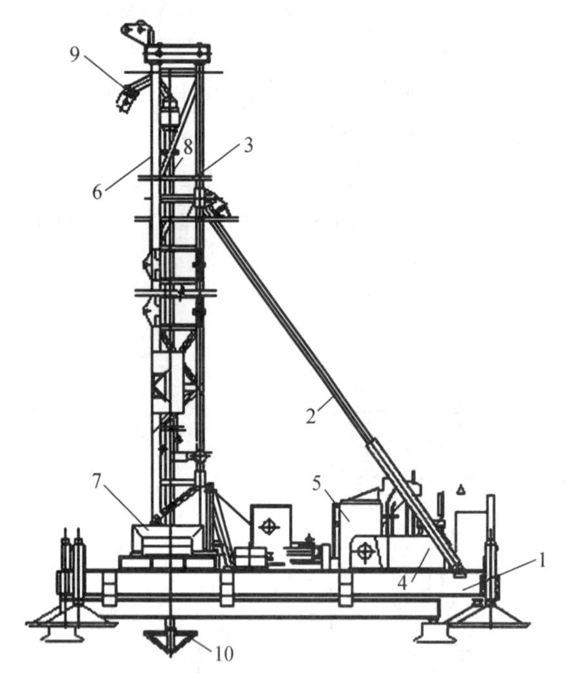

1—座盘；2—斜撑；3—塔架；4—电机；5—卷扬机；6—塔架；
7—转盘；8—钻杆；9—泥浆输送管；10—钻头。

图 3.15　回转钻机示意图

对以原土造浆的钻孔，可使钻机空转不进尺，同时注入清水，等孔底残余的泥块已磨浆，排出泥浆比重降至 1.1 左右（以手触泥浆无颗粒感觉），即可认为清孔已合格。对注入制备泥浆的钻孔，可采用换浆法清孔，至换出泥浆比重小于 1.15 ~ 1.25 为合格。

（6）吊放钢筋笼

清孔后应立即安放钢筋笼、浇混凝土。钢筋笼一般都在工地制作，制作时要求主筋环向均匀布置，箍筋直径及间距、主筋保护层、加劲箍的间距等均应符合设计要求。分段制作的钢筋笼，其接头采用焊接且应符合施工及验收规范的规定。吊放钢筋笼时应保持垂直缓慢放入，防止碰撞孔壁。若造成塌孔或安放钢筋笼时间太长，应进行二次清孔后再浇筑混凝土。

（7）水下混凝土浇筑

泥浆护壁成孔灌注桩的水下混凝土浇筑常用导管法，混凝土强度等级不低于 C20，坍落度为 18 ~ 22 cm。导管一般用无缝钢管制作，直径为 200 ~ 300 mm，每节长度为 2 ~ 3 m，最下一节为脚管，长度不小于 4 m，各节管用法兰盘和螺栓连接。

2）干作业成孔灌注桩

干作业成孔灌注桩适用于地下水位以上的干土层中桩基的成孔施工。施工设备主要有螺旋钻机、钻孔扩机、机动或人工洛阳铲等。但在施工中，一般采用螺旋钻成孔（图 3.16）。螺旋钻头外径分别为ϕ400 mm、ϕ500 mm、ϕ600 mm，钻孔深度相应为 12 m、10 m、8 m。

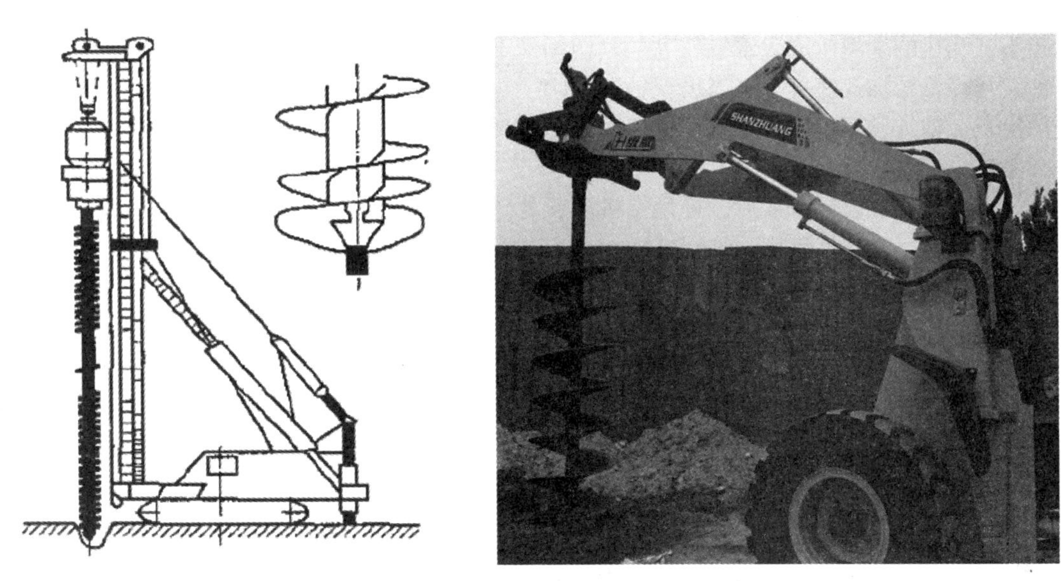

图 3.16　螺旋钻孔机

干作业成孔灌注桩施工流程一般为：场地清理—测量放线定桩位—桩机就位—钻孔取土成孔—清除孔底沉渣—成孔质量检查验收—吊放钢筋笼—浇筑孔内混凝土（图 3.17）。为了确保成桩质量，施工过程中应注意以下几点：

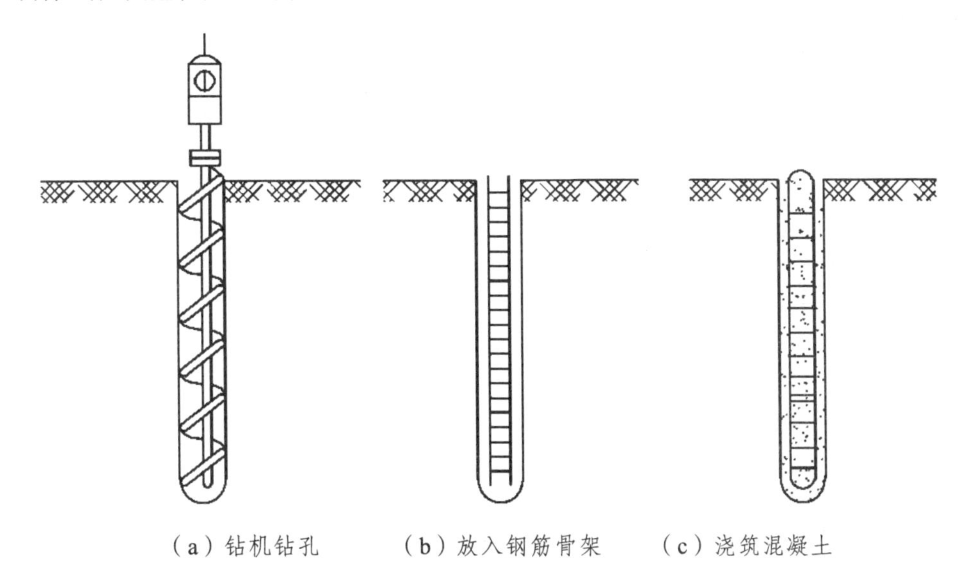

图 3.17　螺旋钻机钻孔灌注桩施工过程示意图

（1）钻机钻孔前，应做好现场准备工作。钻孔场地必须平整、碾压或夯实，雨季施工时需要加白灰碾压以保证钻孔行车安全。

（2）钻机按桩位就位时，钻杆要垂直对准桩位中心，放下钻机使钻头触及土面。钻孔时，开动转轴旋动钻杆钻进，先慢后快，避免钻杆摇晃，并随时检查钻孔偏移，有问题应及时纠正。施工中应注意钻头在穿过软硬土层交界处时，保持钻杆垂直，缓慢进尺。在含砖头、瓦块的杂填土或含水量较大的软塑黏性土层中钻进时，应尽量减小钻杆晃动，以免扩大孔径及增加孔底虚土。当出现钻杆跳动、机架摇晃、钻不进等异常现象时，应立即停钻检查。钻进过程中应随时清理孔口积土，遇到地下水、缩孔、坍孔等异常现象，应会同有关单位研究处理。

（3）钻孔至要求深度后，可用钻机在原处空转清土，然后停止回转，提升钻杆卸土。如孔底虚土超过容许厚度，可用辅助掏土工具或二次投钻清底。清孔完毕后应用盖板盖好孔口。

（4）桩孔钻成并清孔后，先吊放钢筋笼，后浇筑混凝土。为防止孔壁坍塌，避免雨水冲刷，成孔经检查合格后，应及时浇筑混凝土。若土层较好，没有雨水冲刷，从成孔至混凝土浇筑的时间间隔，也不得超过 24 h。灌注桩的混凝土强度等级不得低于 C15，坍落度一般采用 80 ~ 100 mm；混凝土应连续浇筑，分层捣实，每层的高度不得大于 1.50 m；当混凝土浇筑到桩顶时，应适当超过桩顶标高，以保证在凿除浮浆层后，使桩顶标高和质量能符合设计要求。

3）常见工程质量事故及处理方法

泥浆护壁成孔灌注桩施工时常易发生孔壁坍塌、斜孔、孔底隔层、夹泥、流砂等工程问题，水下混凝土浇筑属隐蔽工程，一旦发生质量事故难以观察和补救，所以应严格遵守操作规程，在有经验的工程技术人员指导下认真施工，并做好隐蔽工程记录，以确保工程质量。

（1）孔壁坍塌

孔壁坍塌指成孔过程中孔壁土层不同程度坍落。主要原因是：提升下落冲击锤、掏渣筒或钢筋骨架时碰撞护筒及孔壁；护筒周围未用黏土紧密填实，孔内泥浆液面下降，孔内水压降低等造成塌孔。塌孔处理方法有：一是在孔壁坍塌段用石子黏土投入，重新开钻，并调整泥浆容重和液面高度；二是使用冲孔机时，填入混合料后低锤密击，使孔壁坚固后，再正常冲击。

（2）偏　孔

偏孔指成孔过程中出现孔位偏移或孔身倾斜。偏孔的主要原因是桩架不稳固，导杆不垂直或土层软硬不均。对于冲孔成孔，则可能是由于导向不严格或遇到探头石及基岩倾斜所引起的。处理方法为：将桩架重新安装牢固，使其平稳垂直；如孔的偏移过大，应填入石子黏土，重新成孔；如有探头石，可用取岩钻将其除去或低锤密击将石击碎；如遇基岩倾斜，可以投入毛石于低处，再开钻或密打。

（3）孔底隔层

孔底隔层指孔底残留石砟过厚，孔脚涌进泥砂或塌壁泥土落底。造成孔底隔层的主要原因是清孔不彻底，清孔后泥浆浓度减少或浇筑混凝土、安放钢筋骨架时碰撞孔壁造成塌孔落土。主要防止方法为：做好清孔工作，注意泥浆浓度及孔内水位变化，施工时注意保护孔壁。

（4）夹泥或软弱夹层

夹泥或软弱夹层指桩身混凝土混进泥土或形成浮浆泡沫软弱夹层。其形成的主要原因是浇筑混凝土时孔壁坍塌或导管口埋入混凝土高度太小，泥浆被喷翻，掺入混凝土中。防治措施是：经常注意混凝土表面高程变化，保持导管下口埋入混凝土表面高程变化，保持导管下口埋入混凝土下的高度，并应在钢筋笼下放孔内 4 h 内浇筑混凝土。

（5）流　砂

指成孔时发现大量流砂涌塞孔底。流砂产生的原因是孔外水压力比孔内水压力大，孔壁土松散。流砂严重时可抛入碎砖石、黏土，用锤冲入流砂层，防止流砂涌入。

2. 沉管灌注桩

沉管灌注桩是指利用锤击打桩法或振动打桩法，将带有活瓣式桩靴或预制钢筋混凝土桩尖的钢管沉入土中，然后边浇筑混凝土（或先在管内放入钢筋笼）边锤击或振动拔管而成。前者称为锤击沉管灌注桩，后者称为振动沉管灌注桩。

1）锤击沉管灌注桩

锤击沉管灌注桩是采用落锤、蒸汽锤或柴油锤将钢套管沉入土中成孔，然后灌注混凝土或钢筋混凝土，抽出钢管而成。其施工设备如图 3.18 所示。

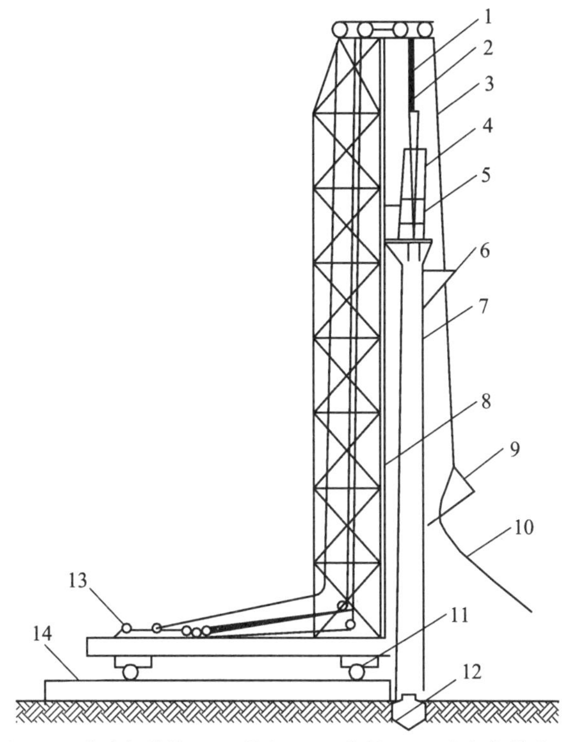

1—钢丝绳；2—滑轮组；3—吊斗钢丝绳；4—桩锤；5—桩帽；6—混凝土漏斗；7—套管；8—桩架；9—混凝土吊斗；10—回绳；11—钢管；12—桩尖；13—卷扬机；14—枕木。

图 3.18　锤击沉管灌注桩桩机

锤击沉管灌注桩的施工方法如下：

施工时，先将桩机就位，吊起桩管，垂直套入预先埋好的预制混凝土桩尖，压入土中。桩管与桩尖接触处应垫以稻草绳或麻绳垫圈，以防地下水渗入管内。当检查桩管与桩锤、桩架等在同一垂直线上（偏差≤5%）即可在桩管上扣上桩帽，起锤沉管。先用低锤轻击，观察需无偏移后方可进入正常施工，直至符合设计要求深度，并检查管内有无泥浆或水进入，即可灌注混凝土。桩管内混凝土应尽量灌满，然后开始拔管。拔管要均匀，第一次拔管高度控制在能容纳第二次所需灌入的混凝土量为限，不宜拔管过高。拔管时应保持连续密锤低击不停，并控制拔出速度，对一般土层，以不大于 1 m/min 为宜；在软弱土层及软硬土层交界处，应控制在 0.8 m/min 以内。桩锤冲击频率，视锤的类型而定：单动汽锤采用倒打拔管，频率不低于 70 次/min，自由落锤轻击不得少于 50 次/min。在管底未拔到桩顶设计标高之前，倒打或轻击不得中断。拔管时应注意使管内的混凝土量保持略高于地面，直到桩管全部拔出地面为止。

上面所述的这种施工工艺称为单打灌注桩的施工。为了提高桩的质量和承载能力，常采用复打扩大灌注桩。其施工方法是在第一次单打法施工完毕并拔出桩管后，清除桩管外壁上和桩孔周围地面上的污泥，立即在原桩位上再次安放桩尖，再作第二次沉管，使未凝固的混凝土向四周挤压扩大桩径，然后灌注第二次混凝土，拔管方法与第一次相同。复打施工时要注意前后两次沉管的轴线应重合，复打必须在第一次灌注的混凝土初凝之前进行。

2）振动沉管灌注桩

振动沉管灌注桩是采用激振器或振动冲击锤将钢套管沉入土中成孔而成的灌注桩，沉管原理与振动沉桩完全相同。其施工设备如图 3.19 所示。

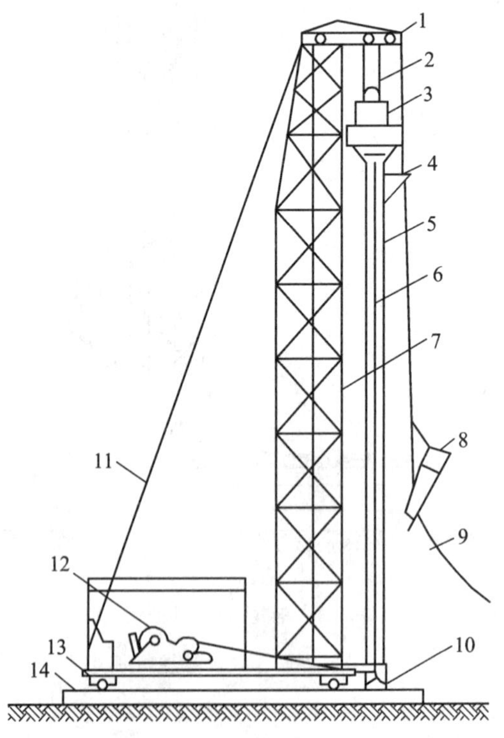

1—滑轮；2—滑轮组；3—激振器；4—混凝土漏斗；5—桩管；6—加压钢丝绳；7—桩架；8—混凝土吊斗；9—回绳；10—活瓣桩靴；11—缆风绳；12—卷扬机；13—行驶用钢管；14—枕木。

图 3.19　振动沉管灌注桩桩机

振动沉管灌注桩的施工方法如下：

施工时，先安装好桩机，将桩管下端活瓣合起来，对准桩位，徐徐放下桩管，压入土中，勿使偏斜，即可开动激振器沉管。当桩管下沉到设计要求的深度后，便停止振动，立即利用吊斗向管内灌满混凝土，并再次开动激振器，进行边振动边拔管，同时在拔管过程中继续向管内浇筑混凝土。

如此反复进行，直至桩管全部拔出地面后即形成混凝土桩身。

振动灌注桩可采用单振法、反插法或复振法施工。

（1）单振法

在沉入土中的桩管内灌满混凝土，开动激振器 5 ~ 10 s，开始拔管，边振边拔。每拔 0.5 ~ 1.0 m，停拔振动 5 ~ 10 s。如此反复，直到桩管全部拔出。在一般土层内拔管速度宜为 1.2 ~ 1.5 m/min，在较软弱土层中，不得大于 0.8 ~ 1.0 m/min。单振法施工速度快，混凝土用量少，但桩的承载力低，适用于含水量较少的土层。

（2）反插法

在桩管内灌满混凝土后，先振动再开始拔管。每次拔管高度 0.5 ~ 1.0 m，向下反插深度 0.3 ~ 0.5 m。如此反复进行并始终保持振动，直至桩管全部拔出地面。反插法能扩大桩的截面，从而提高了桩的承载力，但混凝土耗用量较大，一般适用于饱和软土层。

（3）复振法

施工方法及要求与锤击沉管灌注桩的复打法相同。

3）施工中常遇问题及处理

（1）断　桩

断桩一般都发生在地面以下软硬土层的交接处，并多数发生在黏性土中，砂土及松土中则很少出现。产生断桩的主要原因是：桩距过小，受邻桩施打时挤压的影响，桩身混凝土终凝不久就受到振动和外力，以及软硬土层间传递水平力大小不同，对桩产生剪应力等。处理方法是经检查有断桩后，应将断桩段拔去，略增大桩的截面面积或加箍筋后，再重新浇筑混凝土。或者在施工过程中采取预防措施，如施工中控制桩中心距不小于 3.5 倍桩径，采用跳打法或控制时间间隔的方法，使邻桩混凝土达设计强度等级的 50%后，再施打中间桩等。

（2）瓶颈桩

瓶颈桩是指桩的某处直径缩小形似“瓶颈”，其截面面积不符合设计要求。多数发生在黏性土、土质软弱、含水率高，特别是饱和的淤泥或淤泥质软土层中。产生瓶颈桩的主要原因是：在含水率较大的软弱土层中沉管时，土受挤压便产生很高的孔隙水压，拔管后便挤向新灌的混凝土，造成缩颈。拔管速度过快，混凝土量少、和易性差，混凝土出管扩散性差也造成缩颈现象。处理方法是：施工中应保持管内混凝土略高于地面，使之有足够的扩散压力，拔管时采用复打或反插办法，并严格控制拔管速度。

（3）吊脚桩

吊脚桩是指桩的底部混凝土隔空或混进泥砂而形成松散层部分的桩。其产生的主要原因是：预制钢筋混凝土桩尖承载力或钢活瓣桩尖刚度不够，沉管时被破坏或变形，因而水或泥砂进入桩管；拔管时桩靴未脱出或活瓣未张开，混凝土未及时从管内流出等。处理方法是：拔出桩管，填砂后重打；或者可采取密振动慢拔，开始拔管时先反插几次再正常拔管等预防措施。

（4）桩尖进水进泥

桩尖进水进泥常发生在地下水位高或含水量大的淤泥和粉泥土土层中。产生的主要原因是：钢筋混凝土桩尖与桩管接合处或钢活瓣桩尖闭合不紧密；钢筋混凝土桩尖被打破或钢活瓣桩尖变形等所致。处理方法是：将桩管拔出，清除管内泥砂，修整桩尖钢活瓣变形缝隙，用黄砂回填桩孔后再重打；若地下水位较高，待沉管至地下水位时，先在桩管内灌入 0.5 m 厚度的水泥砂浆作封底，再灌 1 m 高度混凝土增压，然后再继续下沉桩管。

3. 人工挖孔灌注桩

人工挖孔灌注桩是指桩孔采用人工挖掘方法进行成孔，然后安放钢筋笼，浇筑混凝土而成的桩。其施工特点是：设备简单；无噪声、无振动、不污染环境，对施工现场周围原有建筑物的影响小；施工速度快，可按施工进度要求决定同时开挖桩孔的数量，必要时，各桩孔可同时施工；土层情况明确，可直接观察到地质变化，桩底沉渣能清除干净，施工质量可靠。尤其当高层建筑选用大直径的灌注桩，而其施工现场又在狭窄的市区时，采用人工挖孔比机械挖孔具有更大的适应性。但其缺点是人工耗量大，开挖效率低，安全操作条件差等。其施工设备一般可根据孔径、孔深和现场具体情况加以选用，常用的有：电动葫芦、提土桶、潜水泵、鼓风机和输风管、镐、锹、土筐、照明灯、对讲机及电铃等（图 3.20）。

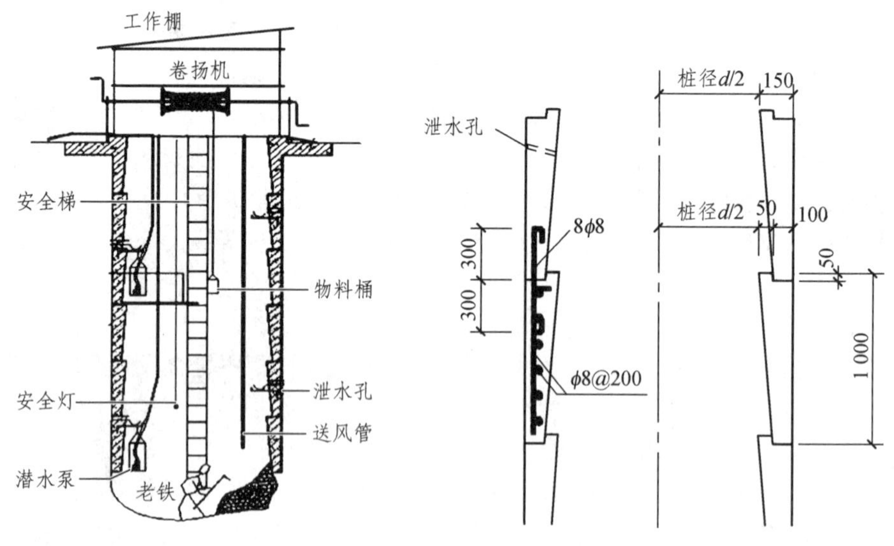

图 3.20 人工挖孔灌注桩示意图

1）施工方法

人工挖孔灌注桩在施工时，为确保挖土成孔施工安全，必须考虑预防孔壁坍塌和流砂现象发生的措施。因此，施工前应根据水文地质资料，拟订出合理的护壁措施和降排水方案，护壁方法很多，可以采用现浇混凝土护壁、喷射混凝土护壁、混凝土沉井护壁、砖砌体护壁、钢套管护壁、型钢-木板桩工具式护壁等多种。下面介绍应用较广的现浇混凝土护壁时人工挖孔桩的施工工艺流程。

（1）按设计图纸放线、定桩位。

（2）开挖桩孔土方。采取分段开挖，每段高度取决于土壁保持直立状态而不塌方的能力，一般取 0.5 ~ 1.0 m 为一施工段。开挖范围为设计桩径加护壁的厚度。

（3）支设护壁模板。模板高度取决于开挖土方施工段的高度，一般为 1 m，由 4 块至 8 块活动钢模板组合而成，支成有锥度的内模。

（4）放置操作平台。内模支设后，吊放用角钢和钢板制成的两半圆形合成的操作平台入桩孔内，置于内模顶部，以放置料具和浇筑混凝土操作之用。

（5）浇筑护壁混凝土。护壁混凝土起着防止土壁塌陷与防水的双重作用，因而浇筑时要注意捣实。上下段护壁要错位搭接 50 ~ 70 mm（咬口连接）以便起连接上下段之用。

（6）拆除模板继续下段施工。当护壁混凝土达到 1 MPa 时（常温下约经 24 h 后），方可拆除模板，开挖下段的土方，再支模浇筑护壁混凝土，如此循环，直至挖到设计要求的深度。

（7）排出孔底积水，浇筑桩身混凝土。当桩孔挖到设计深度，并检查孔底土质是否已达到设计要求后，再在孔底挖成扩大头。待桩孔全部成型后，用潜水泵抽出孔底的积水，然后立即浇筑混凝土。当混凝土浇筑至钢筋笼的底面设计标高时，再吊入钢筋笼就位，并继续浇筑桩身混凝土而形成桩基。

2）安全措施

人工挖孔桩的施工安全应予以特别重视。工人在桩孔内作业，应严格按安全操作规程施工，并有切实可靠的安全措施。孔下操作人员必须戴安全帽；孔下有人时孔口必须有监护人员；护壁要高出地面 150 ~ 200 mm，以防杂物滚入孔内；孔内必须设置应急软爬梯；供人员上下井，使用的电葫芦、吊笼等应安全可靠并配有自动卡紧保险装置，不得使用麻绳和尼龙绳吊挂或脚踏井壁凸缘上下。使用前必须检验其安全起吊能力；每日开工前必须检测井下的有毒有害气体，并应有足够的安全防护措施。桩孔开挖深度超过 10 m 时，应有专门向井下送风的设备。

孔口四周必须设备护栏。挖出的土石方应及时运离孔口，不得堆放在孔口四周 1 m 范围内，机动车辆的通行不得对井壁的安全造成影响。

施工现场的一切电源、电路的安装和拆除必须由持证电工操作；电器必须严格接地、接零和使用漏电保护器。各孔用电必须分闸，严禁一闸多用。孔上电缆必须架空 2.0 m 以上，严禁拖地和埋压土中，孔内电缆、电线必须有防磨损、防潮、防断等保护措施。照明应采用安全矿灯或 12 V 以下的安全灯。

4. 爆扩灌注桩

爆扩灌注桩（简称爆扩桩）是用钻孔或爆扩法成孔，孔底放入炸药，再灌入适量的混凝土，然后引爆，使孔底形成扩大头，此时，孔内混凝土落入孔底空腔内，再放置钢筋骨架，浇筑桩身混凝土而制成的灌注桩（图 3.21）。

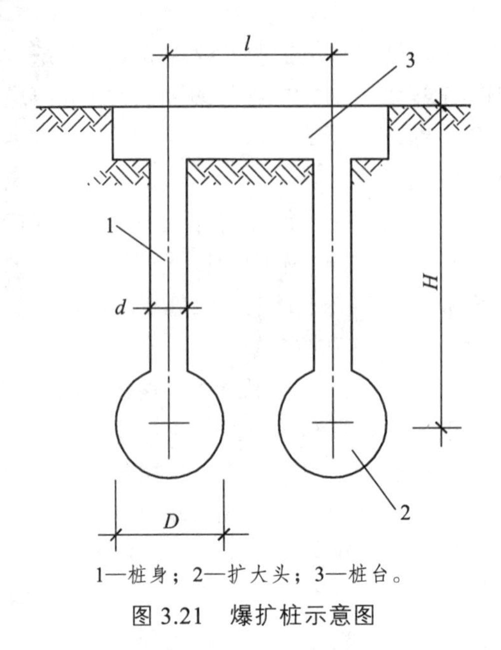

1—桩身；2—扩大头；3—桩台。

图 3.21　爆扩桩示意图

爆扩桩在黏性土层中使用效果较好，但在软土及砂土中不易成型，桩长（H）一般为 3 ~ 6 m，最大不超过 10 m。扩大头直径 D 为（2.5 ~ 3.5）d。这种桩具有成孔简单、节省劳力和成本低等优点，但质量不便检查，施工要求较严格。

1）施工方法

爆扩桩的施工一般可采取桩孔和扩大头分两次爆扩形成，其施工过程如图 3.22 所示。

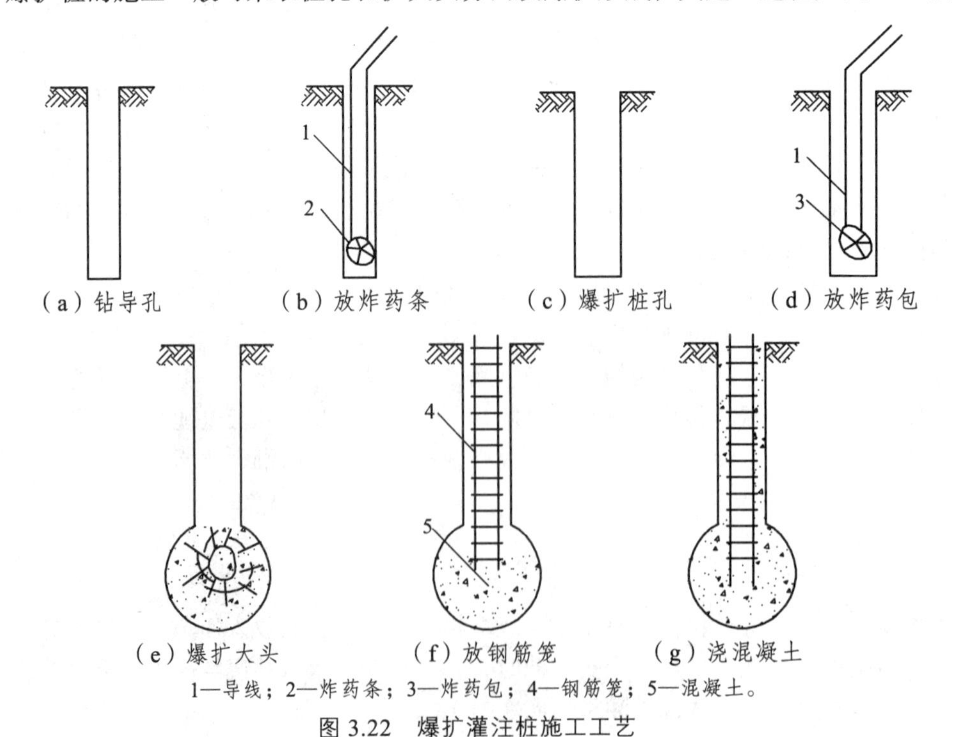

1—导线；2—炸药条；3—炸药包；4—钢筋笼；5—混凝土。

图 3.22　爆扩灌注桩施工工艺

（1）成　孔

爆扩桩成孔的方法可根据土质情况确定，一般有人工成孔（洛阳铲或手摇钻）、机钻成孔、套管成孔和爆扩成孔等多种。其中爆扩成孔的方法是先用洛阳铲或钢钎打出一个直孔，孔的直径一般为 40 ~ 70 mm，当土质差且地下水又较高时孔的直径约为 100 mm，然后在直孔内吊入玻璃管装的炸药条，管内放置 2 个串联的雷管。经引爆并清除积土后即形成桩孔。

（2）爆扩大头

扩大头的爆扩，宜采用硝铵炸药和电雷管进行，且同一工程中宜采用同一种类的炸药和雷管。炸药用量应根据设计所要求的扩大头直径，由现场试验确定。药包必须用塑料薄膜等防水材料紧密包扎，并用防水材料封闭以防浸受潮。药包宜包扎成扁圆球形使炸出的扩大头面积较大。药包中心最好并联放置两个雷管，以保证顺利引爆。药包用绳吊下安放于孔底正中，如孔中有水，可加压重物以免浮起，药包放正后上面填盖 150 ~ 200 mm 厚的砂子，保证药包不受混凝土冲破。随着从桩孔中灌入一定量的混凝土后，即进行扩大头的引爆。

2）施工中常见问题

（1）拒　爆

拒爆又称“瞎炮”，就是通电引爆时药包不爆炸。产生的原因主要有：炸药或雷管保存不当，受潮或过期失效，药包进水失效，导线被弄断，接线错误等。

（2）拒　落

拒落又称“卡脖子”。产生的原因主要有：混凝土骨料粒径过大，坍落度过小，灌入的压爆混凝土数量过多，引爆时混凝土已初凝，以及土质干燥和土质中夹有软弱土层引爆后产生缩颈等。其中混凝土坍落度过小是产生拒落事故最常见的原因。

（3）回落土

回落土就是在桩孔形成之后，由于孔壁土质松散软弱，邻近桩爆扩振动的影响，采取爆扩成孔时孔口处理不当，以及雨水冲刷浸泡等而造成孔壁的坍塌，回落孔底。回落土是爆扩桩施工中较为普遍的现象。桩孔底部有了回落土，将会在扩大头混凝土与完好的持力层之间形成一定厚度的松散土层，从而使桩产生较大的沉降值，或者由于大量回落土混入混凝土中而显著降低其强度。因此必须重视回落土的预防和处理。

（4）偏　头

偏头就是扩大头不在规定的桩孔位置而是偏向一边。产生的原因主要是扩大头处的土质不均匀，药包放的位置不正，桩距过小，以及引爆程序不适当等。扩大头产生偏头后，整根爆扩桩将改变受力性能，处于十分不利的状态，因而施工时要引起足够的重视。

3.4.3　预制桩施工

1. 桩的种类

1）钢筋混凝土实心方桩

钢筋混凝土实心桩，断面一般呈方形。桩身截面一般沿桩长不变。实心方桩截面尺寸一般为 200 mm × 200 mm ~ 600 mm × 600 mm。

钢筋混凝土实心桩的优点是长度和截面可在一定范围内根据需要选择，由于在地面上预制，制作质量容易保证，承载能力高，耐久性好。因此，工程上应用较广。

钢筋混凝土实心桩由桩尖、桩身和桩头组成。钢筋混凝土实心桩所用混凝土的强度等级不宜低于 C30。采用静压法沉桩时，可适当降低，但不宜低于 C20，预应力混凝土桩的混凝土的强度等级不宜低于 C40。

2）钢筋混凝土管桩

混凝土管桩一般在预制厂用离心法生产。桩径有φ300、φ400、φ500 等，每节长度 8 m、10 m、12 m 不等。接桩时，接头数量不宜超过 4 个。混凝土管桩各节段之间的连接可以用角钢焊接或法兰螺栓连接。由于用离心法成型，混凝土中多余的水分由于离心力而甩出，故混凝土致密、强度高，抵抗地下水和其他腐蚀的性能好。混凝土管桩应达到设计强度 100%后方可运到现场打桩。堆放层数不超过 4 层，底层管桩边缘应用楔形木块塞紧，以防滚动。

2. 桩的制作、运输和堆放

1）桩的制作

较短的桩一般在预制厂制作，较长的桩一般在施工现场附近露天预制。预制场地的地面要平整、夯实，并防止浸水沉陷。预制桩叠浇预制时，桩与桩之间要做隔离层，以保证起吊时不互相黏结。叠浇层数，应由地面允许荷载和施工要求而定，一般不超过 4 层，上层桩必须在下层桩的混凝土达到设计强度等级的 30%以后，方可进行浇筑。

钢筋混凝土预制桩的钢筋骨架的主筋连接宜采用对焊。主筋接头配置在同一截面内的数量，当采用闪光对焊和电弧焊时，不得超过 50%；同一根钢筋两个接头的距离应大于 30d，且不小于 500 mm。预制桩的混凝土浇筑工作应由桩顶向桩尖连续浇筑，严禁中断，制作完成后，应洒水养护不少于 7 d。

制作完成的预制桩应在每根桩上标明编号及制作日期，如设计不埋设吊环，则应标明绑扎点位置。

预制桩的几何尺寸允许偏差为：横截面边长 ± 5 mm；桩顶对角线之差 10 mm；混凝土保护层厚度 ± 5 mm；桩身弯曲矢高不大于 0.1%桩长；桩尖中心线 10 mm；桩顶面平整度小于 2 mm。预制桩制作质量还应符合下列规定：

（1）桩的表面应平整、密实，掉角深度小于 10 mm，且局部蜂窝和掉角的缺损总面积不得超过该桩表面全部面积的 0.5%，同时不得过分集中。

（2）由于混凝土收缩产生的裂缝，深度小于 20 mm，宽度小于 0.25 mm；横向裂缝长度不得超过边长的一半。

2）桩的运输

钢筋混凝土预制桩应在混凝土达到设计强度等级的 70%后起吊，达到设计强度等级的 100%后才能运输和打桩。如提前吊运，必须采取措施并经过验算合格后才能进行。

桩在起吊搬运时，必须做到平稳，避免冲击和振动，吊点应同时受力，且吊点位置应符合设计规定。如无吊环，设计又未做规定时，绑扎点的数量及位置按桩长而定，应符合起吊弯矩最小的原则，可按图 3.23 所示的位置捆绑。长 20 ~ 30 m 的桩，一般采用 3 个吊点。

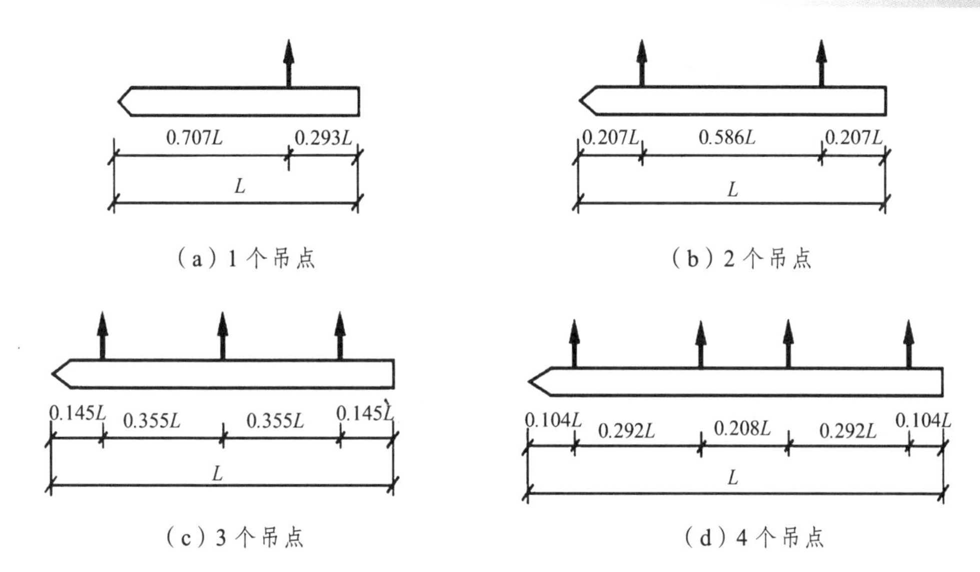

（a）1 个吊点　（b）2 个吊点　（c）3 个吊点　（d）4 个吊点

图 3.23　吊点的合理位置

3）桩的堆放

桩堆放时，地面必须平整、坚实，垫木间距应根据吊点确定，各层垫木应位于同一垂直线上，最下层垫木应适当加宽，堆放层数不宜超过 4 层，不同规格的桩应分别堆放。

3. 打入法施工

预制桩的打入法施工，就是利用锤击的方法把桩打入地下。这是预制桩最常用的沉桩方法。如图 3.24 所示。

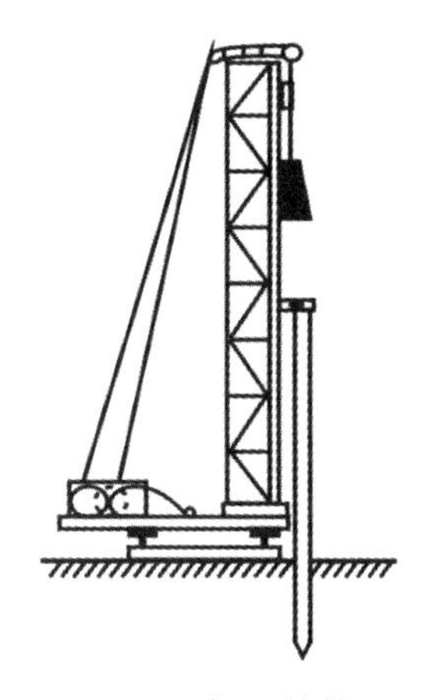

图 3.24　打入桩施工

1）打桩机具及选择

打桩机具主要有打桩机及辅助设备。打桩机主要有桩锤、桩架和动力装置三部分。

（1）桩　锤

常见桩锤类型有落锤、单动汽锤、双动汽锤、柴油锤、液压锤等。

① 落锤：一般由生铁铸成，利用卷扬机提升，以脱钩装置或松开卷扬机刹车使其坠落到桩头上，逐渐将桩打入土中。落锤重力为 5～20 kN，构造简单，使用方便，故障少。适用于普通黏性土和含砾石较多的土层中打桩，但打桩速度较慢，效率低。

② 单动汽锤：单动汽锤的冲击部分为汽缸，活塞是固定于桩顶上的，动力为蒸汽。单动汽锤具有落距小、冲击力大的优点，适用于打各种桩。但存在蒸汽没有被充分利用，软管磨损较快，软管与汽阀联结处易脱开等缺点。

③ 双动汽锤：双动汽锤冲击部分为活塞，动力是蒸汽，具有活塞冲程短、冲击力大、打桩速度快、工作效率高等优点。适用于打各种桩，并可以用于拔桩和水下打桩。

④ 柴油锤：柴油锤是以柴油为燃料，利用柴油点燃爆炸时膨胀产生的压力，将锤抬

起，然后自由落下冲击桩顶，同时汽缸中空气压缩，温度骤增，喷嘴喷油，柴油在汽缸内自行燃烧爆发，使汽缸上抛，落下时又击桩进入下一循环。如此反复循环进行，把桩打入土中。

（2）桩　架

桩架一般由底盘、导向杆、起吊设备、撑杆等组成。

① 作用：支持桩身和桩锤，将桩吊到打桩位置，并在打入过程中引导桩的方向，保证桩锤沿着所要求的方向冲击。

② 桩架的选择：选择桩架时，应考虑桩锤的类型、桩的长度和施工条件等因素。桩架的高度由桩的长度、桩锤高度、桩帽厚度及所用滑轮组的高度来确定。此外，还应留 1～3 m 的高度作为桩锤的伸缩余地。故桩架的高度 = 桩长 + 桩锤高度 + 滑轮组高 + 起锤移位高度 + 安全工作间隙。

③ 桩架用钢材制作，按移动方式有轮胎式、履带式、轨道式等。

（3）动力装置

动力装置包括驱动桩锤用的动力设施，如卷扬机、锅炉、空气压缩机和管道、绳索和滑轮等。

2）打桩前的准备工作

（1）处理障碍物

打桩前，应认真处理高空、地上和地下障碍物，如地下管线、旧基础、树木杂草等。此外，打桩前应对现场周围的建筑物做全面检查，如有危房或危险构筑物，必须预先加固，不然由于打桩振动，可造成倒塌。

（2）平整场地

在建筑物基线以外 4～6 m 内的整个区域或桩机进出场地及移动路线上，应做适当平整压实，并做适当放坡，保证场地排水良好。否则由于地面高低不平，不仅使桩机移动困难，降低沉桩生产率，而且难以保证使就位后的桩机稳定和入土的桩身垂直，以致影响沉桩质量。

（3）材料、机具、水电的准备

桩机进场后，按施工顺序铺设轨道，选定位置架设桩机和设备，接通水电源，进行试机，并移机至桩位，力求桩架平稳垂直。

（4）进行打桩试验

进行打桩试验又叫沉桩试验。沉桩前应做数量不少于 2 根桩的打桩工艺试验，用以了解桩的贯入度、持力层强度、桩的承载力，以及施工过程中遇到的各种问题和反常情况等。

（5）确定打桩顺序

打桩时，由于桩对土体的挤密作用，先打入的桩被后打入的桩水平挤推而造成偏移和变位或被垂直挤拔造成浮桩，而后打入的桩难以达到设计高程或入土深度，造成土体隆起和挤压，截桩过大。所以，群桩施工时，为了保证质量和进度，防止周围建筑物破坏，打桩前根据桩的密集程度、规格、长短以及桩架移动是否方便等因素来选择正确的打桩顺序。

常用的打桩顺序一般有：自两侧向中间打设、逐排打设、自中间向四周打设、自中间向两侧打设。当桩的中心距不大于 4 倍桩的直径或边长时，应由中间向两侧对称施打或由中间向四周施打。当桩的中心距大于 4 倍桩的边长或直径时，可采用上述两种打法，或逐排单向打设。

（6）抄平放线，定桩位

3）打　桩

打桩开始时，应先采用小的落距（0.5 ~ 0.8 m）做轻的锤击，使桩正常沉入土中 1 ~ 2 m 后，经检查桩尖不发生偏移，再逐渐增大落距至规定高度，继续锤击，直至把桩打到设计要求的深度。

桩的施打原则是重锤低击，这样桩锤对桩头的冲击小，回弹也小，桩头不易损坏，大部分能量都用于克服桩身与土的摩阻力和桩尖阻力上，桩能较快地沉入土中。

4. 静力压桩施工

打桩机打桩施工噪声大，特别是在城市人口密集地区打桩，影响居民休息，为了减少噪声，可采用静力压桩。静力压桩是在软弱土层中，利用静压力将预制桩逐节压入土中的一种沉桩法。这种方法节约钢筋和混凝土，降低工程造价，而且施工时无噪声、无振动、无污染，对周围环境的干扰小，适用于软土地区、城市中心或建筑物密集处的桩基础工程，以及精密工厂的扩建工程。

1）压桩机械设备

压桩机有两种类型：一种是机械静力压桩机（图 3.25）。它由压桩架（桩架与底盘）、传动设备（卷扬机、滑轮组、钢丝绳）、平衡设备（铁块）、量测装置（测力计、油压表）及辅助设备（起重设备、送桩）等组成；另一种是液压静力压桩机（图 3.26）。它由液压吊装机构、液压夹持、压桩机构（千斤顶）、行走及回转机构、液压及配电系统、配重铁等部分组成，该机具有体积轻巧、使用方便等特点。

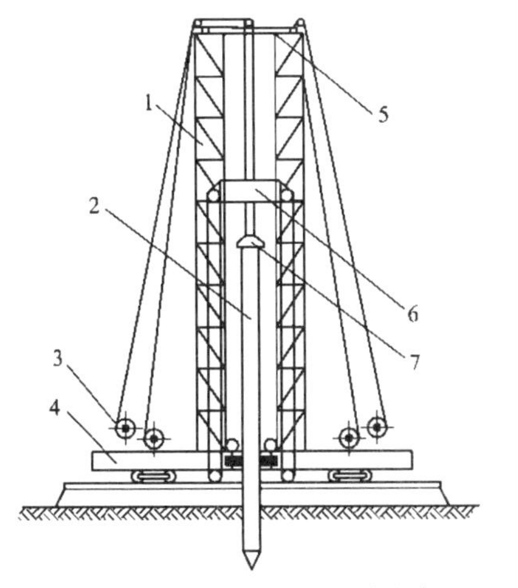

1—桩架；2—桩；3—卷扬机；4—底盘；5—顶梁；6—压梁；7—桩帽。

图 3.25　机械静力压桩机

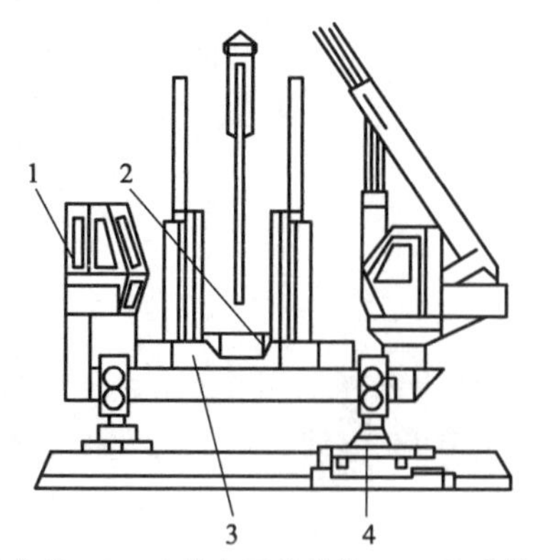

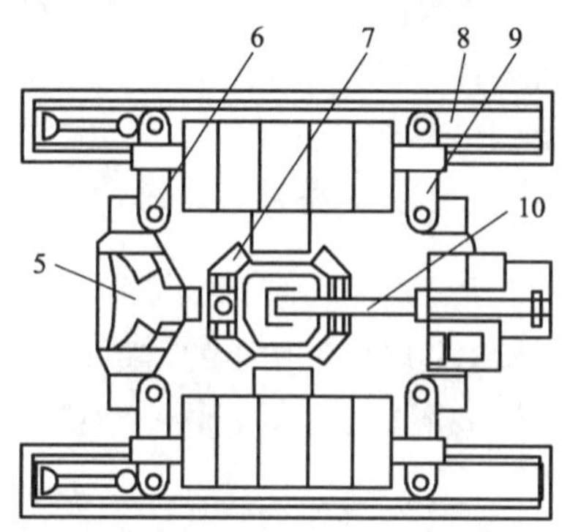

1—操作室；2—夹持与压桩机构；3—配重铁块；4—短船及回转机构；5—电控系统；6—液压系统；7—导向架；8—长船行走机构；9—支腿式底盘结构；10—液压起重机。

图 3.26　液压静力压桩机

2）压桩工艺方法

（1）施工程序

静力压桩的施工程序为：测量定位—桩机就位—吊桩插桩—桩身对中调直—静压沉桩—接桩—再静压沉桩—终止压桩—切割桩头。

（2）压桩方法

用起重机将预制桩吊运或用汽车运至桩机附近，再利用桩机自身设置的起重机将其吊入夹持器中，夹持油缸将桩从侧面夹紧，压桩油缸作伸程动作，把桩压入土层中。伸长完后，夹持油缸回程松夹，压桩油缸回程，重复上述动作，可实现连续压桩操作，直至把桩压入预定深度土层中。

（3）桩拼接的方法

钢筋混凝土预制长桩在起吊、运输时受力极为不利，因而一般先将长桩分段预制，后再在沉桩过程中接长。常用的接头连接方法有以下两种：

① 浆锚接头（图 3.27）。它是用硫黄水泥或环氧树脂配制成的黏结剂，把上段桩的预留插筋黏结于下段桩的预留孔内。

② 焊接接头（图 3.28）。在每段桩的端部预埋角钢或钢板，施工时与上下段桩身相接触，用扁钢贴焊连成整体。

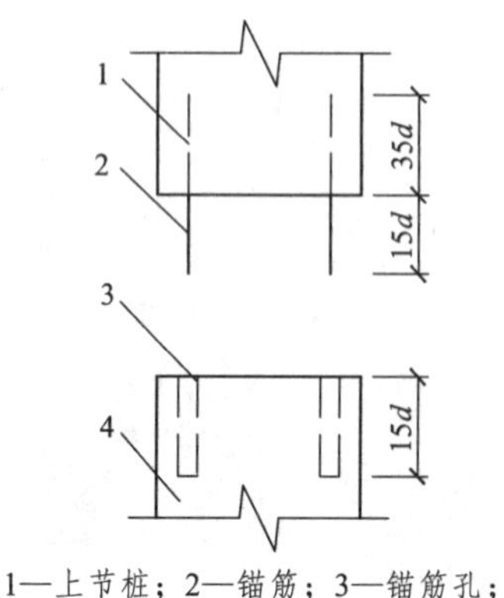

1—上节桩；2—锚筋；3—锚筋孔；4—下节桩。

图 3.27　桩拼接的浆锚接头

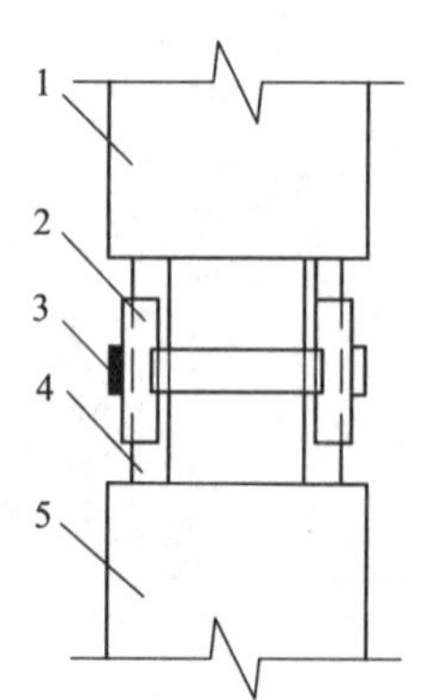

1—上节桩；2—连接角钢；3—拼接板；4—与主筋连接的角钢；5—下节桩。

图 3.28　桩拼接的焊接接头

（4）压桩施工要点

① 压桩应连续进行，因故停歇时间不宜过长，否则压桩力将大幅度增长而导致桩压不下去或桩机被抬起。

② 压桩的终压控制很重要。一般对纯摩擦桩，终压时以设计桩长为控制条件；对长度大于 21 m 的端承摩擦型静压桩，应以设计桩长控制为主，终压力值做对照；对一些设计承载力较高的桩基，终压力值宜尽量接近压桩机满载值；对长 14～21 m 静压桩，应以终压力达满载值为终压控制条件；对桩周土质较差且设计承载力较高的，宜复压 1～2 次为佳，对长度小于 14 m 的桩，宜连续多次复压，特别对长度小于 8 m 的短桩，连续复压的次数应适当增加。

③ 静力压桩单桩竖向承载力，可通过桩的终止压力值大致判断。如判断的终止压力值不能满足设计要求，应立即采取送桩加深处理或补桩，以保证桩基的施工质量。

5. 振动沉桩施工

振动沉桩是利用固定在桩顶部的振动器所产生的激振力，通过桩身使土颗粒受迫振动，使其改变排列组织，产生收缩和位移，这样桩表面与土层间的摩擦力就减少，桩在自重和振动力共同作用下沉入土中。

振动沉桩设备简单，不需要其他辅助设备，质量轻、体积小、搬运方便、费用低、工效高，适用于往黏土、松散砂土及黄土和软土中沉桩，更适合于打钢板桩，同时借助起重设备可以拔桩。

6. 打桩中常见问题的分析和处理

打桩施工常会发生打坏、打歪、打不下等问题。发生这些问题的原因是复杂的，有工艺和操作上的原因，有桩的制作质量上的原因，也有土层变化复杂等原因。因此，发生这些问题时，必须具体分析、具体处理，必要时，应与设计单位共同研究解决。

1）桩顶、桩身被打坏

这个现象一般是桩顶周围和四角打坏，或者顶面被打碎。有时甚至将桩头钢筋网部分的混凝土全部打碎，几层钢筋网都露在外面，有的是桩身混凝土崩裂脱落，甚至桩身断折。发生这些问题的原因及处理方法如下：

（1）打桩时，桩的顶部由于直接受到冲击而产生很高的局部应力。因此，桩顶的配筋应做特别处理。

（2）桩身混凝土保护层太厚，直接受冲击的是素混凝土，因此容易剥落。主筋放得不正是引起保护层过厚的原因，必须注意避免。

（3）桩的顶面与桩的轴线不垂直，则桩处于偏心受冲击状态，局部应力增大，极易损坏。

（4）桩下沉速度慢而施打时间长、锤击次数多或冲击能量过大称为过打。遇到过打，应分析地质资料，判断土层情况，改善操作方法，采取有效措施解决。

（5）桩身混凝土强度不高。

2）打　歪

桩顶不平、桩身混凝土凸肚、桩尖偏心、接桩不正或土中有障碍物，都容易使桩打歪；另外，桩被打歪往往与操作有直接关系，例如桩初入土时，桩身就有歪斜，但未纠正即予施打，就很容易把桩打歪。

3）打不下

在城市内打桩，如初入土 1～2 m 就打不下去，贯入度突然变小，桩锤严重回弹，则可能遇上旧的灰土或混凝土基础等障碍物，必要时应彻底清除或钻透后再打，或者将桩拔出，适当移位后再打。如桩已打入土中很深，突然打不下去，这可能有以下几种情况：

桩顶或桩身已打坏；土层中央有较厚的砂层或其他硬土层；遇上钢渣、孤石等障碍。

4）一桩打下，邻桩上升

这种现象多在软土中发生，即桩贯入土中时，由于桩身周围的土体受到急剧的挤压和扰动，被挤压和扰动的土，靠近地面的部分，将在地表面隆起和水平移动。若布桩较密，打桩顺序又欠合理时，一桩打下，将影响到邻桩上升，或将邻桩拉断，或引起周围土坡开裂、建筑物出现裂缝。

7. 打桩质量要求与验收

打桩质量评定包括两个方面：一是能否满足设计规定的贯入度或高程的要求；二是桩打入后的偏差是否在施工规范允许的范围内。

1）贯入度或高程必须符合设计要求

桩端达到坚硬、硬塑的黏性土、碎石土，中密以上的粉土和砂土或风化岩等土层时，应以贯入度控制为主，桩端进入持力层深度或桩尖高程作参考；若贯入度已达到而桩端标高未达到时，应继续锤击 3 阵，其每阵 10 击的平均贯入度不应大于规定的数值；桩端位于其他软土层时，以桩端设计高程控制为主，贯入度作参考。这里的贯入度是指最后贯入度，即施工中最后 10 击内桩的平均入土深度。它是打桩质量标准的重要控制指标。

2）平面位置或垂直度必须符合施工规范要求

桩打入后，桩位的允许偏差应符合《建筑地基基础工程施工质量验收规范》（GB 50202—2018）的规定。

3）验　收

基桩工程验收时应提交下列资料：

（1）工程地质勘察报告、桩基施工图、图纸会审纪要、设计变更单及材料代用通知单等。

（2）经审定的施工组织设计、施工方案及执行中的变更情况。

（3）桩位测量放线图，包括工程桩位线复核签证单。

（4）成桩质量检查报告。

（5）单桩承载力检测报告。

（6）基坑挖至设计高程的基桩竣工平面图及桩顶高程图。

8. 打桩施工时对临近建筑物的影响及预防措施

打桩对周围环境的影响，除振动、噪声外，还有土体的变形、位移和形成超静孔隙水压力，这使土体后来所处的平衡状态破坏，对周围原有的建筑物和地下设施带来不良影响。轻则使建筑物的粉刷脱落，墙体和地坪开裂，重则使圈梁和过梁变形，门窗启闭困难，它还会使临近的地下管线破损和断裂，甚至中断使用，还能使临近的路基变形，影响交通安全等；如附近有生产车间和大型设备基础，它也可能使车间跨度发生变化、基础被推移，因而影响正常的生产。

总结多年来的施工经验，减少或预防沉桩对周围环境的有害影响，可采用钻孔打桩工艺、合理安排沉桩顺序、控制沉桩速率、挖防震沟等方法达到降低不良影响的目的。

模块小结

本模块主要介绍了地基与基础，地基处理与加固的方法，基础的分类，浅基础的施工以及桩基础的施工等内容。

通过本模块的学习，学生应熟悉常用的地基处理方法，掌握浅埋式钢筋混凝土的施工工艺及要求，掌握钢筋混凝土预制桩、混凝土灌注桩基础的施工工艺、质量控制及验收标准。

任务评价

（1）将全班学生分成若干组，每组4～5人。

（2）每组学生根据所学知识，并上网查询资料，将地基处理的主要方法及其特点等相关内容制成PPT文件，每组派出1名代表在课堂上进行讲解。（讲解时间控制在5 min左右）

（3）老师按下表给各小组打分。

任务评分表

评分标准	满分	实际得分	备注
积极参与活动	25		
内容扣题、正确	25		
讲解流畅	25		
其他	25		
总分	100		

习　题

一、单选题

1. 一般埋深小于（　　）的为浅基础。

A. 3 m　　B. 5 m

C. 6 m　　D. 10 m

2. 泥浆的作用是护壁、携砂排土、切土润滑、冷却钻头等，其中以（　　）为主。

A. 护壁　　B. 携砂排土

C. 切土润滑　　D. 冷却钻头

3. 沉管灌注桩在施工时，在一般土层内拔管速度宜为________m/min。

A. 1.0 ~ 1.5　　B. 1.2 ~ 1.6

C. 1.2 ~ 1.5　　D. 1.5 ~ 1.8

4. 以下打桩顺序一般不采用的是（　　）。

A. 由一侧向单一方向进行　　B. 逐排打设

C. 自中间向两个方向对称进行　　D. 自中间向四周进行

5. 施工时无噪声，无振动，对周围环境干扰小，适合城市中施工的是（　　）。

A. 锤击沉桩　　B. 振动沉桩

C. 射水沉桩　　D. 静力压桩

二、填空题

1. 换土地基按其回填的材料可分为__________、__________、__________等。
2. 筏式基础一般可分为______________和____________两类。
3. 桩按受力特点分类，可分为_____________桩、______________桩。
4. 钻孔灌注桩钻孔时的泥浆循环工艺有__________、__________两种。
5. 预制桩达到设计强度______%后才可起吊，达到设计强度的______%时才可运输。

三、简答题

1. 简述地基土的类型及特性。
2. 地基处理的方法有哪些?
3. 简述振动沉管灌注桩施工顺序。
4. 钢筋混凝土预制桩在制作、起吊、运输和堆放过程中各有什么要求?
5. 打桩中常见问题有哪些? 怎么处理?

模块 4　脚手架与垂直运输工程

知识目标

1. 了解脚手架的种类和发展趋势。
2. 掌握钢管脚手架的构造组成、要求和搭设要点。
3. 熟悉悬挑式脚手架、升降式脚手架、吊篮等适用范围及适用要求。
4. 了解垂直运输设施的种类，熟悉垂直运输设施的适用范围和构造要求。
5. 掌握脚手架的安全技术要求。

技能目标

1. 能对脚手架的搭设进行检查指导。
2. 掌握垂直运输设施的选用。

价值目标

树立“百年大计、质量第一”的观念，树立献身祖国工程建设发展的远大理想，弘扬爱国精神。以严谨负责的态度和吃苦耐劳、团结合作的精神，按标准施工方能做出质量达标，人民满意的放心工程。

典型案例

事故案例 1

2015 年 3 月 26 日，南宁市某工地，一在建工业标准厂房的脚手架发生大面积坍塌，造成 3 人死亡 10 人受伤。事故现场如图 4.1。

图 4.1　某工地事故现场图

事故调查分析：

（1）事故发生的直接原因：外脚手架使用了不合格扣件且未按专项施工方案搭设；施工作业人员违规将拆除的钢管、扣件及脚手板堆放于架体上增加荷载，导致架体失稳坍塌。

（2）事故发生的间接原因：一是施工单位安全生产管理混乱，项目部未认真履行安全教育培训、安全技术交底职责，违规使用未经抽样送检合格的钢管、扣件等材料。二是劳务单位未履行安全教育培训和安全技术交底程序，违规组织外脚手架拆除作业等。

事故追责：涉及的责任单位和责任人被依法追刑责。3 家企业被暂扣安全生产许可证或暂停投标。

事故案例 2

2009 年 6 月 30 日，浙江临安某大酒店外墙装修改造工程，外立面石材幕墙，共 1 600 m^2，共 1 ~ 3 层。8 点 10 分左右，吊机吊起最后一批石料至脚手架顶层作业面时，脚手架因载荷过重突然坍塌，多名正在作业的装修工人被埋压，最终导致两名搬运工，一人摔至人行道当场死亡，一人被埋压在坍塌的脚手架下当场死亡。事故现场如图 4.2 所示。

图 4.2　某酒店事故现场图

造成事故主要原因：

（1）连墙件设置不足或被拆除。

（2）主节点未按规定设置小横杆或缺少扣件连接。

（3）材质差以及放置物料过多。

模块任务

根据脚手架搭设顺序，能独立完成脚手架搭设和拆除全过程。

本模块以高处坠落伤亡事故案例为主线，以学生为主体，以学生对高处坠落伤亡事故案例的疑惑为出发点，重点阐述各类脚手架组成及搭设，脚手架的安全技术要求，垂直运输工程构成，并以典型失败案例提升专业素养。用专业知识解决实际身边工程问题，提升学生的学习热情和积极性，端正学习态度，激励同学们立鸿鹄志、做工程界的追梦人。

脚手架是建筑工程施工中不可缺少的临时设施，其主要作用是为工人进行施工操作、堆放材料和短距离运送材料提供工作面。如图 4.3 所示。

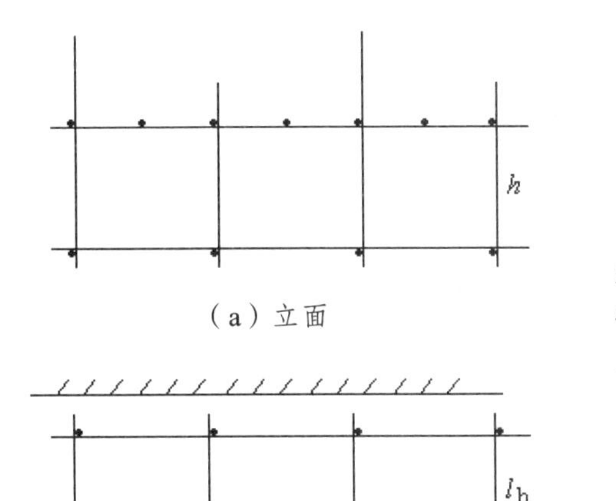

（a）立面

（b）平面

纵距 $l_a = 1.50$ m
横距 $l_b = 1.05$ m
步距 $h = 1.35$ m

图 4.3　扣件式钢管脚手架布置图

垂直运输设施指担负垂直运送材料和施工人员上下的机械设备和设施。在砌筑工程中不仅要运输大量的砖（或砌块）和砂浆，而且还要运输脚手架、脚手板和各种预制构件，不仅有垂直运输，而且有地面和楼面的水平运输。其中垂直运输是影响砌筑工程施工速度的重要因素。

在建筑施工中，脚手架和垂直运输设施占有特别重要的地位。选择与使用的合适与否，不但直接影响施工作业的顺利和安全进行，而且也关系到工程质量、施工进度和企业经济效益的提高，因而它是建筑施工技术措施中最重要的环节之一。

目前，脚手架的发展趋势是采用金属制作的、具有多种功能的组合式脚手架，以便适应不同情况下各种作业的要求；在继续使用传统脚手架的同时，应积极开发和使用新材料、新形式的脚手架，逐步提高新型脚手架在实际使用中所占的比例。

4.1　脚手架的要求和分类

4.1.1　脚手架的作用和基本要求

脚手架又称架子，是建筑施工中重要的临时设施，是砌筑过程中堆放材料和工人进行操作不可缺少的临时设施，是在施工现场为安全防护、工人操作以及解决楼层间少量垂直和水平运输而搭设的支架。砌筑施工时，工人的劳动生产率受砌体的砌筑高度影响，在距地面 0.6 m 左右时生产率最高。砌筑高度高于或低于 0.6 m 时，生产率相对降低，且工人劳动强度增加。砌筑高度达到一定高度时，则必须搭设脚手架。考虑到砌墙工作效率及施工组织等因素，每次搭设脚手架的高度一般确定为 1.2 m 左右，称为“一步架高度”，也叫墙体的可砌高度。砌筑时，当砌到 1.2 m 左右即应停止砌筑，搭设脚手架后再继续砌筑。脚手架直接影响到施工作业的顺利开展和安全，也关系到工程质量和劳动生产率。

建筑施工脚手架应由架子工搭设，脚手架的宽度一般为 1.5 ~ 2.0 m，砌筑用脚手架的每步架高度一般为 1.2 ~ 1.4 m，装饰用脚手架的每步架高度一般为 1.6 ~ 1.8 m。

砌筑用脚手架必须满足以下基本要求：

（1）有适当的宽度（不得小于 1.5 m，一般 2 m 左右）、一步架高度、离墙距离，能满足工人操作、材料堆放及运输的需要。

（2）脚手架结构应有足够的强度、刚度和稳定性，保证在施工期间的各种荷载作用下，脚手架不变形、不摇晃和不倾斜。

（3）构造简单、便于装拆和搬运，尽量节约材料，并能多次周转使用；因地制宜，就地取材，尽量节省用料。

（4）应有足够的强度、刚度及稳定性，保证在施工期间在可能出现的使用荷载（规定限值）的作用下不变形、不倾斜、不摇晃。

（5）过高的外脚手架应有接地和避雷装置。

为保证脚手架的使用安全，在脚手架的设置与使用时，应注意以下几点：

（1）普通脚手架的构造应符合有关规定，特殊工程脚手架、重荷载（同时作业超过两层等）脚手架、施工荷载显著偏于一侧的脚手架、局度超过 30 m 的脚手架等必须进行设计和计算。

（2）要认真处理脚手架地基，确保地基有足够的承载能力，避免脚手架发生整体或局部沉降；高层或重荷载脚手架进行脚手架基础设计。

（3）脚手架应设置足够牢固的连墙点，依靠建筑结构整体刚度来加强和确保整片脚手架的稳定性。

（4）要有可靠的安全防护措施，如安全网、防电避雷措施等。

（5）确保脚手架搭设质量，搭设完毕应进行检查和验收，合格才能使用。

（6）严格控制使用荷载，确保有较大的安全储备。普通脚手架荷载应不超过 2.7 kN/m^2，堆砖时只能单行侧摆 3 层。

（7）使用过程中应经常检查安全与否。

4.1.2 脚手架的分类

脚手架可根据与施工对象的位置关系、支承特点、结构形式及使用的材料等划分为多种类型。

（1）按照支承部位和支承方式划分：

① 落地式：搭设（支座）在地面、楼面、屋面或其他平台结构之上的脚手架。

② 悬挑式：采用悬挑方式支设的脚手架，其支挑方式又有 3 种，即架设于专用悬挑梁上、架设于专用悬挑三角桁架上和架设于由撑拉杆件组合的支挑结构上。其支挑结构有斜撑式、斜拉式、拉撑式和顶固式等多种。

③ 附墙悬挂脚手架：在上部或中部挂设于墙体挑挂件上的定型脚手架。

④ 悬吊脚手架：悬吊于悬挑梁或工程结构之下的脚手架。

⑤ 附着升降脚手架（简称“爬架”）：附着于工程结构，依靠自身提升设备实现升降的悬空脚手架。

⑥ 水平移动脚手架：带行走装置的脚手架或操作平台架。

（2）按其所用材料分为：木脚手架、竹脚手架和金属脚手架。

（3）按其结构形式分为：多立杆式脚手架、碗扣式脚手架、门式脚手架、悬挑式脚手架、悬吊式脚手架等。

（4）按其搭设位置分为：外脚手架和里脚手架两大类。

（5）按其用途分为：操作脚手架、防护用脚手架、承重和支撑用脚手架。

目前，脚手架的发展趋势是采用高强度金属制作、具有多种功用的组合式脚手架，可以适应不同情况作业的要求。

下面分别介绍几种常用脚手架。

4.2　常用落地式脚手架简介

4.2.1　扣件式钢管脚手架

扣件式钢管脚手架由钢管杆件用扣件连接而成，具有工作可靠、装拆方便和适应性强等特点，是目前我国使用最为普遍的一种多立杆式脚手架，如图 4.4 所示。扣件式钢管脚手架由立杆、大横杆、小横杆、斜撑、脚手板等组成。

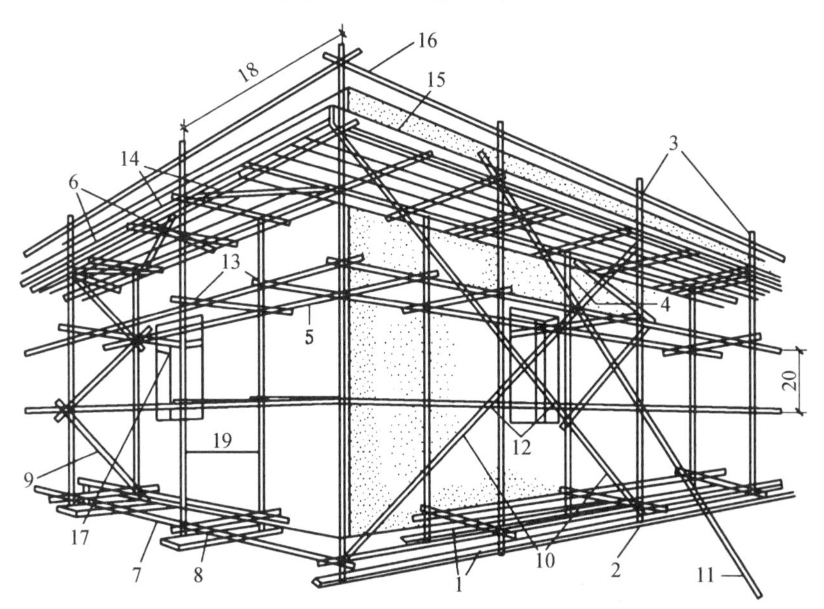

1—垫板；2—底座；3—外立柱；4—内立柱；5—纵向水平杆；6—横向水平杆；7—纵向扫地杆；8—横向扫地杆；9—横向斜撑；10—剪刀撑；11—扫地撑；12—旋转扣件；13—直角扣件；14—水平斜撑；15—挡脚板；16—防护栏杆；17—连墙固定件；18—柱距；19—排距；20—步距。

图 4.4　钢管扣件式脚手架构造

扣件式钢管脚手架属于多立杆式外脚手架中的一种。扣件式钢管脚手架装拆方便、搭设灵活，能适应建筑物平面及高度变化；承载力大，搭设高度高，坚固耐用，周转次数多，故在建筑工程施工中使用最为广泛。它除用作搭设脚手架外，还可以用以搭设井架、上料平台和栈桥等。但也存在着扣件（尤以其中的螺杆、螺母）易丢易损、螺栓上紧程度差异较大、节点在力作用线之间有偏心等缺点。

1. 扣件式钢管脚手架的构造要求

扣件式脚手架是由标准的钢管杆件和特制扣件组成的脚手架骨架与脚手板、防护构件、连墙件等组成的，是目前最常用的一种脚手架。

钢管扣件式脚手架的构造形式可分为双排和单排两种。

双排式沿外墙侧设两排立杆，小横杆两端支承在内外两排立杆上，多、高层房屋均可采用，当房屋高度超过 50 m 时需专门设计。

单排式沿墙外侧仅设一排立杆，其小横杆与大横杆连接，另一端支承在墙上，仅适用于荷载较小、高度较低、墙体有一定强度的多层房屋。单排脚手架搭设高度不超过 30 m，不宜用于半砖墙、轻质空心砖墙、砌块墙体。

钢管扣件式脚手架如图 4.5 所示。

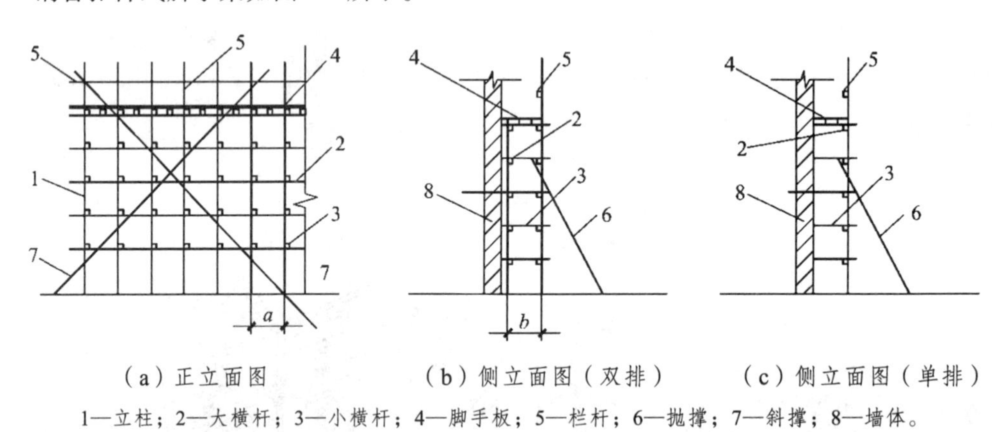

（a）正立面图　　（b）侧立面图（双排）　　（c）侧立面图（单排）

1—立柱；2—大横杆；3—小横杆；4—脚手板；5—栏杆；6—抛撑；7—斜撑；8—墙体。

图 4.5　钢管扣件式脚手架

1）钢管杆件

钢管杆件包括立杆、大横杆、小横杆、剪刀撑、斜杆和抛撑（在脚手架立面之外设置的斜撑）。

钢管杆件一般采用外径为 48.3 mm、壁厚 3.5 mm 的焊接钢管或无缝钢管，也有外径为 50 ~ 51 mm、壁厚 3 ~ 4 mm 的焊接钢管或其他钢管。用于立杆、大横杆、剪刀撑和斜杆的钢管长度为 4 ~ 6.5 m。最大质量不宜超过 25 kg，以便适合人工操作。用于小横杆的钢管长度宜为 1.8 ~ 2.2 m，以适应脚手宽的需要。

2）扣　件

扣件为钢管与钢管之间的连接件，有可锻铸铁铸造扣件和钢板压制扣件两种。扣件的基本形式有 3 种：对接扣件，用于两根钢管的对接连接；旋转扣件，用于两根钢管呈任意角度交叉的连接；直角扣件，用于两根钢管呈垂直交叉的连接。扣件形式如图 4.6 所示，用于钢管之间的直角连接、直角对接接长或成一定角度的连接。采用扣件连接，既牢固又便于装拆，可以重复周转使用，因而应用广泛。这种脚手架在纵向外侧每隔一定距离需设置斜撑，以加强其纵向稳定性和整体性。另外，为了防止整片脚手架外倾和抵抗风力，整片脚手架还需均匀设置连墙杆，将脚手架与建筑物主体结构相连，依靠建筑物的刚度来加强脚手架的整体稳定性。

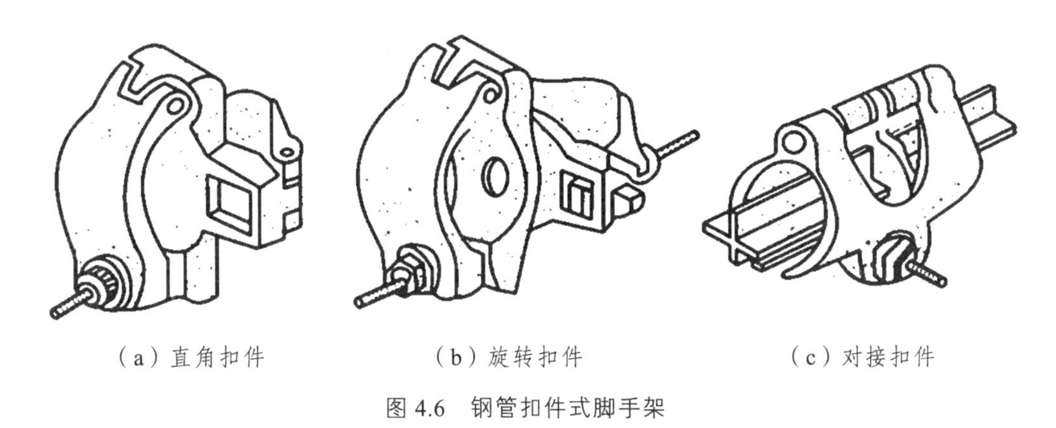

（a）直角扣件　　（b）旋转扣件　　（c）对接扣件

图 4.6　钢管扣件式脚手架

3）脚手板

脚手板一般用厚 2 mm 的钢板压制而成长 2 ~ 4 m、宽 250 mm，表面应有防滑措施。也可采用厚度不小于 50 mm 的杉木板或松木板，长 3 ~ 6 m、宽 200 ~ 250 mm；或者采用竹脚手板，有竹笆板和竹片板两种形式。脚手板的材质应符合规定，且脚手板不得有超过允许的变形和缺陷。

4）连墙件

对于高度超过三步的脚手架防止倾斜和倒塌的主要措施是将脚手架整体依附在整体刚度很大的主体结构上，依靠房屋结构的整体刚度来加强和保证整片脚手架的稳定性。其具体做法是在脚手架上均匀地设置足够多的牢固的连墙点（如图 4.7 所示）。

连墙件将立杆与主体结构连接在一起，可用钢管、型钢或粗钢筋等制作，其间距见表 4.1。

表 4.1　连墙件布置最大间距

脚手架类型	脚手架高度/m	竖向间距 h/m	水平间距 l_a/m	每根连墙件覆盖面积/m^2
双排落地	≤50	$3h$	$3l_a$	≤40
双排悬挑	>50	$2h$	$3l_a$	≤27
单排	≤24	$3h$	$3l_a$	≤40

注：h——步距；l_a——纵距。

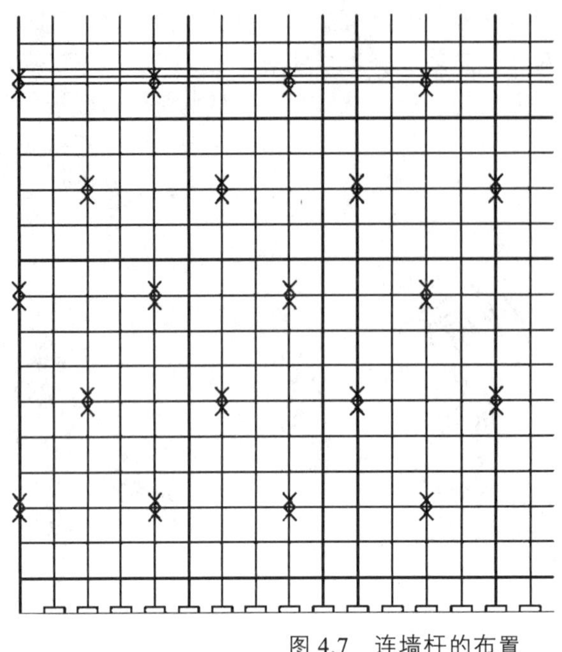
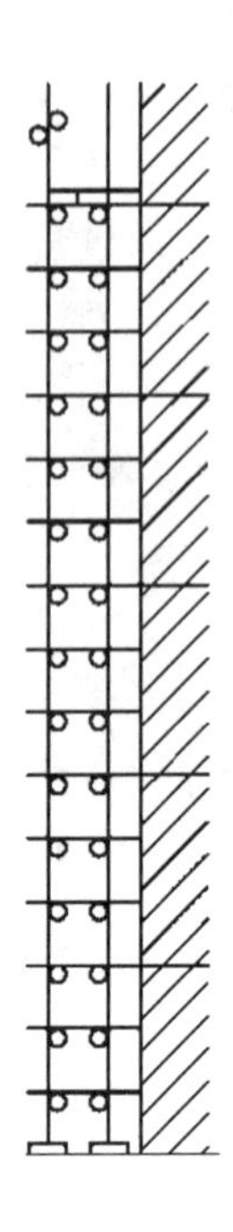

图 4.7　连墙杆的布置

连墙点的位置应设置在与立杆和大横杆相交的节点处，离节点的间距不宜大于 300 mm。

设置一定数量的连墙杆后，整片脚手架的倾覆破坏一般不会发生。但要求与连墙杆连接一端的墙体本身要有足够的刚度，所以连墙杆在水平方向应设置在框架梁或楼板附近，竖直方向应设置在框架柱或横隔墙附近。

每个连墙件抗风荷载的最大面积应小于 40 m^2。连墙件需从底部第一根纵向水平杆处开始设置，附墙件与结构的连接应牢固，通常采用预埋件连接。连墙杆在房屋的每层范围均需布置 1 排，一般竖向间距为脚手架步高的 2 ~ 4 倍，不宜超过 4 倍，且绝对值在 3 ~ 4 m 内；横向间距宜选用立杆纵距的 3 ~ 4 倍，不宜超过 4 倍，且绝对值在 4.5 ~ 6.0 m 内。连墙杆的连接形式如图 4.8 所示。

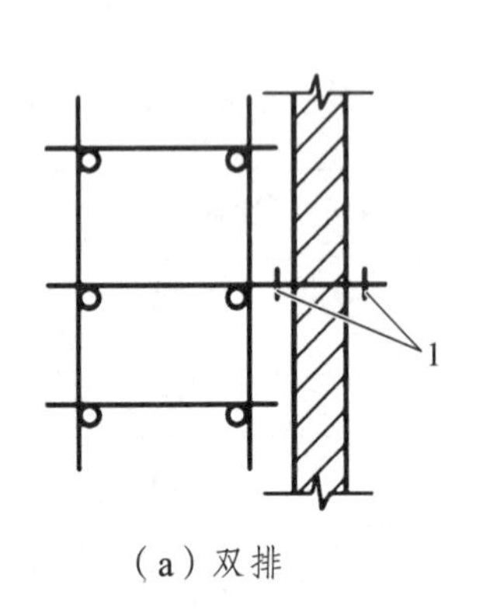

（a）双排

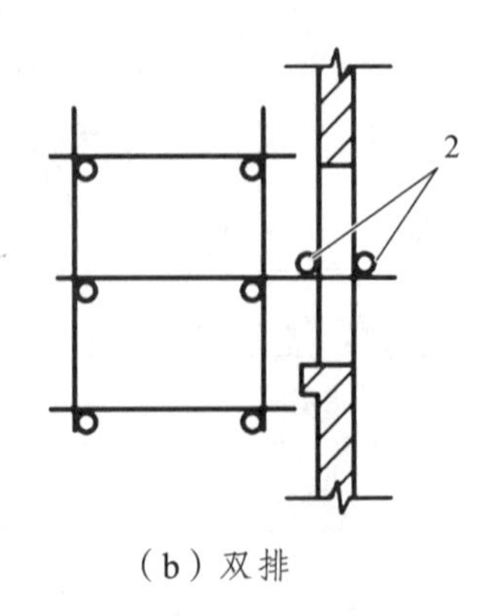

（b）双排

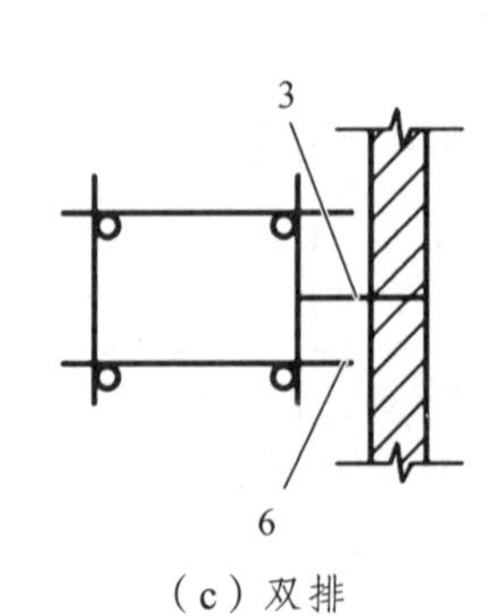

（c）双排

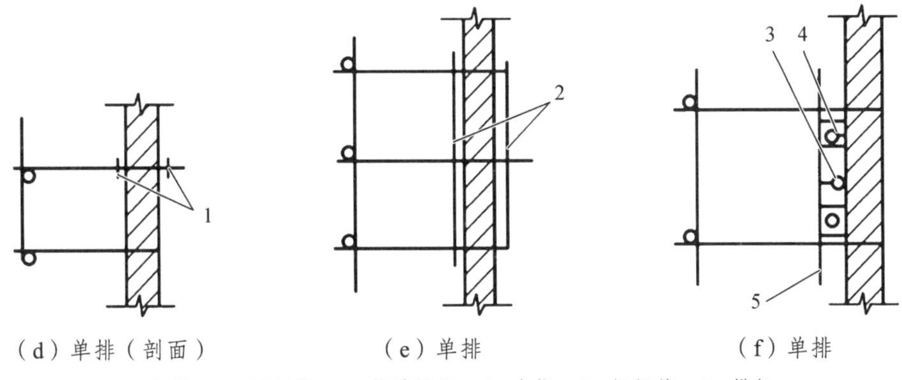

（d）单排（剖面）　　（e）单排　　（f）单排

1—扣件；2—短钢管；3—拉结铅丝；4—木楔；5—短钢管；6—横杆。

图 4.8　连墙杆的做法

5）底　座

扣件式钢管脚手架的底座用于承受脚手架立柱传递下来的荷载，底座一般采用厚 8 mm、长 150 ~ 200 mm 的钢板作底板，上焊 150 mm 高的钢管。底座形式有内插式和外套式两种，如图 4.9 所示。内插式的外径 D_1 比立杆内径小 2 mm，外套式的内径 D_2 比立杆外径大 2 mm。

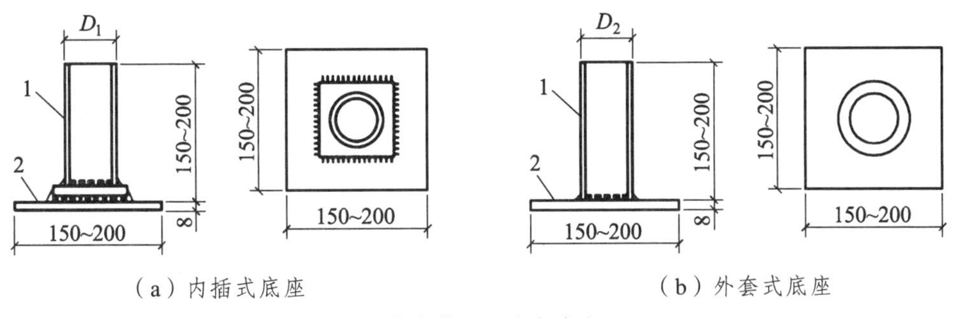

（a）内插式底座　　（b）外套式底座

1—承插钢管；2—钢板底座。

图 4.9　扣件式钢管脚手架底座

2. 扣件式钢管脚手架的搭设

扣件式钢管脚手架的搭设顺序：放置纵向水平扫地杆→逐根竖立立杆（随即与扫地杆扣紧）→安装横向水平扫地杆（随即与立杆或纵向水平扫地杆扣紧）→安装第 1 步纵向水平杆（随即与立杆扣紧）→安装第一步横向水平杆→安装第 2 步纵向水平杆→安装第 2 步横向水平杆→加设临时斜抛撑（上端与第 2 步纵向水平杆扣紧，在装设两道连墙杆后可拆除）→安装第 3、4 步纵横向水平杆→安装连墙杆、接长立杆、加设剪刀撑→铺设脚手板→挂安全网。

扣件式钢管脚手架的搭设要求：

（1）在搭设脚手架前，对底座、钢管、扣件要进行检查，钢管要平直，扣件和螺栓要光洁、灵敏，对变形、损坏严重者不得使用。

（2）搭设范围内的地基要夯实整平，做好排水处理，防止积水浸泡地基。如地基土质不好，则底座下垫以木板或垫块。立杆要竖直，垂直度允许偏差不得大于 1/200。相邻两根立杆接头应错开 50 cm。

（3）大横杆在每一面脚手架范围内的纵向水平高低差，不宜超过 1 皮砖的厚度。同一步内外两根大横杆的接头，应相互错开，不宜在同一跨度内。在垂直方向相邻的两根大横杆的接头也应错开，其水平距离不宜小于 50 cm。

（4）小横杆可紧固于大横杆上，靠近立杆的小横杆可紧固于立杆上。双排脚手架小横杆靠墙的一端应离开墙面 5 ~ 15 cm。

（5）各杆件相交伸出的端头，均应大于 10 cm 以防滑脱。

（6）扣件连接杆件时，螺栓的松紧程度必须适度。如用测力扳手校核操作人员的手劲，以扭力矩控制在 40 ~ 50 N · m 为宜，最大不得超过 60 N · m。

（7）为保证脚手架的整体性，应沿脚手架纵向每隔 30 m 设一组剪刀撑，两根剪刀撑斜杆分别扣在立杆与大横杆上或扣在小横杆的伸出部分上。斜杆两端扣件与立杆接点（即立杆与横杆的交点）的距离不宜大于 20 cm，最下面的斜杆与立杆的连接点离地面不宜大于 50 cm。

3. 扣件式钢管脚手架的拆除

（1）拆架时应画出工作区标志和设置围栏，并派专人看守，严禁行人进入。拆除作业必须由上而下逐层进行，逐根往下传递，不得乱扔，严禁上下同时作业。

（2）拆架时统一指挥，上下呼应，动作协调，当解开与另一人有关的结扣时应先行告知对方，以防坠落。

（3）连墙杆必须随脚手架逐层拆除，严禁先将连墙杆整层或数层拆除后再拆脚手架；分段拆除高差不应大于 2 步，如高差大于 2 步，应增设连墙杆加固；当脚手架拆至下部最后一根长立杆的高度时，应先在适当位置搭设临时抛撑加固后，再拆除连墙杆。

（4）当脚手架采取分段、分立面拆除时，对不拆除的脚手架两端，应先按规范规定设置连墙杆和横向斜撑加固。

（5）拆除过程中，各构配件严禁抛掷地面。

（6）拆下的钢管和扣件应分类整理存放，对损坏的要进行整修。钢管应每年刷一次漆，防止生锈。

4.2.2 门式钢管脚手架

门式脚手架又称为多功能门式脚手架，是目前应用较为普遍的脚手架之一。门式脚手架有多种用途，除可用于搭设外脚手架外，还可用于搭设里脚手架、施工操作平台或用于模板支架等。

1. 基本组成

门式脚手架的基本结构由门架、交叉支撑、连接棒、挂扣式脚手板或水平架等组成，再设置水平加固杆、剪刀撑、扫地杆、封口杆、托座与底座，并采用连墙件与建筑物主体结构相连，是一种标准化钢管脚手架，又称多功能门式脚手架。门式钢管脚手架基本单元由一副门式框架、两副剪刀撑、一副水平梁架和四个连接器组合而成。若干基本单元通过连接器在竖向叠加，扣上臂扣，组成了一个多层框架。在水平方向，用加固杆和水平梁架使相邻单元连成整体，加上斜梯、栏杆柱和横杆，组成上下不相通的外脚手架，即构成整片脚手架，如图 4.10 所示。

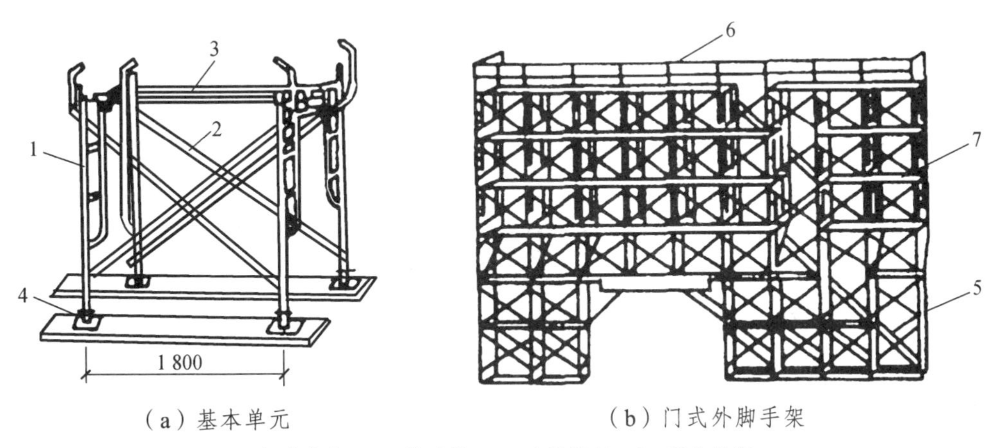

（a）基本单元　　（b）门式外脚手架

1—门式框架；2—剪刀撑；3—水平梁架；4—螺旋基脚；
5—梯子；6—栏杆；7—脚手板。

图 4.10　门式脚手架

门式脚手架的主要特点是组装方便，装拆时间约为扣件式钢管脚手架的 1/3，特别适用于使用周期短或频繁周转的脚手架；承载性能好，安全可靠，其使用强度为扣件式钢管脚手架的 3 倍，使用寿命长，经济效益好。扣件式钢管脚手架一般可使用 8 ~ 10 年，而门式脚手架则可使用 10 ~ 15 年。由于组装件接头大部分不是螺栓紧固性的连接，而是插销或扣搭形式的连接，若搭设高度较大或荷载较重，必须附加钢管拉结紧固，否则会摇晃、不稳。

2. 门式钢管脚手架的搭设

门式脚手架是一种工厂生产、现场搭设的脚手架，一般只要按产品目录所列的使用荷载和搭设规定进行施工，不必再进行验算。如果实际使用情况与规定有出入，应采取相应的加固措施或进行验算。通常门式脚手架搭设高度限制在 45 m 以内，采取一定措施后达到 80 m 左右。施工荷载一般为：均布荷载 1.8 kN/m^2，或作用于脚手架板跨中的集中荷载 2 kN。

1）搭设步骤

门式钢管脚手架一般按以下程序搭设：铺放垫木（板）拉线、放底座→自一端起立门架并随即装剪刀撑→装水平梁架（或脚手板）→装梯子→需要时，装设通长的纵向水平杆→装设连墙杆→重复上述步骤，逐层向上安装→装加强整体刚度的长剪刀撑→装设顶部栏杆。

2）搭设要点

搭设门式脚手架时，基底必须先平整夯实，并铺设可调底座，以免产生塌陷和不均匀沉降。应严格控制第一步门式框架垂直度偏差不大于 2 mm，门架顶部的水平偏差不大于 5 mm。外墙脚手架必须通过扣墙管与墙体拉结，并用扣件把钢管和处于相交方向的门架连接起来。整片脚手架必须适量设置水平加固杆（纵向水平杆），前 3 层要每层设置，3 层以上则每隔 3 层设 1 道。门架之间必须设置剪刀撑和水平梁架（或脚手板），其间连接应可靠，以确保脚手架的整体刚度。使用连墙管或连墙器将脚手架与建筑物连接。高层脚手架应增加连墙点布设密度。

同时还需注意以下事项：

（1）交叉支撑、水平架、脚手板、连接棒和锁臂的设置应符合规范要求；不配套的门架配件不得混合使用于同一整片脚手架。

（2）门架安装应自一端向另一端延伸，并逐层改变搭设方向，不得相对进行；搭完一步架后，应按规范要求检查并调整其水平度与垂直度。

（3）交叉支撑、水平架或脚手板应紧随门架的安装及时设置，连接门架与配件的锁臂、搭钩必须处于锁住状态。

（4）水平架或脚手板应在同一步内连续设置，脚手板应满铺。

（5）底层钢梯的底部应加设钢管并用扣件扣紧在门架的立杆上，钢梯的两侧均应设置扶手，每段钢梯可跨越两步或三步门架再行转折。

（6）栏板（杆）、挡脚板应设置在脚手架操作层外侧、门架立杆的内侧。

（7）加固杆、剪刀撑必须与脚手架同步搭设；水平加固杆应设于门架立杆内侧，剪刀撑应设于门架立杆外侧并连接牢固。

（8）连墙件的搭设必须随脚手架搭设同步进行，严禁滞后设置或搭设完毕后补做；连墙件应连于上、下两门架的接头附近，且垂直于墙面、锚固可靠。

（9）当脚手架操作层高出相邻连墙件以上两步时，应采用确保脚手架稳定的临时拉结措施，直到连墙件搭设完毕后方可拆除。

（10）脚手架应沿建筑物周围连续、同步搭设升高，在建筑物周围形成封闭结构；如不能封闭，在脚手架两端应按规范要求增设连墙件。

3. 门式钢管脚手架的拆除

拆除架子时应自上而下进行，部件拆除顺序与安装顺序相同。门式脚手架架设超过 10 层，应加设辅助支撑，一般在高 8 ~ 11 层门式框架之间，宽 5 个门式框架之间，加设 1 组，使部分荷载由墙体承受。

4.2.3 碗扣式钢管脚手架

碗扣式钢管脚手架又称多功能碗扣型脚手架，是一种新型承插式钢管脚手架，独创了带齿碗扣接头，具有拼拆迅速省力、结构稳定可靠、配备完善、通用性强、承载力大、安全可靠、易于加工、不易丢失、便于管理、易于运输、应用广泛等特点。

1. 主要组成部件

碗扣式钢管脚手架配件按其用途可分为主构件、辅助构件、专用构件三类。

（1）主构件。主构件主要有立杆、顶杆、横杆、单横杆、斜杆、底座等。其中立杆由一定长度ϕ48 mm × 3.5 mm 钢管上每隔 0.6 m 安装碗扣接头及限位销，并在其顶端焊接立杆焊接管制成，用作脚手架的垂直承力杆。顶杆即顶部立杆，在顶端设有立杆的连接管，以便在顶端插入托撑，用作支撑架（柱）、物料提升架等顶端的垂直承力杆。横杆由一定长度的ϕ48 mm × 3.5 mm 钢管两端焊接横杆接头制成，用于立杆横向连接管或框架水平承力杆。单横杆仅在ϕ48 mm × 3.5 mm 钢管一端焊接横杆接头，用作单排脚手架横向水平杆。斜杆在ϕ48 mm × 3.5 mm 钢管两端铆接斜杆接头制成，用于增强脚手架的稳定强度，提高脚手架的承载力，斜杆应尽量布置在框架节点上。底座由 150 mm × 150 mm × 8 mm 的钢板在中心焊接连接杆制成，安装在立杆的根部，用作防止立杆下沉并将上部荷载分散传递给地基的构件。

（2）辅助构件。辅助构件是用于作业面及附壁拉结等的杆部件，主要有间墙杆、架梯、连墙撑组成。间墙杆是用以减少支撑间距和支撑挑头脚手板的构件；架梯是用于作业人员上下脚手架的通道；连墙撑是用以防止脚手架倒塌和增强稳定性的构件。

（3）专用构件。专用构件是用作专门用途的杆部件，主要有悬挑架、提升滑轮组成。

2. 基本构造

碗扣式钢管脚手架由钢管立杆、横杆、碗扣接头等组成。其基本构造和搭设要求与扣件式钢管脚手架类似，不同之处在于其杆件接头处采用碗扣连接。由于碗扣是固定在钢管上的，因此连接可靠，组成的脚手架整体性好，也不存在扣件丢失问题。

碗扣接头是该脚手架系统的核心部件，它由上碗扣、下碗扣、横杆接头和上碗扣的限位销等组成，如图 4.11 所示。上碗扣、下碗扣和限位销按 60 cm 间距设置在钢管立杆之上，其中下碗扣和限位销则直接焊在立杆上。

组装时，下碗扣焊在钢管上，上碗扣对应地套在钢管上，其销槽对准焊在钢管上的限位销即能上下滑动。连接时，只需将横杆接头插入下碗扣内，将上碗扣沿限位销扣下，并顺时针旋转，靠上碗扣螺旋面使之与限位销顶紧，从而将横杆和立杆牢固地连在一起，形成框架结构。碗扣式接头可同时连接 4 根横杆，横杆可相互垂直亦可组成其他角度，因而可以搭设各种形式脚手架，特别适合于搭设扇形表面及高层建筑施工和装修作用两用外脚手架，还可作为模板的支撑。

模板支撑架应根据所受的荷载选择立杆的间距和步距，以底层纵、横向水平杆作为扫地杆，距离地面高度不得大于 350 mm，立杆底部应设置可调底座或固定底座；立杆上端包括可调螺杆伸出顶层水平钢的长度不得大于 0.7 m。

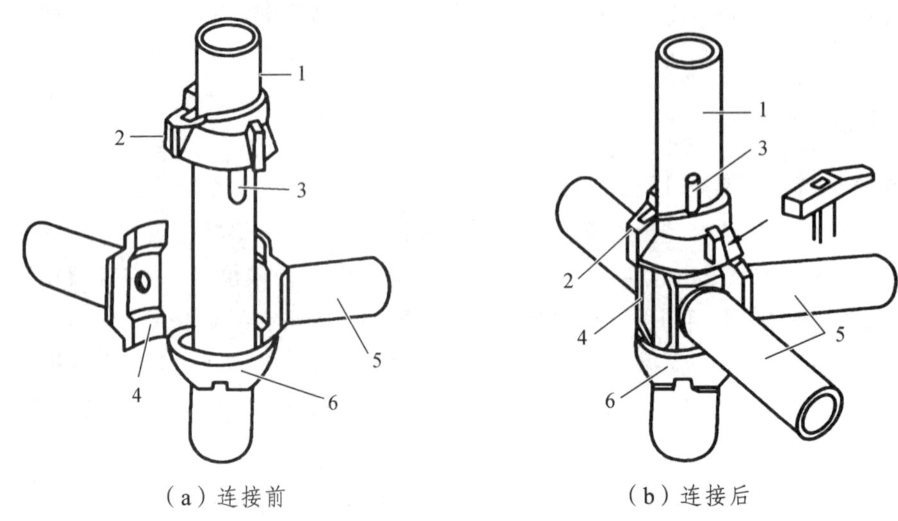

（a）连接前　　（b）连接后

1—立杆；2—上碗扣；3—限位销；4—横杆接头；5—横杆；6—下碗扣。

图 4.11　碗扣接头

3. 碗扣式脚手架的搭设要求

杆件搭设顺序是：立杆底座→立杆→横杆→斜杆→接关锁紧→脚手板→上层应杆→立杆连接销→横杆。

搭设中应注意调整架体的垂直度，最大偏差不得超过 10 mm；脚手架应随建筑物升高而随时搭设，但不应超过建筑物两个步架。

碗扣式钢管脚手架立杆横距为 1.2 m，纵距根据脚手架荷载可为 1.2 m，1.5 m，1.8 m，2.4 m，步距为 1.8 m，2.4 m。搭设时立杆的接长缝应错开，第一层立杆应用长 1.8 m 和 3.0 m 的立杆错开布置，往上均用 3.0 m 长杆，至顶层再用 1.8 m 和 3.0 m 两种长度找平。高 30 m 以下脚手架垂直度应在 1/200 以内，高 30 m 以上脚手架垂直度应控制在 1/400 ~ 1/600，总高垂直度偏差应不大于 100 mm。

4.2.4　盘扣式钢管脚手架

1. 概　述

盘扣式脚手架是一种新型脚手架，该产品于 20 世纪 80 年代从欧洲引进，是继碗扣式脚手架之后的升级换代产品。又称菊花盘式脚手架系统、插盘式脚手架系统、轮盘式脚手架系统、扣盘式脚手架、layher 架［layer 架、雷亚架，因为该脚手架的基本原理是由德国 LAYHER（雷亚）公司发明，也被业内人士称为“雷亚架”］。主要用于大型演唱会的灯光架、背景架。圆盘式多功能脚手架，是碗扣式脚手架之后的升级换代产品。这种脚手架的插座为直径 133 mm、厚 10 mm 的圆盘，圆盘上开设 8 个孔，采用ϕ48 × 3.5 mm、Q345B 钢管做主构件，立杆是在一定长度的钢管上每隔 0.60 m 焊接上一个圆盘，用这种新颖、美观的圆盘连接横杆，底部带连接套。横杆是在钢管两端焊接上带插销的插头制成。

广泛应用于一般高架桥等桥梁工程、隧道工程、厂房、高架水塔、发电厂、炼油厂以及特殊厂房等的支撑设计，也适用于过街天桥，跨度棚架，仓储货架，烟囱、水塔和室内外装修，大型演唱会舞台、背景架、看台、观礼台、造型架、楼梯系统，晚会的舞台搭设、体育比赛看台等工程。盘扣式钢管脚手架如图 4.12 所示。

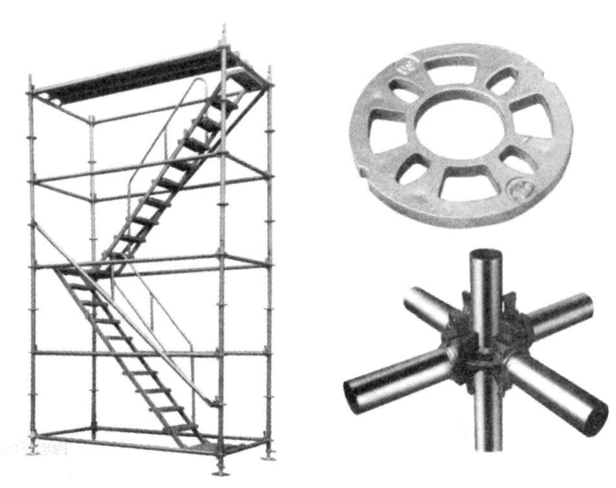

图 4.12　盘扣式钢管脚手架

2. 特　点

（1）多功能。根据具体施工要求，能组成模数为 0.6 m 的多种组架尺寸和荷载的单排、双排脚手架、支撑架、支撑柱、物料提升架等多种功能的施工装备，并能做曲线布置。脚手架能与可调下底托、可调上托、双可调早拆及挑梁、挑架等配件配合使用，可与各类钢管脚手架相互配合使用，实现各种多功能性。一是可在任何不平整斜坡及阶梯型地基上搭设；二是可支撑阶梯形模板，可实现模板早拆；三是可实现部分支撑架早期拆除，可搭设通行道，挑檐飞翼；四是可配合搭设爬架、活动工作台、外排架等，实现各种功能支护作用；五是可作为仓储货架，可用于搭设各种舞台、广告工程支架等。其立杆具有按 600 mm 模数任意接长的功能，还具有倒头对接使用功能，为特别高度尺寸的使用提供了便利条件。轮盘式多功能钢管脚手架还为大型标准化模板的使用，为新型模板的挂接、安装、固定提供了技术支持。

（2）结构少，搭建及拆卸方便。基本结构及专用部件，可使该系统能适应用于各种结构建筑物。只由立杆、横杆、斜拉杆三类构件组成。立杆、横杆和斜拉杆全部在工厂内制成。一是最大限度地防止了传统脚手架活动零配件易丢失、易损坏的问题，减少施工单位的经济损失；二是无任何活动锁紧件，最大限度地防止了传统脚手架活动锁紧件造成的不安全隐患。盘扣式钢管脚手架构成见图 4.13 ~ 图 4.15。

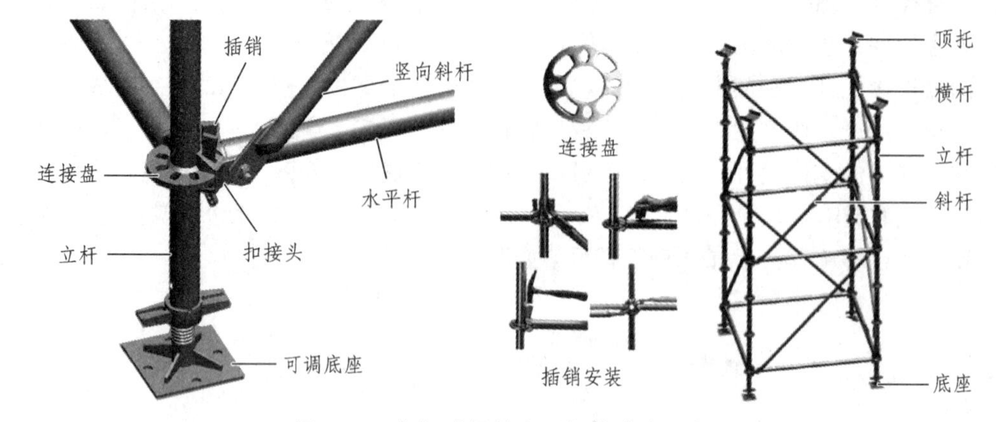

图 4.13　盘扣式钢管脚手架构成（一）

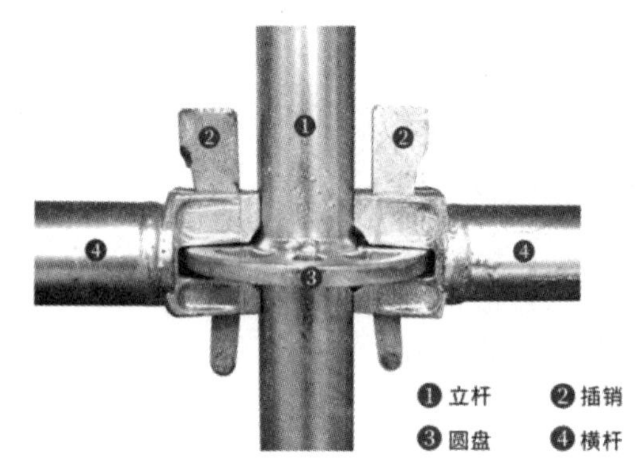

图 4.14　盘扣式钢管脚手架构成（二）

图 4.15　盘扣式钢管脚手架构成（三）

（3）产品有高度的经济性，使用更方便，更快捷。在使用中，只需要把横杆两端插头插入立杆上相对应的锥孔中，再敲紧即可，其搭拆的快捷性和搭接的质量是传统脚手架无法做到的。其搭拆速度是扣件钢管脚手架的 4 ~ 8 倍，是碗扣式脚手架的 2 倍以上。减少劳动时间与劳动报酬，减少运费使综合成本降低。接头构造合理，作业容易，轻巧简便。立杆重量比同等长度规格的碗扣立杆减少 6% ~ 9%。

（4）承载能力大。立杆轴向传力，使脚手架整体在三维空间、结构强度高、整体稳定性好、圆盘具有可靠的轴向抗剪力，且各种杆件轴线交于一点，连接横杆数量比碗扣接头多出 1 倍，整体稳定性和强度比碗扣式脚手架提高 20%。

（5）安全可靠。采用独立楔子穿插自锁机构。由于互锁和重力作用，即使插销未被敲紧，横杆插头亦无法脱出。插件有自锁功能，可以按下插销进行锁定或拔下进行拆卸，加上扣件和支柱的接触面大，从而提高了钢管的抗弯强度，并可确保两者相结合时，支柱不会出现歪斜。轮盘式多功能钢管脚手架的立杆轴心线与横杆轴心线的垂直交叉精度高，受力性质合理。因此承载能力大，整体刚度大，整体稳定性强。每根立杆允许承载 3 ~ 4 t。斜拉杆的使用数量大大少于传统脚手架。

（6）综合效益好。构件系列标准化，便于运输和管理。无零散易丢失构件，损耗低，后期投入少。

3. 安装方法

安装时只需将横杆接头对准菊花盘位置，然后用手将插销插入菊花盘孔并穿出接头底部，再用手锤敲击插销顶部，使横杆接头上的圆弧面与立杆紧密结合 。

4.3　常用非落地式脚手架简介

4.3.1　悬挑式脚手架

悬挑式脚手架（图 4.16）简称挑架，是一种不落地式脚手架。这种脚手架的特点是搭设在建筑物外边缘向外伸出的悬挑结构上，将脚手架的自重及其施工荷载全部传递至由建筑物承受，因而搭设不受建筑物高度的限制。

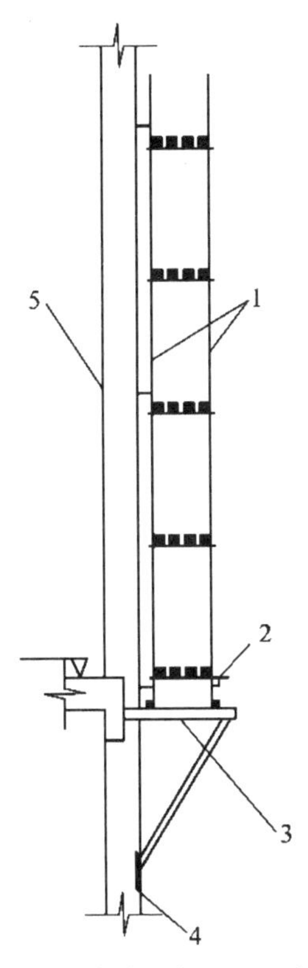

1—钢管脚手架；2—型钢横梁；3—三角支承架；4—预埋件；5—钢筋混凝土柱（墙）。

图 4.16　悬挑式脚手架

悬挑支承结构有用型钢焊接制作的三角桁架下撑式结构以及用钢丝绳斜拉住水平型钢挑梁的斜拉式结构两种主要形式。在悬挑结构上搭设的双排外脚手架与落地式脚手架相同，分段悬挑脚手架的高度一般控制在 25 m 以内。悬挑式脚手架主要用于外墙结构，装修和防护，以及在全封闭的高层建筑施工中。

由于脚手架系沿建筑物高度分段搭设，故在一定条件下，当上层还在施工时，其下层即可提前交付使用；而对于有裙房的高层建筑，则可使裙房与主楼不受外脚手架的影响，同时展开施工。

悬挑式脚手架与前面几种脚手架比较更为节省材料，具有良好的经济效益。

1. 适用范围

（1）± 0.000 以下结构工程回填土不能及时回填，脚手架没有搭设的基础，而主体结构工程又必须立即进行，否则将影响工期。

（2）高层建筑主体结构四周为裙房，脚手架不能直接支承在地面上。

（3）超高层建筑施工，脚手架搭设高度超过了架子的容许搭设高度，因此将整个脚手架按容许搭设高度分为若干段，每段脚手架支承在由建筑结构向外悬挑的结构上。

2. 悬挑式支承结构

悬挑式外脚手架，是利用建筑结构外边缘向外伸出的悬臂结构来悬挑支承结构的结构，其形式大致分为两类：

（1）用型钢作梁挑出，端头加钢丝绳（或用钢筋花篮螺栓拉杆）斜拉，组成悬挑支承结构。由于悬出端支承杆件是斜拉索（或拉杆），因此又简称为斜拉式［见图 4.17（a）、（b）］。斜拉式悬挑外脚手架，悬出端支承杆件是斜拉钢丝绳受拉绳索，其承载能力由拉索的承载力控制，故端面较小，钢材用量少。

（2）用型钢焊接的三角桁架作为悬挑支承结构，悬出端的支承杆件是三角斜撑压杆，又称为下撑式［见图 4.17（c）］。下撑式悬挑外脚手架，悬出端支承杆件是斜撑受压杆件，其承载力由压杆稳定性控制，故端面较大，钢材用量多。

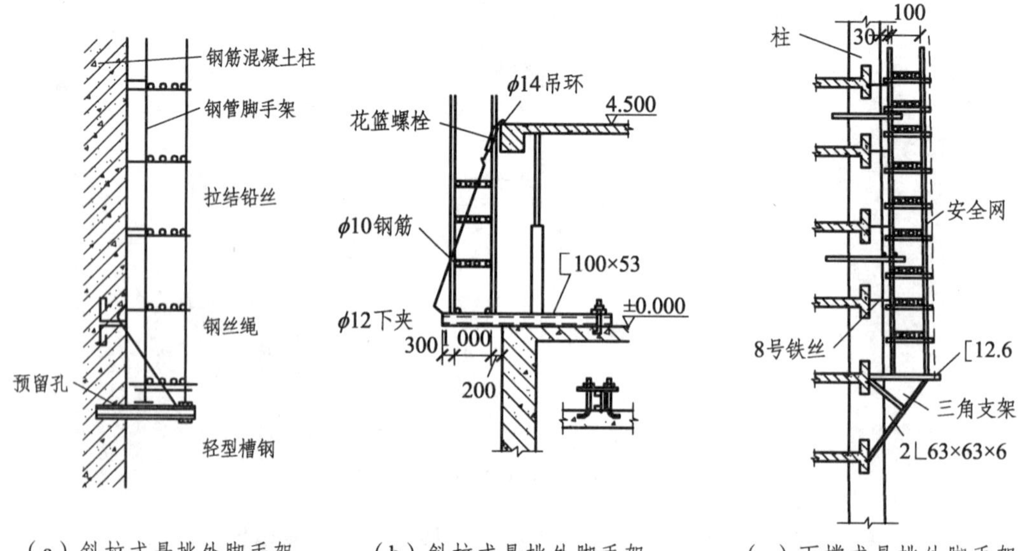

（a）斜拉式悬挑外脚手架　（b）斜拉式悬挑外脚手架　（c）下撑式悬挑外脚手架

图 4.17　两种不同悬挑支撑结构的悬挑式脚手架

3. 构造及搭设要点

（1）悬挑支承结构必须具有足够的承载力、刚度和稳定性，能将脚手架荷载全部或部分地传递给建筑物。

（2）悬挑脚手架的高度（或分段悬挑搭设的高度）不得超过 25 m。

（3）新设计组装或加工的定型脚手架段，在使用前应进行不低于 1.5 倍使用施工荷载的静载试验和起吊试验，试验合格（未发现焊接开裂、结构变形等情况）后方能投入使用。

（4）塔吊应具有满足整体吊升（降）悬挑脚手架段的起吊能力。

（5）悬挑梁支托式挑脚手架立杆的底部应与挑梁可靠连接固定。

（6）超过 3 步的悬挑脚手架，应每隔 3 步和 3 跨设一连墙件，以确保其稳定承载。

（7）悬挑脚手架的外侧立面一般均采用密目网（或其他围护材料）全封闭围护，以确保架上人员操作安全和避免物件坠落。

（8）必须设置可靠的人员上下的安全通道（出入口）。

（9）使用中应经常检查脚手架和悬挑设施的工作情况。当发现异常时，应及时停止作业，进行检查和处理。

4.3.2　升降式脚手架

扣件式钢管脚手架、碗扣式钢管脚手架及门式钢管脚手架一般都是沿结构外表面满搭的脚手架，在结构和装修工程施工中应用较为方便，但费料耗工，一次性投资大，工期也长。因此，近年来在高层建筑施工中发展了多种形式的外挂脚手架，其中应用较为广泛的是升降式脚手架，包括自升降式、互升降式、整体升降式三种类型。

升降式脚手架的主要特点是：脚手架无须满搭，只搭设至满足施工操作及安全各项要求的高度；地面无须做支承脚手架的坚实地基，也不占施工场地：脚手架及其上承担的载荷传给与之相连的结构，对这部分结构的强度有一定要求；随施工进程，脚手架可随之沿外墙升降，结构施工时由下往上逐层提升，装修施工时由上往下逐层下降。

1. 自升降式脚手架

自升降脚手架的升降运动是通过手动或电动倒链交替对活动架和固定架进行升降来实现的。从升降架的构造来看，活动架和固定架之间能够进行上、下相对运动。当脚手架工作时，活动架和固定架均用附墙螺栓与墙体锚固，两架之间无相对运动；当脚手架需要升降时，活动架与固定架中的一个架子仍然锚固在墙体上，使用倒链对另一个架子进行升降，两架之间便产生相对运动。通过活动架和固定架交替附墙，互相升降，脚手架即可沿着墙体上的预留孔逐层升降，如图 4.18 所示。

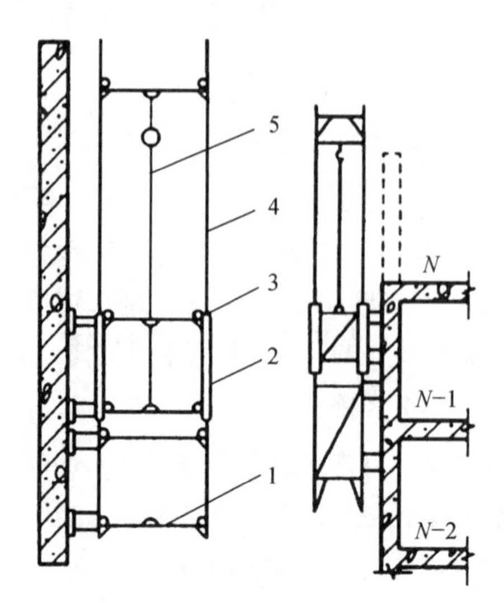

1—脚手板；2—剪刀撑；3—纵向水平杆；4—安全网：5—提升设备。

图 4.18　自升降式脚手架

施工前按照脚手架的平面布置图和升降架附墙支座的位置，在混凝土墙体上设置预留孔。为使升降顺利进行，预留孔中心必须在一直线上，并检查墙上预留孔位置是否正确，如有偏差，应预先修正。

脚手架的安装一般在起重机的配合下按脚手架平面图进行。爬升可分段进行，视设备、劳动力和施工进度而定，每个爬升过程提升 1.5 ~ 2 m，分爬升活动架和爬升固定架两步进行。脚手架完成了一个爬升过程后，重新设置上部连接杆，脚手架进入上一个工作状态，以后按此循环操作，脚手架即可不断爬升，直至结构到顶。在结构施工完成后，脚手架沿着墙体预留孔倒行，其操作顺序与爬升时相反，逐层下降，最后返回地面进行拆除。

2. 互升降式脚手架

互升降式脚手架将脚手架分为甲、乙两个单元，通过倒链交替对甲、乙两个单元进行升降，如图 4.19 所示。当脚手架需要工作时，甲单元与乙单元均用附墙螺栓与墙体锚固，两架之间无相对运动；当脚手架需要升降时，一个单元仍然锚固在墙体上，使用倒链对相邻一个架子进行升降，两架之间便产生相对运动，如图 4.20 所示。通过甲、乙两个单元交替附墙，相互升降，脚手架即可沿着墙体上的预留孔逐层升降。

互升降式脚手架的性能特点是：结构简单，易于操作控制；架子搭设高度低、用料省；操作人员不在被升降的架体上，这提高了操作人员的安全性；脚手架结构刚度较大；附墙的跨度大。它适用于框架 - 剪力墙结构的高层建筑、水坝、筒体等的施工。

互升降式脚手架施工前的准备与自升降式脚手架类似。其组装有两种方式：在地面组装好单元脚手架，再用塔式起重机吊装就位；或在设计爬升位置搭设操作平台，在平台上逐层安装。

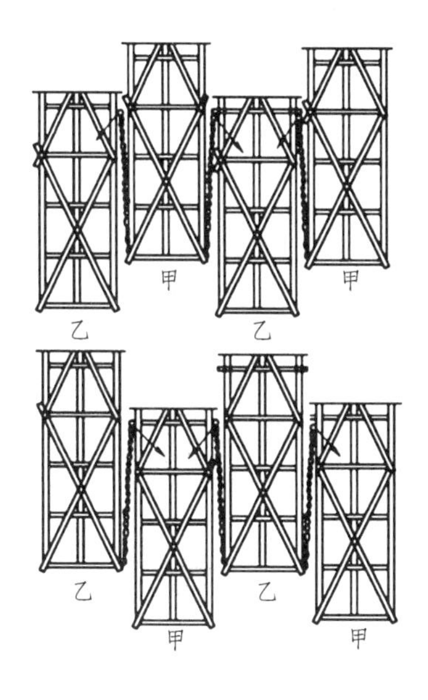

图 4.19　互升降式脚手架的基本结构

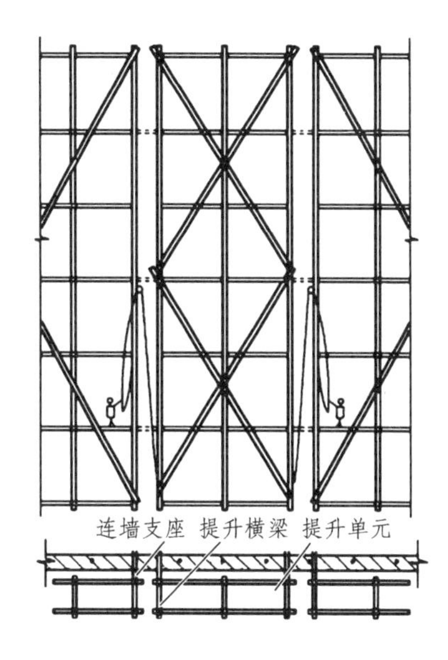

图 4.20　互升降式脚手架的爬升过程

脚手架爬升前应进行全面检查，当确认组装工序都符合要求后方可进行爬升，提升到位后，应及时将架子同结构固定；然后用同样的方法对与之相邻的单元脚手架进行爬升操作，待相邻的单元脚手架升至预定位置后，将两单元脚手架连接起来，并在两单元操作层之间铺设脚手板。

与爬升操作顺序相反，其利用固定在墙体上的架子对相邻的单元脚手架进行下降操作，直至脚手架返回地面。

3. 整体升降式脚手架

在超高层建筑的主体施工中，整体升降式脚手架有明显的优越性。它整体结构好、升降快捷方便、机械化程度高、经济效益显著，是一种很有推广和使用价值的超高建（构）筑外脚手架。

整体升降式外脚手架以电动倒链为提升机，使整个外脚手架沿建筑物外墙或柱整体向上爬升，如图 4.21 所示。搭设高度依建筑物施工层的层高而定，一般取建筑物标准层 4 个层高加一步安全栏的高度作为架体的总高度。脚手架为双排，宽度以 0.8 ~ 1 m 为宜，内排杆与建筑物的净距为 0.4 ~ 0.6 m。脚手架的横杆和立杆的间距都不宜超过 1.8 m。可将一个标准层高分为二步架，以此步距为基数确定架体横、立杆的间距。架体设计时，可将架子沿建筑物外围分成若干单元，每个单元的宽度参考建筑物的开间而定，一般为 5 ~ 9 m。

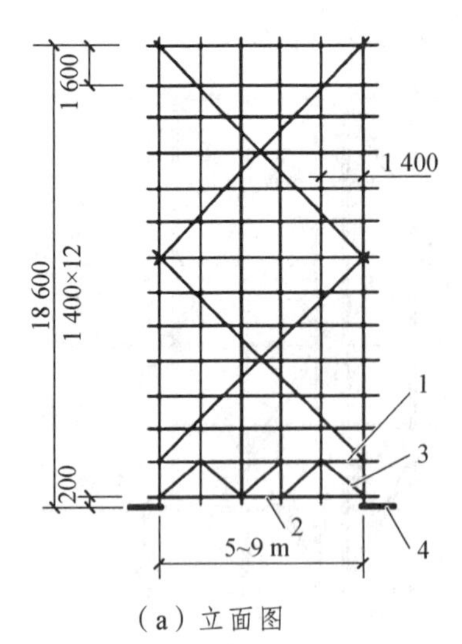

（a）立面图

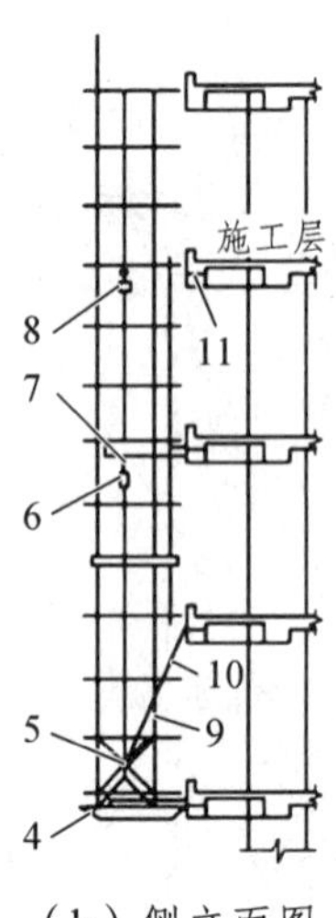

（b）侧立面图

1—承力桁架；2—上弦杆；3—下弦杆；4—承力架；5—斜撑；6—电动倒链；7—挑梁；8—倒链；9—花篮螺栓；10—拉杆；11—螺栓。

图 4.21　整体升降式脚手架

整体升降式脚手架施工过程如下：

（1）施工前的准备。按平面图先确定承力架及电动倒链、挑梁安装的位置和个数，在相应位置上的混凝土墙或梁内预埋螺栓或预留螺栓孔，各层的预留螺栓或预留孔的位置要求上下一致，误差不超过 10 mm：加工制作型钢承力架、挑梁、斜拉杆：准备电动倒链、钢丝绳、脚手管、扣件、安全网、木板等材料。

整体升降式脚手架的高度一般为 4 个施工层层高。在建筑物施工时，由于建筑物的最下几层层高通常与标准层不一致，且平面形状也往往与标准层不同，所以，一般在建筑物主体施工到 3 ~ 5 层时开始安装整体脚手架，下面几层施工时，往往要先搭设落地外脚手架。

（2）安装。先安装承力架，承力架内侧用 M25 ~ M30 螺栓与混凝土边梁固定，承力架外侧用斜拉杆与上层边梁拉结固定，用斜拉杆中部的花篮螺栓将承力架调平；在承力架上面搭设架子，安装承力架上的立杆；搭设下面的承力桁架；逐步搭设整个架体，随搭随设置拉结点，并设斜撑。在比承力架高两层的位置安装“工”字钢挑梁，挑梁与混凝土边梁的连接方法与承力架相同。电动倒链挂在挑梁下，并将电动倒链的吊钩挂在承力架的花篮挑梁上。在架体上每个层高满铺厚木板，架体外面挂安全网。

（3）爬升。短暂开动电动倒链，将电动倒链与承力架之间的吊链拉紧，使其处于初始受力状态。松开架体与建筑物的固定拉结点，松开承力架与建筑物相连的螺栓和斜拉杆，开动电动倒链开始爬升。在爬升过程中，应随时观察架子的同步情况，如发现不同步，应及时停机进行调整。爬升到位后，先安装承力架与混凝土边梁的紧固螺栓，并将承力架的斜拉杆与上层边梁固定，然后安装架体上部与建筑物的各拉结点。待检查符合安全要求后，脚手架可开始使用，进行上一层的主体施工。在新一层主体施工期间，将电动倒链及其挑梁摘下，用滑轮或手动倒链转至上一层重新安装，为下一层爬升做准备。

（4）下降。与爬升操作顺序相反，利用电动倒链顺着爬升用的墙体预留孔倒行，脚手架即可逐层下降，同时把留在墙面上的预留孔修补完毕，最后脚手架返回地面拆除。

4.3.3 吊　篮

吊挂式脚手架（图 4.22）在主体结构施工阶段为外挂脚手架，随主体结构逐层向上施工，用塔吊吊升，悬挂在结构上。在装饰施工阶段，该脚手架改为从屋顶吊挂，逐层下降。吊挂式脚手架的吊升单元（吊篮架子）宽度宜控制在 5 ~ 6 m，每一吊升单元的自重宜在 1 t 以内。该形式的脚手架适用于高层框架和剪力墙结构施工。

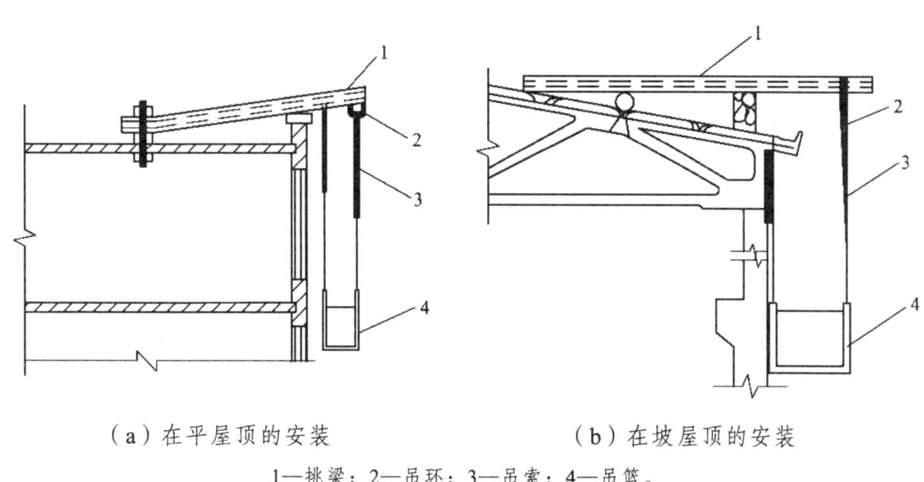

（a）在平屋顶的安装　（b）在坡屋顶的安装

1—挑梁；2—吊环；3—吊索；4—吊篮。

图 4.22　吊挂脚手架

4.3.4 脚手架的安全技术要求

在房屋建筑施工过程中因脚手架出现事故的概率相当高，所以在脚手架的设计、架设、使用和拆卸中均需十分重视安全防护问题。

为确保脚手架在搭设、使用和拆除过程中的安全性，对脚手架的安全技术要求如下：

（1）对脚手架的基础、构架、结构、连墙件等必须有成熟经验或进行设计，复核验算其承载力，做出完整的脚手架搭设、使用和拆除施工方案。

（2）脚手架按规定设置斜杆、剪力撑、连墙件或撑杆、拉件等。对通道和洞口或承受超规定荷载的部位必须做加强处理。

（3）脚手架的连接节点应可靠，连接件的安装和紧固件应符合要求。

（4）脚手架的基础应平整，具有足够的承载力和稳定性。脚手架立杆距坑、台的上边缘应不小于 1 m，且立杆下必须设置垫座和垫板。

（5）脚手架的连墙点、拉撑点和悬挂（吊）点必须设置在可靠的承载力的结构部位，必要时做结构验算。

（6）脚手架应有可靠的安全防护措施。作业面上的脚手板与墙面之间的缝隙、孔洞一般不要大于 200 mm；脚手板间的搭接长度不得小于 300 mm。作业面的外侧面应有挡脚板（或高度小于 1 m 的竹笆，或挂满安全网）加两道防护栏杆或密目式聚乙烯网，加 3 道栏杆，对临街面要做完全密封。

（7）六级以上大风、大雾、雨天、下雪天气下应暂停在脚手架上的作业。雨雪后上架操作要有防护措施。

（8）加强使用过程中的检查，发现问题应及时解决。

当外墙砌筑高度超过 4 m 或立体交叉作业时，除在作业面正确铺设脚手板和安装防护栏杆与挡脚板外，还必须在脚手架外侧设置安全网。架设安全网时，其伸出宽度应不小于 2 m，外口要高于内口，搭接应牢固，每隔一定距离应用拉绳将斜杆与地面锚桩拉牢。

当用里脚手架施工外墙或多层、高层建筑用外脚手架时，均需设置安全网。安全网应随楼层施工进度逐步上升，高层建筑除这一道逐步上升的安全网外，尚应在下面间隔 3 ~ 4 层的部位设置一道安全网。施工过程中要经常对安全网进行检查和维修，每块支好的安全网应能承受不小于 1.6 kN 的冲击荷载。

钢脚手架不得搭设在距离 35 kV 以上的高压线路 4.5 m 以内的地区和距离 1 ~ 10 kV 高压线路 3 m 以内的地区。钢脚手架在架设和使用期间，要严防与带电体接触，需要穿过或靠近 380 V 以内的电力线路，距离在 2 m 以内时，则应断电或拆除电源，如不能拆除，应采取可靠的绝缘措施。

搭设在旷野、山坡上的钢脚手架，如在雷击区域或雷雨季节时，应设避雷装置。

4.4 垂直运输工程

垂直运输设施指在建筑施工中担负垂直输送材料和人员上下的机械设备和设施。砌筑工程中的垂直运输量很大，不仅要运输大量的砖（或砌块）、砂浆，而且还要运输脚手架、脚手板和各种预制构件，因而如何合理安排垂直运输就直接影响到砌筑工程的施工速度和工程成本。

目前，砌筑工程中常用的垂直运输设施有塔式起重机、井架、龙门架、施工电梯、灰浆泵等。

4.4.1 井 架

井架又称井子架，是施工中最常用、最简便的垂直运输设施。它的稳定性好，运输量大，除可采用型钢或钢管加工而成的定型井架之外，还可以采用多种脚手架搭设，从而使井架的应用更加广泛和便捷（如图 4.23、图 4.24）。井架的搭设高度一般可达 50 m 以上，目前附着式高层井架的搭设高度已经超过了 100 m。

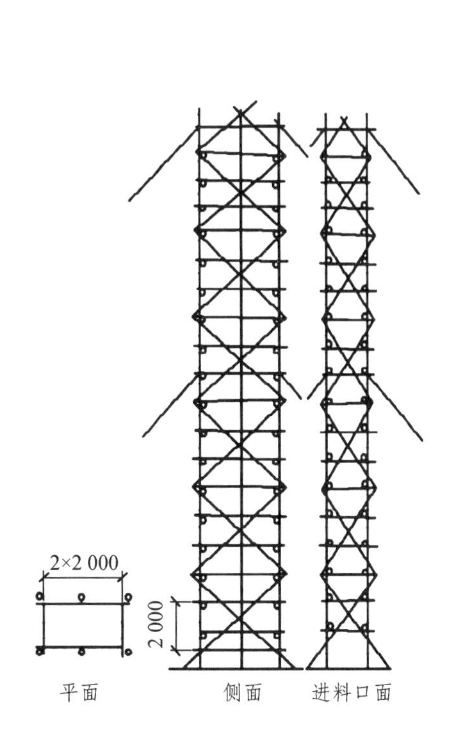

图 4.23　六柱扣件式钢管井架示意图

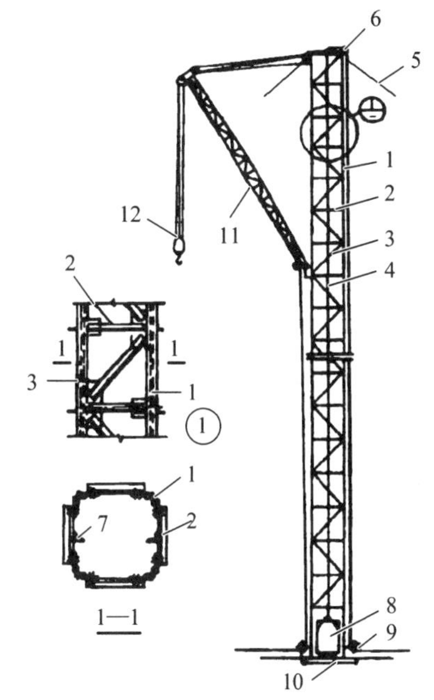

1—立柱；2—平撑；3—斜撑；4—钢丝绳；5—缆风绳；6—天轮；7—导轨；8—吊盘；9—地轮；10—垫木；11—摇臂拔杆；12—滑轮组。

图 4.24　角钢井架构造图

1. 井架的构造

一般井架多为单孔，也可以组装成两孔、三孔或多孔。单孔井架内设置吊盘或在吊盘下加设混凝土斗；两孔或三孔井架内可分设吊盘和料斗。井架上也根据需要设置扒杆，其起重量一般为 0.5 ~ 1.5 t，回转半径可达 10 m。各种井架的搭设步骤和要求与一般脚手架相同。

2. 吊　盘

吊盘是指井架、龙门架装载材料、物品等用的各种吊盘。它主要由底盘、竖吊杆、斜拉杆、横梁、角撑等部分组成，底盘又由两根长向大梁、多根横向搁栅和底盘铺板构成。

3. 吊盘停车安全装置

吊盘停车安全装置是防止吊盘在停车装卸料时卷扬机制动失灵而产生跌落，确保停车位置准确和避免装卸料时重心移动而使吊盘摇晃所设置的安全稳定装置，形式有自动安全支杠和人工安全挂钩两种。人工安全挂钩因使用麻烦，目前很少见。

4. 吊盘钢丝绳断后的安全装置

这种安全装置是由 550 mm 长的ϕ40 mm × 35 mm 的无缝钢管，内装 220 mm 长的螺旋弹簧和ϕ32 mm、长 420 mm 的圆钢制成的可伸缩“舌头”，以及穿过螺旋弹簧与圆钢里头小环连接的细钢丝绳组成。无缝钢管固定在吊盘横梁的两端，细钢丝绳的另一端穿过导向滑轮与吊盘钢丝绳相连，其连接点距吊盘横梁有一段距离。

该安全装置的原理是：当吊盘钢丝绳受力收紧时，细钢丝绳也将拉紧圆钢舌头并压缩弹簧，使圆钢舌头缩进无缝钢管内；当吊盘钢丝绳突然拉断时，细钢丝绳和吊盘钢丝绳会立即松掉，无缝钢管内的弹簧会迅速将圆钢舌头弹出，搁置在井架或龙门架的横杠上，制止吊盘继续往下跌落。

4.4.2 龙门架

龙门架是由两根立柱和横梁（天轮梁）构成的门式架。在龙门架上装设滑轮（天轮、地轮和导向轮）、导轨、吊盘、安全装置、起重的吊盘钢丝绳和缆风绳后，即可构成一套完整的垂直运输体系。普通龙门架的基本构造如图 4.25 所示。

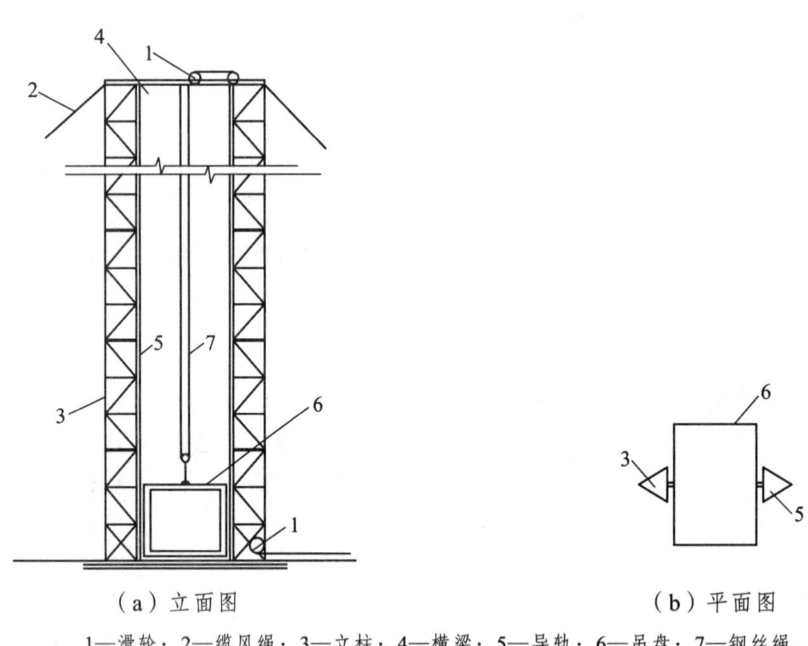

1—滑轮；2—缆风绳；3—立柱；4—横梁；5—导轨；6—吊盘；7—钢丝绳。

图 4.25　龙门架基本构造图

1. 龙门架的特点

龙门架构造简单，制作容易，用料少，装拆方便，因此广泛应用于中小型工程。但由于立杆的刚度和稳定性较差，一般架设高度不超过 30 m，适用于单层或多层建筑工程施工。

2. 龙门架的分类

目前常用的普通龙门架，按其立杆的组成情况不同分为组合立杆龙门架、钢管龙门架和木龙门架 3 类。

3. 龙门架的设置位置和要求

龙门架一般是单独设置。在有外脚手架的情况下，可设置在脚手架的外侧或转角部，其稳定靠拉设缆风绳解决；龙门架也可以设置在脚手架的中间，用拉杆将龙门架立杆与脚手架拉结结合起来，以便加强龙门架的稳定。但是在垂直墙面方向的外侧仍需要拉风绳拉结，靠墙侧设置附墙拉结件，与龙门架相接处的脚手架应像端头脚手架一样加设必要的剪刀撑加固。

4. 龙门架的支立

1）龙门架支立前的准备工作

先将龙门架在现场组装好，装好起重滑轮组、起重钢丝绳、缆风绳、缆风绳地锚等；用梢径不小于 80 mm 的杉木杆对龙门架进行加固，增强立杆吊装时的刚度；支立好竖立龙门架用的扒杆和相应设施、起重机械等。所有准备工作完成后再进行一次全面细致的检查，确认安全可靠后进行竖立龙门架的试吊，然后再检查各种机构的工作状态及龙门架的加固状态，确认无异后才能正式起吊。

2）龙门架的竖立方法和要求

采用独脚扒杆和缆风绳竖立龙门架的方法有旋转法和直角法两种；采用起重机械安装的方法也有整体安装法和分节安装法两种。

龙门架竖立起来后，应立即将龙门架的底角和缆风绳同时进行固定，木龙门架埋入土中的，其埋深不小于 1.5 m。龙门架高度在 12 m 以下者，设置一道缆风绳；高度在 12 m 以上者，每增高 5 ~ 6 m，应增设一道缆风绳；每道缆风绳不少于 6 根，与地面成 45°夹角：缆风绳直径不小于 8 mm 的 I 级钢筋。条件许可时，用杉杆和 8 号铁丝将每个楼层范围内的龙门架与建筑物连接牢固，以便增强龙门架的稳定性。

4.4.3　小型起重设施

常用的小型起重设施主要有屋顶悬臂起重机和移动式胶轮轻便提料机。

1. 墙头吊

墙头吊采用独根钢管作立杆，长 2.7 m，顶端用钢板封口，并焊有钢筋拉环，下端焊有用钢板焊接而成的“Ⅱ”型卡墙底座，底座上焊有用短钢管制成的摇臂插座。摇臂采用钢管，下端通过销孔和钢销使其与插管相连，插管座在立杆底座上的插座上（见图 4.26）。起重质量为 0.25 t。

2. 附着式提升机

采用钢管作立杆、横杆、斜杆组装成三脚架，在其上安装小型电动机、卷扬机、滑轮组和吊钩后成为小型提升机，再用卡墙夹具和丝杆顶紧在墙体窗口处或用扣件固定在脚手架上，起重质量为 0.15 t（见图 4.27）。

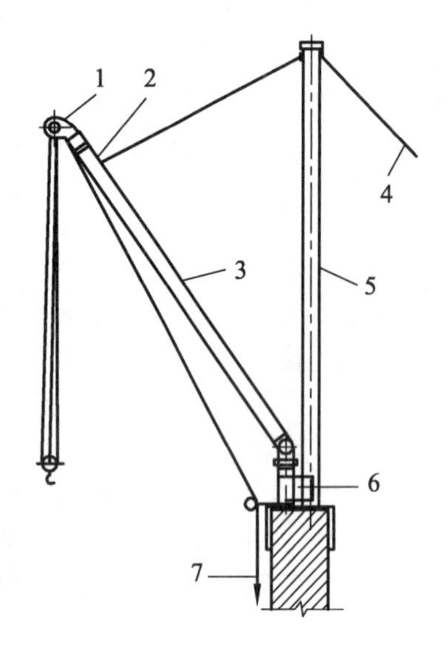

1—鹅头；2—拉环；3—摇臂；4—缆风绳；5—立杆；6—连接板；7—至卷扬机。

图 4.26　墙头吊

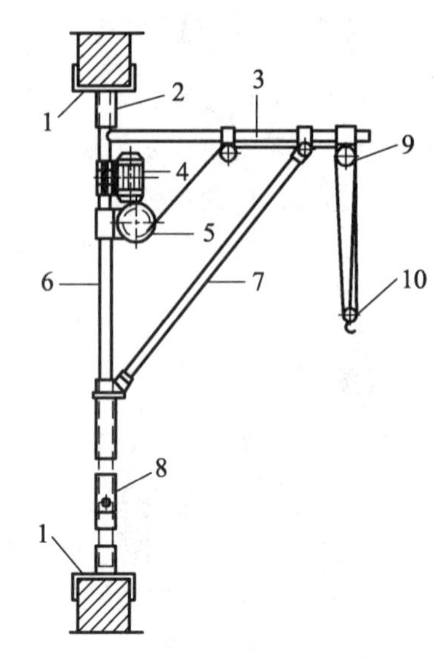

1—夹具；2—套管；3—横杆；4—电动机；5—卷扬机；6—立杆；7—斜杆；8—顶紧丝杆；9—滑轮；10—吊钩。

图 4.27　附着式提升机

3. 屋顶悬臂起重机

屋顶悬臂起重机由悬臂机架、卷扬设备和吊桶等三部分组成，是一种搁置在屋顶上的小型起重设备，起重高度最大为 25 m（受小型卷扬机钢丝绳长度所限），起重质量为 160 ~ 500 kg，最大可达 1 000 kg（见图 4.28）。

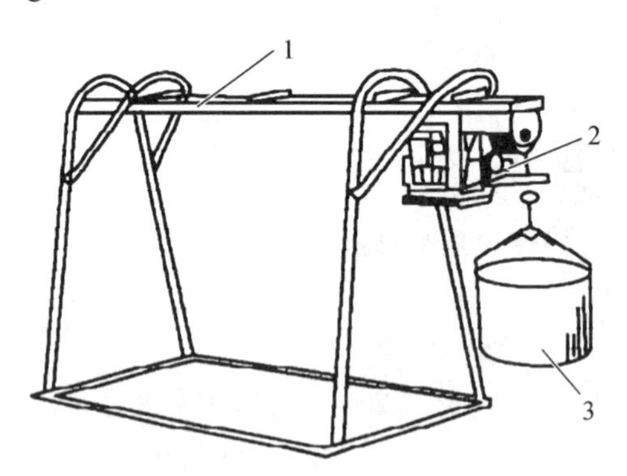

1—悬臂机架；2—卷扬机；3—吊桶。

图 4.28　屋顶悬臂起重机

4.4.4　施工升降机

施工升降机又称建筑施工电梯，它是高层建筑施工中主要的垂直运输设备，属于人货两用电梯。它附着在外墙或其他结构上，随建筑物升高，架设高度可达 200 m 以上。

施工升降机按其传动型式，可分为齿轮齿条式、钢丝绳式和混合式 3 种。

外用施工升降机是由导轨（井架）、底笼（外笼）、梯笼、平衡箱以及动力、传动、安全和附墙装置等构成（见图 4.29）。

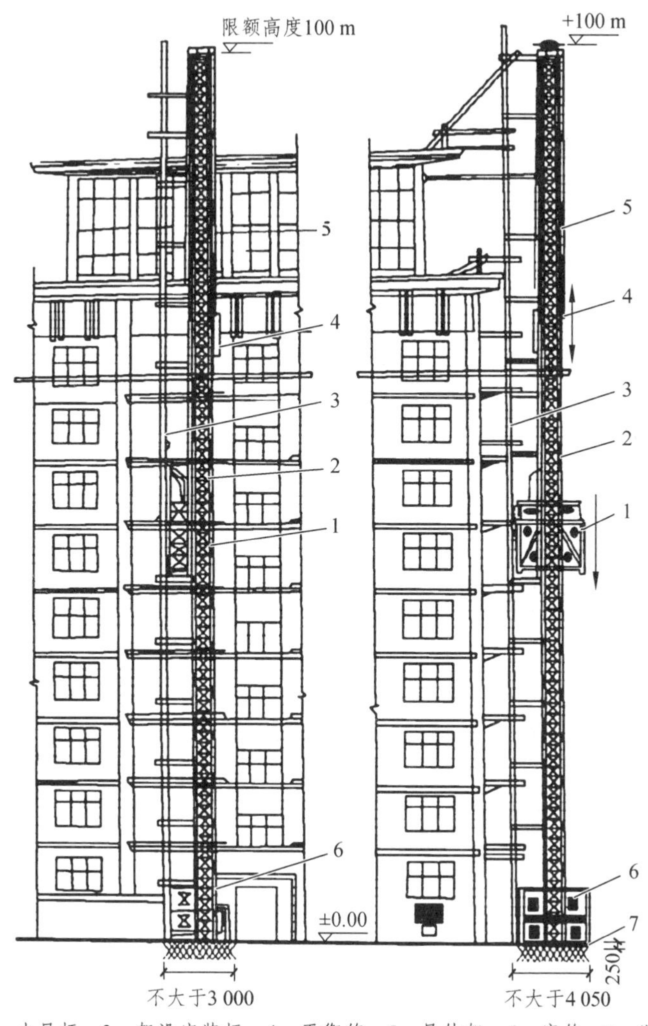

1—吊笼；2—小吊杆；3—架设安装杆；4—平衡箱；5—导轨架；6—底笼；7—混凝土基础。

图 4.29 建筑施工电梯

施工升降机注意事项：

（1）电梯司机必须身体健康（无心脏病和高血压），并经培训合格，持证上岗，严禁非司机开车。

（2）司机必须熟悉电梯的结构、原理、性能、运行特点和操作规程。

（3）严禁超载，防止偏重。载重质量为 1.0 ~ 1.2 t 的电梯一般可乘 12 ~ 15 人。严禁采用同笼混运人和混凝土。

（4）班前、满载和安装电梯时均应做电动机制动效果检查（点动 1 m 高，停 2 min，里笼无下滑）。

（5）电梯出现各种不正常情况或司机身体不适，均应立即停车，严禁司机和电梯带病坚持工作；大雾和雷雨天气、六级风力以上、滑道杆结冰及其他恶劣作业条件下严禁使用电梯。

（6）司机开电梯时要思想集中，随时注意信号，遇事故、危险和不正常情况时立即停车。

（7）坚决执行定期技术检查、润滑、维修保养制度。一般规定：一般保养 160 h，二级保养 480 h；中修 1 440 h，大修 5 760 h。

4.4.5　起重机械

结构安装用的起重机械，主要有桅杆式起重机、自行式起重机和塔式起重机。

1. 桅杆式起重机

桅杆式起重机可分为独角拔杆、人字拔杆、悬臂拔杆和牵缆式桅杆起重机等，这种机械的特点是制作简单，装拆方便，起重量可达 100 t 以上，但起重半径小，移动较困难，需要设置较多的缆风绳。它适用于安装工程量集中、结构重量大以及施工现场狭窄的情况。

1）独角拔杆

由拔杆、起重滑轮组、卷扬机、缆风绳和地锚等组成，如图 4.30 所示。根据制作材料不同可分为木独角拔杆、钢管独角拔杆和金属格构式拔杆等。其中，木独角拔杆由圆木制成，圆木梢径为 200 ~ 300 mm，起重高度在 15 m 以内，起重量 10 t 以下；钢管独角拔杆起重 30 t 以下，起重高度在 20 m 以内；金属格构式独角拔杆起重高度可达 70 m，起重量可达 100 t。各种拔杆的起重能力应按实际情况验算。但独角拔杆在使用时应保持一定的倾角（不宜大于 10°），以便在吊装时构件不撞拔杆。拔杆的稳定主要依靠缆风绳，缆风绳一般为 6 ~ 12 根，依起重量、起重高度和钢索强度而定，但不能少于 4 根。缆风绳与地面夹角一般为 30° ~ 45°，角度过大则对拔杆产生过大压力。

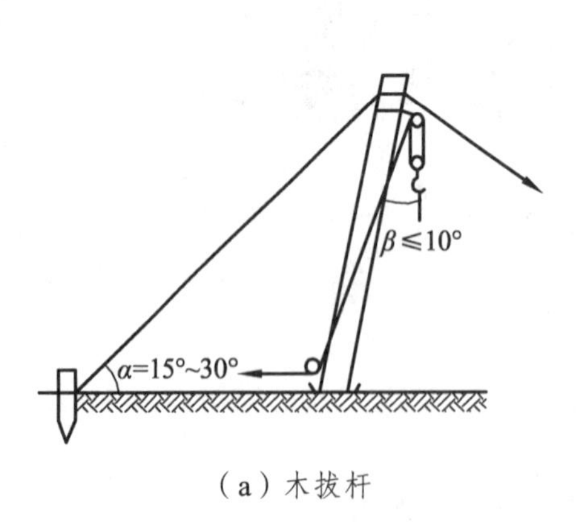

（a）木拔杆

（b）格构式钢拔杆

图 4.30　独角拔杆

2）人字拔杆

人字拔杆是由两根圆木或钢管或格构式构件用钢丝绑扎或铁件铰接成人字形，如图

4.31 所示。拔杆在顶部夹角以 30°为宜。拔杆的前倾值，每高 1 m 不得超过 10 cm。两杆下端要用钢丝绳或钢杆拉住。缆风绳的数量，根据起重量和起吊高度决定。

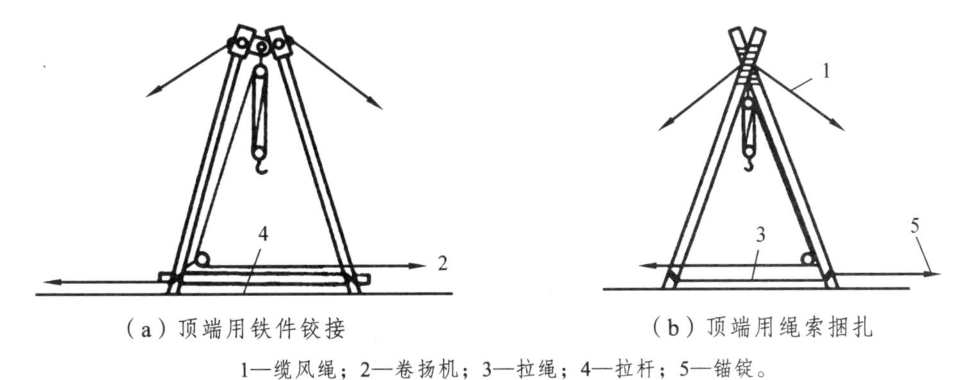

1—缆风绳；2—卷扬机；3—拉绳；4—拉杆；5—锚锭。

图 4.31　人字拔杆

3）悬臂拔杆

在独角拔杆的中部 2/3 高处装上一根起重杆，即成悬臂拔杆。悬臂起重杆可以旋转和起伏，因此有较大的起重高度和相应的起重半径。悬臂起重杆能左右摆动（120°～270°），但起重量很小，多用于轻型构件安装（见图 4.32）。

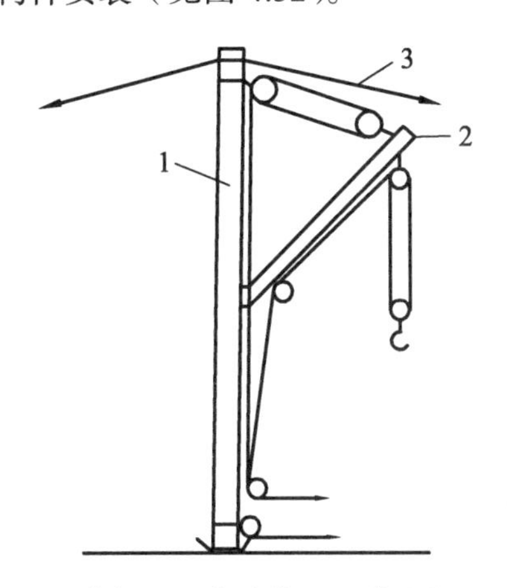

1—拔杆；2—起重臂；3—缆风绳。

图 4.32　悬臂拔杆

4）牵缆式桅杆起重机

牵缆式桅杆起重机是在独角拔杆的根部装一个可以回转和起伏的吊杆而成（见图 4.33）。这种起重机起重臂不仅可以起伏，而且整个机身可做全回转，因此工作范围大，机动灵活。由钢管做成的牵缆式起重机起重量在 10 t 左右，起重高度达 25 m；由格构式结构组成的牵缆式起重机起重量为 60 t，起重高度可达 80 m。但这种起重机使用缆风绳较多，移动不方便，因此多用于构件多且集中的结构安装工程或固定的起重作业，如高炉安装。

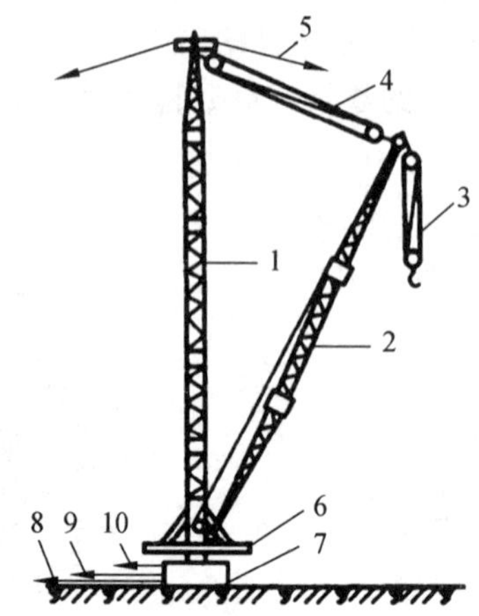

1—桅杆；2—起重臂；3—起重滑轮组；4—变幅滑轮组；5—缆风绳；
6—回转盘；7—底座；8—回转索；9—起重索；10—变幅索。

图 4.33　牵缆式桅杆起重机

2. 履带式起重机

履带式起重机主要由动力装置、传动机构、行走机构（履带）、工作机构（起重杆、滑轮组、卷扬机）以及平衡重等组成，如图 4.34 所示，是一种 360°全回转的起重机。它操作灵活，行走方便，能负载行驶；缺点是稳定性较差，行走时对路面破坏较大，行走速度慢，在城市中和长距离转移时需用拖车进行运输。目前它是结构吊装工程中常用的机械之一。

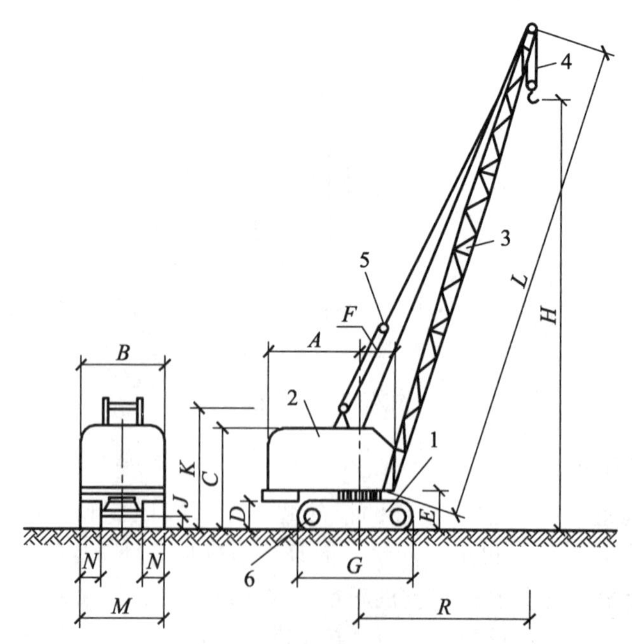

1—底盘；2—机棚；3—起重臂；4—起重滑轮组；5—变幅滑轮组；6—履带；
A、*B*—外形尺寸符号；*L*—起重臂长度；*H*—起升高度；*R*—工作幅度。

图 4.34　履带式起重机

常用的履带式起重机主要有国产 W-50 型、W-100 型、W-200 型和一些进口机械。W-50 型起重机的最大起重量为 10 t，适用于吊装跨度在 18 m 以下、高度在 10 m 以内的小型单层厂房结构和装卸工作。W-100 型起重机最大起重量为 15 t，适用于吊装跨度 18 ~ 24 m 的厂房。W-200 型起重机的最大起重量为 50 t，适用于大型厂房吊装。

3. 汽车式起重机

汽车式起重机是将起重机构件安装在普通载重汽车或专用汽车底盘上的一种自行式回转起重机，如图 4.35 所示。它具有行驶速度快、能迅速转移、对路面破坏性很小的优点；缺点是吊重物时必须支腿，因而不能负荷行驶。

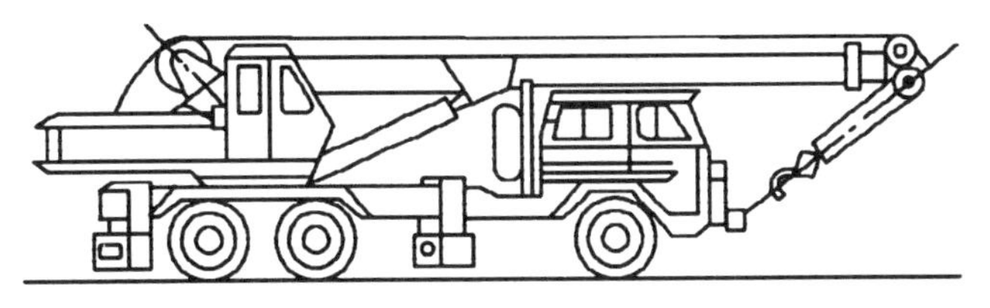

图 4.35　汽车式起重机示意图

我国生产的汽车式起重机型号有 Q -8、Q -12、Q -16、Q -32、QY40、QY65、QY100 等多种。

4. 轮胎式起重机

轮胎式起重机是将起重机构件安装在加重型轮胎和轮轴组成的特制底盘上的全回起重机，如图 4.36 所示。吊装时一般用 4 个支腿支撑以保证机身的稳定性。国产轮胎式起重机有 QL2-8 型、QL3-16 型、QL3-25 型、QL3-40 型、QL1-16 型等。

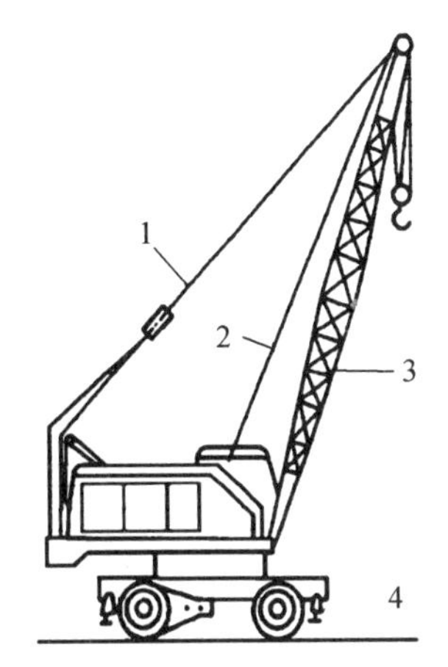

1—起重杆；2—起重索；3—变幅索；4—支腿。

图 4.36　轮胎式起重机示意图

5. 塔式起重机

塔式起重机是起重臂安装在塔身上部，具有较大的起重高度和工作幅度，工作速度快，生产效率高，广泛用于多层和高层的工业与民用建筑施工。

塔式起重机按起重能力分为：轻型塔式起重机，起重量为 0.5 ~ 3 t，一般用于 6 层以下民用建筑施工；中型塔式起重机，起重量为 3 ~ 15 t，适用于一般工业建筑与高层民用建筑施工；重型塔式起重机，起重量为 20 ~ 40 t，一般用于大型工业厂房的施工和高炉等设备的吊装。

塔式起重机按构造性能分为轨道式、爬升式、附着式和固定式 4 种（如图 4.37、图 4.38）。

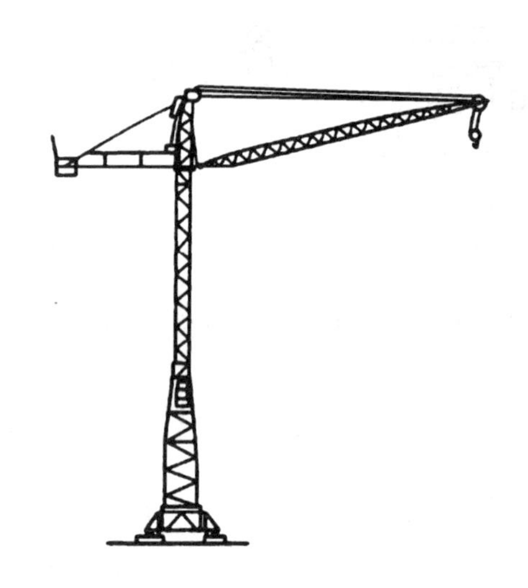

图 4.37　轨道式塔式起重机示意图

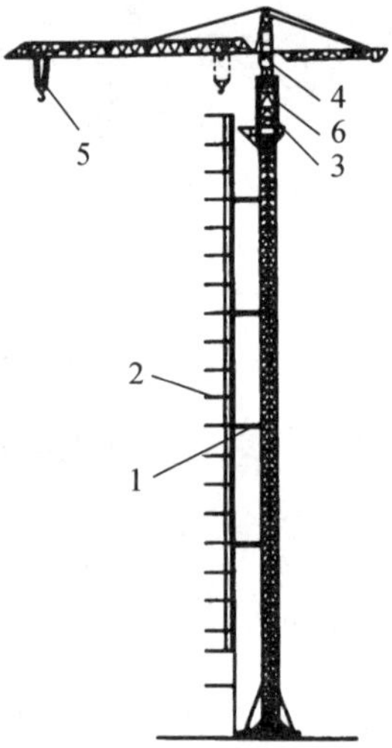

1—撑杆；2—建筑物；3—标准节；4—操纵室；
5—起重小车；6—顶升套架。

图 4.38　附着式塔式起重机

常用的轨道式塔式起重机能够在轨道上旋转塔身，来回行走、转弯，使用范围较广，其型号有 QT15 型、QT16 型、QT20 型、QT40 型、QT60/80 型、QT315 型等。

爬升式塔式起重机主要安装在建筑物内部框架或电梯间结构上，每隔 1 ~ 2 层爬升一次。其特点是机身体积小，安装简单，适用于现场狭窄的高层建筑结构安装。目前常用的型号主要有 QTP60 型、QTP80 型、QTP100 型、QTP160 型等。其爬升过程为固定下支座→提升套架→下支座脱空→提升塔身→固定下支座。

附着式塔式起重机是固定在建筑物附近钢筋混凝土基础上的起重机，它随建筑物的升高，利用液压自升系统逐步将塔顶顶升，塔身接高。为了减少塔身的计算长度，应每隔 20 m 左右将塔身与建筑物用锚固装置连接起来。常用型号主要有 QTZ40 型、QTZ50 型、QTZ63 型、QTZ80 型、QTZ125 型、QTZ160 型、QTZ200 型等几种。

固定式与轨道式相同，但不能行走。

6. 起重机的起重能力

起重机的起重能力主要由 3 个参数决定，即起重量、起重高度和起重半径。3 个工作参数存在着相互制约的关系，其取值大小取决于起重臂长度及其仰角。当起重臂长度一定时，随着仰角增大，起重量和起重高度增加，而起重半径减小；当起重臂的仰角不变时，随着起重臂长度的增加，起重半径和起重高度增加，而起重量减小。

7. 起重机的稳定性验算

起重机超载吊装或者接长吊杆时需要进行稳定性验算，以保证起重机在吊装中不会发生倾倒事故。稳定性应以起重机处于最不利工作状态即车身与行驶方向垂直的位置进行验算，也可以直接在使用说明书中查找起重性能表，满足规定的工作要求。

模块小结

本模块主要介绍了场地平整基坑开挖，基坑支撑与支护基坑降、排水以及基坑填筑与压实等内容。

本模块主要包括脚手架和垂直运输工程两部分内容。首先对脚手架的种类和发展趋势进行讲解；其次对各类脚手架的构造组成、要求和搭设要点进行讲解，掌握脚手架的安全技术要求；随后介绍了垂直运输设施的种类，熟悉垂直运输设施的适用范围和构造要求。

通过本模块学习，学生应能对脚手架的搭设进行检查指导，掌握垂直运输设施的选用。

任务评价

脚手架模型搭设的评分表

序号	评分项目	应得分	实得分	备　注
1	立杆不接长	20		
2	正确设置连墙件	20		
3	纵向扫地杆距底座上皮不大于 200 mm	10		
4	横向扫地杆采用直角扣件固定在紧靠纵向扫地杆下方的立杆上	10		
5	按规范要求拆除	20		
6	团队协作	20		
7	合　计	100		

习　题

一、填空题

1. 门式脚手架的基本结构由__________、__________、__________等组成。

2. 盘扣式钢管脚手架由__________、__________和__________三类构件组成。

3. 砌筑用脚手架的每步架高度一般为________________m，装饰用脚手架的每步架高度一般为________________m。

二、选择题

1. 脚手架的宽度一般为（　　）。

A. 1.2 ~ 1.4 m　　B. 1.5 ~ 2.0 m　　C. 1.6 ~ 1.8 m　　D. 1.8 ~ 2.0 m

2. 下列垂直运输机械中，既可以运输材料和工具，又可以运输工作人员的是（　　）。

A. 塔式起重机　　B. 井架　　C. 龙门架　　D. 施工电梯

3. 既可以进行垂直运输，又能完成一定水平运输的机械是（　　）。

A. 塔式起重机　　B. 井架　　C. 龙门架　　D. 施工电梯

三、多选题

1. 脚手架按其所用材料分为（　　）。

A. 木脚手架　　B. 竹脚手架　　C. 金属脚手架　　D. 碗扣式脚手架

2. 脚手架按其结构形式分为（　　）。

A. 多立杆式脚手架　　B. 门式脚手架

C. 碗扣式脚手架　　D. 悬挑式脚手架

3. 脚手架按其用途分为（　　）。

A. 操作脚手架　　B. 防护用脚手架

C. 承重用脚手架　　D. 支撑用脚手架

四、简答题

1. 简述砌筑用脚手架的作用及基本要求。
2. 脚手架的类型、构造各有何特点？适用范围怎样？在搭设和使用时应注意哪些问题？
3. 脚手架的支撑体系包括哪些？如何设置？
4. 扣件式钢管脚手架的搭设顺序是什么？
5. 试述碗扣式钢管脚手架的优点和构造特点。
6. 砌筑工程中的垂直运输机械主要有哪些？设置时要满足哪些基本要求？
7. 试述扣件式钢管脚手架的优点、组成、作用。
8. 试述悬挑式钢管脚手架的适用范围、构造及搭设要点。
9. 试述脚手架的安全技术要求。
10. 碗扣式脚手架的搭设顺序是什么？

模块 5　钢筋混凝土工程

知识目标

1. 模板的作用、要求和种类。
2. 模板的拆除规定。
3. 钢筋的验收与存放。
4. 钢筋的制作与安装。
5. 钢筋的焊接、机械链接、绑扎连接的技术规定。
6. 混凝土的运输、浇筑与振捣的施工工艺及技术要求。
7. 施工缝的留置与处理。
8. 混凝土的质量缺陷与防治。
9. 混凝土的特殊季节施工要求。

技能目标

1. 根据施工现场的实际情况，组织管理模板工程施工。
2. 能进行模板的安拆。
3. 能够进行钢筋加工计算。
4. 混凝土的准备、浇筑、振捣、养护。
5. 能够进行混凝土成品验收。

价值目标

本章以 1999 年 1 月重庆綦江“彩虹桥”垮塌事故案例为主线，以学生为主体，重点阐述钢筋混凝土工程施工的方法，注意事项及易产生的质量缺陷，如何避免和补救质量缺陷以及特殊季节施工的处理方法。同学们要遵守职业道德、相关规范和法律，用专业知识解决实际工程问题，端正学习态度，发扬大匠精神、做工程界的追梦人。

重庆綦江“彩虹桥”施工

典型案例

天津津塔——钢板剪力墙结构简介

天津津塔，这座由高达 336.9 m、风帆造型的写字楼“津塔”和寓意城市开放之门的超五星级圣·瑞吉斯酒店“津门”等建筑组成的建筑集群，是天津目前建成的城市重要工程之一。无论从建筑所在的城市海河沿岸金融核心地段，还是从该工程被赋予的带动天津金融商务等区域产业功能发展角度来看，天津环球金融中心都是天津最重要的新地标（图 5.1）。

1. 拥有“四大最”之称的超高剪力墙结构建筑

高达 336.9 m 的津塔项目，不但是天津的地标性写字楼，更是中国长江以北最高的建筑，在世界排名中位列第 26 位。

津塔在设计、施工、配套等方面引入的国际一流创新技术在天津建筑史上写下了多项新纪录。

与以往中央重物球体保持平衡的建筑方式不同，津塔采用的是目前最先进的钢板剪力墙结构，同时津塔也是全球范围内采用钢板剪力墙结构技术建成的最高建筑。

津塔写字楼是世界上罕有的纯粹超高层写字楼，2011 年该建筑还获得了美国加州建筑结构设计奖。

2. 结构体系

天津津塔主楼房屋高度为 336.9 m（室外地面到主要屋面），属超高层建筑，且采用“钢管混凝土柱框架 + 核心钢板剪力墙体系 + 外伸刚臂抗侧力体系”的结构体系标准层，设备结构平面图及钢板剪力墙局部立面图见图 5.2 ~ 图 5.5，其中钢板剪力墙（steel plate shear wall）作为抗侧力体系的重要组成部分，在中国高层建筑中应用较少，中国规范未规定此体系的高度限制值；最大高宽比为值为 7.88，超出规范要求 6 较多；楼板局部不连续；在第 15、30、45、60 层设置了伸臂桁架和腰桁架加强层，上下楼层间侧向刚度、楼层承载力存在突变。

塔楼的外框部分由钢管混凝土柱和宽翼缘钢梁组成，周边典型柱距约为 6.5 m，外框柱刚接。钢板剪力墙核心筒由钢管混凝土柱和内填结构钢板的宽翼缘钢梁组成，钢板剪力墙位于结构的核芯筒区域，在载客与服务电梯以及楼梯和设备室的周围。第 15、30、45、60 层设置伸臂桁架加强层，在钢板剪力墙核心筒与外框之间布置大型钢桁架，在外框内布置腰桁架。根据分析结果，不同位置的钢板剪力墙单元在不同高度变成钢框架 + 钢支撑体系。

图 5.1　工程实体图

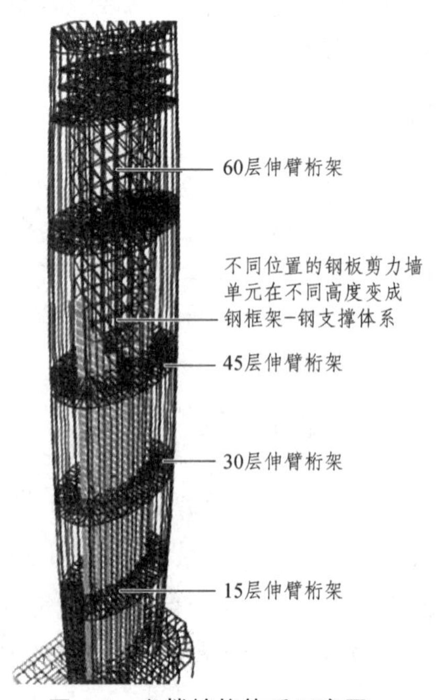

图 5.2　主楼结构体系示意图

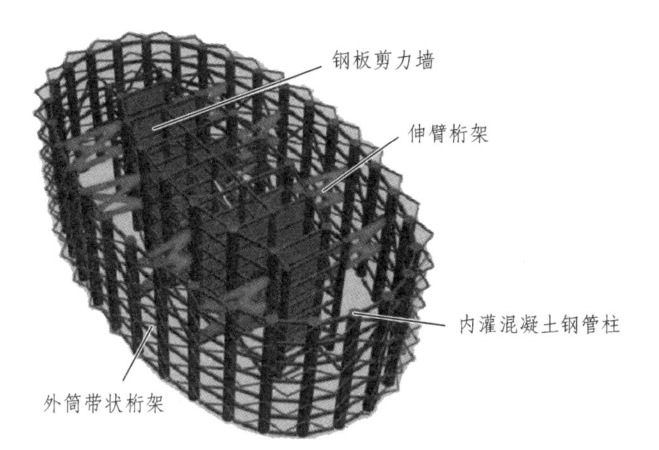

图 5.3　施工效果图

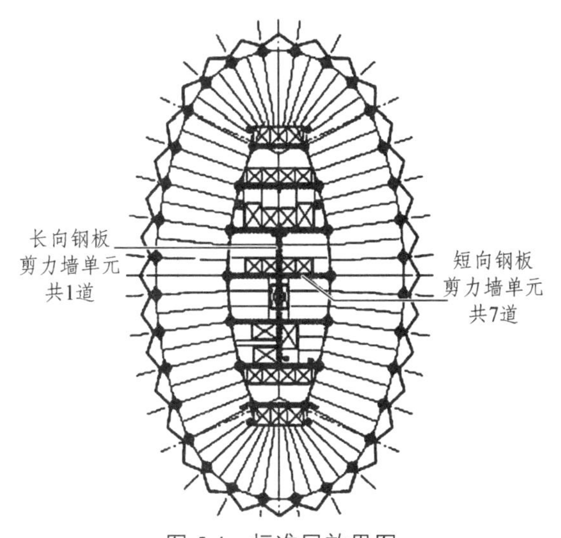

图 5.4　标准层效果图

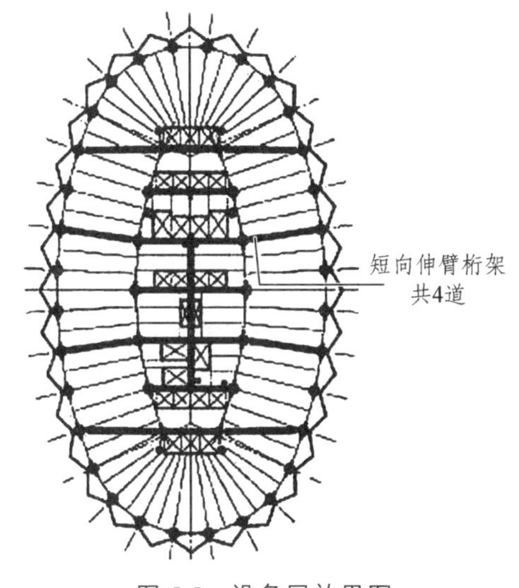

图 5.5　设备层效果图

塔楼的基础体系由 4 m 厚的常规钢筋混凝土筏式基础组成，并由钻孔灌注桩支撑。钻孔桩直径为 1 000 mm，桩长 60 m，桩尖持力层为 11 层，基础混凝土为 C40。基础体系上将覆盖 400 mm 厚的砾石层和 150 mm 厚的钢筋混凝土顶板。

塔楼的重力系统由传统的宽翼缘钢框架和组合楼板组成。典型的组合楼板为 65 mm 闭口型压型钢板，加 55 mm 混凝土面层，总板厚为 120 mm。大部分宽翼缘组合钢梁为 450 mm 高，从核心筒钢板剪力墙一直到周边延性抗弯框架。典型梁跨中板跨 3.25 m。钢板剪力墙和周边延性抗弯框架处的钢管混凝土柱也用于抗重力荷载。

上部结构的侧力和重力系统一般向下沿伸到基础结构。钢管混凝土柱最大直径为 1 700 mm。框架结构将由传统的结构宽翼缘钢框架及组合楼板组成。宽翼缘钢组合梁一般 450 mm 高，从钢板剪力墙核心筒一直到周边延性抗弯框架，梁一般置于中央 3.25 m 处。

钢筋混凝土结构工程是由钢筋、模板、混凝土等多个分项工程组成，其施工程序如图 5.6 所示。

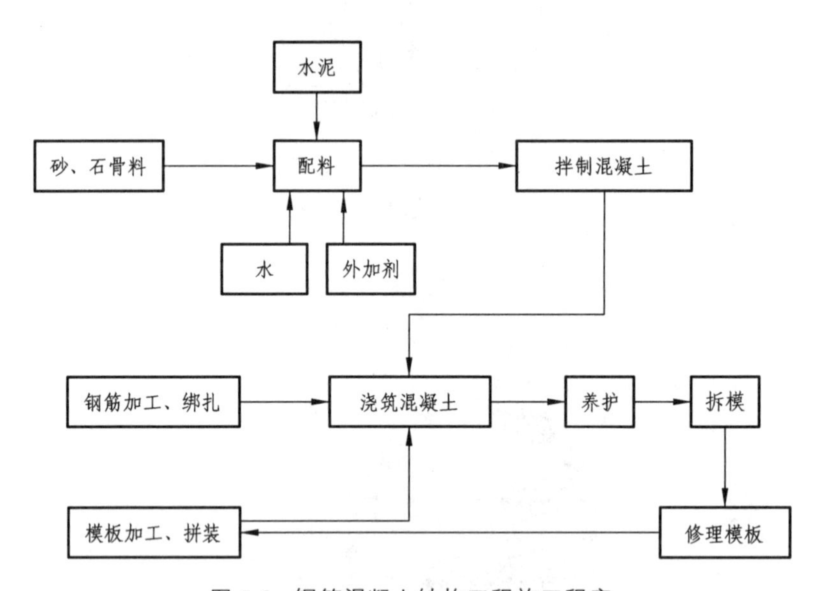

图 5.6　钢筋混凝土结构工程施工程序

钢筋混凝土结构工程按施工方法分为现浇钢筋混凝土结构工程和装配式钢筋混凝土结构工程，以下重点介绍现浇钢筋混凝土结构工程的施工。

模块任务

根据老师要求按上面图纸，以 1∶100 比例制作模板和以 1∶100 比例制作梁钢筋笼。

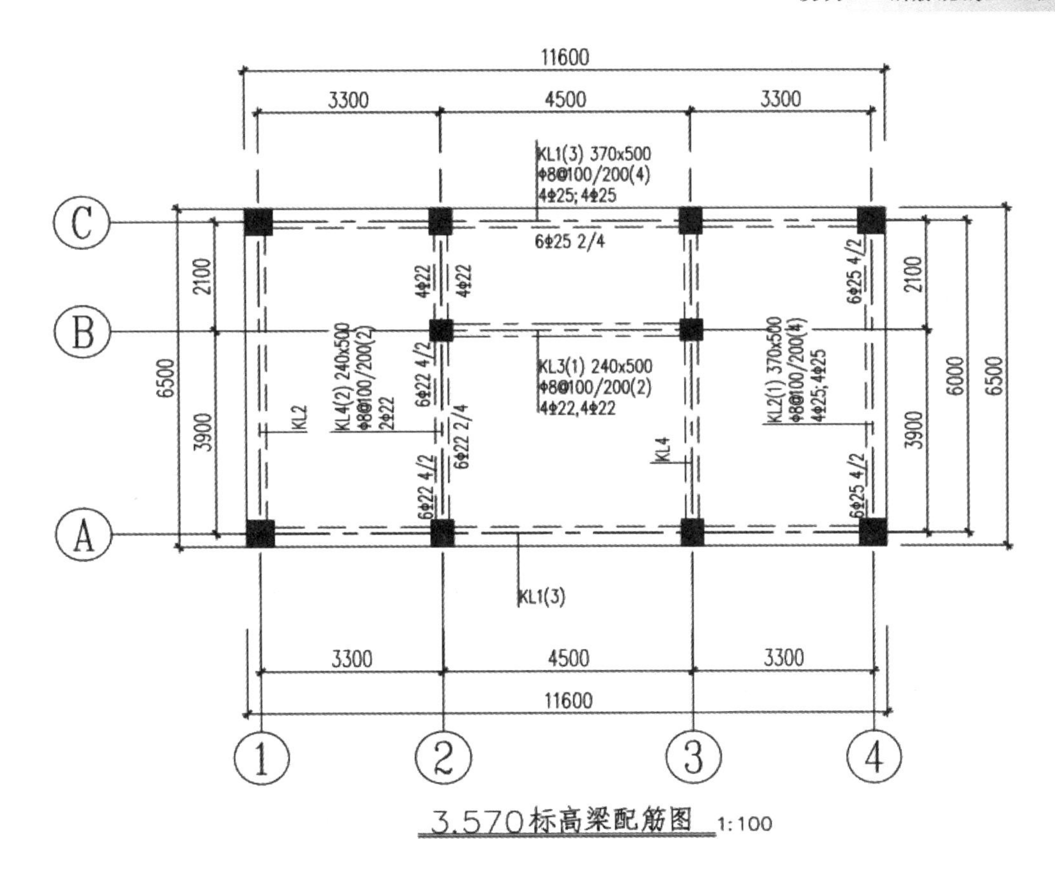

3.570标高梁配筋图 1:100

5.1　模板工程

模板工程的施工工艺包括模板的选材、选型、设计、制作、安装、拆除和周转等过程。模板工程是钢筋混凝土结构工程施工的重要组成部分，特别是在现浇钢筋混凝土结构工程施工中占有突出的地位，将直接影响到施工方法和施工机械的选择，对施工工期和工程造价也有一定的影响。

模板的材料宜选用钢材、胶合板、塑料等；模板支架的材料宜选用钢材等。当采用木材时，其树种可根据各地区实际情况选用，材质不宜低于Ⅲ等材。

任务引入

2016 年 11 月 24 日，江西省丰城某工程发生冷却塔坍塌事故，造成多人死亡。后来查明，事发当日，该施工单位在 7 号冷却塔第 50 节筒壁混凝土强度不足的情况下，违规拆除模板，致使筒壁混凝土失去模板支护，不足以承受上部荷载，造成第 50 节及以上筒壁混凝土和模板体系连续倾塌坠落。

模板工程是建筑施工中比较容易出现安全事故的环节之一，在施工过程中稍有不慎，很可能会引发严重事故，所以必须严格遵守相关施工规范，熟悉相关安全知识。

想一想：你对模板工程的施工内容了解吗？施工过程中的安全知识你又知道多少呢？

5.1.1 模板的作用、要求和种类

模板系统包括模板、支架和紧固件三个部分。模板又称模型板，是新浇混凝土成型用的模型。

模板及其支架的要求：能保护工程结构和构件各部分形状尺寸及相互位置的正确；具有足够的承载能力、刚度和稳定性，能可靠地承受新浇混凝土的自重、侧压力及施工荷载；模板构造宜求简单，装拆方便，便于钢筋的绑扎、安装、混凝土浇筑及养护等要求；模板的接缝不应漏浆。

模板及其支架的分类：

按其所用的材料不同，分为木模板、钢模板、钢木模板、钢竹模板、胶合板模板、塑料模板、铝合金模板等。

按其结构的类型不同，分为基础模板、柱模板、楼板模板、墙模板、壳模板和烟囱模板等。

按其形式不同，分为整体式模板、定型模板、工具式模板、滑升模板、胎模等。

1. 木模板

木模板是由白松为主的木材组成。它的特点是加工方便，能适应各种变化形状模板的需要，但周转率低，耗木材多，现在已不推广使用，逐渐被胶合板，钢模板代替。如节约木材，减少现场工作，木模板一般预先加工成拼板，然后在现场进行拼装。拼板由板条拼钉而成，板条厚度一般为 25 ~ 30 mm，其宽度不宜超过 700 mm（工具式模板不超过 150 mm），拼条间距一般为 400 ~ 500 mm，视混凝土的侧压力和板条厚度而定。

1）基础模板

基础的特点是高度不大而体积较大，基础模板一般利用地基或基槽（坑）进行支撑。如图 5.7 所示。

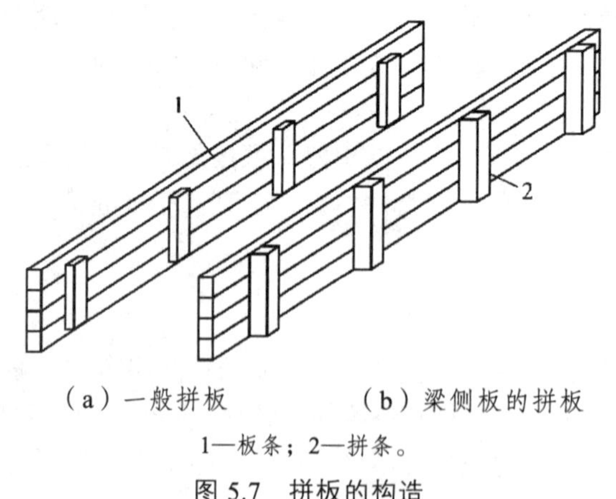

（a）一般拼板　　（b）梁侧板的拼板

1—板条；2—拼条。

图 5.7 拼板的构造

安装时，要保证上下模板不发生相对位移，如为杯形基础，则还要在其中放入杯口模板。

图 5.8 所示为阶梯形基础模板。如为杯形基础，则还应设杯口芯模，当土质良好时，基础的最下一阶可不用模板，而进行原槽灌筑。模板应支撑牢固，要保证上下模板不产生位移。

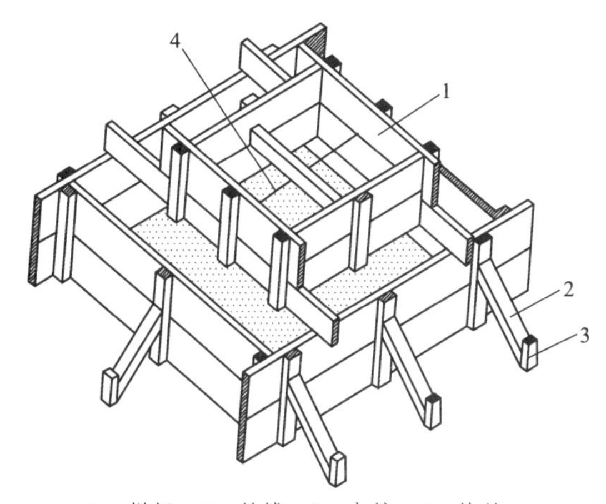

1—拼板；2—斜撑；3—木桩；4—铁丝。

图 5.8　阶梯形基础模板

2）柱子模板

柱子的特点是断面尺寸不大但比较高。如图 5.9 所示，柱子模板由内拼板夹在两块外拼板之内组成，为利用短料，可利用短横板（门子板）代替外拼板钉在内拼板上。为承受混凝土的侧应力，拼板外沿设柱箍，其间距与混凝土侧压力、拼板厚度有关，为 500 ~ 700 mm。柱模底部有钉在底部混凝土上的木框，用以固定柱模的位置。柱模顶部有与梁模连接的缺口，背部有清理孔，沿高度每 2 m 设浇筑孔，以便浇筑混凝土。对于独立柱模，其四周应加支撑，以免混凝土浇筑时产生倾斜。

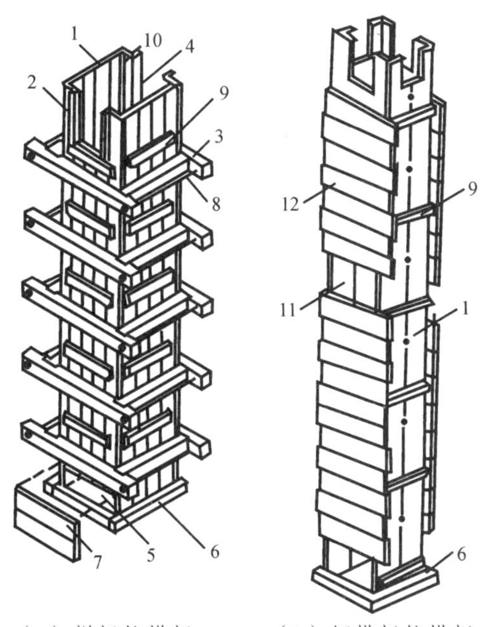

（a）拼板柱模板　　　（b）短横板柱模板

1—内拼板；2—外拼板；3—柱箍；4—梁缺口；5—清理孔；6—木框；7—盖板；
8—拉紧螺栓；9—拼条；10—三角木条；11—浇筑孔；12—短横板。

图 5.9　柱模板

安装过程及要求：梁模板安装时，沿梁模板下方地面上铺垫板，在柱模板缺口处钉衬口档，把底板搁置在衬口档上；接着，立起靠近柱或墙的顶撑，再将梁长度等分，立中间部分顶撑，顶撑底下打入木楔，并检查调整标高；然后，把侧模板放上，两头钉于衬口档上，在侧板底外侧铺钉夹木，再钉上斜撑和水平拉条。有主次梁模板时，要待主梁模板安装并校正后才能进行次梁模板安装。梁模板安装后再拉中线检查、复核各梁模板中心线位置是否正确。

3）梁、楼板模板

梁的特点是跨度大而宽度不大，梁底一般是架空的。楼板的特点是面积大而厚度比较薄，侧向压力小。

梁模板由底模和侧模、夹木及支架系统组成。底模承受垂直荷载，一般较厚。底模用长条模板加拼条拼成，或用整块板条。底模下有支柱（顶撑）或桁架承托。为减少梁的变形，支柱的压缩变形或弹性挠变不超过结构跨度的 1/1 000。支柱底部应支承在坚实的地面或楼面上，以防下沉。为便于调整高度，宜用伸缩式顶撑或在支柱底部垫以木楔。多层建筑施工中，安装上层楼的楼板时，其下层楼板应达到足够的强度，或设有足够的支柱。

梁跨度等于及大于 4 m 时，底模应起拱，起拱高度一般为梁跨度的 1/1 000 ~ 3/1 000。

梁侧模板承受混凝土侧压力，为防止侧向变形，底部用夹紧条夹住，顶部可由支撑楼板模板的木阁栅顶住，或用斜撑支牢，如图 5.10 所示。

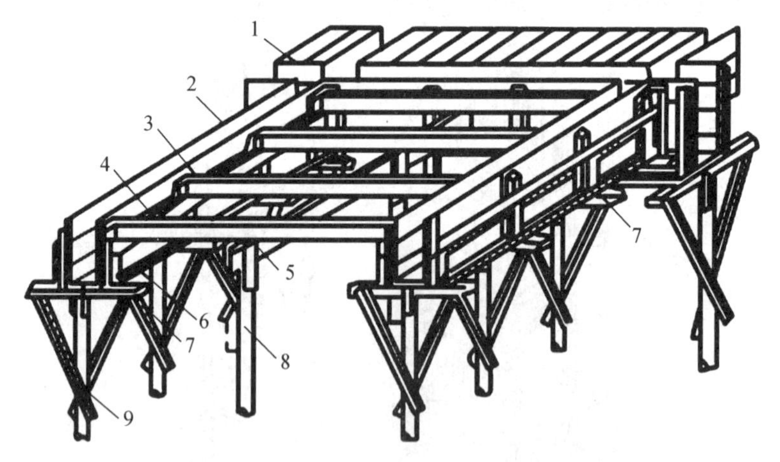

1—楼板模板；2—梁侧模板；3—木阁栅；4—横档；5—牵杠；
6—夹条；7—短撑木；8—牵杠撑；9—支柱（琵琶撑）。

图 5.10　有梁楼板一般支撑法

楼板模板多用定型模板，它支承在木阁栅上，木阁栅支承在梁侧模板外的横档上。

4）楼梯模板

楼梯模板的构造与楼板相似，不同点是楼梯模板要倾斜支设，且要能形成踏步。踏步模板分为底板及梯步两部分。平台、平台梁的模板同前，如图 5.11 所示。

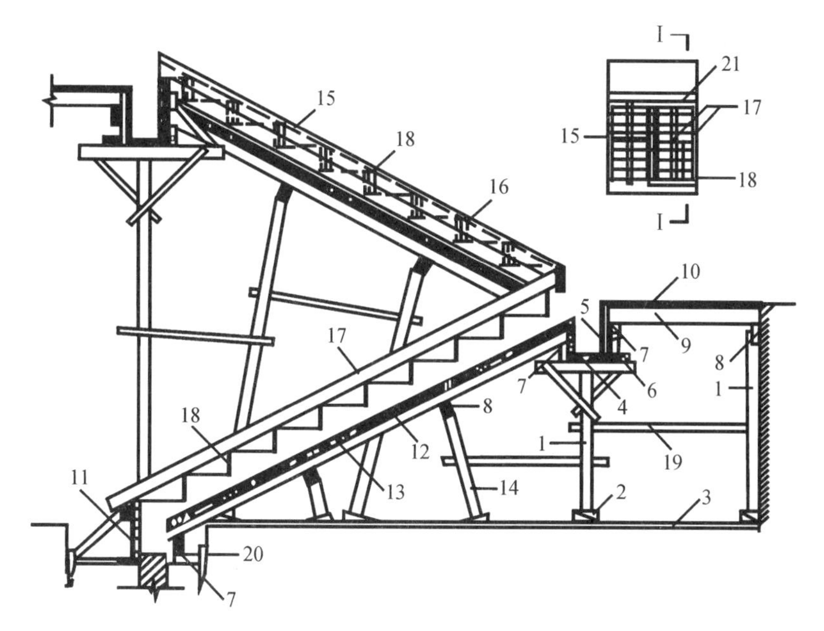

1—支柱（顶撑）；2—木楔；3—垫板；4—平台梁底板；5—侧板；6—夹板；7—托木；8—杠木；9—支楞；10—平台底板；11—梯基侧板；12—斜木楞；13—楼梯底板；14—斜向顶撑；15—外帮板；16—横挡木；17—反三角板；18—踏步侧板；19—拉杆；20—木桩。

图 5.11　楼梯模板

2. 定型组合钢模板

定型组合钢模板是一种工具式定型模板，由钢模板和配件组成，配件包括连接件和支承件。

钢模板通过各种连接件和支承件可组合成多种尺寸、结构和几何形状的模板，以适应各种类型建筑物的梁、柱、板、墙、基础和设备等施工的需要，也可用其拼装成大模板、滑模、隧道模和台模等。

施工时可在现场直接组装，亦可预拼装成大块模板或构件模板用起重机吊运安装。

定型组合钢模板组装灵活，通用性强，拆装方便；每套钢模可重复使用 50 ~ 100 次；加工精度高，浇筑混凝土的质量好，成型后的混凝土尺寸准确，棱角整齐，表面光滑，可以节省装修用工。

1）钢模板

钢模板包括平面模板、阴角模板、阳角模板和连接角模。

钢模板采用模数制设计，宽度模数以 50 mm 晋级，长度为 150 mm 晋级，可以适应横竖拼装成以 50 mm 晋级的任何尺寸的模板。

（1）平面模板

平面模板用于基础、墙体、梁、板、柱等各种结构的平面部位，它由面板和肋组成，肋上设有 U 形卡孔和插销孔，利用 U 形卡和 L 形插销等拼装成大块板，规格分类长度有 1 500 mm、1 200 mm、900 mm、750 mm、600 mm、450 mm 六种，宽度有 300 mm、250 mm、

150 mm、100 mm 几种，高度为 55 mm 可互换组合拼装成以 50 mm 为模数的各种尺寸，如图 5.12（a）所示。

（2）阴角模板

阴角模板用于混凝土构件阴角，如内墙角、水池内角及梁板交接处阴角等，宽度阴角膜有 150 mm × 150 mm、100 mm × 150 mm 两种，如图 5.12（c）所示。

（3）阳角模板

阳角模板主要用于混凝土构件阳角，宽度阳角膜有 100 mm × 100 mm、50 mm × 50 mm 两种，如图 5.12（b）所示。

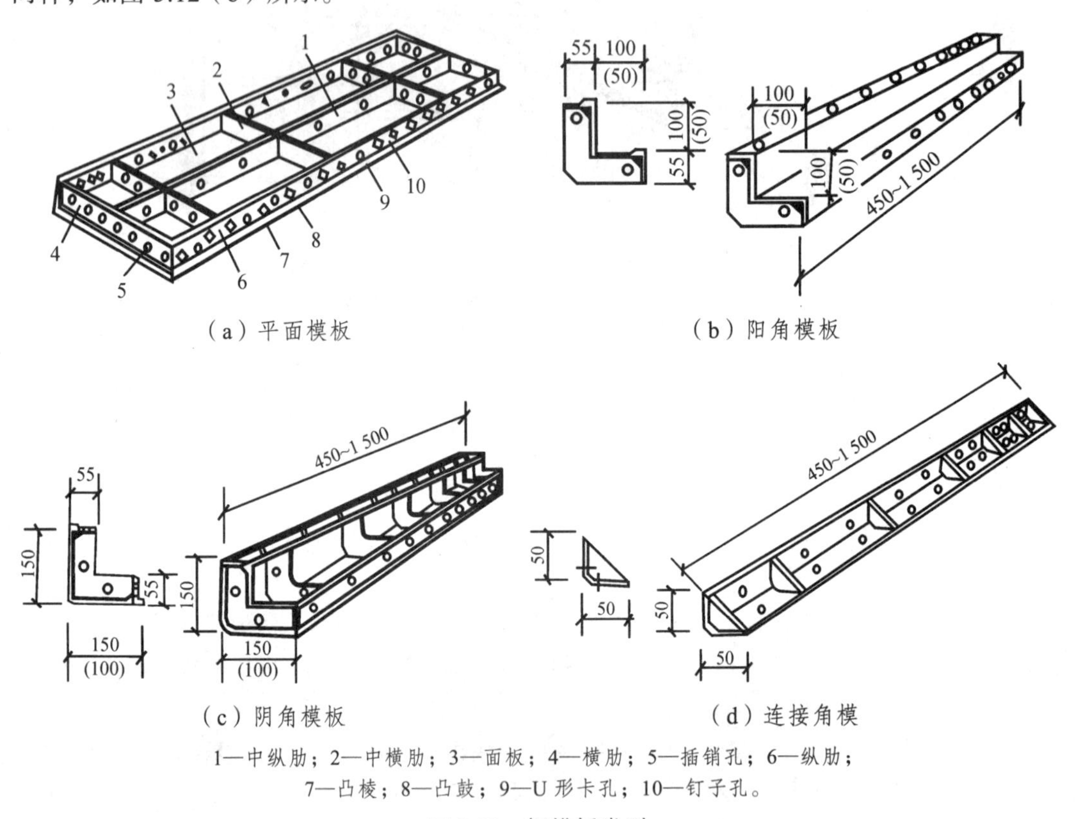

（a）平面模板　（b）阳角模板

（c）阴角模板　（d）连接角模

1—中纵肋；2—中横肋；3—面板；4—横肋；5—插销孔；6—纵肋；
7—凸棱；8—凸鼓；9—U 形卡孔；10—钉子孔。

图 5.12　钢模板类型

（4）连接角模

角模用于平模板作垂直连接构成阳角，宽度连接角膜有 50 mm × 50 mm 一种，如图 5.12（d）所示。

2）连接件

定型组合钢模板的连接件包括 U 形卡、L 形插销、钩头螺栓、紧固螺栓、对拉螺栓和扣件等，可用 12 的 3 号圆钢自制。如图 5.13 所示。

（1）U 形卡：模板的主要连接件，用于相邻模板的拼装。

（2）L 形插销：用于插入两块模板纵向连接处的插销孔内，以增强模板纵向接头处的刚度。

（3）钩头螺栓：连接模板与支撑系统的连接件。

（4）紧固螺栓：用于内、外钢楞之间的连接件。

（5）对拉螺栓：又称穿墙螺栓，用于连接墙壁两侧模板，保持墙壁厚度，承受混凝土侧压力及水平荷载，使模板不致变形。

（6）扣件：扣件用于钢楞之间或钢楞与模板之间的扣紧，按钢楞的不同形状，分别采用蝶形扣件和“3”形扣件。

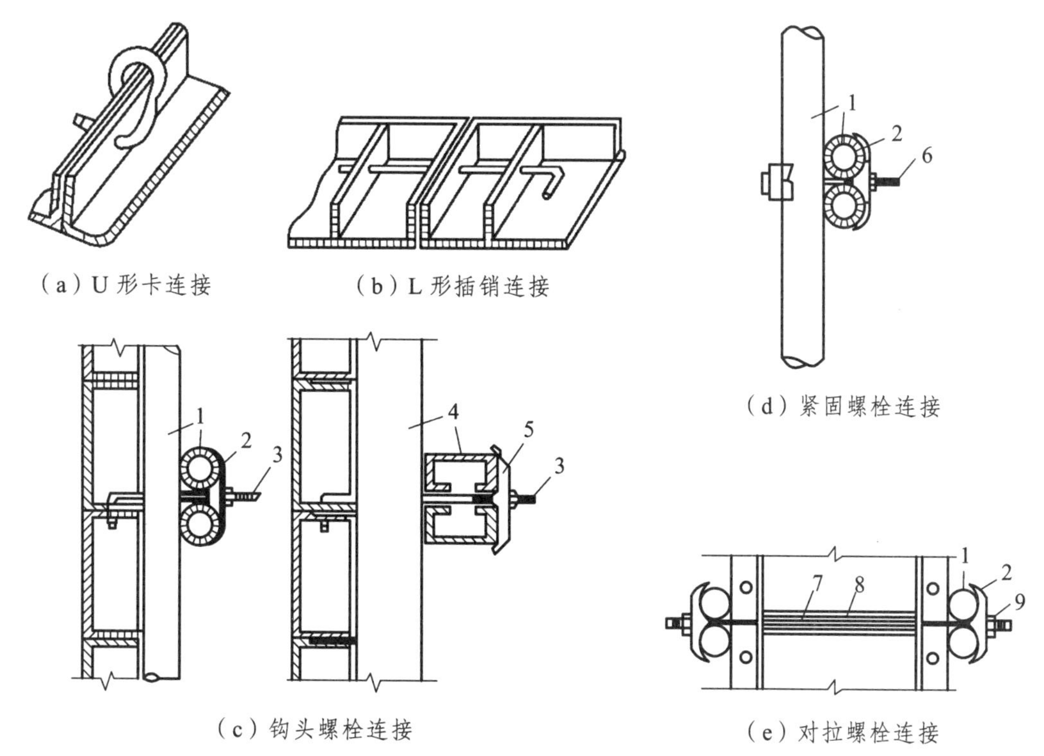

（a）U 形卡连接　（b）L 形插销连接　（c）钩头螺栓连接　（d）紧固螺栓连接　（e）对拉螺栓连接

1—圆钢管钢楞；2—“3”形扣件；3—钩头螺栓；4—内卷边槽钢钢楞；5—蝶形扣件；6—紧固螺栓；7—对拉螺栓；8—塑料套管；9—螺母。

图 5.13　钢模板连接件

3）支承件

定型组合钢模板的支承件包括钢楞、柱箍、支架、斜撑及钢桁架等。

（1）钢　楞

钢楞即模板的横档和竖档，分内钢楞与外钢楞。

内钢楞配置方向一般应与钢模板垂直，直接承受钢模板传来的荷载，其间距一般为 700 ~ 900 mm。

钢楞一般用圆钢管、矩形钢管、槽钢或内卷边槽钢，而以钢管用得较多。

（2）柱　箍

柱模板四角设角钢柱箍。角钢柱箍由两根互相焊成直角的角钢组成，用弯角螺栓及螺母拉紧，如图 5.14 所示。

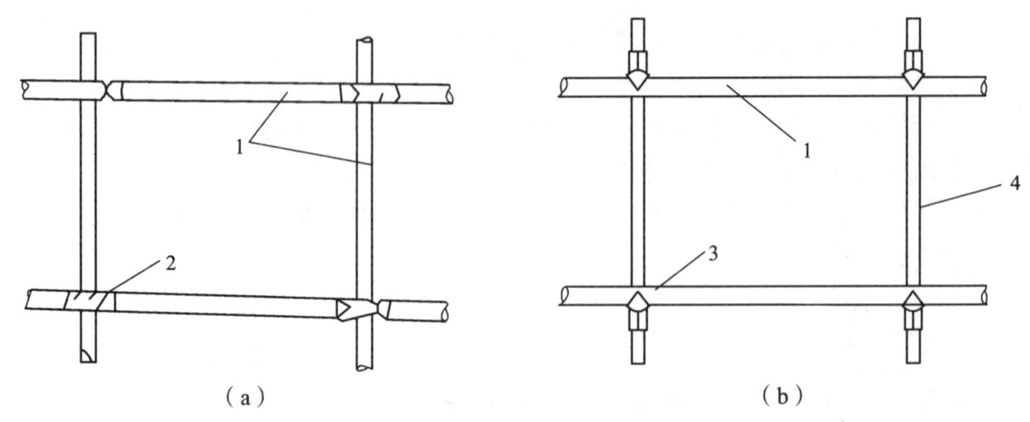

1—圆钢管；2—直角扣件；3—“3”形扣件；4—对拉螺栓。

图 5.14 柱 箍

（3）钢支架

常用钢管支架如图 5.15（a）所示。它由内外两节钢管制成，其高低调节距模数为 100 mm；支架底部除垫板外，均用木楔调整标高，以利于拆卸。

另一种钢管支架本身装有调节螺杆，能调节一个孔距的高度，使用方便，但成本略高，如图 5.15（b）所示。

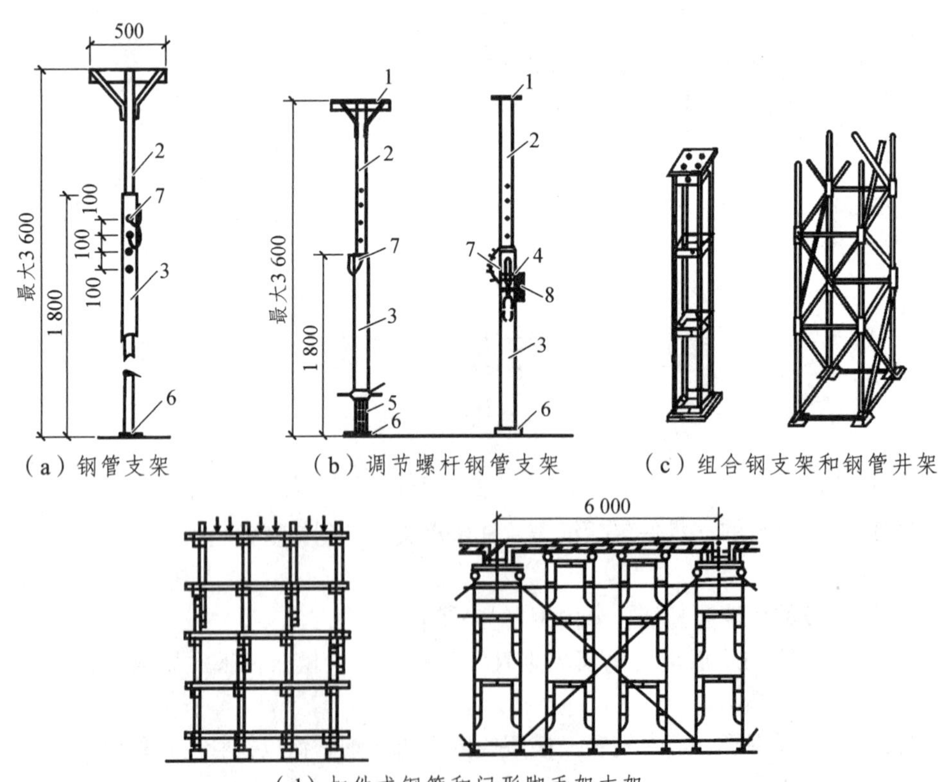

1—顶板；2—插管；3—套管；4—转盘；5—螺杆；6—底板；7—插销；8—转动手柄。

图 5.15 钢支架

当荷载较大、单根支架承载力不足时，可用组合钢支架或钢管井架，如图 5.15（c）所示。还可用扣件式钢管脚手架、门形脚手架作支架，如图 5.15（d）所示。

（4）斜　撑

由组合钢模板拼成的整片墙模或柱模，在吊装就位后，应由斜撑调整和固定其垂直位置，如图 5.16 所示。

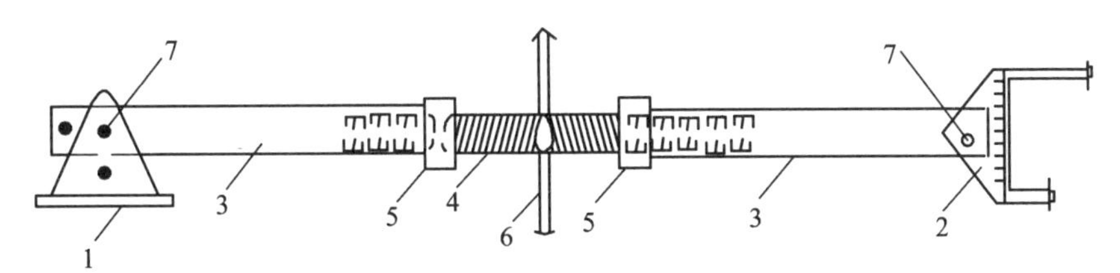

1—底座；2—顶撑；3—钢管斜撑；4—花篮螺丝；
5—螺母；6—旋杆；7—销钉。

图 5.16　斜　撑

（5）钢桁架

如图 5.17 所示，其两端可支承在钢筋托具、墙、梁侧模板的横档以及柱顶梁底横档上，以支承梁或板的模板。

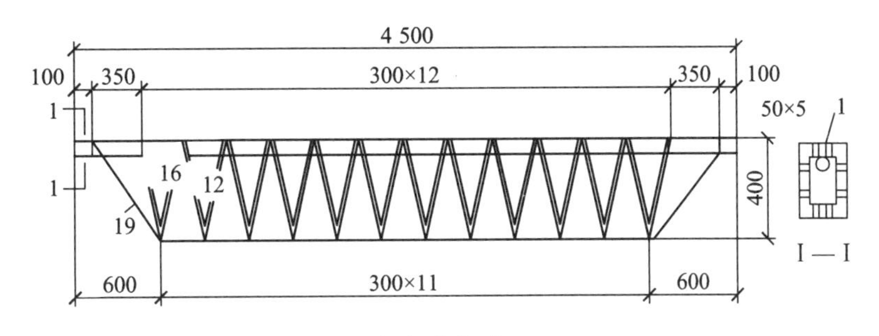

（a）整榀式

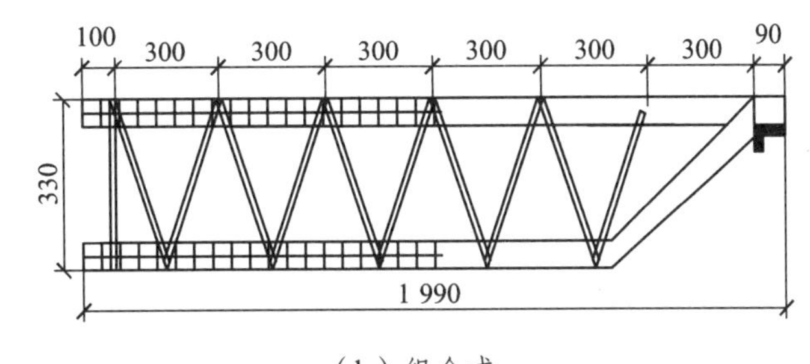

（b）组合式

图 5.17　钢桁架

（6）梁卡具

又称梁托架，用于固定矩形梁、圈梁等模板的侧模板，可节约斜撑等材料，也可用于侧模板上口的卡固定位，如图 5.18 所示。

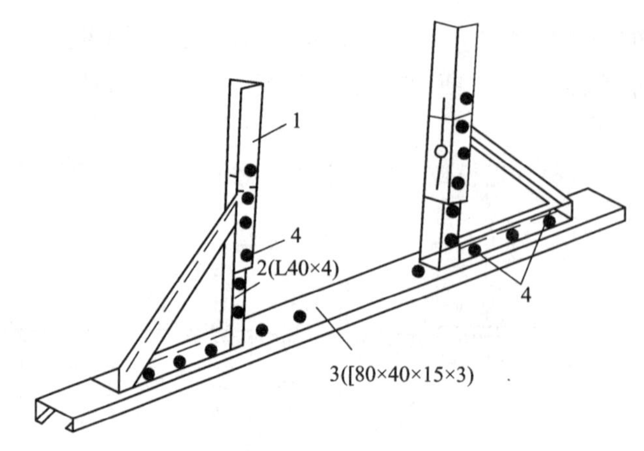

1—调节杆；2—三角架；3—底座；4—螺栓。

图 5.18　梁卡具

3. 大模板

1）大模板的特点

大模板是进行现浇剪力墙结构施工的一种工具式模板，一般配有相应的起重吊装机械，通过合理的施工组织安排，以机械化施工方式在现浇混凝土竖向（主要是墙、壁）结构构件。其特点是：以建筑物的开间、进深、层高为标准化的基础，以大模板为主要手段，以现浇混凝土墙体为主导工序，组织进行有节奏的均衡施工。为此，也要求建筑和结构设计能做到标准化，以使模板能做到周转通用。

2）大模板工程类型

我国目前的大模板工程大体分为三类：外墙预制内墙现浇（简称“内浇外板”）、内外墙全现浇（简称“全现浇”）、外墙砌砖内墙现浇（简称“内浇外砌”）。

（1）内浇外板工程

内浇外板工程的做法：内纵墙和内横墙为大模板现浇混凝土，外纵墙和山墙为预制墙板。预制外墙板采用单一材料或复合材料制成，其厚度主要根据各个地区保温、隔热和结构抗震的要求决定。墙板一般采用整间预应力大楼板、预制实心板或小块空心板。

（2）全现浇工程

全现浇工程的做法是：内外墙均采用大模板现浇墙体混凝土。采用这种类型建筑物施工缝少，整体性好；造价比外墙预制类型低，对起重运输设备及预制构建生产能力的要求也比较低。但模板型号较多，支模工序复杂，湿作业多，影响施工进度；同时外墙外模板要在高空作业条件下安装，存在安全问题。如采用外承式外模，安全问题可以解决，但模板用钢量大，对下层墙体的强度要求高，模板周转较慢。

（3）内浇外砌工程

内浇外砌工程是大模板剪力墙与砖混结构的结合，发挥了钢筋混凝土承重墙坚固耐久和砖砌体造价低的特点，主要用于多层建筑。内墙采用大模板现浇混凝土，外墙采用普通黏土砖、空心砖或其他砌体。

3）大模板的组成

大模板由面板、加劲肋、竖楞、支撑桁架、稳定机构和操作平台、穿墙螺栓等组成，是一种现浇钢筋混凝土墙体的大型工具式模板。如图 5.19 所示。

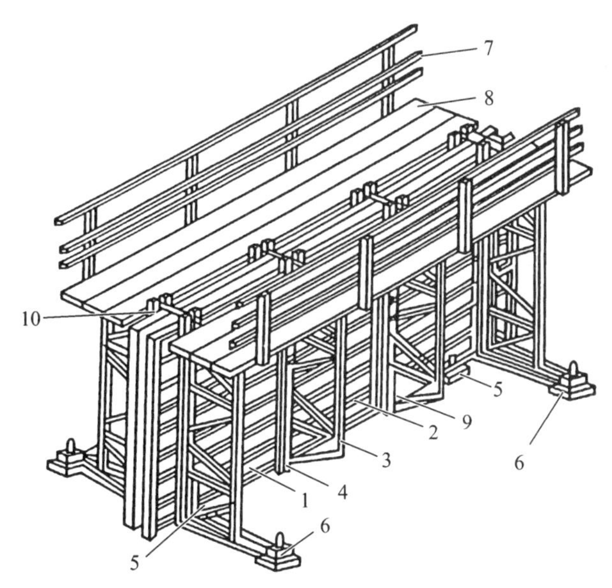

1—面板；2—水平加劲肋；3—支撑桁架；4—竖楞；5—调整水平螺旋千斤顶；
6—调整垂直螺旋千斤顶；7—栏杆；8—脚手架；
9—穿墙螺栓；10—固定卡具。

图 5.19 大模板构造示意图

（1）面 板

面板是直接与混凝土接触的部分，通常采用钢面板（3 ~ 5 mm 厚的钢板制成）或胶合板面板（用 7 ~ 9 层胶合板）。面板要求板面平整，接缝严密，具有足够的刚度。

（2）加劲肋

加劲肋的作用是固定面板，可做成水平肋或垂直肋。加劲肋把混凝土传给面板的侧压力传递到竖楞上去，加劲肋与金属面板焊接固定，与胶合板可用螺栓固定。加劲肋一般采用[65 或∠65 制作，肋的间距根据面板大小、厚度及墙体厚度确定，一般为 300 ~ 500 mm。

（3）竖 楞

竖楞的作用是加强大模板的整体刚度，承受模板传来的混凝土侧压力和垂直力并作为穿墙螺栓的支点。

（4）支撑桁架

支撑桁架采用螺栓或焊接方式与竖楞连接在一起，其作用是承受风荷载等水平力，防止大模板倾覆。桁架上部可搭设操作平台。

（5）稳定机构

稳定机构为在大模板两端的桁架底部伸出支腿上设置的可调整螺旋千斤顶。在模板使用阶段，用以调整模板的垂直度，并把作用力传递到地面或楼板上。在模板堆放时，用来调整模板的倾斜度，以保证模板的稳定。

（6）操作平台

操作平台是施工人员的操作场所，有两种做法。第一种是将脚手架板直接铺在支撑桁架的水平弦杆上形成操作平台，外侧设栏杆。这种操作平台工作面较小，但投资少，装拆方便。第二种是在两道横墙之间的大模板边框上用角钢连接成为搁栅，在其上满铺脚手板。这种操作平台的优点是施工安全，但耗钢量大。

（7）穿墙螺栓

穿墙螺栓的作用是控制模板间距，承受新浇混凝土的侧压力，并能加强模板刚度。为了避免穿墙螺栓与混凝土黏结，在穿墙螺栓外边套一根硬塑料管或穿孔的混凝土垫块，其长度为墙体厚度。

4. 滑升模板

液压滑升模板工程是现浇钢筋混凝土结构机械化施工的一种施工方法。施工方法为在建筑物或构筑物的底部，按照建筑平面或构筑物平面，沿其墙、柱、梁等构件周边安装高1.2 m 左右的模板和操作平台。随着向模板内不断分层浇筑混凝土，利用液压提升设备不断向上滑升模板连接成型，逐步完成建筑物或构筑物的混凝土浇筑工作。液压滑升模板工程适用于各种构筑物，如烟囱、筒仓、冷却塔等现浇钢筋混凝土工程的施工。如图 5.20 所示。

1）液压滑升模板的特点

大量节约模板和脚手架，节省劳动力，减轻劳动强度，降低施工费用；加快了施工速度，缩短了工期；提高了机械化程度，能保证结构的整体性，提高工程质量；施工安全可靠；液压滑模工程耗钢量大，一次性投资费用多。

2）液压滑升模板的组成

液压滑升模板是由模板系统、操作平台系统和提升机具系统及施工精度控制系统等部分组成。模板系统包括模板、腰梁（又叫围圈）和提升架等。模板又称围板，依赖腰梁带动其沿混凝土的表面滑动，主要作用是成型混凝土，承受混凝土的侧压力、冲击力和滑升时的摩擦阻力。操作平台系统包括操作平台、上辅助平台和内外吊脚手等，是施工操作地点。提升机具系统包括支撑杆、千斤顶和提升操作装置等，是液压滑升模板向上滑升的动力。提升架将模板系统、操作平台系统和提升机具系统连成整体，构成整套液压滑模装置。

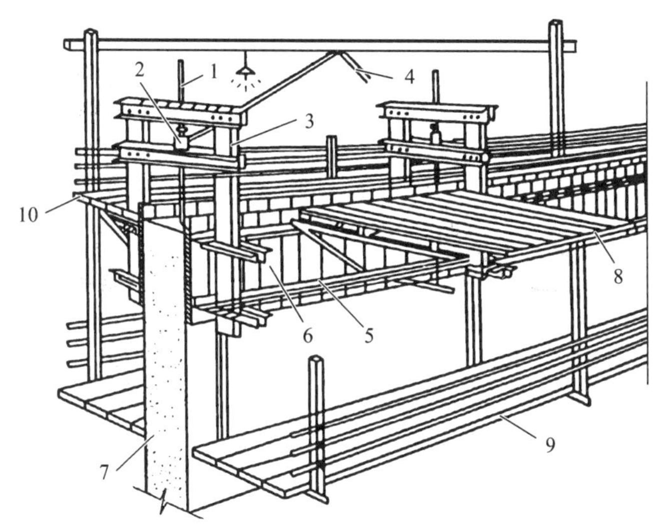

1—支撑杆；2—千斤顶；3—提升架；4—油管；5—下围圈；6—模板；
7—混凝土墙；8—内平台；9—内吊平台；10—外平台。

图 5.20　液压滑升模板

5.1.2　模板的安装

模板及其支架在安装过程中，必须设置防倾覆的临时固定设施。对现浇多层房屋和构筑物，应采取分层分段支模的方法。对现浇结构模板安装的允许偏差应符合表 5.1 的规定；对预制构件模板安装的允许偏差应符合表 5.2 的规定。固定在模板上的预埋件和预留孔洞均不得遗漏，安装必须牢固，位置准确，其允许偏差应符合表 5.3 的规定。

表 5.1　现浇结构模板安装的允许偏差　　单位：mm

项　目		允许偏差
轴线位置		5
底模上表面标高		±5
截面内部尺寸	基　础	±10
	柱、墙、梁	+4 −5
构件高度	全高≤5 m	6
	全高>5 m	8
相邻两板表面高低差		2
表面平整（2 m 长度上）		5

表 5.2　预制构件模板安装的允许偏差　　单位：mm

项　　目		允许偏差
长　度	板、梁	±5
	薄腹梁、桁架	±10
	柱	0 −10
	墙　板	0 −5
宽　度	板、墙板	0 −5
	梁、薄腹梁、桁架、柱	+2 −5
高　度	板	+2 −3
	墙　板	0 −5
	梁、薄腹梁、桁架、柱	+2 −5
板的对角线差		7
拼板表面高低差		1
板的表面平整（2 m 长度上）		3
墙板的对角线差		5
侧向弯曲	梁、柱、板	L/1 000 且≤15
	墙板、薄腹板、桁架	L/1 500 且≤15

注：L 为构件长度（mm）。

表 5.3　预埋件和预留孔洞的允许偏差　　单位：mm

项　　目		允许偏差
预埋钢板中心线位置		3
预埋管、预留孔中心线位置		3
预埋螺栓	中心线位置	2
	外露长度	+10 0
预留洞	中心线位置	10
	截面内部尺寸	+10 0

1. 模板安装的一般要求

（1）模板安装必须按模板的施工设计进行，严禁随意变动。

（2）楼层高度超过 4 m 或者 2 层及 2 层以上的建筑物，安装和拆除钢模板时，周围应设安全网或搭设脚手架和加设防护栏杆。在临街及交通要道地区，应设警示牌，并设专人维持安全，防止伤及行人。

（3）现浇整体式的多层房屋和构筑物，安装上层楼板及其支架时，应符合下列要求。

① 下层楼板混凝土强度达到 1.2 N/mm^2 以后，才能上料具，料具要分散堆放，不得过分集中。

② 如采用悬吊模板、行架支模方法，其支撑结构必须要有足够的强度和刚度。

③ 下层楼板结构的强度要达到能够承受上层模板、支撑系统和新浇混凝土的重量时，方可拆模。否则下层楼板结构的支撑系统不能拆除。同时上下层支柱应在同一垂直线上。

④ 模板及支撑系统在安装过程中，必须设置固定措施，以防止倒塌。

⑤ 在架空输电线路下面安装和拆除组合钢模板时，吊机起重臂、吊物、钢丝绳、外脚手架和操作人员等与架空线路的最小安全距离应符合表 5.4 的要求。如停电作业时，要有相应的保护措施。

表 5.4　操作人员等与架空线路的最小安全距离

外电显露电压	1 kV	1 ~ 10 kV	35 ~ 110 kV	154 ~ 220 kV	330 ~ 500 kV
最小安全操作距离/m	4	6	8	10	15

⑥ 模板的支柱纵横向水平、剪刀撑等均应按设计的规定布置。当设计无规定时，一般支柱的网距不宜大于 2 m，纵横向水平的上下步距不宜大于 1.5 m，纵横向的垂直剪刀撑间距不宜大于 6 m。

当支柱高度小于 4 m 时，应设上下两道水平撑和垂直剪刀撑。以后支柱每增高 2 m 再增加一道水平撑，水平撑之间还需增加剪刀撑一道。

当楼层高度超过 10 m 时，模板的支柱应选用长料，同一支柱的连接接头不宜超过 2 个。

⑦ 安装组合模板时，应按规定确定吊点位置，先进行试吊，无问题后进行吊运安装。

2. 模板安装的注意事项

（1）柱模板吊装时应采用卸扣（卡环）和柱模连接，严禁用钢筋勾代替，以避免柱模翻转时脱钩造成事故，待模板立稳并拉好支撑后，方可摘除吊钩。

（2）安装墙模板时，应从内、外角开始，向互相垂直的两个方向拼装，连接模板的 U 形卡要正反交替安装，同一道墙（梁）的两侧模板应同时组合，以便确保安装时的稳定。当模板采用分层支模时，第一层楼板拼装应立即将内外钢楞、穿墙螺栓、斜撑等全部安设紧固稳定措施。当下层楼板不能独立安设支撑必须采取可靠的临时固定措施。否则禁止进行上一层楼板的安装。

（3）支设 4 m 以上的立柱模板和梁模板时，应搭设工作台。不足 4 m 的可使用马凳操作，不准站在柱模板上和在梁底板上行走，更不允许利用拉杆、支撑攀登上下。

（4）墙模板在未装对拉螺栓前，板面要向内倾斜一定角度并撑牢，以防倒塌。安装过程要随时拆换支撑或增加支撑，以保持墙板处于稳定状态。模板未支撑稳固前不得松动吊钩。

（5）支撑应按工序进行，模板没有固定前，不得进行下道工序。

（6）用钢管和扣件搭设双排立柱支架支撑梁模时，扣件应拧紧，且应检查扣件螺栓的扭力矩是否符合规定，当扭力矩不能达到规定值时，可放两个扣件与原扣件挨紧。横杆步距按设计规定，严禁随意增大。

（7）平板模板安装就位时，要在支架搭设稳固，下楞与支架连接牢固后进行。U 形卡要按设计规定安装，以增强整体性，确保横板结构安全。

5.1.3 模板的拆除

模板拆除取决于混凝土的强度、模板的用途、结构的性质、混凝土硬化时的温度及养护条件等。及时拆模可以提高模板的周转率；拆模过早会因混凝土的强度不足，在自重或外力作用大而产生变形甚至裂缝，造成质量事故。因此，合理地拆除模板对提高施工的技术经济效果至关重要。

1. 模板拆除的一般要求

对于现浇混凝土结构工程施工时，模板和支架拆除应符合下列规定：

第一，侧模，在混凝土强度能保护其表面及棱角不因拆除模板而受损坏后，方可拆除。

第二，底模，混凝土强度符合表 5.5 的规定，方可拆除。

表 5.5 现浇结构拆模时所需混凝土强度

结构类型	结构跨度/m	按设计的混凝土强度标准值的百分率计/%
板	≤2	50
	>2，≤8	75
	>8	100
梁、拱、壳	≤8	75
	>8	100
悬臂构件	≤2	75
	>2	100

注："设计的混凝土强度标准值"是指与设计混凝土等级相应的混凝土立方抗压强度标准值。

对预制构件模板拆除时的混凝土强度，应符合设计要求；当设计无具体要求时，应符合下列规定：

第一，侧模，在混凝土强度能保证构件不变形、棱角完整时，才允许拆除侧模。

第二，芯模或预留孔洞的内模，在混凝土强度能保证构件和孔洞表面不发生坍陷和裂缝后，方可拆除。

第三，底模，当构件跨度不大于 4 m 时，在混凝土强度符合设计的混凝土强度标准值的 50%的要求后，方可拆除；当构件跨度大于 4 m 时，在混凝土强度符合设计的混凝土强度标准值的 75%的要求后，方可拆模。“设计的混凝土强度标准值”是指与设计混凝土等级相应的混凝土立方抗压强度标准值。

已拆除模板及其支架后的结构，只有当混凝土强度符合设计混凝土强度等级的要求时，才允许承受全部荷载；当施工荷载产生的效应比使用荷载的效应更为不利时，对结构必须经过核算，能保证其安全可靠性或经加设临时支撑加固处理后，才允许继续施工。拆除后的模板应进行清理、涂刷隔离剂，分类堆放，以便使用。

2. 拆模的顺序

一般是先支后拆，后支先拆，先拆除侧模板，后拆除底模板。对于肋形楼板的拆模顺序，首先拆除柱模板，然后拆除楼板底模板、梁侧模板，最后拆除梁底模板。

多层楼板模板支架的拆除，应按下列要求进行：

上层楼板正在浇筑混凝土时，下一层楼板的模板支架不得拆除，再下一层楼板模板的支架仅可拆除一部分。

跨度≥4 m 的梁均应保留支架，其间距不得大于 3 m。

3. 拆模的注意事项

（1）模板拆除时，不应对楼层形成冲击荷载。

（2）拆除的模板和支架宜分散堆放并及时清运。

（3）拆模时，应尽量避免混凝土表面或模板受到损坏。

（4）拆下的模板，应及时加以清理、修理，按尺寸和种类分别堆放，以便下次使用。

（5）若定型组合钢模板背面油漆脱落，应补刷防锈漆。

（6）已拆除模板及支架的结构，应在混凝土达到设计的混凝土强度标准后，才允许承受全部使用荷载。

（7）当承受施工荷载产生的效应比使用荷载更为不利时，必须经过核算，并加设临时支撑。

5.2　钢筋工程

一般来说，建设工程都具有周期长、生产要素变化频繁、产品单件性、固定性等特征，使得建设工程施工阶段钢筋绑扎施工的质量控制，特别是施工阶段的事前控制，成为工程施工项目质量控制的重中之重，因此，施工阶段钢筋绑扎施工的质量管理应贯穿于整个建设项目工程建设的全过程。

任务引入

曾有一则寓言故事：一个水泥电杆高高地伫立在公路旁边，它总是神气地对树木、小草说：“哈哈，你们都不如我，我个儿高、用途大，而且肩负重任，不断为人类做贡献，我多么了不起呀!”见到树木、小草默不作声，水泥电杆更觉得不可一世，每天都要不厌其烦地重复这几句话来炫耀自己。有一天，当水泥电杆又洋洋得意地自吹自擂时，一个声音从它身边传来:“讨厌鬼,你为什么不谦虚些呢!如果没有我起作用,你又能做出什么贡献呢？”水泥电杆好奇地问:“你是谁，我怎么看不见你呢？” 声音又传来:“我是你体内的钢筋，是组成你身体不可缺少的支柱，如果没有我默默无声地为你承担压力，你的腰杆能硬得起来吗？”水泥电杆听完后，非常惭愧。

从以上故事可以看出，钢筋在混凝土结构中起着关键性的骨架作用，是不可缺少的一部分。那么，你知道混凝土中的钢筋是如何绑扎安装的吗?

5.2.1 钢筋的基本知识

1. 钢筋的分类

钢筋种类很多，通常按轧制外形、直径大小、生产工艺、力学性能以及在结构中的用途进行分类。

1）按轧制外形分类

（1）光面钢筋（俗称圆钢）：Ⅰ级钢筋（Q300 钢筋）均轧制为光面圆形截面，供应形式为圆盘，直径不大于 10 mm。

（2）带肋钢筋（俗称螺纹筋）：有螺旋形、人字形和月牙形三种，一般Ⅱ、Ⅲ级钢筋轧制成人字形，Ⅳ级钢筋轧制成螺旋形及月牙形。

2）按直径大小分类

按直径大小可分为：钢丝（直径 3 ~ 5 mm）、细钢丝（直径 6 ~ 10 mm）、粗钢筋（直径大于 22 mm）。

3）按生产工艺分类

按生产工艺可分为热轧钢筋和冷加工钢筋。热轧钢筋分为普通热轧光圆钢筋（HPB）、普通热轧带肋钢筋（HRB）、细晶粒热轧带肋钢筋（HRBF）和余热处理钢筋（RRB）。现在常用钢筋有普通热轧钢筋、细晶粒热轧带肋钢筋、冷轧扭钢筋、冷拔低碳钢丝。其中以前两者应用最为广泛，后两者一般用在高强度预应力混凝土构件中。

4）按力学性能分

按热轧钢筋力学性能可分为Ⅰ级钢筋、Ⅱ级钢筋、Ⅲ级钢筋、Ⅳ级钢筋。

5）按在结构中的作用分类

按在结构中的作用可分为受压钢筋、受拉钢筋、架立钢筋、分布钢筋、箍筋等。

2. 钢筋的验收和存放

钢筋混凝土结构和预应力混凝土结构的钢筋应按下列规定选用：

普通钢筋即用于钢筋混凝土结构中的钢筋及预应力混凝土结构中的非预应力钢筋，宜采用 HRB400 和 HRB335，也可采用 HPB300 和 RRB400 钢筋；预应力钢筋宜采用预应力钢绞线、钢丝，也可采用热处理钢筋。钢筋混凝土工程中所用的钢筋均应进行现场检查验收，合格后方能入库存放、待用。

1）钢筋的验收

钢筋进场时，应按现行国家标准《钢筋混凝土用热轧带肋钢筋》（GB1499）等的规定抽取试件做力学性能检验，其质量必须符合有关标准的规定。

验收内容：查对标牌，检查外观，并按有关标准的规定抽取试样进行力学性能试验。

钢筋的外观检查包括：钢筋应平直、无损伤，表面不得有裂纹、油污、颗粒状或片状锈蚀。钢筋表面凸块不允许超过螺纹的高度；钢筋的外形尺寸应符合有关规定。

做力学性能试验时，从每批中任意抽出两根钢筋，每根钢筋上取两个试样分别进行拉力试验（测定其屈服点、抗拉强度、伸长率）和冷弯试验。

2）钢筋的存放

钢筋运至现场后，必须严格按批分等级、牌号、直径、长度等挂牌存放，并注明数量，不得混淆。

应堆放整齐，避免锈蚀和污染，堆放钢筋的下面要加垫木，离地一定距离，一般为 20 cm；有条件时，尽量堆入仓库或料棚内。

5.2.2　钢筋加工

钢筋的加工有除锈、调直、切断及弯曲成型。钢筋加工的形状、尺寸应符合设计要求，其偏差应符合表 5.6 的规定。

表 5.6　允许偏差

项　目	允许偏差/mm
受力钢筋顺长度方向全长的净尺寸	±10
弯折位置	±20
箍筋内净尺寸	±5

1. 除　锈

钢筋的表面应洁净，油渍、漆污和用锤敲击时能剥落的腐皮、铁锈等应在使用前清除干净。在焊接前，焊点处的水锈应清除干净。钢筋除锈一般可以通过以下两个途径：

大量钢筋除锈可通过钢筋冷拉或钢筋调直机调直过程中完成。

少量的钢筋局部除锈可采用电动除锈机或人工用钢丝刷、砂盘以及喷砂和酸洗等方法进行。

对于有起层锈片的钢筋，应先用小锤敲击，使锈片剥落干净，再用砂盘或除锈机除锈：对于因麻坑、斑点以及锈皮去层而使钢筋截面损伤的钢筋，使用前应鉴定是否降级使用的做其他处置。

2. 调　直

钢筋调直宜采用机械方法，也可以采用冷拉。对局部曲折、弯曲或成盘的钢筋在使用前应加以调直。钢筋调直方法很多，常用的方法是使用卷扬机拉直和用调直机调直。

3. 切　断

切断前，应将同规格钢筋长短搭配，统筹安排，一般先断长料，后断短料，以减少短头和损耗。

钢筋切断可用钢筋切断机或手动剪切器。钢筋切断机具有断线钳、手压切断器、手动液压切断机、电动液压切断机、钢筋切断机等。

4. 弯曲成型

钢筋弯曲的顺序是画线、试弯、弯曲成型。

画线主要根据不同的弯曲角在钢筋上标出弯折的部位，以外包尺寸为依据，扣除弯曲量度差值。

钢筋弯曲有人工弯曲和机械弯曲。

5.2.3　钢筋连接

钢筋连接有 3 种常用连接方法：焊接连接、绑扎连接和机械连接。除个别情况（如不准出现明火）外均应尽量采用焊接连接，以保证质量、提高效率和节约钢材。

1. 钢筋的焊接连接

钢筋常用的焊接方法有闪光对焊、电弧焊、电渣压力焊、埋弧压力焊和气压焊等。

钢筋焊接接头质量检查与验收应满足下列规定：

（1）钢筋焊接接头或焊接制品（焊接骨架、焊接网）应按 JGJ 18—96 的规定进行质量检查与验收。

（2）钢筋焊接接头或焊接制品应分批进行质量检查与验收。质量检查应包括外观检查和力学性能试验。

（3）外观检查首先应由焊工对所焊接头或制品进行自检，然后再由质量检查人员进行检验。

（4）力学性能试验应在外观检查合格后随机抽取试件进行试验。

（5）钢筋焊接接头或焊接制品质量检验报告单中应包括下列内容：

① 工程名称、取样部位；② 批号、批量；③ 钢筋级别、规格；④ 力学性能试验结果；⑤ 施工单位。

1）闪光对焊

闪光对焊的原理如图 5.21 所示。

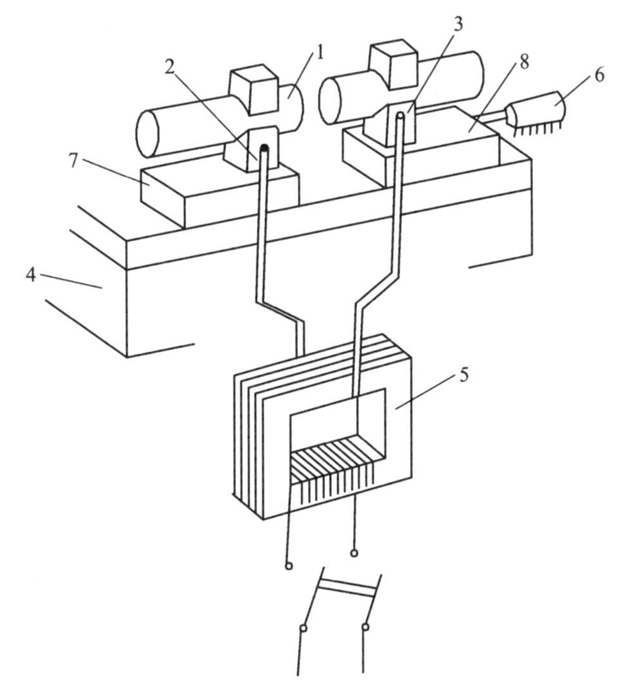

1—焊接的钢筋；2—固定电极；3—可动电极；4—机座；5—变压器；
6—平动顶压机构；7—固定支座；8—滑动支座。

图 5.21 钢筋闪光对焊原理

根据钢筋级别、直径和所用焊机的功率，闪光对焊工艺可分为连续闪光焊、预热闪光焊、闪光-预热-闪光焊三种。

（1）连续闪光焊

连续闪光焊的工艺过程包括连续闪光和顶锻过程。施焊时，闭合电源使两钢筋端面轻微接触，此时端面接触点很快熔化并产生金属蒸气飞溅，形成闪光现象；接着徐徐移动钢筋，形成连续闪光过程，同时接头被加热；待接头烧平、闪去杂质和氧化膜、白热熔化时，立即施加轴向压力迅速进行顶锻，使两根钢筋焊牢。

连续闪光焊宜用于焊接直径 25 mm 以内的 HPB300、HRB335 和 HRB400 钢筋。

（2）预热闪光焊

预热闪光焊的工艺过程包括预热、连续闪光及顶锻过程，即在连续闪光焊前增加了一次预热过程，使钢筋预热后再连续闪光烧化进行加压顶锻。

预热闪光焊适宜焊接直径大于 25 mm 且端部较平坦的钢筋。

（3）闪光-预热-闪光焊

即在预热闪光焊前面增加了一次闪光过程，使不平整的钢筋端面烧化平整，预热均匀，最后进行加压顶锻。它适宜焊接直径大于 25 mm，且端部不平整的钢筋。

闪光对焊接头的质量检验，应分批进行外观检查和力学性能试验，并应按下列规定抽取试件：

① 在同一台班内，由同一焊工完成的 300 个同级别、同直径钢筋焊接接头应作为一批。当同一台班内焊接的接头数量较少，可在 1 周之内累计计算；累计仍不足 300 个接头，应按一批计算。

② 外观检查的接头数量，应从每批中抽查 10%，且不得少于 10 个。

③ 力学性能试验时，应从每批接头中随机切取 6 个试件，其中 3 个做拉伸试验，3 个做弯曲试验。

④ 焊接等长的预应力钢筋（包括螺丝端杆与钢筋）时，可按生产时同等条件制作模拟试件。

⑤ 螺丝端杆接头可只做拉伸试验。

闪光对焊接头外观检查结果，应符合下列要求：

① 接头处不得有横向裂纹。

② 与电接触处的钢筋表面，HPB300、HRB335 和 HRB400 钢筋焊接时不得有明显烧伤，RRB400 钢筋焊接时不得有烧伤。

③ 接头处的弯折角不得大于 4°。

④ 接头处的轴线偏移，不得大于钢筋直径的 0.1 倍，且不得大于 2 mm。

闪光对焊接头拉伸试验结果应符合下列要求：

① 3 个热轧钢筋接头试件的抗拉强度均不得小于该级别钢筋规定的抗拉强度；余热处理 HRB400 钢筋接头试件的抗拉强度均不得小于热轧 HRB400 钢筋规定的抗拉强度 570 MPa。

② 应至少有 2 个试件断于焊缝之外，并呈延性断裂。

③ 预应力钢筋与螺丝端杆闪光对焊接头拉伸试验结果，3 个试件应全部断于焊缝之外，呈延性断裂。

④ 模拟试件的试验结果不符合要求时，应从成品中再切取试件进行复验，其数量和要求应与初始试验时相同。

⑤ 闪光对焊接头弯曲试验时，应将受压面的金属毛刺和镦粗变形部分消除，且与母材的外表齐平。

2）电弧焊

电弧焊是利用弧焊机使焊条与焊件之间产生高温电弧，使焊条和电弧燃烧范围内的焊件熔化，待其凝固便形成焊缝或接头。

电弧焊广泛用于钢筋接头与钢筋骨架焊接、装配式结构接头焊接、钢筋与钢板焊接及各种钢结构焊接。

弧焊机有直流与交流之分，常用的是交流弧焊机。

焊条的种类很多，根据钢材等级和焊接接头形式选择焊条，如结 420、结 500 等。

焊接电流和焊条直径应根据钢筋级别、直径、接头形式和焊接位置进行选择。

钢筋电弧焊的接头形式有 3 种：搭接接头、帮条接头及坡口接头，如图 5.22 所示。

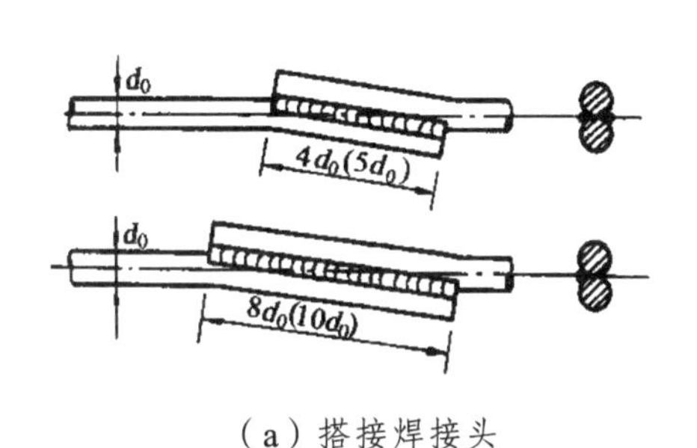

（a）搭接焊接头

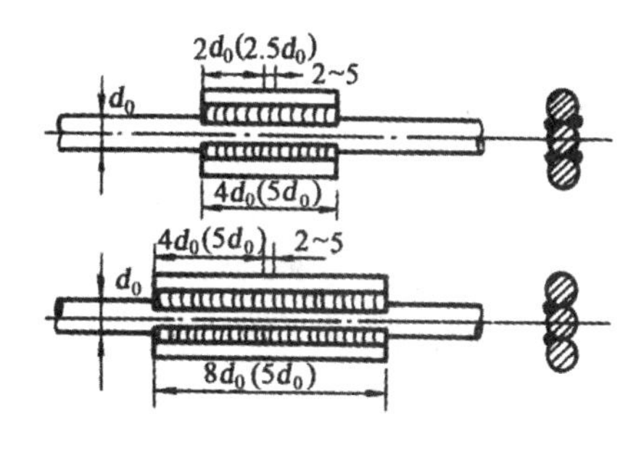

（b）帮条焊接头

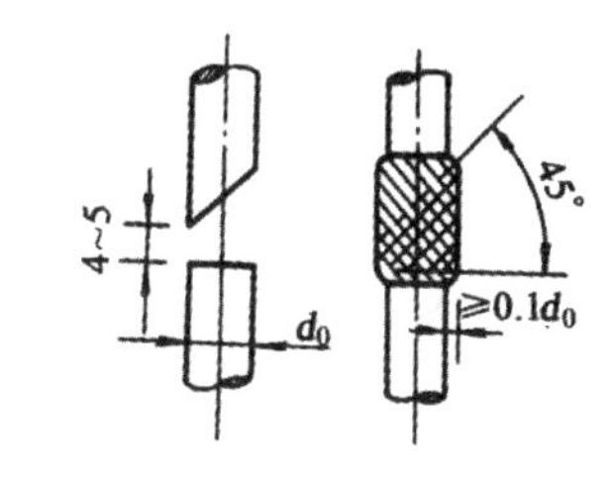

（c）立焊的坡口焊接头

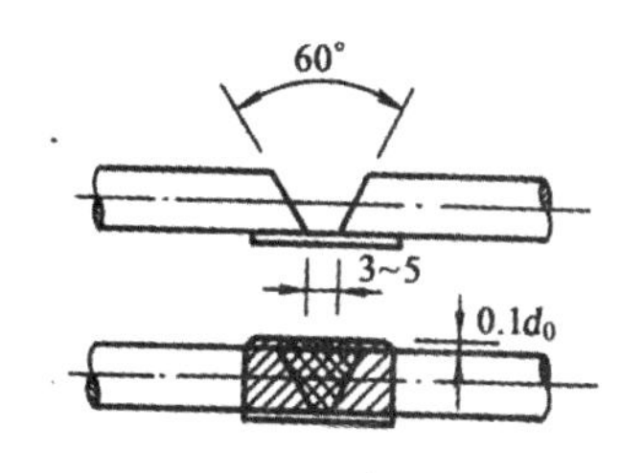

（d）平焊的坡口焊接头

图 5.22 钢筋电弧焊的接头形式

搭接接头的长度、帮条的长度、焊缝的宽度和高度，均应符合规范的规定。

电弧焊接头外观检查时，应在清渣后逐个进行目测或量测。

钢筋电弧焊接头外观检查结果，应符合下列要求：

① 焊缝表面应平整，不得有凹陷或焊瘤。

② 焊接接头区域不得有裂纹。

③ 咬边深度、气孔、夹渣等缺陷允许值及接头尺寸的允许偏差，应符合规定。

④ 坡口焊、熔槽帮条焊和窄间隙焊接头的焊缝余高不得大于 3 mm。

钢筋电弧焊接头拉伸试验结果应符合下列要求：

① 3 个热轧钢筋接头试件的抗拉强度均不得小于该级别钢筋规定的抗拉强度。

② 3 个接头试件均应断于焊缝之外，并应至少有 2 个试件呈延性断裂。

3）电渣压力焊

电渣压力焊是利用电流通过渣池产生的电阻热将钢筋端部熔化，然后施加压力使钢筋焊合。

钢筋电渣压力焊分手工操作和自动控制两种。采用自动电渣压力焊时，主要设备是自动电渣焊机，电渣焊构造如图 5.23 所示。

电渣压力焊的焊接参数为焊接电流、渣池电压和通电时间等，可根据钢筋直径选择。

电渣压力焊的接头应按规范规定的方法检查外观质量和进行试样拉伸试验。

电渣压力焊接头应逐个进行外观检查。

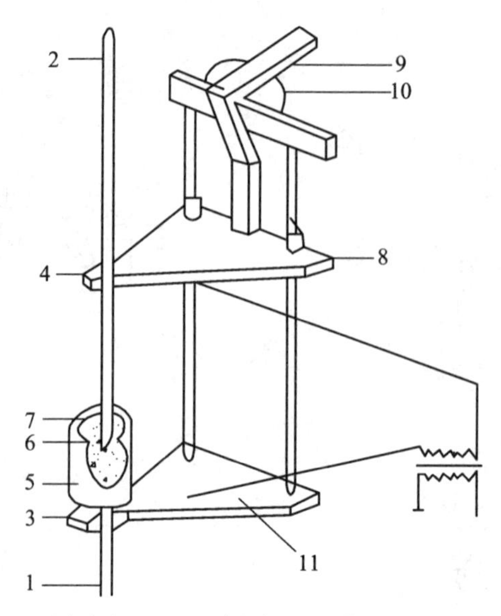

1，2—钢筋；3—固定电极；4—活动电极；5—药盒；6—导电剂；7—焊药；
8—滑动架；9—手柄；10—支架；11—固定架。

图 5.23　电渣焊构造

电渣压力焊接头外观检查结果应符合下列要求：

（1）四周焊包凸出钢筋表面的高度应大于或等于 4 mm。

（2）钢筋与电极接触处，应无烧伤缺陷。

（3）接头处的弯折角不得大于 4°。

（4）接头处的轴线偏移不得大于钢筋直径的 0.1 倍，且不得大于 2 mm。

电渣压力焊拉头拉伸试验结果，3 个试件的抗拉强度均不得小于该级别钢筋规定的抗拉强度。

4）埋弧压力焊

埋弧压力焊是利用焊剂层下的电弧，将两焊件相邻部位熔化，然后加压顶锻使两焊件焊合，如图 5.24 所示。它具有焊后钢板变形小、抗拉强度高的特点。

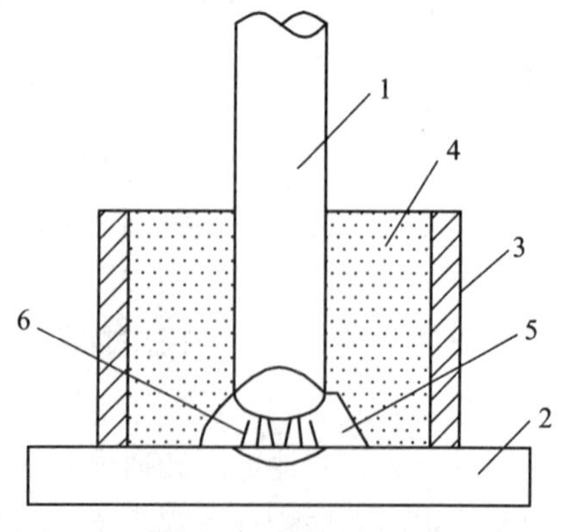

1—钢筋；2—钢板；3—焊剂盒；4—431 焊剂；5—电弧柱；6—弧焰。

图 5.24　埋弧压力焊示意图

5）气压焊

钢筋气压焊是利用乙炔、氧气混合气体燃烧的高温火焰，加热钢筋结合端部，不待钢筋熔融使其高温下加压接合。

气压焊的设备包括供气装置、加热器、加压器和压接器等，如图 5.25 所示。

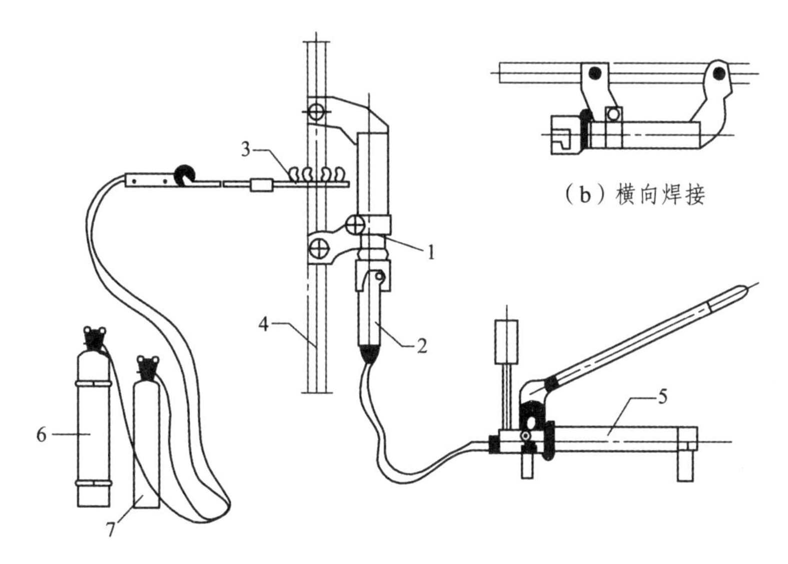

（a）竖向焊接

1—压接器；2—顶头油缸；3—加热器；4—钢筋；
5—加压器（手动）；6—氧气；7—乙炔。

图 5.25　气压焊装置系统图

气压焊操作工艺：

施焊前，钢筋端头用切割机切齐，压接面应与钢筋轴线垂直，如稍有偏斜，两钢筋间距不得大于 3 mm。

钢筋切平后，端头周边用砂轮磨成小八字角，并将端头附近 50 ~ 100 mm 内钢筋表面上的铁锈、油渍和水泥清除干净。

施焊时，先将钢筋固定于压接器上，并加以适当的压力使钢筋接触，然后将火钳火口对准钢筋接缝处，加热钢筋端部至 1 100 ~ 1 300 °C，表面发深红色时，当即加压油泵，对钢筋施以 40 MPa 以上的压力。

2. 钢筋的绑扎连接

钢筋绑扎安装前，应先熟悉施工图纸，核对钢筋配料单和料牌，研究钢筋安装和与有关工种配合的顺序，准备绑扎用的铁丝、绑扎工具、绑扎架等。钢筋绑扎一般用 18 ~ 22 号铁丝，其中 22 号铁丝只用于绑扎直径 12 mm 以下的钢筋。

1）钢筋绑扎要求

钢筋的交叉点应用铁丝扎牢。柱、梁的箍筋，除设计有特殊要求外，应与受力钢筋垂直；箍筋弯钩叠合处，应沿受力钢筋方向错开设置。柱中竖向钢筋搭接时，角部钢筋的弯钩平面与模板面的夹角，矩形柱应为45°，多边形柱应为模板内角的平分角。

板、次梁与主梁交叉处，板的钢筋在上，次梁的钢筋居中，主梁的钢筋在下；当有圈梁或垫梁时，主梁的钢筋应放在圈梁上。主筋两端的搁置长度应保持均匀一致。

2）钢筋绑扎接头

同一构件中相邻纵向受力钢筋的绑扎搭接接头宜相互错开，如图5.26所示。

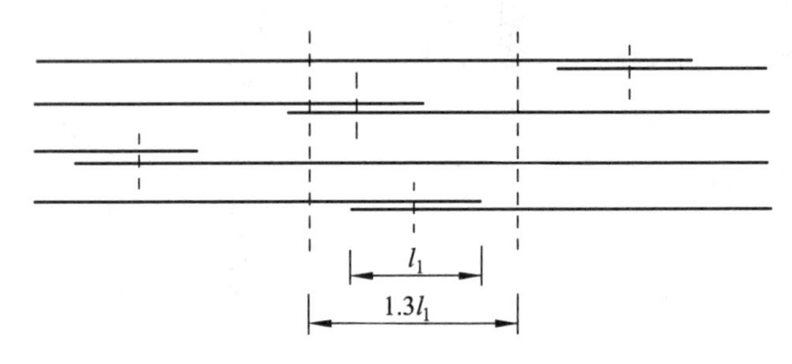

图5.26　钢筋绑扎搭接接头

3. 钢筋的机械连接

钢筋机械连接包括套筒挤压连接和螺纹连接，是近年来大直径钢筋现场连接的主要方法。钢筋机械连接适用于竖向、横向及其他方向的较大直径变形钢筋的连接。它的特点：与焊接相比，具有节省电能、不受钢筋可焊性好坏影响、不受气候影响、无明火、施工简单和接头可靠度高等特点。

1）套筒挤压连接

套筒挤压连接是把两根待接钢筋的端头先插入一个优质钢套管，然后用挤压机在侧向加压数道，套筒塑性变形后即与带肋钢筋紧密咬合达到连接的，如图5.27、图5.28所示。

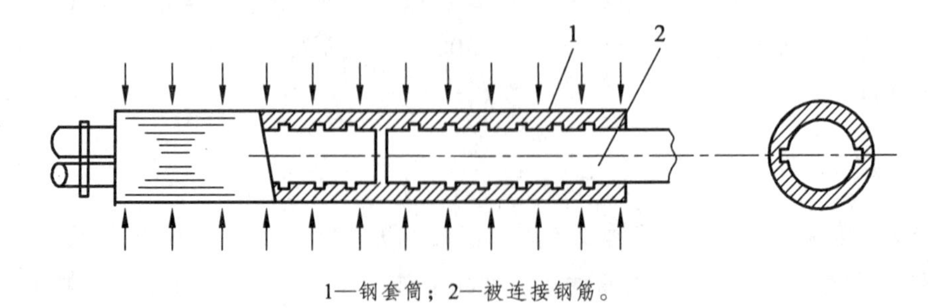

1—钢套筒；2—被连接钢筋。

图5.27　钢筋径向挤压连接原理图

图 5.28　挤压连接接头

2）螺纹连接

螺纹连接根据连接的形式不同又分为锥螺纹套筒连接和直螺纹套筒连接，在现场以直螺纹套筒连接为主。

（1）锥螺纹连接

锥螺纹连接是用锥形纹套筒将两根钢筋端头对接在一起，利用螺纹的机械咬合力传递拉力或压力。所用的设备主要是套丝机，通常安放在现场对钢筋端头进行套丝，如图 5.29 所示。

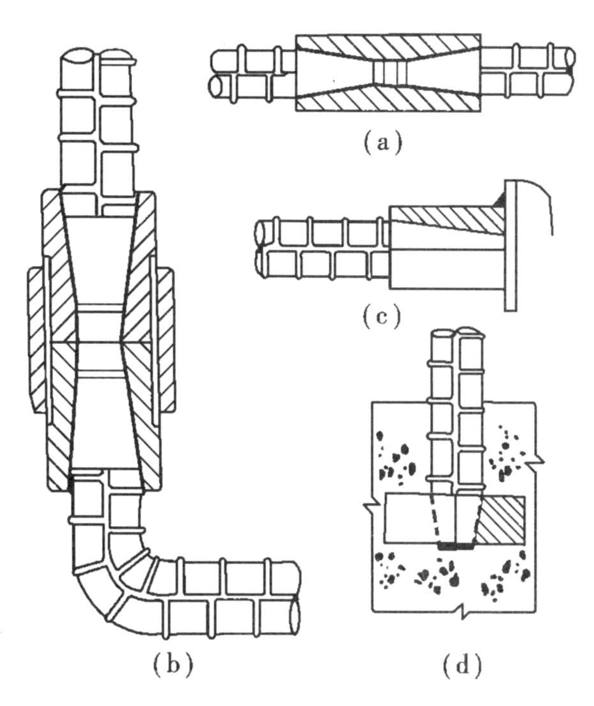

（a）两根直钢筋连接；（b）一根直钢筋与一根弯钢筋连接；
（c）在金属结构上接装钢筋；（d）在混凝土构件中插接钢筋。

图 5.29　钢筋锥螺纹套管连接示意图

（2）直螺纹连接

直螺纹连接是近年来开发的一种新的螺纹连接方式。它先把钢筋端部镦粗，然后再切削直螺纹，最后用套筒实行钢筋对接。如图 5.30 所示。

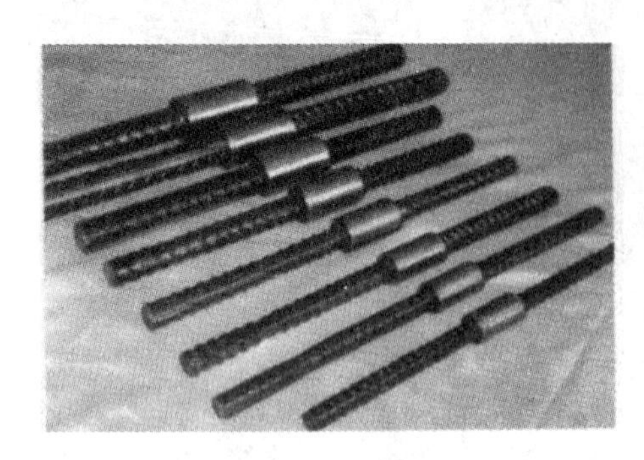
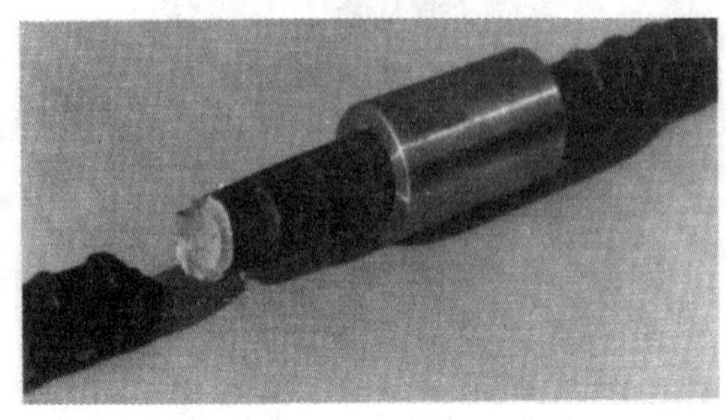

图 5.30　直螺纹套管连接接头

① 等强直螺纹接头的制作工艺及其优点

等强直螺纹接头制作工艺分下列几个步骤：钢筋端部镦粗；切削直螺纹；用连接套筒对接钢筋。

直螺纹接头的优点：强度高；接头强度不受扭紧力矩影响；连接速度快；应用范围广；经济；便于管理。

② 接头性能

为充分发挥钢筋母材强度，连接套筒的设计强度大于等于钢筋抗拉强度标准值的 1.2 倍。直螺纹接头标准套筒的规格、尺寸见表 5.7。

表 5.7　标准型套筒规格、尺寸

钢筋直径/mm	套筒外径/mm	套筒长度/mm	螺纹规格/mm
20	32	40	M24×2.5
22	34	44	M25×2.5
25	39	50	M29×3.0
28	43	56	M32×3.0
32	49	64	M36×3.0
36	55	72	M40×3.5
40	61	80	M45×3.5

③ 接头类型

根据不同应用场合，接头可分为表 5.8 所示的 6 种类型。

表 5.8　直螺纹接头类型及使用场合

序号	形　式	使　用　场　合
1	标准型	正常情况下连接钢筋
2	加长型	用于转动钢筋困难的场合，通过转动套筒连接钢筋
3	扩口型	用于钢筋较难对中的场合
4	异径型	用于连接不同直径的钢筋
5	正反丝扣型	用于两端钢筋均不能转动而要求调节轴向长度的场合
6	加锁母型	用于钢筋完全不能转动，通过转动套筒连接钢筋，用锁母锁定套筒

4. 钢筋机械连接接头质量检查与验收

工程中应用钢筋机械连接时，应由该技术提供单位提交有效的检验报告。

钢筋连接工程开始前及施工过程中，应对每批进场钢筋进行接头工艺检验，工艺检验应符合设计图纸或规范要求。现场检验应进行外观质量检查和单向拉伸试验。接头的现场检验按验收批进行。对接头的每一验收批，必须在工程结构中随机截取 3 个试件做单向拉伸试验，按设计要求的接头性能等级进行检验与评定。在现场连续检验 10 个验收批。外观质量检验的质量要求、抽样数量、检验方法及合格标准由各类型接头的技术规程确定。

5.2.4　钢筋配料

钢筋配料就是根据配筋图计算构件各钢筋的下料长度、根数及质量，编制钢筋配料单，作为备料、加工和结算的依据。

1. 钢筋配料单的编制

（1）熟悉图纸编制钢筋配料单之前必须熟悉图纸，把结构施工图中钢筋的品种、规格列成钢筋明细表，并读出钢筋设计尺寸。

（2）计算钢筋的下料长度。

（3）填写和编写钢筋配料单。根据钢筋下料长度，汇总编制钢筋配料单。在配料单中，要反映出工程名称，钢筋编号，钢筋简图和尺寸，钢筋直径、数量、下料长度、质量等。

（4）填写钢筋料牌，根据钢筋配料单，将每一编号的钢筋制作一块料牌，作为钢筋加工的依据，如图 5.31 所示。

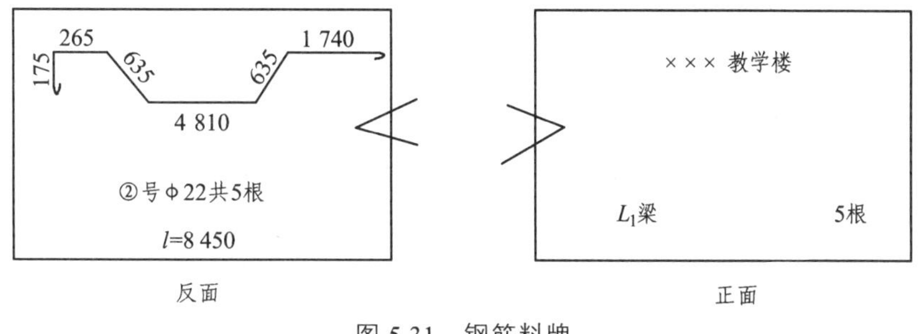

图 5.31　钢筋料牌

2. 钢筋下料长度的计算原则及规定

1）钢筋长度

钢筋下料长度与钢筋图中的尺寸是不同的。钢筋图中注明的尺寸是钢筋的外包尺寸，外包尺寸大于轴线长度，但钢筋经弯曲成型后，其轴线长度并无变化。因此钢筋应按轴线长度下料，否则，钢筋长度大于要求长度，将导致保护层不够，或钢筋尺寸大于模板净空，既影响施工，又造成浪费。在直线段，钢筋的外包尺寸与轴线长度并无差别；在弯曲处，钢筋外包尺寸与轴线长度间存在一个差值，称之为量度差。故钢筋下料长度应为各段外包尺寸之和减去量度差，再加上端部弯钩尺寸（称末端弯钩增长值）。

（1）钢筋中间部位弯曲量度差

如图 5.32（a）所示，若钢筋直径为 d，弯曲直径 $D=5d$，则弯曲处钢筋外包尺寸为：

$$A'B'+B'C'=2A'B'=2(0.5D+d)\tan\alpha/2=7d\tan\alpha/2$$

弯曲处钢筋轴线长 ABC 为：

$$ABC=(D+d)\frac{\alpha\pi}{360°}=6d\frac{\alpha\pi}{360°}=d\frac{\alpha\pi}{60°}$$

则量度差为：

$$7d\tan\frac{\alpha}{2}-\frac{\alpha\pi d}{60°}=d\left(7\tan\frac{\alpha}{2}-\frac{\alpha\pi}{60}\right)$$

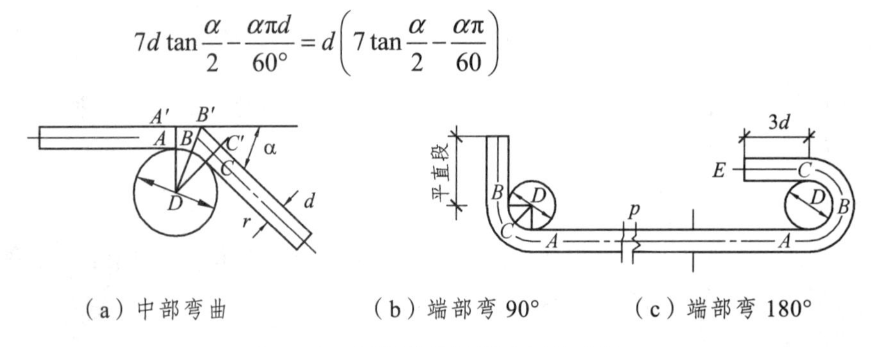

图 5.32 钢筋弯钩及弯曲后尺寸图

由上式可计算出不同弯折角度时的量度差。为计算简便，取量度差近似值如下：当弯 30°时，取 0.3d；当弯 45°时，取 0.5d；当弯 90°时，取 2d；当弯 135°时，取 3d。见表 5.9。

表 5.9 钢筋弯曲量度差值

钢筋弯起角度	30°	45°	60°	90°	135°
钢筋弯曲调整值	0.35d	0.5d	1d	2d	3d

（2）钢筋末端弯钩（曲）增长值

钢筋末端弯钩（曲）有 180°、135°及 90°三种，见图 5.32（b）、（c）。其末端弯钩（曲）增长值可按下列 3 式计算：

180°时，$0.5\pi(D+d)-(0.5D+d)+$平直长度

135°时，$0.375\pi(D + d) - (0.5D + d)$ + 平直长度

90°时，$0.25\pi(D + d) - (0.5D + d)$ + 平直长度

由上述公式可以计算下列钢筋末端弯钩增长值：

第一，Ⅰ级钢筋末端需做 180°弯钩，普通混凝土中取 $D = 2.5d$，平直段长度为 $3d$，故每弯钩增长值为 $6.25d$。

第二，Ⅱ、Ⅲ级钢筋末端做 90°或 135°弯曲，其弯曲直径 D，Ⅲ级钢筋为 $5d$。其末端弯钩增长值，当弯 90°时，Ⅲ级钢筋均取 d + 平直段长；当弯 135°时，Ⅲ级钢筋取 $3.5d$ + 平直段长。

第三，箍筋用Ⅰ级钢筋或冷拔低碳钢丝制作时，其末端需做弯钩，有抗震要求的结构应做 135°弯钩，无抗震要求的结构可做 90°或 180°弯钩。弯钩的弯曲直径 D 应大于受力钢筋的直径，且不小于箍筋直径的 2.5 倍。弯钩末端平直长度，在一般结构中不宜小于箍筋直径的 5 倍；在有抗震要求的结构中不小于箍筋直径的 10 倍。钢箍的增长值除按上述公式计算外，也可查表 5.10 取近似值。

表 5.10　箍筋两个弯钩下料增长值

受力钢筋直径/mm	90°/90°					135°/135°				
	箍筋直径/mm					箍筋直径/mm				
	5	6	8	10	12	5	6	8	10	12
≤25	70	80	100	120	140	140	160	200	240	280
>25	80	100	120	140	150	160	180	210	260	300

2）混凝土保护层厚度

混凝土保护层是指受力钢筋外缘至混凝土构件表面的距离，其作用是保护钢筋在混凝土结构中不受锈蚀。无设计要求时应符合表 5.11 规定。

表 5.11　纵向受力钢筋的混凝土保护层最小厚度　　单位：mm

环境类别		板、墙、壳			梁			柱		
		≤C20	C25 ~ C45	≥C50	≤C20	C25 ~ C45	≥C50	≤C20	C25 ~ C45	≥C50
一		20	15	15	30	25	25	30	30	30
二	a	—	20	20	—	30	30	—	30	30
二	b	—	25	20	—	35	30	—	35	30
三		—	30	25	—	40	35	—	40	35

混凝土的保护层厚度，一般用水泥砂浆垫块或塑料卡垫在钢筋与模板之间来控制。塑料卡的形状有塑料垫块和塑料环圈两种。塑料垫块用于水平构件，塑料环圈用于垂直构件。

综上所述，钢筋下料长度计算总结为：

直钢筋下料长度 = 直构件长度 − 保护层厚度 + 弯钩增加长度

弯起钢筋下料长度 = 直段长度 + 斜段长度 − 弯折量度差值 + 弯钩增加长度

箍筋下料长度 = 直段长度 + 弯钩增加长度 − 弯折量度差值

或箍筋下料长度 = 箍筋周长 + 箍筋调整值

3. 钢筋下料计算注意事项

（1）在设计图纸中，钢筋配置的细节问题没有注明时，一般按构造要求处理。

（2）配料计算时，要考虑钢筋的形状和尺寸，在满足设计要求的前提下，要有利于加工。

（3）配料时，还要考虑施工需要的附加钢筋。

【例 5.1】 某建筑物一层共有 10 根编号为 L1 的梁，见图 5.33，计算各钢筋下料长度并绘制钢筋配料单。

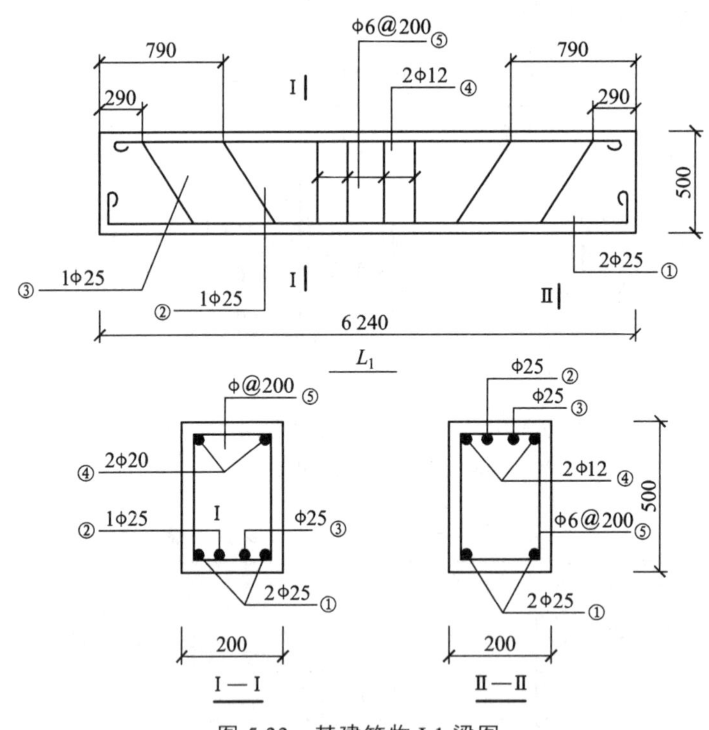

图 5.33 某建筑物 L1 梁图

【解】 ①号钢筋

外包尺寸：6 240 + 2 × 200 − 2 × 25 = 6 590（mm）

下料长度：6 590 − 2 × 2d + 2 × 6.25d = 6 590 − 2 × 2 × 25 + 2 × 6.25 × 25 = 6 802（mm）

②号弯起钢筋

外包尺寸分段计算。

端面平直部分长度：790 − 25 = 765（mm）

斜段长度：(500 − 2 × 25) × 1.414 = 636（mm）

中间直段长度：6 240 − 2 × (790 + 450) = 3 760（mm）

外包尺寸：2 × (765 + 636) + 3 760 = 6 562（mm）

下料长度：

6 562 − 4 × 0.5d + 2 × 6.25d = 6 562 − 4 × 0.5 × 25 + 2 × 6.25 × 25 = 6 824（mm）

③号弯起钢筋

外包尺寸分段计算。

端面平直部分长度：290 − 25 = 265（mm）

斜段长度：同②号弯起钢筋为 636（mm）

中间直段长度：6 240 − 2 × (290 + 450) = 4 760（mm）

外包尺寸：2 × (265 + 636) + 4 760 = 6 562（mm）

下料长度：

6 562 − 4 × 0.5d + 2 × 6.25d = 6 562 − 4 × 0.5 × 25 + 2 × 6.25 × 25 = 6 824（mm）

④号筋

外包尺寸：6 240 − 2 × 25 = 6 190（mm）

下料长度：6 190 + 2 × 6.25d = 6 190 + 2 × 6.25 × 12 = 6 340（mm）

⑤号箍筋

宽度：200 − 2 × 25 + 2 × 6 = 162（mm）

高度：500 × 2 × 25 + 2 × 6 = 462（mm）

外包尺寸：(162 + 462) × 2 = 1 248（mm）

⑤号箍筋端部为两个 90°/90°弯钩，主筋直径为 25 mm，箍筋直径 6，查表 4.5，取增长值 80 mm，则⑤号箍筋下料长度为：

1 248 − 3 × 2d + 80 = 1 248 − 3 × 2 × 6 + 80 = 1 292（mm）

梁 L1 的钢筋配料单如表 5.12 所示。

表 5.12　钢筋配料单

序号	构件名称	简图	直径/mm	钢号	下料长度/mm	单位根数	合计根数	质量/kg
1		200 6 190	25		6 802	2	20	523.75
2		765 636 3 760	25		6 824	1	10	262.72
3		265 636 4 760	25		6 824	1	10	262.72
4		6 190	12		6 340	2	20	112.60
5		162 462	6		1 292	32	320	91.78
6	合计	4 691.78 kg；12：112.60 kg；25：1 049.19 kg；6：91.78 kg						

5.2.5 钢筋代换

1. 代换原则及方法

当施工中遇到钢筋品种或规格与设计要求不符时，可参照以下原则进行钢筋代换。

1）等强度代换方法

当构件配筋受强度控制时，可按代换前后强度相等的原则代换，称作“等强度代换”。

如设计图中所用的钢筋设计强度为 f_{y1}，钢筋总面积为 A_{s1}，代换后的钢筋设计强度为 f_{y2}，钢筋总面积为 A_{s2}，则应使：

$$A_{s1} \leqslant A_{s2}$$

则

$$n_2 \geqslant n_1 \cdot \frac{d_1^2}{d_2^2}$$

$$A_{s1} \cdot f_{y1} \leqslant A_{s2} \cdot f_{y2}$$

2）等面积代换方法

当构件按最小配筋率配筋时，可按代换前后面积相等的原则进行代换，称“等面积代换”。代换时应满足下式要求：

$$n_2 \geqslant \frac{n_1 d_1^2 f_{y1}}{d_2^2 f_{y2}}$$

3）裂缝宽度或挠度验算

当构件配筋受裂缝宽度或挠度控制时，代换后应进行裂缝宽度或挠度验算。

2. 代换注意事项

钢筋代换时，应办理设计变更文件，并应符合下列规定：

（1）重要受力构件（如吊车梁、薄腹梁、桁架下弦等）不宜用 HPB300 钢筋代换变形钢筋，以免裂缝开展过大。

（2）钢筋代换后，应满足混凝土结构设计规范中所规定的钢筋间距、锚固长度、最小钢筋直径、根数等配筋构造要求。

（3）梁的纵向受力钢筋与弯起钢筋应分别代换，以保证正截面与斜截面强度。

（4）有抗震要求的梁、柱和框架，不宜以强度等级较高的钢筋代换原设计中的钢筋；如必须代换时，其代换的钢筋检验所得的实际强度，尚应符合抗震钢筋的要求。

（5）预制构件的吊环，必须采用未经冷拉的 HPB300 钢筋制作，严禁以其他钢筋代换。

（6）当构件受裂缝宽度或挠度控制时，钢筋代换后应进行刚度、裂缝验算。

5.3　混凝土工程

混凝土工程包括配料、搅拌、运输、浇筑、振捣和养护等工序。各施工工序对混凝土工程质量都有很大的影响。因此，要使混凝土工程施工能保证结构具有设计的外形和尺寸，确保混凝土结构的强度、刚度、密实性、整体性及满足设计和施工的特殊要求，必须要严格保证混凝土工程每道工序的施工质量。

任务引入

钢筋混凝土的发明人是一名法国的园艺师莫尼埃。莫尼埃管理花园中的花花草草，每天都要和花盆打交道。当时，花盆是由一些普通的泥土和低级陶土烧制而成，也就是常见的瓦盆，其不坚固，一碰就破。莫尼埃经常要移植温室中花盆里的花，一不小心就会把花盆打碎。后来，他想出一个加固花盆的办法，即在花盆的外面缠上几道铁箍。为了花盆美观，他又在那些铁箍外面涂上一层黏性较好的由水泥、沙子、小石子和水拌和的混合物，硬结后，发现这种花盆特别坚固，不易碎裂，而且还美观。后来，这种花盆构造引用到了建筑方面，由此便诞生了钢筋混凝土。

想一想：混凝土是如何配制的呢？关于混凝土的运输、浇筑、振捣及养护等知识，你了解吗？

5.3.1　混凝土的原料

水泥进场时应对品种、级别、包装或散装仓号、出厂日期等进行检查。

当使用中对水泥质量有怀疑或水泥出厂超过 3 个月（快硬硅酸盐水泥超过 1 个月）时，应进行复验，并依据复验结果使用。

钢筋混凝土结构、预应力混凝土结构中，严禁使用含氯化物的水泥。

混凝土中掺外加剂的质量应符合现行国家标准《混凝土外加剂》（GB 8076）、《混凝土外加剂应用技术规程》（GB 50119）等和有关环境保护的规定。

混凝土中掺用矿物掺和料的质量应符合现行国家标准《用于水泥和混凝土中的粉煤灰》（GB 1596）等的规定。

普通混凝土所用的粗、细骨料的质量应符合《普通混凝土用碎石或卵石质量标准及检验方法》（JGJ 53）、《普通混凝土用砂质量标准及检验方法》（JGJ 52）的规定。

拌制混凝土宜采用饮用水；当采用其他水源时，水质应符合国家标准《混凝土拌和用水标准》（JGJ 63）的规定。

混凝土原材料每盘称量的偏差应符合表 5.13 的规定。

表 5.13　原材料每盘称量的允许偏差

材料名称	允许偏差
水泥、掺和料	±2%
粗、细骨料	±3%
水、外加剂	±2%

5.3.2　混凝土的施工配料

混凝土应按国家现行标准《普通混凝土配合比设计规程》（JGJ 55）的有关规定，根据混凝土强度等级、耐久性和工作性等要求进行配合比设计。

施工配料时影响混凝土质量的因素主要有两方面：一是称量不准；二是未按砂、石骨料实际含水率的变化进行施工配合比的换算。

1. 施工配合比换算

混凝土的配合比是在实验室根据混凝土的施工配制强度经过试配和调整而确定的，称为实验室配合比。

实验室配合比所用的砂、石都是不含水分的。而施工现场的砂、石一般都含有一定的水分，且砂、石含水率的大小随当地气候条件不断发生变化。因此，为保证混凝土配合比的质量，在施工中应适当扣除使用砂、石的含水量，经调整后的配合比，称为施工配合比。施工配合比可以经对实验室配合比做如下调整得出。

设实验室配合比为水泥：砂子：石子 = 1：S：G，水胶比为 W/C，并测得砂、石含水率分别为 W_S、W_G，则施工配合比应为：

$$水泥：砂子：石子 = 1：S(1+W_S)：G(1+W_G)$$

按实验室配合比 1 m³ 混凝土水泥用量为 C（kN），计算时保持水胶比 W/C 不变，则 1 m³ 混凝土的各材料的用量（kN）为：

水泥：$C'=C$　　　　砂：$S'=S(1+W_S)$

石：$G'_{石}=G(1+W_G)$　　　　水：$W'=W-SW_S-GW_G$

配制混凝土配合比时，混凝土的最大水泥用量不宜大于 550 kg/m³，且应保证混凝土的最大水灰比和最小水泥用量应符合表 5.14 的规定。

配制泵送混凝土的配合比时，骨料最大粒径与输送管内径之比，对碎石不宜大于 1：3，卵石不宜大于 1：2.5，通过 0.315 mm 筛孔的砂不应少于 15%；砂率宜控制在 40% ~ 50%；最小水泥用量宜为 300 kg/m³；混凝土的坍落度宜为 80 ~ 180 mm；混凝土内宜掺加适量的外加剂。泵送轻骨料混凝土的原材料选用及配合比，应由试验确定。

表 5.14　混凝土的最大水灰比和最小水泥用量

混凝土所处的环境条件	最大水灰比	最小水泥用量/（kg/m³）			
		普通混凝土		轻骨料混凝土	
		配筋	无筋	配筋	无筋
不受风雪影响的混凝土	不作规定	250	200	250	225
（1）受风雪影响的露天混凝土 （2）位于水中或水位升降范围内的混凝土 （3）在潮湿环境中的混凝土	0.70	250	225	275	250
（1）寒冷地区水位升降范围内的混凝土 （2）受水压作用的混凝土	0.65	275	250	300	275
严寒地区水位升降范围内的混凝土	0.60	300	275	325	300

注：① 本表中的水灰比，对普通混凝土系指水与水泥（包括外掺混合材料）用量的比值；对轻骨料混凝土系指净用水量（不包括轻骨料的吸水量）与水泥（不包括外掺混合材料）用量的比值。

② 本表中的最小水泥用量，对普通混凝土包括外掺混合材料，对轻骨料混凝土不包括外掺混合材料；当采用人工捣实混凝土时，水泥用量应增加 25 kg/m³；当掺用外加剂且能有效地改善混凝土的和易性时，水泥用量减少 25 kg/m³。

③ 当混凝土强度等级低于 C10 时，可不受本表限制。

④ 寒冷地区系指最冷月平均气温为 −5 ~ −15 °C；严寒地区系指最冷月份平均气温低于 −15 °C。

混凝土浇筑时的坍落度，宜按表 5.15 选用。坍落度测定方法应符合现行国家标准的规定。

表 5.15　混凝土浇筑时的坍落度

结　构　种　类	坍落度/mm
基础或地面垫层、无配筋的大体积结构（挡土墙、基础等）或配筋稀疏的结构	10 ~ 30
板、梁和大型及中型截面的柱等	30 ~ 50
配筋密列的结构（薄壁、斗仓、筒仓、细柱等）	50 ~ 70
配筋特密的结构	70 ~ 90

注：① 本表系用机械振捣混凝土时的坍落度，当采用人工捣实混凝土时，其值可适当增大。

② 当需要配制大坍落度混凝土时，应掺用外加剂。

③ 曲面或斜面结构混凝土的坍落度应根据实际需要另行选定。

④ 轻骨料混凝土的坍落度，宜比表中数值减少 10 ~ 20 mm。

【例 5.2】　已知 C20 混凝土的试验室配合比为 1：2.55：5.12，水灰比为 0.65，经测定砂的含水率为 3%，石子的含水率为 1%，每 1 m³ 混凝土的水泥用量 310 kg，则施工配合比为：

1：2.55(1 + 3%)：5.12(1 + 1%) = 1：2.63：5.17

每 1 m³ 混凝土材料用量为：

水泥：310 kg

砂子：310 × 2.63 = 815.3（kg）

石子：310 × 5.17 = 1 602.7（kg）

水：310 × 0.65 − 310 × 2.55 × 3% − 310 × 5.12 × 1% = 161.9（kg）

2. 施工配料

施工中往往以一袋或两袋水泥为下料单位，每搅拌一次叫作一盘。因此，求出 1 m³ 混凝土材料用量后，还必须根据工地现有搅拌机出料容量确定每次需用几袋水泥，然后按水泥用量算出砂、石子的每盘用量。

如采用 JZ250 型搅拌机，出料容量为 0.25 m³，则每搅拌一次的装料数量为：

水泥：$310 \times 0.25 = 77.5$（kg）（取一袋半水泥，即 75 kg）

砂子：$75 \times 2.63 = 197.25$（kg）

石子：$75 \times 5.17 = 387.75$（kg）

水：$161.9 \times 75/310 = 39.2$（kg）

5.3.3 混凝土的搅拌和运输

1. 混凝土的搅拌

混凝土搅拌，是将水、水泥和粗细骨料进行均匀拌和及混合的过程。同时，通过搅拌还要使材料达到强化、塑化的作用。混凝土可采用机构搅拌和人工搅拌。搅拌机械分为自落式搅拌机和强制式搅拌机。

1）混凝土搅拌机

混凝土搅拌机按搅拌原理分为自落式和强制式两类。

自落式搅拌机是将物料提升到一定高度后，利用重力的作用，自由落下，由于各物料下落的时间、速度、落点和滚动距离不同，从而使物料颗粒相互穿插、渗透、扩散，最后达到均匀混合的目的。其特点是磨损小，易清理。多用于搅拌塑性混凝土和低流动性混凝土，根据其构造的不同又分为若干种，见表 5.16。

强制式搅拌机是叶片强行搅动，物料被剪切、旋转，形成交叉物流。其特点是混凝土质量好，生产率高，操作简便，安全。多用于搅拌干硬性混凝土和轻骨料混凝土，也可以搅拌低流动性混凝土。强制式搅拌机又分为立轴式和卧轴式两种。卧轴式有单轴、双轴之分，而立轴式又分为涡桨式和行星式，见表 5.16。

表 5.16　混凝土搅拌机类型

自落式			强制式			
鼓筒式	双锥式		立轴式			卧轴式（单轴、双轴）
	反转出料	倾翻出料	涡桨式	行星式		
				定盘式	盘转式	

2）混凝土搅拌

（1）搅拌时间

混凝土的搅拌时间：从砂、石、水泥和水等全部材料投入搅拌筒起，到开始卸料为止所经历的时间。

搅拌时间与混凝土的搅拌质量密切相关，随搅拌机类型和混凝土的和易性不同而变化。

在一定范围内，随搅拌时间的延长，强度有所提高，但过长时间的搅拌既不经济，而且混凝土的和易性又将降低，影响混凝土的质量。

加气混凝土还会因搅拌时间过长而使含气量下降。

混凝土搅拌的最短时间可按表 5.17 采用。

表 5.17　混凝土搅拌的最短时间

混凝土坍落度/cm	搅拌机机型	最短时间/s		
		搅拌机容量<250 L	250～500 L	>500 L
≤3	自落式	90	120	150
	强制式	60	90	120
>3	自落式	90	90	120
	强制式	60	60	90

（2）投料顺序

投料顺序应从提高搅拌质量，减少叶片、衬板的磨损，减少拌和物与搅拌筒的黏结，减少水泥飞扬，改善工作环境，提高混凝土强度及节约水泥等方面综合考虑确定。常用一次投料法和二次投料法。

① 一次投料法，是在上料斗中先装石子，再加水泥和砂，然后一次投入搅拌筒中进行搅拌。

自落式搅拌机要在搅拌筒内先加部分水，投料时砂压住水泥，使水泥不飞扬，而且水泥和砂先进搅拌筒形成水泥砂浆，可缩短水泥包裹石子的时间。

强制式搅拌机出料口在下部，不能先加水，应在投入原材料的同时，缓慢均匀分散地加水。

② 二次投料法，是先向搅拌机内投入水和水泥（和砂），待其搅拌 1 min 后再投入石子和砂继续搅拌到规定时间。这种投料方法，能改善混凝土性能，提高了混凝土的强度，在保证规定的混凝土强度的前提下节约了水泥。

目前常用的方法有两种：预拌水泥砂浆法和预拌水泥净浆法。

预拌水泥砂浆法是指先将水泥、砂和水加入搅拌筒内进行充分搅拌，成为均匀的水泥砂浆后，再加入石子搅拌成均匀的混凝土。

预拌水泥净浆法是先将水泥和水充分搅拌成均匀的水泥净浆后，再加入砂和石子搅拌成混凝土。

与一次投料法相比，二次投料法可使混凝土强度提高 10%～15%，节约水泥 15%～20%。

水泥裹砂石法混凝土搅拌工艺，用这种方法拌制的混凝土称为造壳混凝土（简称 SEC 混凝土）。

它是分两次加水，两次搅拌。

先将全部砂、石子和部分水倒入搅拌机拌和，使骨料湿润，称之为造壳搅拌。

搅拌时间以 45～75 s 为宜，再倒入全部水泥搅拌 20 s，加入拌和水和外加剂进行第二次搅拌，60 s 左右完成，这种搅拌工艺称为水泥裹砂法。

（3）进料容量

进料容量是将搅拌前各种材料的体积累积起来的容量，又称干料容量。

进料容量与搅拌机搅拌筒的几何容量有一定比例关系。进料容量一般为出料容量的 1.4～1.8 倍（通常取 1.5 倍），如任意超载（超载 10%），就会使材料在搅拌筒内无充分的空间进行拌和，影响混凝土的和易性。反之，装料过少，又不能充分发挥搅拌机的效能。

2. 混凝土的运输

1）混凝土运输的要求

运输中的全部时间不应超过混凝土的初凝时间。

运输中应保持匀质性，不应产生分层离析现象，不应漏浆；运至浇筑地点应具有规定的坍落度，并保证混凝土在初凝前能有充分的时间进行浇筑。

混凝土的运输道路要求平坦，应以最少的运转次数、最短的时间从搅拌地点运至浇筑地点。

从搅拌机中卸出后到浇筑完毕的延续时间不宜超过表 5.18 规定。

表 5.18　混凝土从搅拌机中卸出后到浇筑完毕的延续时间

混凝土强度等级	延续时间/min	
	气温<25 °C	气温≥25 °C
低于及等于 C30	120	90
高于 C30	90	60

注：① 掺用外加剂或采用快硬水泥拌制混凝土时，应按试验确定。
② 轻骨料混凝土的运输、浇筑延续时间应适当缩短。

2）运输工具的选择

混凝土运输分地面水平运输、垂直运输和楼面水平运输等三种。

地面运输时，短距离多用双轮手推车、机动翻斗车，长距离宜用自卸汽车、混凝土搅拌运输车。

垂直运输可采用各种井架、龙门架和塔式起重机作为垂直运输工具。对于浇筑量大、浇筑速度比较稳定的大型设备基础和高层建筑，宜采用混凝土泵，也可采用自升式塔式起重机或爬升式塔式起重机运输。

3）泵送混凝土

混凝土用混凝土泵运输，通常称为泵送混凝土。常用的混凝土泵有液压柱塞泵和挤压泵两种。

（1）液压柱塞泵

液压柱塞泵如图 5.34 所示。

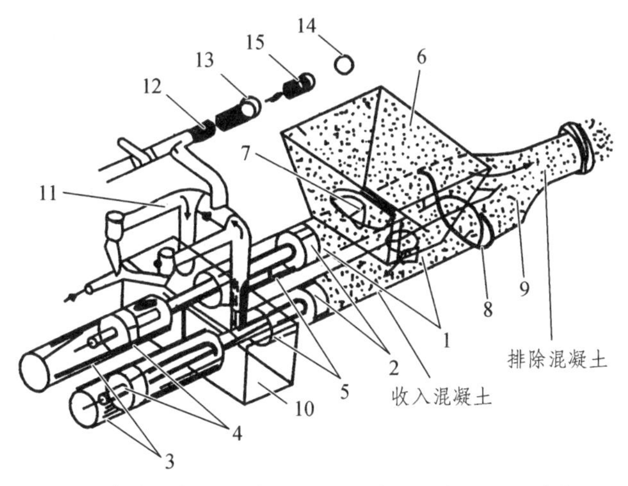

1—混凝土缸；2—混凝土活塞；3—液压缸；4—液压活塞；5—活塞杆；6—受料斗；
7—吸入端水平片阀；8—排出端竖直片阀；9—Y 形输送管；10—水箱；
11—水洗装置换向阀；12—水洗用高压软管；13—水洗用法兰；
14—海绵球；15—清洗活塞。

图 5.34 液压活塞式混凝土泵工作原理图

它是利用柱塞的往复运动将混凝土吸入和排出。

混凝土输送管有直管、弯管、锥形管和浇筑软管等，一般由合金钢、橡胶、塑料等材料制成，常用混凝土输送管的管径为 100 ~ 150 mm。

（2）泵送混凝土对原材料的要求

① 粗骨料：碎石最大粒径与输送管内径之比不宜大于 1∶3；卵石不宜大于 1∶2.5。

② 砂：以天然砂为宜，砂率宜控制在 40% ~ 50%，通过 0.315 mm 筛孔的砂不少于 15%。

③ 水泥：最少水泥用量为 300 kg/m^3，坍落度宜为 80 ~ 180 mm，混凝土内宜适量掺入外加剂。泵送轻骨料混凝土的原材料选用及配合比，应通过试验确定。

4）泵送混凝土施工中应注意的问题

输送管的布置宜短直，尽量减少弯管数，转弯宜缓，管段接头要严密，少用锥形管。

混凝土的供料应保证混凝土泵能连续工作，不间断；正确选择骨料级配，严格控制配合比。

泵送前，为减少泵送阻力，应先用适量与混凝土内成分相同的水泥浆或水泥砂浆润滑输送管内壁。

泵送过程中，泵的受料斗内应充满混凝土，防止吸入空气形成阻塞。

防止停歇时间过长，若停歇时间超过 45 min，应立即用压力或其他方法冲洗管内残留的混凝土；泵送结束后，要及时清洗泵体和管道；用混凝土泵浇筑的建筑物，要加强养护，防止龟裂。

（1）建设单位应向施工单位提供当地实测地形图，原有的地下管线或建、构筑物的竣工图，施工图及工程地质、气象条件等技术资料，以便施工方进行设计，并应提供平面控制点和水准点，作为施工测量的依据。

（2）清理地面及地下的各种障碍物，已有建筑物或构筑物，道路，沟渠，通信，电力设施，地上和地下管道，坟墓树木等在施工前必须拆除，影响工程质量的软弱土层、腐殖土、大卵石、草皮、垃圾等也应进行清理，以便于施工的正常进行。

（3）排除地面水，场地内低洼地区的积水必须排除，同时应设置排水沟，截水沟和挡水土坝，有利于雨水的排出和拦截雨水的进入，使场地地面保持干燥，使施工顺利进行。

（4）根据规划部门测放的建筑界限，街道控制点和水准点进行土方工程施工测量及定位放线之后，方可进行土方施工。

（5）在施工前应修筑临时道路，保证机械的进正常进入，并应做好供水、供电等临时措施。

（6）根据土方施工设计，做好土方工程的辅助工作，如边坡固定基坑（槽）支护，降低地下水位等工作。

5.3.4 混凝土施工

1. 混凝土浇筑前的准备工作

混凝土浇筑前，应对模板、钢筋、支架和预埋件进行检查。检查模板的位置、标高、尺寸、强度和刚度是否符合要求，接缝是否严密，预埋件位置和数量是否符合图纸要求。

检查钢筋的规格、数量、位置、接头和保护层厚度是否正确；清理模板上的垃圾和钢筋上的油污，浇水湿润木模板；填写隐蔽工程记录。

2. 混凝土的浇筑

1）混凝土浇筑的一般规定

混凝土浇筑前不应发生离析或初凝现象，如已发生，须重新搅拌。混凝土运至现场后，其坍落度应满足表 5.19 的要求。

表 5.19　混凝土浇筑时的坍落度

结构种类	坍落度/mm
基础或地面的垫层、无配筋的大体积结构（挡土墙、基础等）或配筋稀疏的结构	10～30
板、梁和大型及中型截面的柱子等	30～50
配筋密列的结构（薄壁、斗仓、筒仓、细柱等）	50～70
配筋特密的结构	70～90

混凝土自高处倾落时，其自由倾落高度不宜超过 2 m；若混凝土自由下落高度超过 2 m，应设串筒、斜槽、溜管或振动溜管等，如图 5.35 所示。

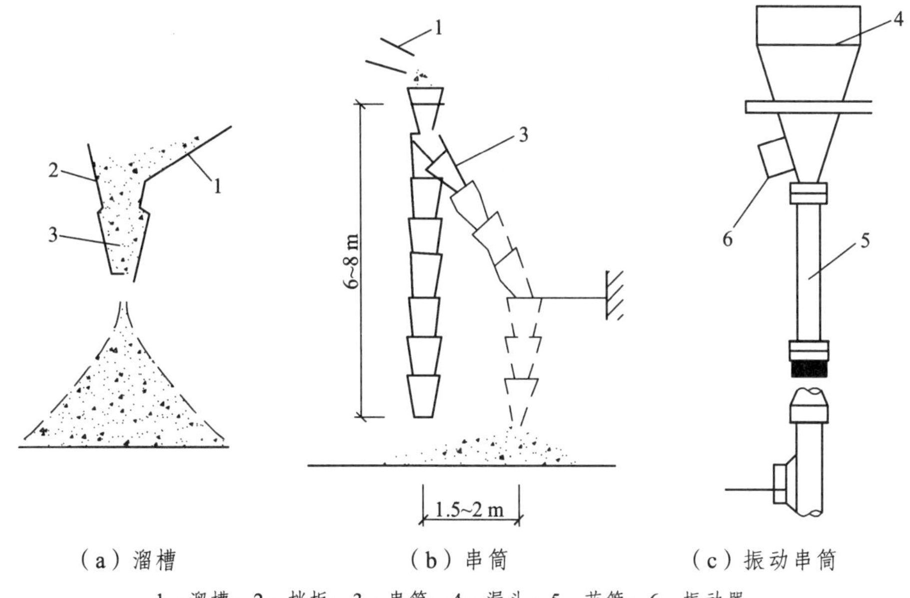

（a）溜槽　　（b）串筒　　（c）振动串筒

1—溜槽；2—挡板；3—串筒；4—漏斗；5—节管；6—振动器。

图 5.35　溜槽与串筒

混凝土的浇筑工作，应尽可能连续进行。混凝土的浇筑应分段、分层连续进行，随浇随捣。混凝土浇筑层厚度应符合表 5.20 的规定。

在竖向结构中浇筑混凝土时，不得发生离析现象。

表 5.20　混凝土浇筑层厚度

项次	捣实混凝土的方法		浇筑层厚度/mm
1	插入式振捣		振捣器作用部分长度的 1.25 倍
2	表面振动		200
3	人工捣固	在基础、无筋混凝土或配筋稀疏的结构中	250
4		在梁、墙板、柱结构中	200
5		在配筋密列的结构中	150
6	轻骨料混凝土	插入式振捣器	300
7		表面振动（振动时须加荷）	200

2）施工缝的留设与处理

如果由于技术或施工组织上的原因，不能对混凝土结构一次连续浇筑完毕，而必须停歇较长的时间，其停歇时间已超过混凝土的初凝时间，致使混凝土已初凝；当继续浇混凝土时，形成了接缝，即为施工缝。

（1）施工缝的留设位置

施工缝设置的原则，一般宜留在结构受力（剪力）较小且便于施工的部位。

柱子的施工缝宜留在基础与柱子交接处的水平面上，或梁的下面，或吊车梁牛腿的下面、吊车梁的上面、无梁楼盖柱帽的下面，如图 5.36 所示。

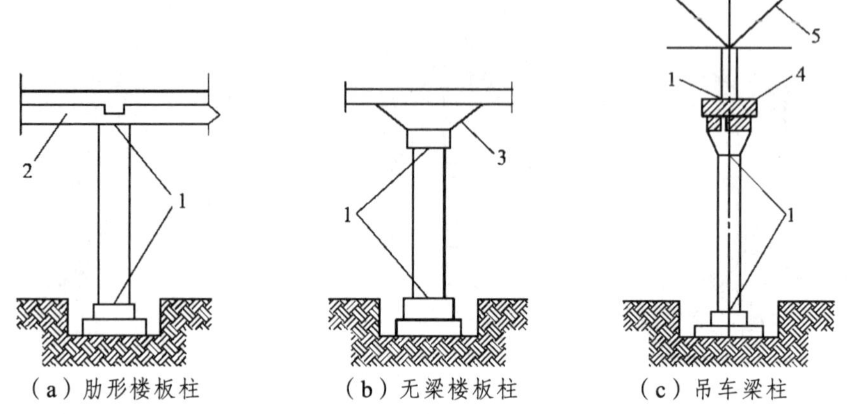

1—施工缝；2—梁；3—柱帽；4—吊车梁；5—屋架。

图 5.36　柱子施工缝的位置

高度大于 1 m 的钢筋混凝土梁的水平施工缝，应留在楼板底面下 20 ~ 30 mm 处，当板下有梁托时，留在梁托下部；单向平板的施工缝，可留在平行于短边的任何位置处；对于有主次梁的楼板结构，宜顺着次梁方向浇筑，施工缝应留在次梁跨度的中间 1/3 范围内，如图 5.37 所示。

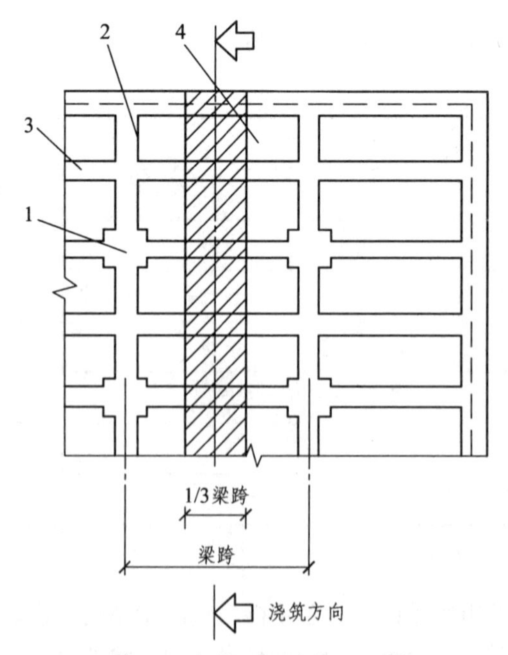

1—柱；2—主梁；3—次梁；4—板。

图 5.37　有梁板的施工缝位置

（2）施工缝的处理

施工缝处继续浇筑混凝土时，应待混凝土的抗压强度不小于 1.2 MPa 方可进行。

施工缝浇筑混凝土之前，应除去施工缝表面的水泥薄膜、松动石子和软弱的混凝土层，并加以充分湿润和冲洗干净，不得有积水。

浇筑时，施工缝处宜先铺水泥浆（水泥：水 = 1：0.4），或与混凝土成分相同的水泥砂浆一层，厚度为 30 ~ 50 mm，以保证接缝的质量。浇筑过程中，施工缝应细致捣实，使其紧密结合。

3）混凝土的浇筑方法

（1）多层钢筋混凝土框架结构的浇筑

浇筑框架结构首先要划分施工层和施工段，施工层一般按结构层划分，而每一施工层的施工段划分，则要考虑工序数量、技术要求、结构特点等。

混凝土的浇筑顺序：先浇捣柱子，在柱子浇捣完毕后，停歇 1 ~ 1.5 h，使混凝土达到一定强度后，再浇捣梁和板。

（2）大体积钢筋混凝土结构的浇筑

大体积钢筋混凝土结构多为工业建筑中的设备基础及高层建筑中厚大的桩基承台或基础底板等。

特点是混凝土浇筑面和浇筑量大，整体性要求高，不能留施工缝，以及浇筑后水泥的水化热量大且聚集在构件内部，形成较大的内外温差，易造成混凝土表面产生收缩裂缝等。

为保证混凝土浇筑工作连续进行，不留施工缝，应在下一层混凝土初凝之前，将上一层混凝土浇筑完毕。要求混凝土按不小于下述的浇筑量进行浇筑：

$$Q=\frac{FH}{T} \tag{5.1}$$

式中　Q——混凝土最小浇筑量（m^3/h）；

F——混凝土浇筑区的面积（m^2）；

H——浇筑层厚度（m）；

T——下层混凝土从开始浇筑到初凝所容许的时间间隔（h）。

大体积钢筋混凝土结构的浇筑方案，一般分为全面分层、分段分层和斜面分层三种，如图 5.38 所示。

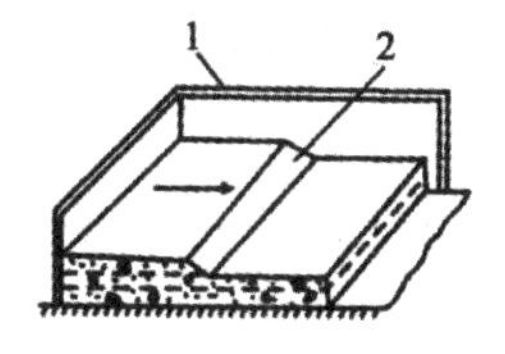

（a）全面分层

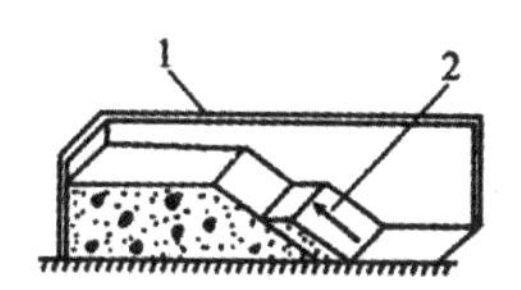

（b）分段分层

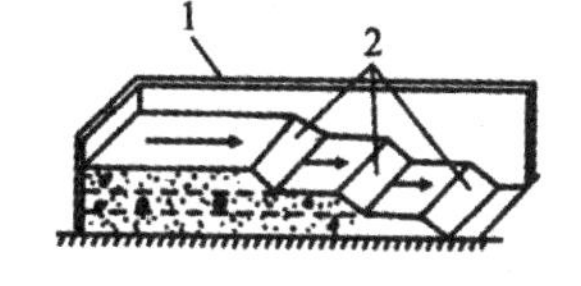

（c）斜面分层

1—模板；2—新浇筑的混凝土。

图 5.38　大体积混凝土浇筑方案

全面分层：在第一层浇筑完毕后，再回头浇筑第二层，如此逐层浇筑，直至完工为止。

分段分层：混凝土从底层开始浇筑，进行 2～3 m 后再回头浇第二层，同样依次浇筑各层。

斜面分层：要求斜坡坡度不大于 1/3，适用于结构长度大大超过厚度 3 倍的情况。

3. 混凝土的振捣

振捣方式分为人工振捣和机械振捣两种。

1）人工振捣

利用捣锤或插钎等工具的冲击力来使混凝土密实成型，其效率低、效果差。

2）机械振捣

将振动器的振动力传给混凝土，使之发生强迫振动而密实成型，其效率高、质量好。

混凝土振动机械按其工作方式分为内部振动器、表面振动器、外部振动器和振动台等，如图 5.39 所示。这些振动机械的构造原理，主要是利用偏心轴或偏心块的高速旋转，使振动器因离心力的作用而振动。

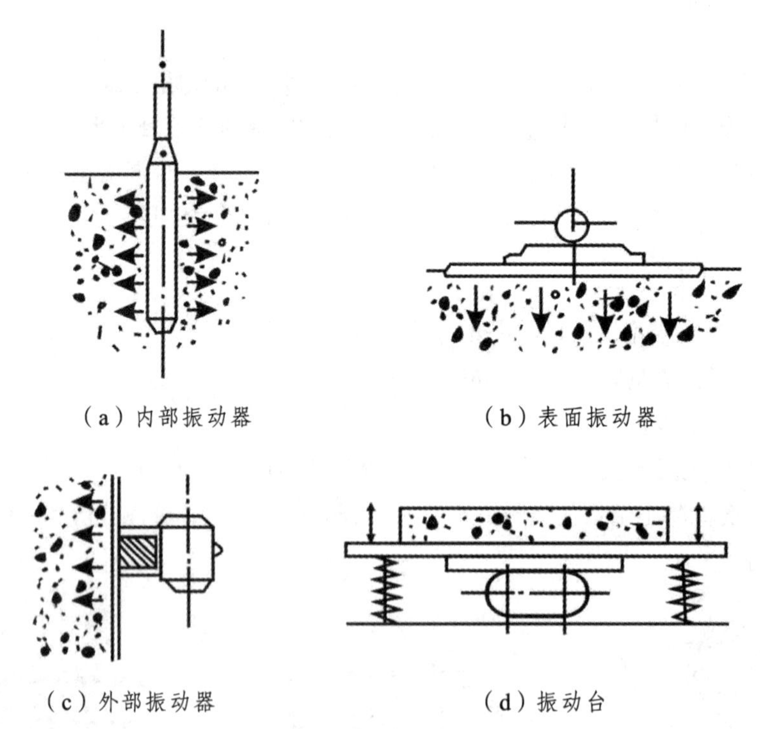

图 5.39　振动机械示意图

（1）内部振动器

内部振动器又称插入式振动器，其构造如图 5.40 所示。适用于振捣梁、柱、墙等构件和大体积混凝土。

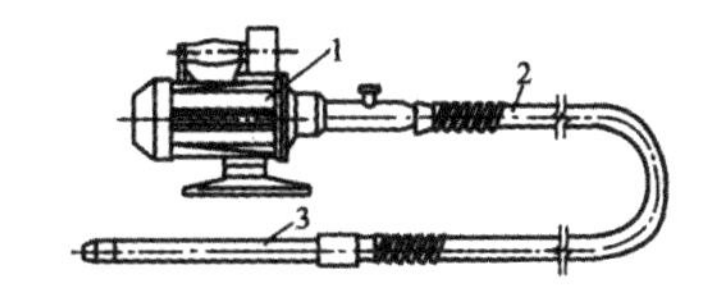

1—电动机；2—软轴；3—振动棒。

图 5.40　插入式振动器

插入式振动器操作要点：

插入式振动器的振捣方法有两种：一是垂直振捣，即振动棒与混凝土表面垂直；二是斜向振捣，即振动棒与混凝土表面成 40° ~ 45°。

振捣器的操作要做到快插慢拔，插点要均匀，逐点移动，顺序进行，不得遗漏，达到均匀振实。振动棒的移动，可采用行列式或交错式，如图 5.41 所示。

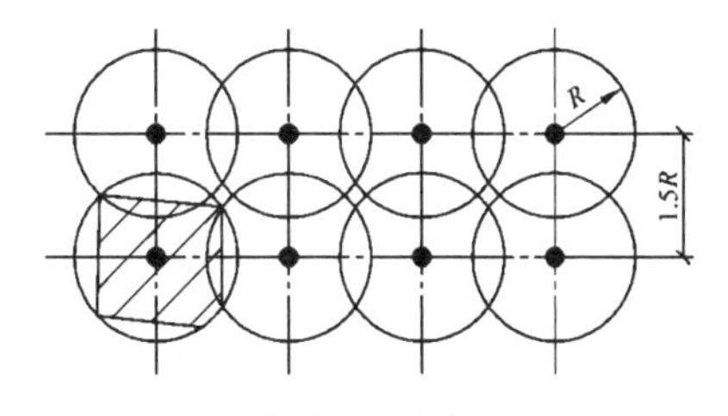

（a）行列式

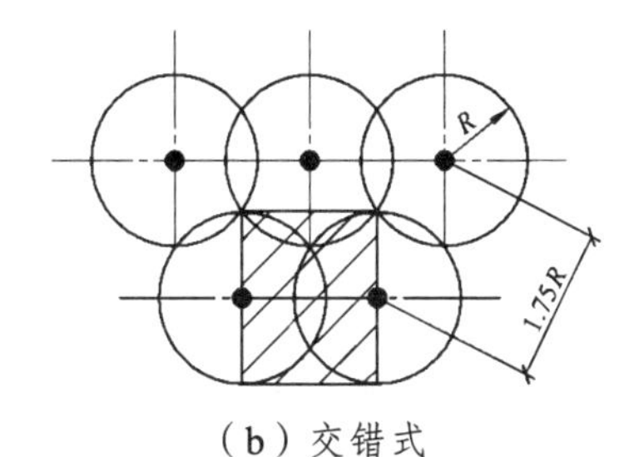

（b）交错式

R—振动棒有效作用半径。

图 5.41　振捣点的布置

混凝土分层浇筑时，应将振动棒上下来回抽动 50 ~ 100 mm；同时，还应将振动棒深入下层混凝土中 50 mm 左右，如图 5.42 所示。

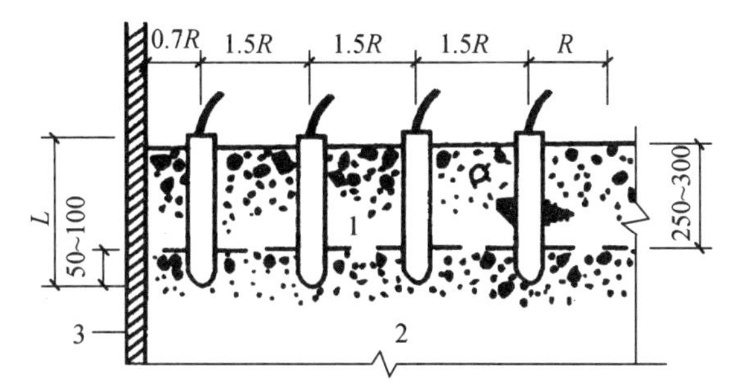

1—新浇筑的混凝土；2—下层已振捣但尚未初凝的混凝土；3—模板；
R—有效作用半径；L—振捣棒长度。

图 5.42　插入式振动器的插入深度

使用振动器时，每一振捣点的振捣时间一般为 20 ~ 30 s。不允许将其支承在结构钢筋上或碰撞钢筋，不宜紧靠模板振捣。

（2）表面振动器

表面振动器又称平板振动器，是将电动机轴上装有左右两个偏心块的振动器固定在一块平板上而成。其振动作用可直接传递于混凝土面层上。

这种振动器适用于振捣楼板、空心板、地面和薄壳等薄壁结构。

（3）外部振动器

外部的振动器又称附着式振动器，它是直接安装在模板上进行振捣，利用偏心块旋转时产生的振动力通过模板传给混凝土，达到振实的目的。

适用于振捣断面较小或钢筋较密的柱子、梁、板等构件。

（4）振动台

振动台一般在预制厂用于振实干硬性混凝土和轻骨料混凝土。

宜采用加压振动的方法，加压力为 1 ~ 3 kN/m^2。

4. 混凝土的养护

混凝土的凝结硬化是水泥水化作用的结果，而水泥水化作用必须在适当的温度和湿度条件下才能进行。混凝土的养护，就是使混凝土具有一定的温度和湿度，而逐渐硬化。混凝土养护分自然养护和人工养护。自然养护就是在常温（平均气温不低于 5 °C）下，用浇水或保水方法使混凝土在规定的期间内有适宜的温湿条件进行硬化。人工养护就是人工控制混凝土的温度和湿度，使混凝土强度增长，如蒸汽养护、热水养护、太阳能养护等，现浇结构多采用自然养护。

混凝土自然养护，是对已浇筑完毕的混凝土，应加以覆盖和浇水，并应符合下列规定：应在浇筑完毕后的 12 d 以内对混凝土加以覆盖和浇水；混凝土浇水养护的时间，对采用硅酸盐水泥、普通硅酸盐水泥或矿渣硅酸盐水泥拌制的混凝土，不得少于 7 d，对掺用缓凝型外加剂或有抗渗性要求的混凝土，不得少于 14 d；浇水次数应能保持混凝土处于湿润状态；混凝土的养护用水应与拌制用水相同。

对不易浇水养护的高耸结构、大面积混凝土或缺水地区，可在已凝结的混凝土表面喷涂塑性溶液，等溶液挥发后，形成塑性模，使混凝土与空气隔绝，阻止水分蒸发，以保证水化作用正常进行。

对地下建筑或基础，可在其表面涂刷沥青乳液，以防混凝土内水分蒸发。已浇筑的混凝土，强度达到 1.2 N/mm^2 后，方允许在其上往来人员，进行施工操作。

5. 混凝土的质量检查与缺陷防治

1）混凝土的质量检查

混凝土质量检查包括施工过程中的质量检查和养护后的质量检查。

（1）混凝土在拌制和浇筑过程中的质量检查

混凝土在拌制和浇筑过程中应按下列规定进行检查：

第一，检查拌制混凝土所用原材料的品种、规格和用量，每一工作班至少两次。混凝土拌制时，原材料每盘称量的偏差，不得超过表5.21中允许偏差的规定。

表5.21　混凝土原材料称量的允许偏差

材料名称	允许偏差
水泥、混合材料	±2%
粗、细骨料	±3%
水、外加剂	±2%

注：① 各种衡器应定期校验，保持准确。
② 骨料含水率应经常测定，雨天施工应增加测定次数。

第二，检查混凝土在浇筑地点的坍落度，每一工作班至少两次；当采用预拌混凝土时，应在商定的交货地点进行坍落度检查。实测坍落度与要求坍落度之间的允许偏差应符合表5.22的要求。

表5.22　混凝土坍落度与要求坍落度之间的允许偏差　　单位：mm

要求坍落度	允许偏差/mm
<50	±10
50～90	±20
>90	±30

第三，在每一个工作班内，当混凝土配合比由于外界影响有变动时，应及时检查调整。

第四，混凝土的搅拌时间应随时检查，是否满足规定的最短搅拌时间要求。

（2）检查预拌混凝土厂家提供的技术资料

如果使用商品混凝土，应检查混凝土厂家提供的下列技术资料：

第一，水泥品种、等级及每立方米混凝土中的水泥用量。

第二，骨料的种类和最大粒径。

第三，外加剂、掺合料的品种及掺量。

第四，混凝土强度等级和坍落度。

第五，混凝土配合比和标准试件强度。

第六，对轻骨料混凝土尚应提供其密度等级。

（3）混凝土质量的试验检查

检查混凝土质量应进行抗压强度试验。对有抗冻、抗渗要求的混凝土，尚应进行抗冻性、抗渗性等试验。

用于检查结构构件混凝土质量的试件，应在混凝土的浇筑地点随机取样制作。试件的留置应符合下列规定。

第一，每拌制100盘且不超过100 m^3的同配合比混凝土，取样不得少于1次。

第二，每工作班拌制的同配合比的混凝土不足100盘时，取样不得少于1次。

第三，对现浇混凝土结构，每一现浇楼层同配合比的混凝土取样不得少于 1 次；同一单位工程每一验收项目中同配合比的混凝土取样不得少于 1 次。

混凝土取样时，均应作成标准试件（即边长为 150 mm 标准尺寸的立方体试件），每组 3 个试件应在同盘混凝土中取样制作，并在标准条件下［温度（20 ± 3）°C，相对湿度为 90%以上］，养护至 28 d 龄期按标准试验方法，则得混凝土立方体抗压强度。取 3 个试件强度的平均值作为该组试件的混凝土强度代表值；或者当 3 个试件强度中的最大值或最小值之一与中间值之差超过中间值的 15%时，取中间值作为该组试件的混凝土强度的代表值；当 3 个试件强度中的最大值和最小值与中间值之差均超过中间值的 15%，该组试件不应作为强度评定的依据。

（4）现浇混凝土结构的允许偏差检查

现浇混凝土结构的允许偏差，应符合表 5.23 的规定；当有专门规定时，尚应符合相应的规定。

混凝土表面外观质量要求：不应有蜂窝、麻面、孔洞、露筋、缝隙及夹层、缺棱掉角和裂缝等。

表 5.23　现浇混凝土结构的尺寸允许偏差和检验方法

项　目			允许偏差/mm	抽验方法
轴线位置	基　础		15	钢尺检查
	独立基础		10	
	墙、柱、梁		8	
	剪力墙		5	
垂直度	层高	≤50 m	8	经纬仪或吊线、钢尺检查
		>5 m	10	经纬仪或吊线、钢尺检查
	全高 H		H/1 000 且≤30	经纬仪、钢尺检查
标高	层高		±10	水准仪或拉线、钢尺检查
	全高		±30	
截面尺寸			+8	钢尺检查
			−5	
电梯井	井筒长、宽对定位中心线		+25 0	钢尺检查
井筒全高			H/1 000 且≤30	经纬仪或吊线、钢尺检查
表面平整度			8	2 m 靠尺和塞尺检查
预埋设施中心线位置	预埋件		10	钢尺检查
	预埋螺栓		5	
	预埋管		5	
	预留洞中心线位置		15	钢尺检查

2）现浇湿混凝土结构质量缺陷及产生原因

现浇结构的外观质量缺陷，应由监理（建设）单位、施工单位等各方根据其对结构性能和使用功能影响的严重程度，按表 5.24 确定。

表 5.24　现浇结构的外观质量缺陷

名称	现　象	严重缺陷	一般缺陷
露筋	构件内钢筋未被混凝土包裹而外露	纵向受力钢筋有露筋	其他钢筋有少量露筋
蜂窝	混凝土表面缺少水泥砂浆而形成石子外露	构件主要受力部位有蜂窝	其他部位有少量蜂窝
孔洞	混凝土中孔穴深度和长度均超过保护层厚度	构件主要受力部位有孔洞	其他部位有少量孔洞
夹渣	混凝土中夹有杂物且深度超过保护层厚度	构件主要受力部位有夹渣	其他部位有少量夹渣
疏松	混凝土中局部不密实	构件主要受力部位有疏松	其他部位有少量疏松
裂缝	缝隙从混凝土表面延伸至混凝土内部	构件主要受力部位有影响结构性能	其他部位有少量不影响结构性能
连接部位缺陷	构件连接处混凝土缺陷及连接钢筋、连接件松动	连接部位有影响结构传力性能的缺陷	基本不影响结构传力性能的缺陷
外形缺陷	缺棱掉角、棱角不直、翘曲不平、飞边凸肋等	清水混凝土构件有影响使用功能	有不影响使用功能的外形缺陷
外表缺陷	构件表面麻面、掉皮、起砂、沾污等	具有重要装饰效果的清水混凝土构件有外表缺陷	其他有不影响使用功能的外表缺陷

混凝土质量缺陷产生的原因主要如下：

蜂窝：由于混凝土配合比不准确，浆少而石子多，或搅拌不均造成砂浆与石子分离，或浇筑方法不当，或振捣不足，以及模板严重漏浆。

麻面：模板表面粗糙不光滑，模板湿润不够，接缝不严密，振捣时发生漏浆。

露筋：浇筑时垫块位移，甚至漏放，钢筋紧贴模板，或者因混凝土保护层处漏振或振捣不密实而造成露筋。

孔洞：混凝土结构内存在空隙，砂浆严重分离，石子成堆，砂与水泥分离。另外，有泥块等杂物掺入也会形成孔洞。

缝隙和薄夹层：主要是混凝土内部处理不当的施工缝、温度缝和收缩缝，以及混凝土内有外来杂物而造成的夹层。

裂缝：构件制作时受到剧烈振动，混凝土浇筑后模板变形或沉陷，混凝土表面水分蒸发过快，养护不及时等，以及构件堆放、运输、吊装时位置不当或受到碰撞。

产生混凝土强度不足的原因是多方面的，主要是由于混凝土配合比设计、搅拌、现场浇捣和养护等四个方面的原因造成的。

配合比设计方面有时不能及时测定水泥的实际活性，影响了混凝土配合比设计的正确性；另外，套用混凝土配合比时选用不当及外加剂用量控制不准等，都有可能导致混凝土强度不足，分离，或浇筑方法不当，或振捣不足，以及模板严重漏浆。

搅拌方面任意增加用水量，配合比称料不准，搅拌时颠倒加料顺序及搅拌时间过短等造成搅拌不均匀，导致混凝土强度降低。

现场浇捣方面主要是施工中振捣不实，以及发现混凝土有离析现象时，未能及时采取有效措施来纠正。

养护方面主要是不按规定的方法、时间对混凝土进行妥善的养护，以致造成混凝土强度降低。

3）混凝土质量缺陷的防治与处理

（1）表面抹浆修补

对数量不多的小蜂窝、麻面、露筋、露石的混凝土表面，主要是保护钢筋和混凝土不受侵蚀，可用 1∶2～1∶2.5 水泥砂浆抹面修整。

（2）细石混凝土填补

当蜂窝比较严重或露筋较深时，应取掉不密实的混凝土，用清水洗净并充分湿润后，再用比原强度等级高一级的细石混凝土填补并仔细捣实。

（3）水泥灌浆与化学灌浆

对于宽度大于 0.5 mm 的裂缝，宜采用水泥灌浆；对于宽度小于 0.5 mm 的裂缝，宜采用化学灌浆。

5.4 预应力混凝土工程

预应力混凝土工程是 1928 年由法国弗来西奈首先研究成功以后，在世界各国广泛推广应用的。其推广数量和范围多少，是衡量一个国家建筑技术水平的重要标志之一。

我国 1950 年开始采用预应力混凝土结构，现在无论在数量以及结构类型方面均得到迅速发展。预应力技术已经从开始的单个构件发展到预应力结构新阶段。如无黏结预应力现浇平板结构、装配式整体预应力板柱结构、预应力薄板叠合板结构、大跨度部分预应力框架结构等。

普通钢筋混凝土构件的抗拉极限应变值只有 0.000 1～0.000 15，即相当于每米只允许拉长 0.1～0.15 mm，超过此值，混凝土就会开裂。如果混凝土不开裂，构件内的受拉钢筋应力只能达到 20～30 N/mm²。如果允许构件开裂，裂缝宽度限制在 0.2～0.3 mm 时，构件内的受拉钢筋应力也只能达到 150～250 N/mm²。因此，在普通混凝土构件中采用高强钢材达到节约钢材的目的受到限制。采用预应力混凝土才是解决这一矛盾的有效办法。所谓预应力混凝结构（构件），就是在结构（构件）受拉区预先施加压力产生预压应力，从而使结构（构件）在使用阶段产生的拉应力首先抵消预压应力，从而推迟了裂缝的出现和限制裂缝的开展，提高了结构（构件）的抗裂度和刚度。这种施加预应力的混凝土，叫作预应力混凝土。

与普通混凝土相比，预应力混凝土除了提高构件的抗裂度和刚度外，还具有减轻自重、增加构件的耐久性、降低造价等优点。

预应力混凝土按施工方法的不同可分为先张法和后张法两大类，按钢筋张拉方式不同可分为机械张拉、电热张拉与自应力张拉法等。

5.4.1　先张法施工

先张法是在浇筑混凝土之前，先张拉预应力钢筋，并将预应力筋临时固定在台座或钢模上，待混凝土达到一定强度（一般不低于混凝土设计强度标准值的 75%），混凝土与预应力筋具有一定的黏结力时，放松预应力筋，使混凝土在预应力筋的反弹力作用下，使构件受拉区的混凝土承受预压应力。预应力筋的张拉力，主要是由预应力筋与混凝土之间的黏结力传递给混凝土。图 5.43 为预应力混凝土构件先张法（台座）生产示意图。

先张法生产可采用台座法和机组流水法。

台座法是构件在台座上生产，即预应力筋的张拉、固定、混凝土浇筑、养护和预应力筋的放松等工序均在台座上进行。采用机组流水法是利用钢模板作为固定预应力筋的承力架，构件连同模板通过固定的机组，按流水方式完成其生产过程。先张法适用于生产定型的中小型构件，如空心板、屋面板、吊车梁、檩条等。先张法施工中常用的预应力筋有钢丝和钢筋两类。

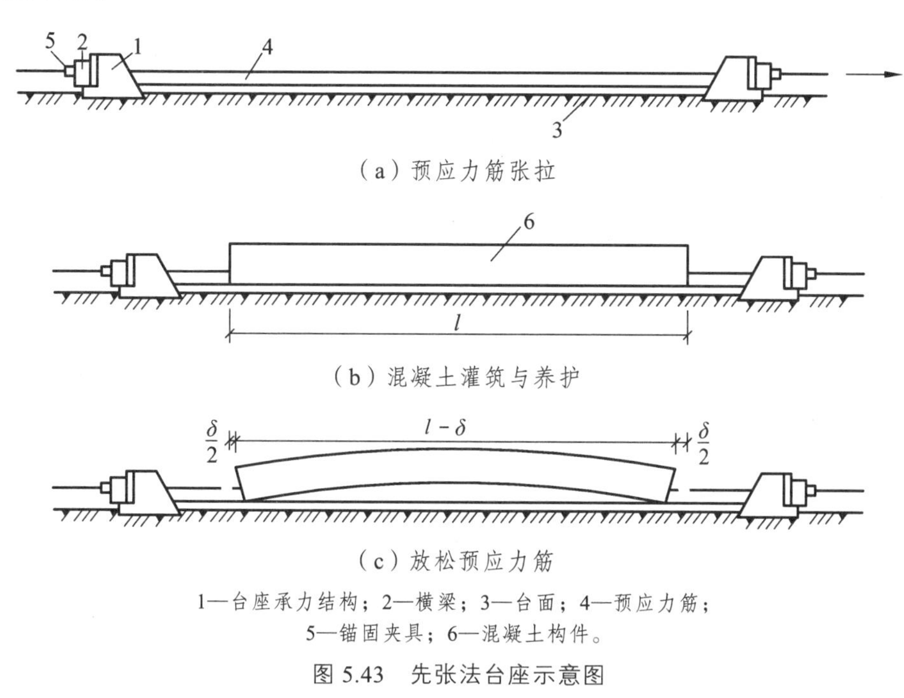

1—台座承力结构；2—横梁；3—台面；4—预应力筋；5—锚固夹具；6—混凝土构件。

图 5.43　先张法台座示意图

1. 台　座

台座是先张法预张拉和临时固定预应力筋的支撑结构，它承受预应力筋的全部张拉力，因此要求台座具有足够的强度、刚度和稳定性。台座按构造形式分为：墩式台座和槽式台座。

1）墩式台座

墩式台座由承力台墩、台面和横梁组成，如图 5.44 所示。目前常用的是现浇钢筋混凝土制成的由承力台墩与台面共同受力的台座。

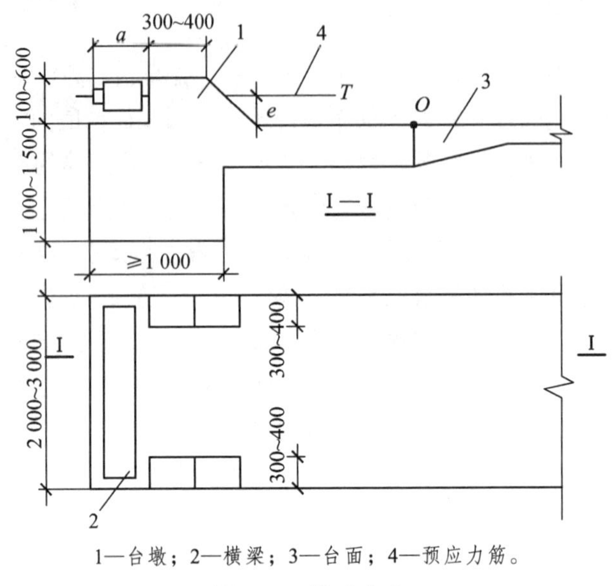

1—台墩；2—横梁；3—台面；4—预应力筋。

图 5.44　墩式台座

台座的长度和宽度由场地大小、构件类型和产量而定，一般长度宜为 100 ~ 150 m，宽度为 2 ~ 4 m，这样既可利用钢丝长的特点，张拉一次可生产多根（块）构件，又可以减少因钢丝滑动或台座横梁变形引起的预应力损失。

2）槽式台座

槽式台座是由端柱、传力柱和上、下横梁及砖墙组成的，如图 5.45 所示。端柱和传力柱是槽式台座的主要受力结构，采用钢筋混凝土结构。砖墙一般为一砖厚，起挡土作用，同时又是蒸汽养护的保温侧墙。

槽式台座适用于张拉吨位较大的构件，如吊车梁、屋架、薄腹梁等。

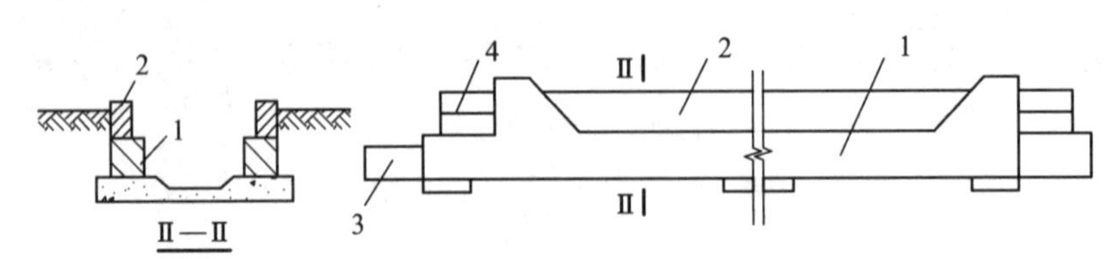

1—传力柱；2—砖墙；3—下横梁；4—上横梁。

图 5.45　槽式台座

2. 夹　具

夹具是预应力筋张拉和临时固定的锚固装置，用在先张法施工中。按其用途不同，可分为锚固夹具和张拉夹具。

1）夹具的要求

夹具的静载锚固性能，应由预应力筋夹具组装件静载试验测定的夹具效率系数确定。夹具效率系数η_s，按下式计算：

$$\eta_s = \frac{F_{spu}}{\eta_p F_{spu}^0} \tag{5.2}$$

式中　F_{spu}——预应力夹具组装件的实测极限拉力；

F_{spu}^0——预应力夹具组装件中各根预应力钢材计算极限拉力之和；

η_p——预应力筋的效率系数：预应力筋为消除应力钢丝、钢绞线或热处理钢筋时，取 0.97。

夹具的静载锚固性能应满足：>0.95。

夹具除满足上述要求外，尚应具有下列性能：

（1）当预应力夹具组装件达到实际极限拉力时，全部零件不应出现肉眼可见的裂缝和破坏。

（2）有良好的自锚性能。

（3）有良好的松锚性能。

（4）能多次重复使用。

2）锚固夹具

（1）钢质锥形夹具

钢质锥形夹具主要用来锚固直径为 3 ~ 5 mm 的单根钢丝夹具，如图 5.46 所示。

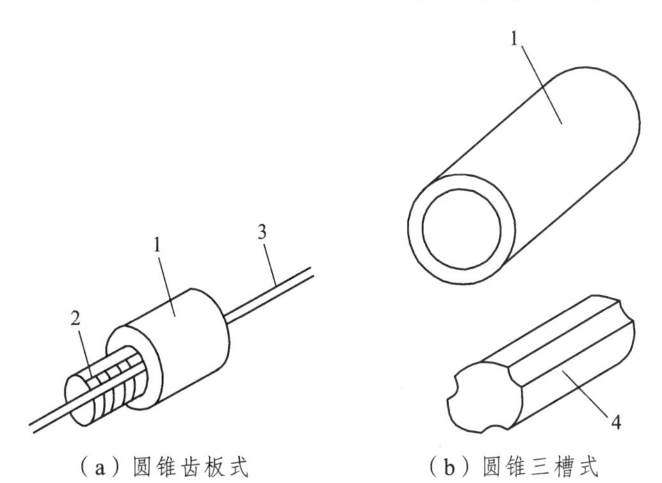

（a）圆锥齿板式　　（b）圆锥三槽式

1—套筒；2—齿板；3—钢丝；4—锥销。

图 5.46　钢质锥形夹具

（2）镦头夹具

镦头夹具适用于预应力钢丝固定端的锚固，如图 5.47 所示。

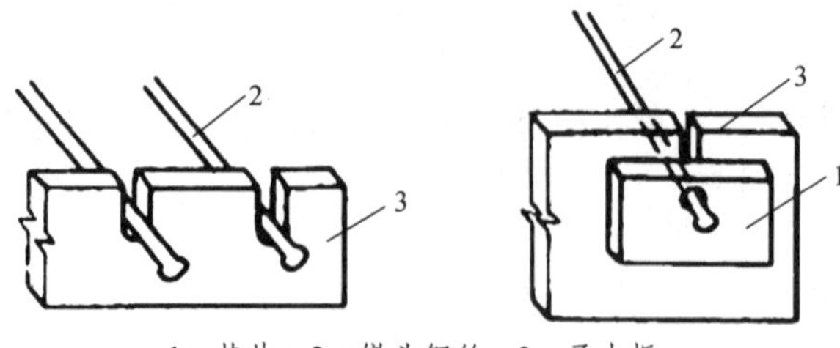

1—垫片；2—镦头钢丝；3—承力板。

图 5.47　固定端镦头夹具

3）张拉夹具

张拉夹具是将预应力筋与张拉机械连接起来进行预应力张拉的工具，常用的张拉夹具有月牙形夹具、偏心式夹具和楔形夹具等，如图 5.48 所示。

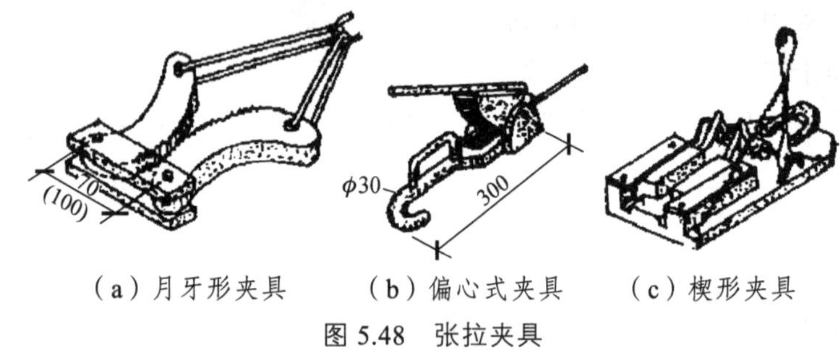

（a）月牙形夹具　　（b）偏心式夹具　　（c）楔形夹具

图 5.48　张拉夹具

3. 张拉设备

张拉设备要求工作可靠，控制应力准确，能以稳定的速率加大拉力。常用的张拉设备有油压千斤顶、卷扬机、电动螺杆张拉机等。

1）油压千斤顶

油压千斤顶可用来张拉单根或多根成组的预应力筋。可直接从油压的读数求得张拉应力值，图 5.49 为 YC-20 穿心式千斤顶张拉过程示意图。成组张拉时，由于拉力较大，一般用油压千斤顶张拉，如图 5.50 所示。

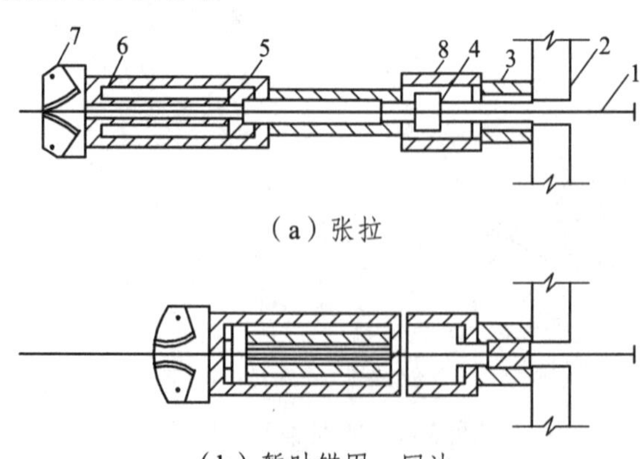

（a）张拉

（b）暂时锚固，回油

1—钢筋；2—台座；3—穿心式夹具；4—弹性顶压头；5，6—油嘴；7—偏心式夹具；8—弹簧。

图 5.49　YC-20 穿心式千斤顶张拉过程示意图

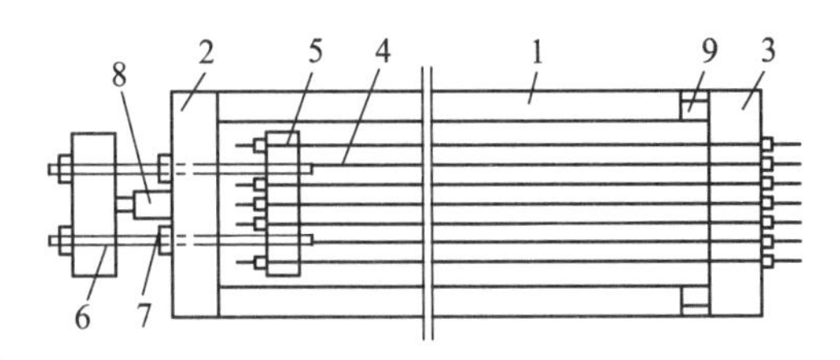

1—台座；2，3—前后横梁；4—钢筋；5，6—拉力架横梁；
7—大螺丝杆；8—油压千斤顶；9—放松装置。

图 5.50 油压千斤顶成组张拉

2）电动螺杆张拉机

电动螺杆张拉机由螺杆、电动机、变速箱、测力计及顶杆等组成。可单根张拉预应力钢丝或钢筋。张拉时，顶杆支于台座横梁上，用张拉夹具夹紧钢筋后，开动电动机，由皮带、齿轮传动系统使螺杆作直线运动，从而张拉钢筋。这种张拉的特点是运行稳定，螺杆有自锁性能，故张拉机恒载性能好，速度快，张拉行程大，如图 5.51 所示。

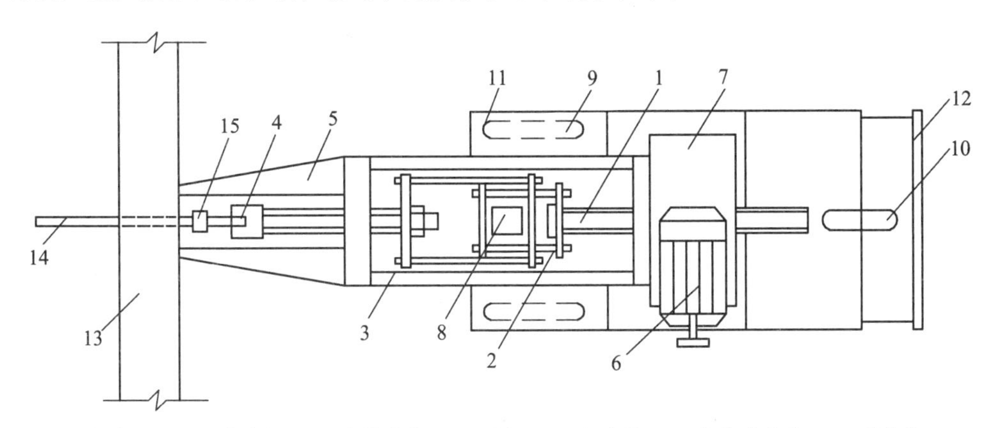

1—螺杆；2，3—拉力架；4—张拉夹具；5—顶杆；6—电动机；7—齿轮减速箱；8—测力计；
9，10—车轮；11—底盘；12—手把；13—横梁；14—钢筋；15—锚固夹具。

图 5.51 电动螺杆张拉机

4. 先张法施工工艺流程图

先张法施工工艺流程如图 5.52 所示。

1）预应力筋的铺设、张拉

（1）预应力筋的铺设

预应力筋铺设前先做好台面的隔离层，应选用非油类模板隔离剂，隔离剂不得使预应力筋受污，以免影响预应力筋与混凝土的黏结。

碳素钢丝强度高、表面光滑、与混凝土黏结力较差，因此必要时可采取表面刻痕和压波措施，以提高钢丝与混凝土的黏结力。

钢丝接长可借助钢丝拼接器用 20 ~ 22 号铁丝密排绑扎，如图 5.53、5.54 所示。

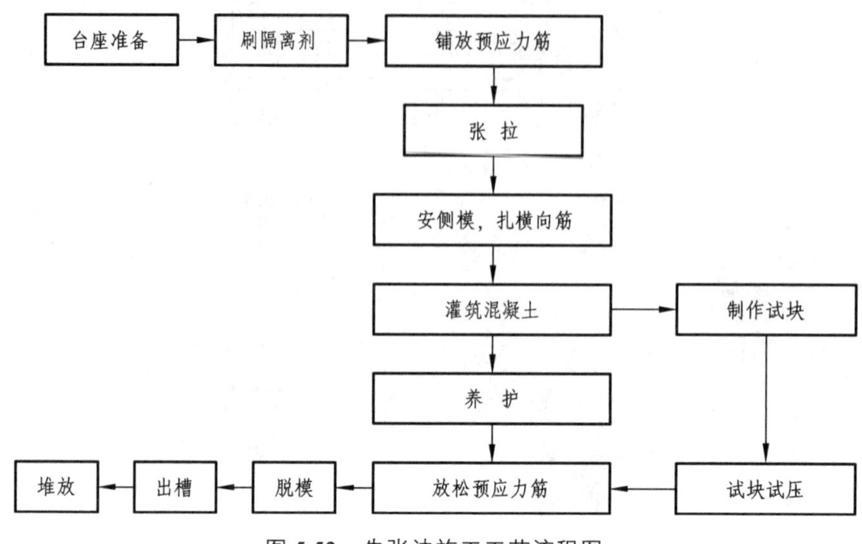

图 5.52 先张法施工工艺流程图

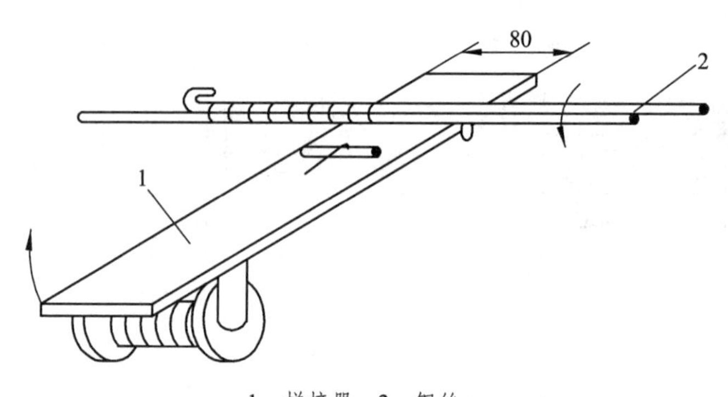

1—拼接器；2—钢丝。

图 5.53 钢丝拼接器（一）

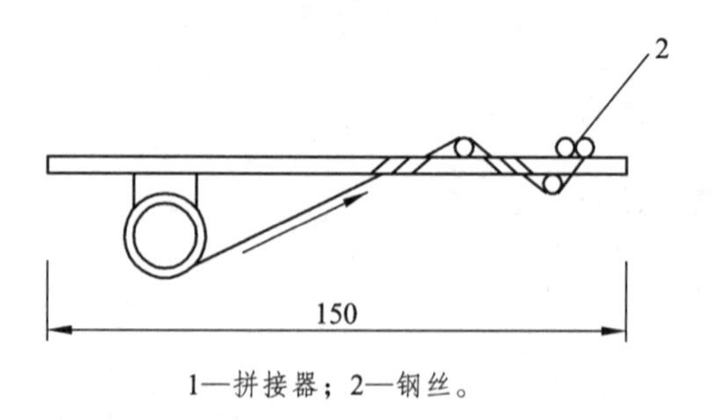

1—拼接器；2—钢丝。

图 5.54 钢丝拼接器（二）

（2）预应力筋张拉应力的确定

预应力筋的张拉控制应力，应符合设计要求。施工如采用超张拉，可比设计要求提高5%，但其最大张拉控制应力不得超过表 5.25 的规定。

表 5.25　张拉控制应力限值

钢　种	张拉方法	
	先张法	后张法
消除应力钢丝、钢绞线	$0.8f_{ptk}$	$0.8f_{ptk}$
热处理钢筋	$0.75f_{ptk}$	$0.70f_{ptk}$

注：f_{ptk} 为预应力筋极限抗拉强度标准值。

（3）预应力筋张拉力的计算

预应力筋张拉力 P 按下式计算：

$$P=(1+m)\sigma_{con}A_p \text{（kN）} \tag{5.3}$$

式中　m——超张拉百分率（%）；

σ_{con}——张拉控制应力；

A_p——预应力筋截面面积。

（4）张拉程序

预应力筋的张拉程序可按下列程序之一进行：

$$1\longrightarrow 103\%\sigma_{con} \tag{5.4}$$

或

$$0\longrightarrow 105\%\sigma_{con}\xrightarrow{\text{持荷 2 min}}\sigma_{con} \tag{5.5}$$

第一种张拉程序中，超张拉 3%是为了弥补预应力筋的松弛损失，这种张拉程序施工简便，一般多采用。

第二种张拉程序中，超张拉 5%并持荷 2 min 其目的是减少预应力筋的松弛损失。钢筋松弛的数值与控制应力、延续时间有关，控制应力越高，松弛也就越大，同时还随着时间的延续不再增加，但在第一分钟内完成损失总值的 50%左右，24 h 内则完成 80%。上述程序中，超张拉持荷 2 min，可以减少 50%以上的松弛损失。

（5）预应力筋伸长值与应力的测定

预应力筋张拉后，一般应校核预应力筋的伸长值。如实际伸长值与计算伸长值的偏差超过 ± 6%时，应暂停张拉，查明原因并采取措施予以调整后，方可继续张拉。预应力筋的伸长值按下式计算：

$$\Delta L=\frac{F_p\cdot l}{A_p\cdot E_s} \tag{5.6}$$

式中　F_p——预应力筋张拉力；

l——预应力筋长度；

A_p——预应力筋截面面积；

E_s——预应力筋的弹性模量。

预应力筋的实际伸长值，宜在初应力约为 10% σ_{con} 时开始测量，但必须加上初应力以下的推算伸长值。

预应力筋的位置不允许有过大偏差，对设计位置的偏差不得大于 5 mm，也不得大于构件截面最短边长的 4%。

采用钢丝作为预应力筋时，不做伸长值校核，但应在钢丝锚固后，用钢丝测力计或半导体频率记数测力计测定其钢丝应力。其偏差不得大于或小于按一个构件全部钢丝预应力总值的 5%。

多根钢丝同时张拉时，必须事先调整初应力使其相互间的应力一致。断丝和滑脱钢丝的数量不得大于钢丝总数的 3%，一束钢丝中只允许断丝一根。构件在浇筑混凝土前发生断丝或滑脱的预应力钢丝必须予以更换。

2）混凝土的浇筑与养护

为了减少预应力损失，在设计配合比时应考虑减少混凝土的收缩和徐变。应采用低水灰比，控制水泥用量，采用良好的骨料级配并振捣密实。

振捣混凝土时，振动器不得碰撞预应力钢筋。混凝土未达到一定强度前也不允许碰撞和踩动预应力筋，以保证预应力筋与混凝土有良好的黏结力。

预应力混凝土可采用自然养护和湿热养护。当采用湿热养护时应采取正确的养护制度，减少由于温差引起的预应力损失。在台座生产的构件采用湿热法养护时，由于温度升高后，预应力筋膨胀而台座长度并无变化，因而预应力筋的应力减少。在这种情况下混凝土逐渐硬结，则在混凝土硬化前预应力筋由于温度升高而引起的应力降低将无法恢复，形成温差应力损失。因此，为了减少温差应力损失，应使混凝土达到一定强度（100 N/mm^2）前，将温度升高限制在一定范围内（一般不超过 20 °C）。用机组流水法钢模制作预应力构件，因湿热养护时钢模与预应力筋同样伸缩，所以不存在因温差引起的预应力损失。

3）预应力筋的放张

（1）放张要求

放张预应力筋时，混凝土应达到设计要求的强度。如设计无要求时，应不得低于设计混凝土强度等级的 75%。

放张预应力筋前应拆除构件的侧模使放张时构件能自由压缩，以免模板损坏或造成构件开裂。对有横肋的构件（如大型屋面板），其横肋断面应有适宜的斜度，也可以采用活动模板，以免放张时构件端肋开裂。

（2）放张方法

配筋不多的中小型构件，钢丝可用砂轮锯或切断机等方法放张。配筋多的钢筋混凝土构件，钢丝应同时放张，如逐根放张，最后几根钢丝将由于承受过大的拉力而突然断裂，使得构件端部容易开裂。

对钢丝、热处理钢筋不得用电弧切割，宜用砂轮锯或切断机切断。预应力钢筋数量较多时，可用千斤顶、砂箱、楔块等装置同时放张，如图 5.55 所示。

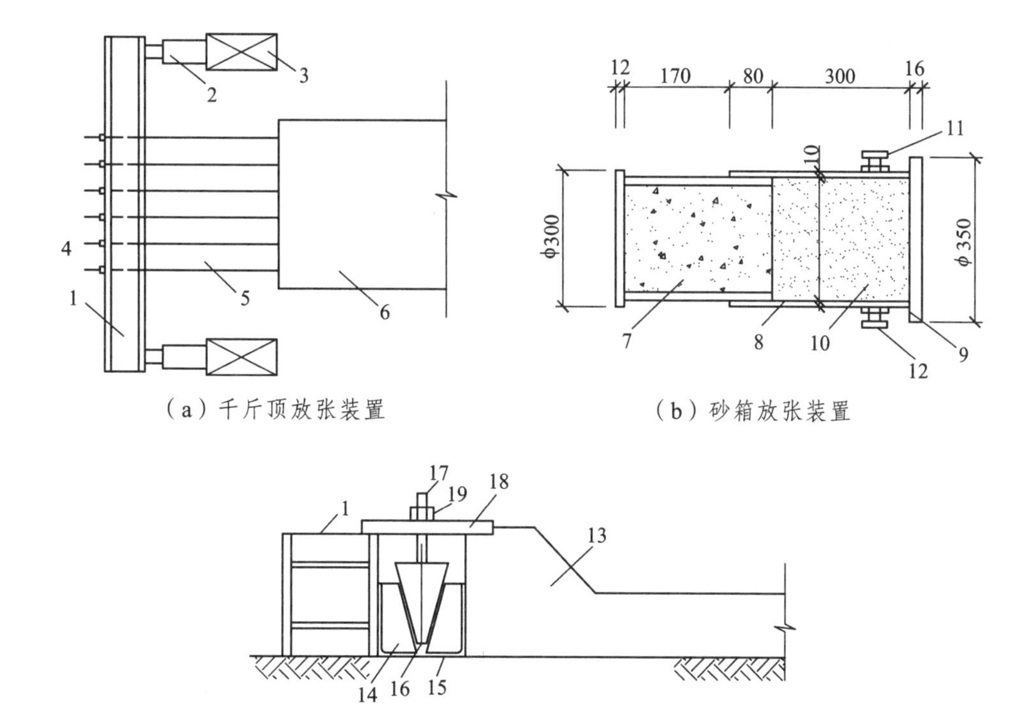

（a）千斤顶放张装置　　（b）砂箱放张装置

（c）楔块放张装置

1—横梁；2—千斤顶；3—承力架；4—夹具；5—钢丝；6—构件；7—活塞；8—套箱；9—套箱底板；10—砂；11—进砂口；12—出砂口；13—台座；14，15—固定楔块；16—滑动楔块；17—螺杆；18—承力板；19—螺母。

图 5.55　预应力筋放张装置

（3）放张顺序

预应力筋的放张顺序，应满足设计要求，如设计无要求时应满足下列规定：

对轴心受预压构件（如压杆、桩等）所有预应力筋应同时放张。

对偏心受预压构件（如梁等）先同时放张预压力较小区域的预应力筋，再同时放张预压力较大区域的预应力筋。

如不能按上述规定放张时，应分阶段、对称、相互交错地放张，以防止在放张过程中构件发生翘曲、裂纹及预应力筋断裂等现象。

5.4.2　后张法施工

后张法是先制作构件，预留孔道，待构件混凝土强度达到设计规定的数值后，在孔道内穿入预应力筋进行张拉，并用锚具在构件端部将预应力筋锚固，最后进行孔道灌浆。预应力筋的张拉力主要是靠构件端部的锚具传递给混凝土，使混凝土产生预压应力。图 5.56 为预应力混凝土后张法生产示意图。

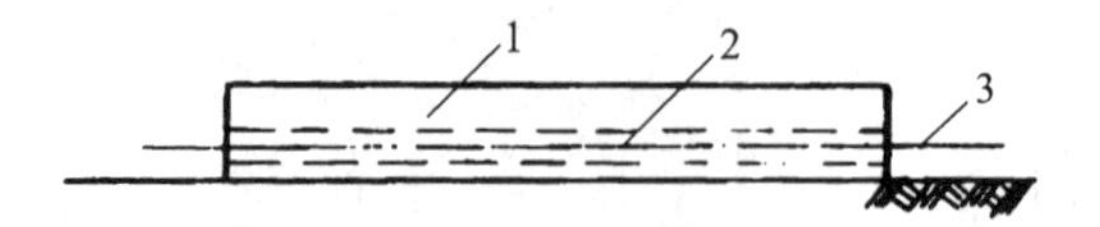

（a）制作构件，预留孔道

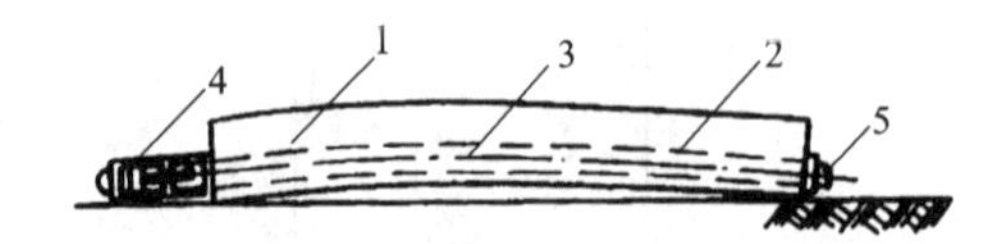

（b）穿入预应力钢筋进行张拉并锚固

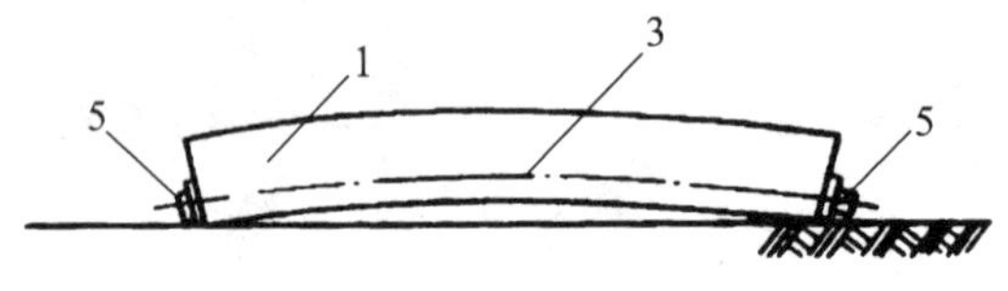

（c）孔道灌浆

1—混凝土构件；2—预留孔道；3—预应力筋；4—千斤顶；5—锚具。

图 5.56　后张法施工顺序

1. 锚具及张拉设备

1）锚具的要求

锚具是预应力筋张拉和永久固定在预应力混凝土构件上的传递预应力的工具。按锚固性能不同，可分为 I 类锚具和 n 类锚具。I 类锚具适用于承受动载、静载的预应力混凝土结构；n 类锚具仅适用于有黏结预应力混凝土结构，且锚具只能处于预应力筋应力变化不大的部位。

锚具的静载锚固性能，应由预应力锚具组装件静载试验测定的锚具效率系数和达到实测极限拉力时的总应变 eapu 确定，其值应符合表 5.26 规定。

表 5.26　锚具效率系数与总应变

锚具类型	锚具效率系数	实测极限拉力时的总应变 e_{apu}/%
I	>0.95	>2.0
U	0.90	1.7

锚具效率系数 η_a 按下式计算：

$$\eta_a = \frac{F_{apu}}{\eta_p \cdot F_{apu}^c}$$

式中　F_{apu}——预应力筋锚具组装件的实测极限拉力（kN）；

F_{apu}^c——预应力筋锚具组装件中各根预应力钢材计算极限拉力之和（kN）；

η_p——预应力筋的效率系数。

对于重要预应力混凝土结构工程使用的锚具，预应筋的效率系数 η_p 应按国家现行标准《预应力钢筋锚具、夹具和连接器》的规定进行计算。

对于一般预应力混凝土结构工程使用的锚具，当预应力筋为钢丝、钢绞线或热处理钢筋时，预应力筋的效率系数 η_p 取 0.97。

除满足上述要求，锚具尚应满足下列规定：

（1）当预应力筋锚具组装件达到实测极限拉力时，除锚具设计允许的现象外，全部零件均不得出现肉眼可见的裂缝或破坏。

（2）除能满足分级张拉及补张拉工艺外，宜具有能放松预应力筋的性能。

（3）锚具或其附件上宜设置灌浆孔道，灌浆孔道应有使浆液通畅的截面面积。

2）锚具的种类

后张法所用锚具根据其锚固原理和构造形式不同，分为螺杆锚具、夹片锚具、锥销式锚具和镦头锚具四种体系；在预应力筋张拉过程中，锚具所在位置与作用不同，又可分为张拉端锚具和固定端锚具；预应力筋的种类有热处理钢筋束、消除应力钢筋束或钢绞线束、钢丝束。因此按锚具锚固钢筋或钢丝的数量，可分为单根粗钢筋锚具、钢丝锚具和钢筋束、钢绞线束锚具。

（1）单根粗钢筋锚具

① 螺栓端杆锚具

螺栓端杆锚具由螺栓端杆、垫板和螺母组成，适用于锚固直径不大于 36 mm 的热处理筋，如图 5.57（a）所示。

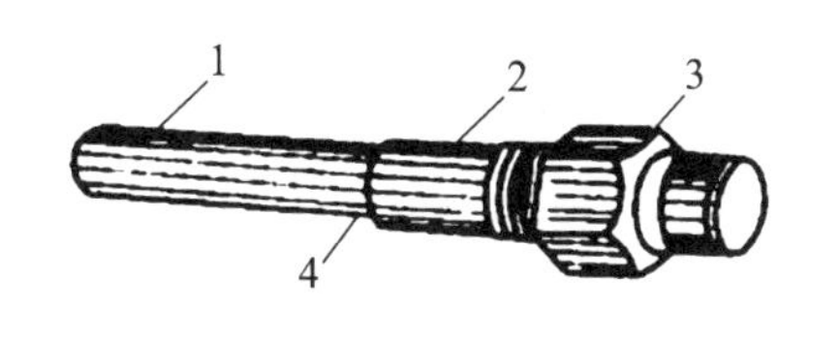

（a）螺栓端杆锚具　　（b）帮条锚具

1—钢筋；2—螺栓端杆；3—螺母；4—焊接接头；5—衬板；6—帮条。

图 5.57　单根筋锚具

螺栓端杆可用同类热处理钢筋或热处理 45 号钢制作。制作时，先粗加工至接近设计尺寸，再进行热处理，然后精加工至设计尺寸。热处理后不能有裂纹和伤痕。螺母可用 3 号钢制作。

螺栓端杆锚具与预应力筋对焊，用张拉设备张拉螺栓端杆，然后用螺母锚固。

② 帮条锚具

帮条锚具由一块方形衬板与三根帮条组成［图 5.57（b）］。衬板采用普通低碳钢板，帮条采用与预应力筋同类型的钢筋。帮条安装时，三根帮条与衬板相接触的截面应在一个垂直平面上，以免受力时产生扭曲。

帮条锚具一般用在单根粗钢筋作预应力筋的固定端。

（2）钢筋束、钢绞线束锚具

钢筋束和钢绞线束目前使用的锚具有 JM 型、KT-Z 型、XM 型、QM 型和镦头锚具等。

① JM 型锚具

JM 型锚具由锚环与夹片组成，如图 5.58 所示，夹片呈扇形，靠两侧的半圆槽锚固预应力钢筋。为增加夹片与预应力筋之间的摩擦力，在半圆槽内刻有截面为梯形的齿痕，夹片背面的坡度与锚环一致。锚环分甲型和乙型两种，甲型锚环为一个具有锥形内孔的圆柱体，外形比较简单，使用时直接放置在构件端部的垫板上。乙型锚环在圆柱体外部增添正方形肋板，使用时锚环预埋在构件端部不另设垫板。锚环和夹片均用 45 号钢制造，甲型锚环和夹片必须经过热处理，乙型锚环可不必进行热处理。

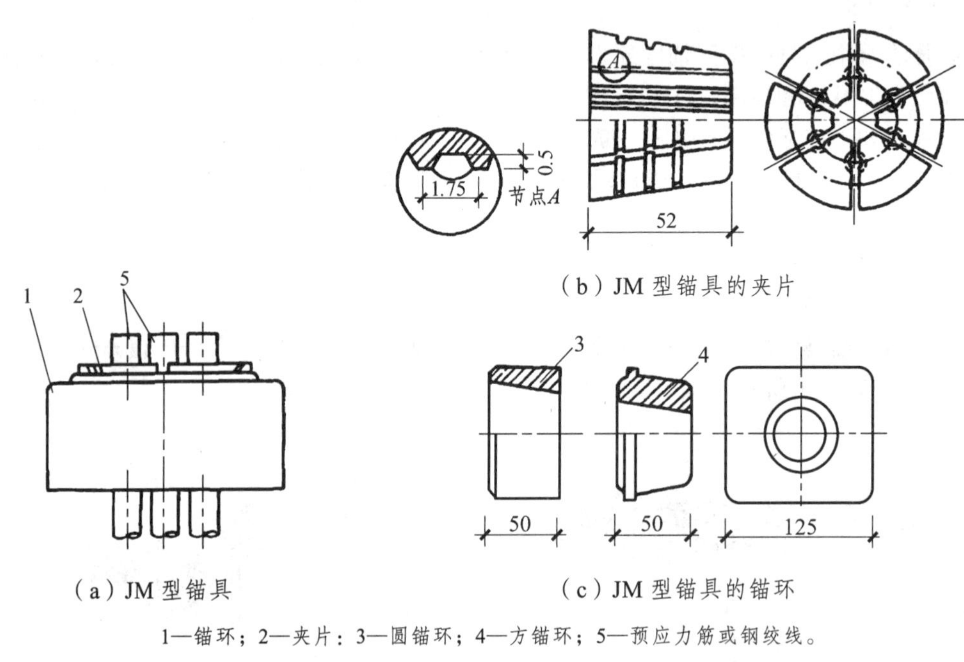

（a）JM 型锚具　（b）JM 型锚具的夹片　（c）JM 型锚具的锚环

1—锚环；2—夹片：3—圆锚环；4—方锚环；5—预应力筋或钢绞线。

图 5.58　JM 型锚具

JM 型锚具可用于锚固 3 ~ 6 根直径为 12 mm 的光圆或螺纹钢筋束。也可以用于锚固 5 ~ 6 根 12 mm 的钢绞线束。它可以作为张拉端或固定端锚具，也可作重复使用的工具锚。

② KT-Z 型锚具

KT-Z 型锚具为可锻铸铁锥形锚具，由锚环和锚塞组成。如图 5.59 所示，分为 A 型和 B 型两种，当预应力筋的最大张拉力超过 450 kN 时采用 A 型，不超过 450 kN 时，采用 B 型。KT-Z 型锚具适用锚固，3 ~ 6 根直径为 12 mm 的钢筋束或钢绞线束。该锚具为半埋式，使用时先将锚环小头嵌入承压钢板中，并用断续焊缝焊牢，然后共同预埋在构件端部。预应力筋的锚固需借千斤顶将锚塞顶入锚环，其顶压力为预应力筋张拉力的 50% ~ 60%。使用 KT-Z 型锚具时，预应力筋在锚环小口处形成弯折，因而产生摩擦损失。预应力筋的损失值为：钢筋束约 4% σ_{con}；钢绞线约 2% σ_{con}。

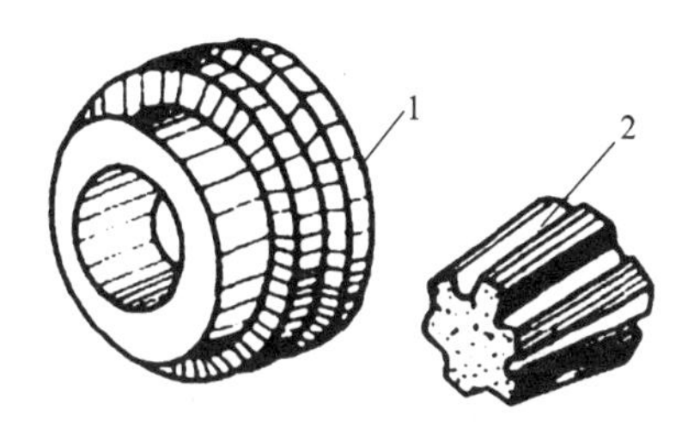

1—锚环；2—锚塞。

图 5.59　KT-Z 型锚具

③ XM 型锚具

XM 型锚具属新型大吨位群锚体系锚具。它由锚环和夹片组成。三个夹片为一组，夹持一根预应力筋形成一个锚固单元。由一个锚固单元组成的锚具称单孔锚具，由两个或两个以上的锚固单元组成的锚具称为多孔锚具，如图 5.60 所示。

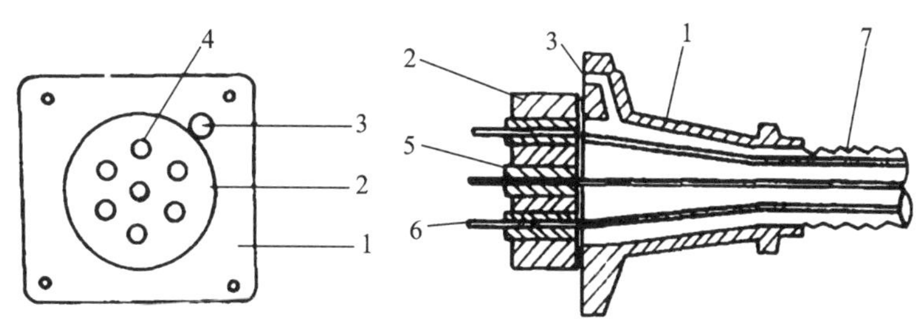

1—喇叭管；2—锚环；3—灌浆孔；4—圆锥孔；
5—夹片；6—钢绞线；7—波纹管。

图 5.60　XM 型锚具

XM 型锚具的夹片为斜开缝，以确保夹片能夹紧钢绞线或钢丝束中每一根外围钢丝，形成可靠的锚固。夹片开缝宽度一般平均为 1.5 mm。

④ QM 型锚具

QM 型锚具与 XM 型锚具相似，它也是由锚板和夹片组成。但锚孔是直的，锚板顶面是平的，夹片垂直开缝。此外，备有配套喇叭形铸铁垫板与弹簧圈等。这种锚具适用于锚固 4 ~ 31 根 p12 和 3 ~ 9 根 p15 钢绞线束，如图 5.61 所示。

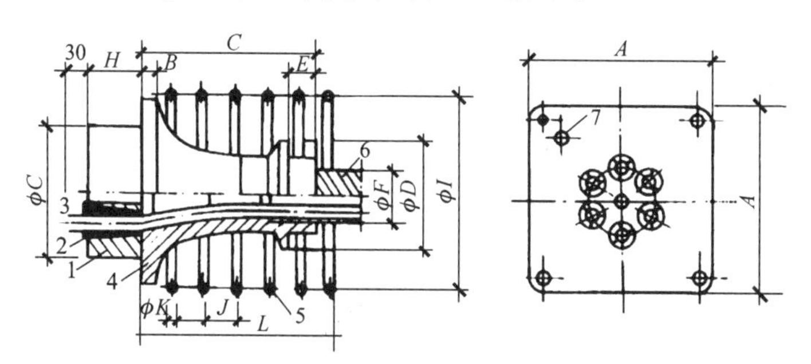

1—锚板；2—夹片；3—钢绞线；4—喇叭形铸铁垫板；5—弹簧圈；
6—预留孔道用的波纹管；7—灌浆孔。

图 5.61　QM 型锚具及配件

⑤ 镦头锚具

镦头锚用于固定端，如图 5.62 所示，它由锚固板和带镦头的预应力筋组成。

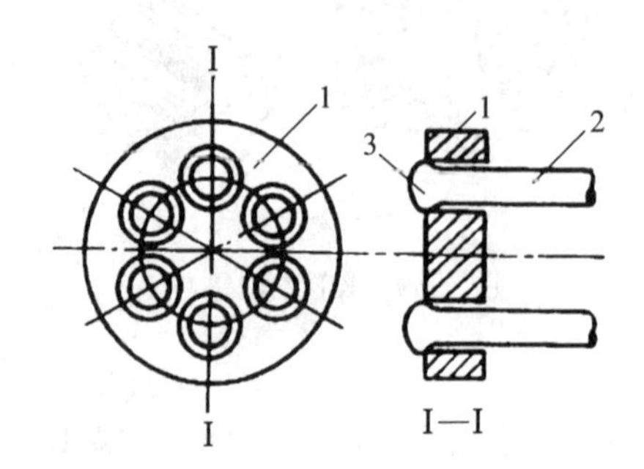

1—锚固板；2—预应力筋；3—镦头。

图 5.62　固定端用镦头锚具

3）钢丝束锚具

钢丝束所用锚具目前国内常用的有钢质锥形锚具、锥形螺杆锚具、钢丝束镦头锚具、XM 型锚具和 QM 型锚具。

（1）钢质锥形锚具

钢质锥形锚具由锚环和锚塞组成，如图 5.63 所示。

用于锚固以锥锚式双作用千斤顶张拉的钢丝束。钢丝分布在锚环锥孔内侧，由锚塞塞紧锚固。锚环内孔的锥度应与锚塞的锥度一致，锚塞上刻有细齿槽，夹紧钢丝防止滑移。

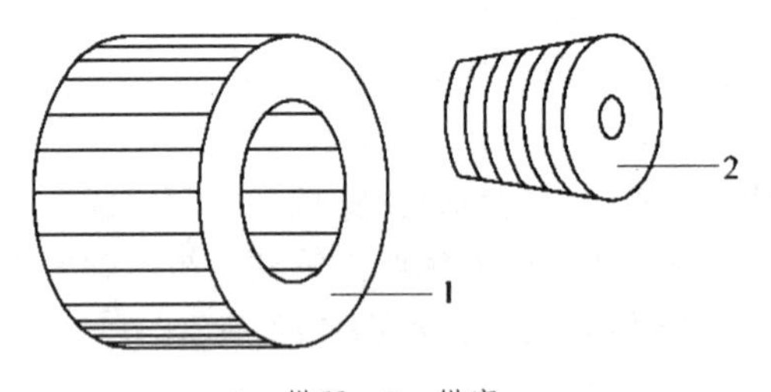

1—锚环；2—锚塞。

图 5.63　钢质锥形锚具

锥形锚具的缺点是当钢丝直径误差较大时，易产生单根滑丝现象，且很难补救。如用加大顶锚力的办法来防止滑丝，又易使钢丝被咬伤。此外，钢丝锚固时呈辐射状态，弯折处受力较大。目前在国外已少采用。

（2）锥形螺杆锚具

锥形螺杆锚具适用于锚固 14～28 根 $\phi^{s}5$ 组成的钢丝束。由锥形螺杆、套筒、螺母、垫板组成，如图 5.64 所示。

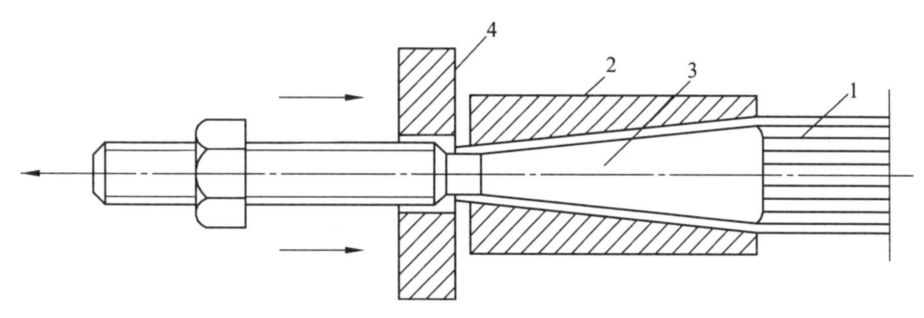

1—钢丝；2—套筒；3—锥形螺杆；4—垫板。

图 5.64　锥形螺杆锚具

（3）钢丝束镦头锚具

钢丝束镦头锚具用于锚固 12～54 根 ϕ^s5 碳素钢丝束，分 DM5A 型和 DM5B 型两种。

A 型用于张拉端，由锚环和螺母组成，B 型用于固定端。仅有一块锚板，如图 5.65 所示。

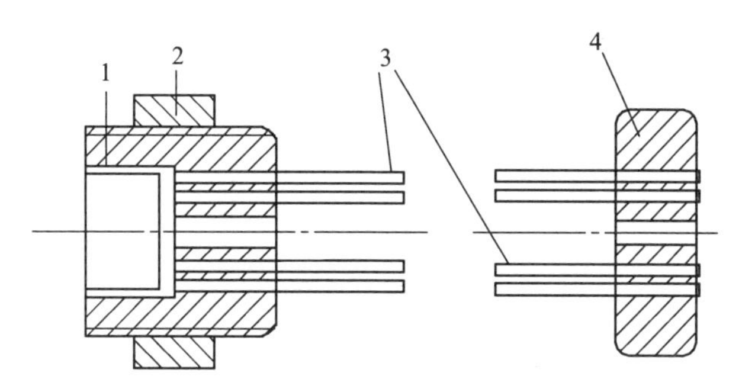

1—A 型锚环；2—螺母；3—钢丝束；4—锚板。

图 5.65　钢丝束镦头锚具

锚环的内外壁均有丝扣，内丝扣用于连接张拉螺杆，外丝扣用拧紧螺母锚固钢丝束。锚环和锚板四周钻孔，以固定镦头的钢丝。孔数和间距由钢丝根数确定。钢丝可用液压冷镦器进行镦头。钢丝束一端可在制束时将头镦好，另一端则待穿束后镦头，但构件孔道端部要设置扩孔。

张拉时，张拉螺丝杆一端与锚环内丝扣连接，另一端与拉杆式千斤顶的拉头连接，当张拉到控制应力时，锚环被拉出，则拧紧锚环外丝扣上的螺母加以锚固。

4）张拉设备

后张法主要张拉设备有千斤顶和高压油泵。

（1）拉杆式千斤顶（YL 型）

拉杆式千斤顶主要用于张拉带有螺丝端杆锚具的粗钢筋、锥形螺杆锚具钢丝束及镦头锚具钢丝束。拉杆式千斤顶构造如图 5.66 所示，由主缸 1、主缸活塞 2、副缸 4、副缸活塞 5、连接器 7、顶杆 8 和拉杆 9 等组成。张拉预应力筋时，首先使连接器 7 与预应力筋 11 的螺丝端杆 14 连接，并使顶杆 8 支承在构件端部的预埋钢板 13 上。当高压油泵将油液从主缸油嘴 3 进入主缸时，推动主缸活塞向左移动，带动拉杆 9 和连接在拉杆末端的螺丝端杆，预应力筋即被拉伸，当达到张拉力后，拧紧预应力筋端部的螺母 10，使预应力筋锚固在构件端部。锚固完毕后，改用副缸油嘴 6 进油，推动副缸活塞和拉杆向右移动，回到开始张拉时的位置，与此同时，主缸 1 的高压油也回到油泵中。目前工地上常用的为 600 kN 拉杆式千斤顶，其主要技术性能见表 5.27。

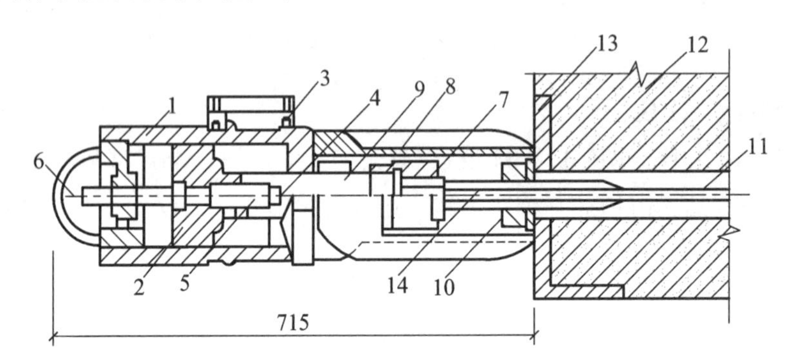

1—主缸；2—主缸活塞；3—主缸油嘴；4—副缸；5—副缸活塞；6—副缸油嘴；
7—连接器；8—顶杆；9—拉杆；10—螺母；11—预应力筋；
12—混凝土构件；13—预埋钢板；
14—螺栓端杆。

图 5.66 拉伸机构造示意图

表 5.27 拉杆式千斤顶主要性能

项　目	单　位	技术性能
最大张拉力	kN	600
张拉行程	mm	150
主缸活塞面积	cm^2	152
最大工作油压	MPa	40
质　量	kg	68

（2）锥锚式千斤顶（YZ 型）

锥锚式千斤顶主要用于张拉 KT-Z 型锚具锚固的钢筋束或钢绞线束和使用锥形锚具的预应力钢丝束。其张拉油缸用以张拉预应力筋，顶压油缸用以顶压锥塞，因此又称双作用千斤顶，如图 5.67 所示。

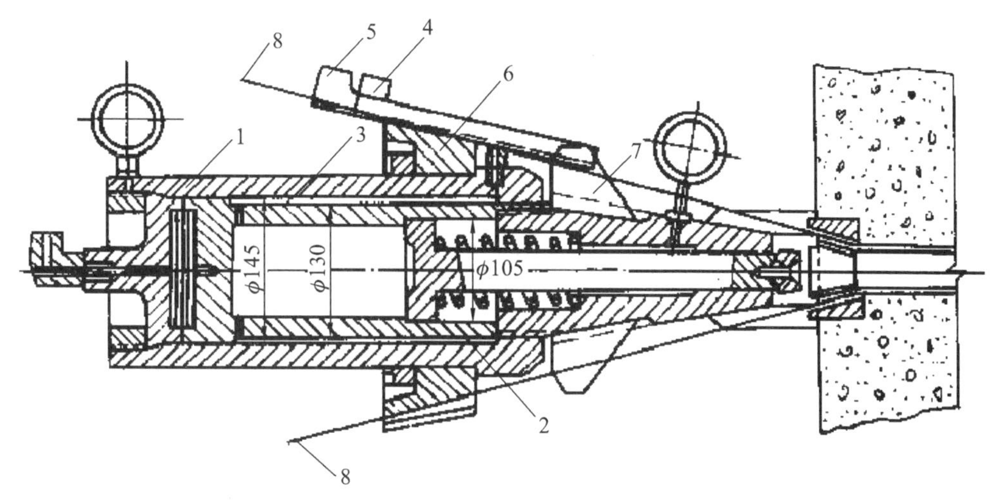

1—主缸；2—副缸；3—退楔缸；4—楔块（张拉时位置）；5—楔块（退出时位置）；
6—锥形长环；7—退楔翼片；8—预应力筋。

图 5.67 锥锚式千斤顶构造图

张拉预应力筋时，主缸进油，主缸被压移，使固定在其上的钢筋被张拉。钢筋张拉后，改由副缸进油，随即由副缸活塞将锚塞顶入锚圈中。主、副缸的回油则是借助设置在主缸和副缸中弹簧作用来进行的。

（3）穿心式千斤顶（YC 型）

穿心式千斤顶适用性很强，它适用于张拉采用 JM12 型、QM 型、XM 型的预应力钢丝束、钢筋束和钢绞线束。配置撑脚和拉杆等附件后，又可作为拉杆式千斤顶使用。在千斤顶前端装上分束顶压器，并在千斤顶与撑套之间用钢管接长后可作为 YZ 型千斤顶使用，张拉钢质锥形锚具，穿心式千斤顶的特点是千斤顶中心有穿通的孔道，以便预应力筋或拉杆穿过后用工具锚临时固定在千斤顶的顶部进行张拉。根据张拉力和构造不同，有 YC60、YC20D、YCD120、YCD200 和无顶压机构的 YCQ 型千斤顶。现以 YC60 型千斤顶为例，说明其工作原理（图 5.68）。

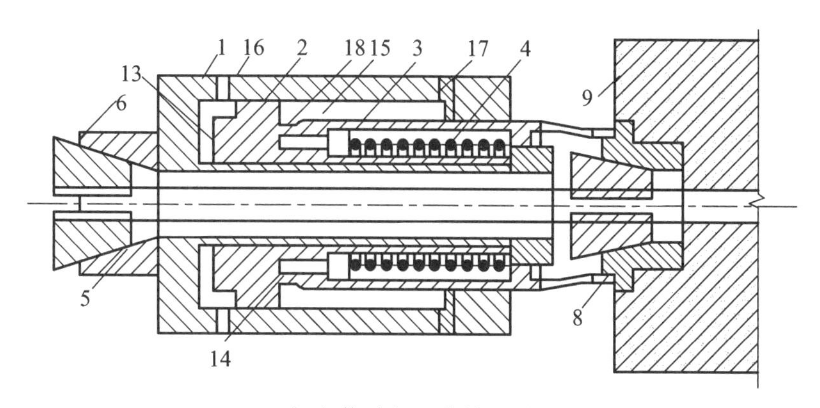

（a）构造与工作原理图

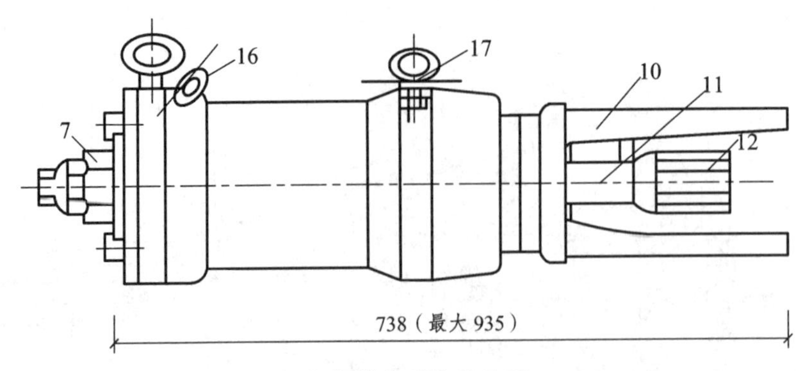

（b）加撑脚后的外貌图

1—张拉油缸；2—顶压油缸（即张拉活塞）；3—顶压活塞；4—弹簧；5—预应力筋；6—工具锚；7—螺母；8—锚环；9—构件；10—撑脚；11—张拉杆；12—连接器；13—张拉工作油室；14—顶压工作油室；15—张拉回程油室；16—张拉缸油嘴；17—顶压缸油嘴；18—油孔。

图 5.68 YC-60 型千斤顶

张拉前，先把装好锚具的预应力筋穿入千斤顶的中心孔道，并在张拉油缸 1 的端部用工具锚 6 加以锚固。张拉时，用高压油泵将高压油液由张拉缸油嘴 16 进入张拉工作油室 13，由于张拉活塞 2 顶在构件 9 上，因而张拉油缸 1 逐渐向左移动而张拉预应力筋。在张拉过程中，由于张拉油缸 1 向左移动而使张拉回程油室 15 的容积逐渐减小，所以须将顶压缸油嘴 17 开启以便回油。张拉完毕立即进行顶压锚固，顶压锚固时，高压油液由顶压缸油嘴 17 经油孔 18 进入顶压缸油室 14，由于顶压油缸 2 顶在构件 9 上，且张拉工作油室中的高压油液尚未回油，因此顶压活塞 3 向右移动顶压 JM12 型锚具的夹片，按规定的顶压力将夹片压入锚环 8 内，将预应力筋锚固。张拉和顶压完成后，开启张拉缸油嘴 16，同时顶压缸油嘴 17 继续进油，由于顶压活塞 3 仍顶住夹片，顶压工作油室 14 的容积不变，进入的高压油液全部进入张拉回程油室 15，因而张拉油缸 1 逐渐向右移动进行复位，然后油泵停止工作，开启油嘴门，利用弹簧 4 使顶压活塞 3 复位，并使顶压工作油室 14、张拉回程油室 15 回油卸荷。

2. 预应力筋的制作

1）单根预应力筋的制作

单根预应力钢筋一般用热处理钢筋，其制作包括配料、对焊、冷拉等工序。为保证质量，宜采用控制应力的方法进行冷拉；钢筋配料时应根据钢筋的品种测定冷拉率，如果在一批钢筋中冷拉率变化较大时，应尽可能把冷拉率相近的钢筋对焊在一起进行冷拉，以保证钢筋冷拉力的均匀性。

钢筋对焊接长在钢筋冷拉前进行。钢筋的下料长度由计算确定。

当构件两端均采用螺丝端杆锚具时（图 5.69），预应力筋下料长度为：

$$L=\frac{l+2l_2-2l_1}{1+\gamma-\delta}+n\Delta \tag{5.7}$$

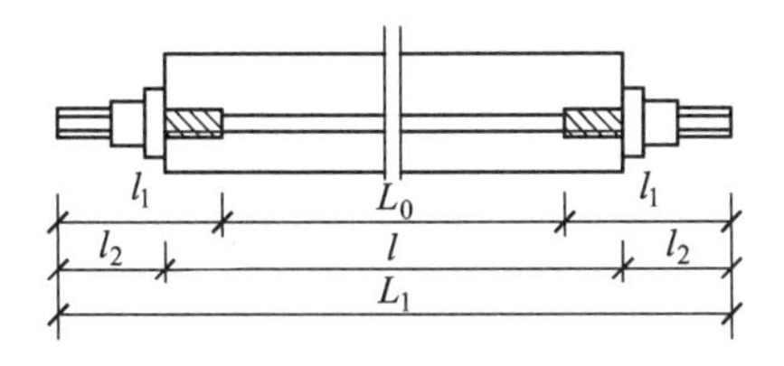

图 5.69　预应力筋下料长度计算图

当一端采用螺丝端杆锚具，另一端采用帮条锚具或镦头锚具时，预应力筋下料长度为：

$$L=\frac{l+l_2+l_3-l_1}{1+\gamma-\delta}+n\varDelta \tag{5.8}$$

式中　l——构件的孔道长度；

l_1——螺丝端杆长度，一般为 320 mm；

l_2——螺丝端杆伸出构件外的长度，一般为 120 ~ 150 mm 或按下式计算：

张拉端：$l_2=2H+h+5$ mm

锚固端：$l_2=2H+h+10$ mm

l_3——帮条或镦头锚具所需钢筋长度；

γ——预应力筋的冷拉率（由试验定）；

δ——预应力筋的冷拉回弹率，一般为 0.4% ~ 0.6%；

n——对焊接头数量；

$\varDelta$——每个对焊接头的压缩量，取一个钢筋直径；

H——螺母高度；

h——垫板厚度。

2）钢筋束及钢绞线束制作

钢筋束由直径为 10 mm 的热处理钢筋编束而成，钢绞线束由直径为 12 mm 或 15 mm 的钢绞线束编束而成。预应力筋的制作一般包括开盘冷拉、下料和编束等工序。每束 3 ~ 6 根，一般不需对焊接长，下料是在钢筋冷拉后进行。钢绞线下料前应在切割口两侧各 50 mm 处用铁丝绑扎，切割后对切割口应立即焊牢，以免松散。

为了保证构件孔道穿入筋和张拉时不发生扭结，应对预应力筋进行编束。编束时一般把预应力筋理顺后，用 18 ~ 22 号铁丝，每隔 1 m 左右绑扎一道，形成束状。预应力钢筋束或钢绞线束的下料长度 L 可按下式计算：

一端张拉时：

$$L=l+a+b \tag{5.9a}$$

两端张拉时：

$$L=l+2a \tag{5.9b}$$

式中　l——构件孔道长度；

a——张拉端留量，与锚具和张拉千斤顶尺寸有关；

b——固定端留量，一般为 80 mm。

（3）钢丝束制作

钢丝束制作随锚具的不同而异，一般需经调直、下料、编束和安装锚具等工序。当采用 XM 型锚具、QM 型锚具、钢质锥形锚具时，预应力钢丝束的制作和下料长度计算基本与预应力钢筋束、钢绞线束相同。

当采用镦头锚具时，一端张拉，应考虑钢丝束张拉锚固后螺母位于锚环中部，钢丝下料长度 L，可按图 5.28 所示，用下式计算：

$$L = L_0 + 2a + 2b - 0.5(H - H_1) - \Delta L - C \tag{5.10}$$

式中 L_0——孔道长度；

a——锚板厚度；

b——钢丝镦头留量，取钢丝直径 2 倍；

H——锚杯高度；

H_1——螺母高度；

ΔL——张拉时钢丝伸长值；

C——混凝土弹性压缩（若很小时可忽略不计）。

为了保证张拉时各钢丝应力均匀，用锥形螺杆锚具和镦头锚具的钢丝束，要求钢丝每根长度要相等。下料长度相对误差要控制在 L/5 000 以内且不大于 5 mm。因此下料时应在应力状态下切断下料，下料的控制应力为 300 MPa。

为了保证钢丝不发生扭结，必须进行编束。编束前应对钢丝直径进行测量，直径相对误差不得超过 0.1 mm，以保证成束钢丝与锚具可靠连接。采用锥形螺杆锚具时，编束工作在平整的场地上把钢丝理顺放平，用 22 号铁丝将钢丝每隔 1 m 编成帘子状，然后每隔 1 m 放置 1 个螺旋衬圈，再将编好的钢丝帘绕衬圈围成圆束，用铁丝绑扎牢固，如图 5.70 所示。

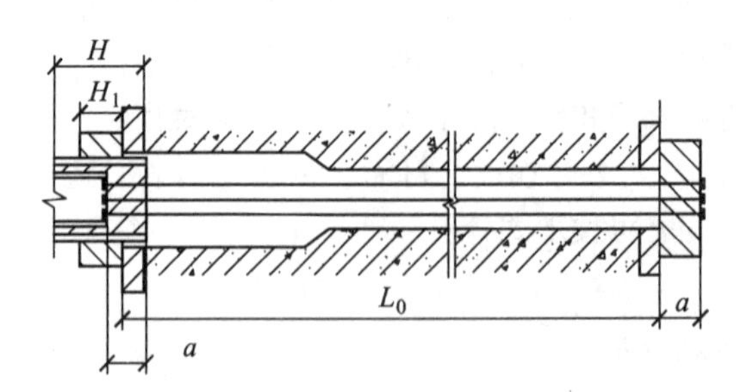

图 5.70　用镦头锚具时钢丝下料长度计算简图

当采用镦头锚具时，根据钢丝分圈布置的特点，编束时首先将内圈和外圈钢丝分别用铁丝顺序编扎，然后将内圈钢丝放在外圈钢丝内扎牢。编束好后，先在一端安装锚杯并完成镦头工作，另一端钢丝的镦头，待钢丝束穿过孔道安装上锚板后再进行。

3. 后张法施工工艺

后张法施工工艺与预应力施工有关的主要是孔道留设、预应力筋张拉和孔道灌浆三部分，图 5.71 为后张法工艺流程图。

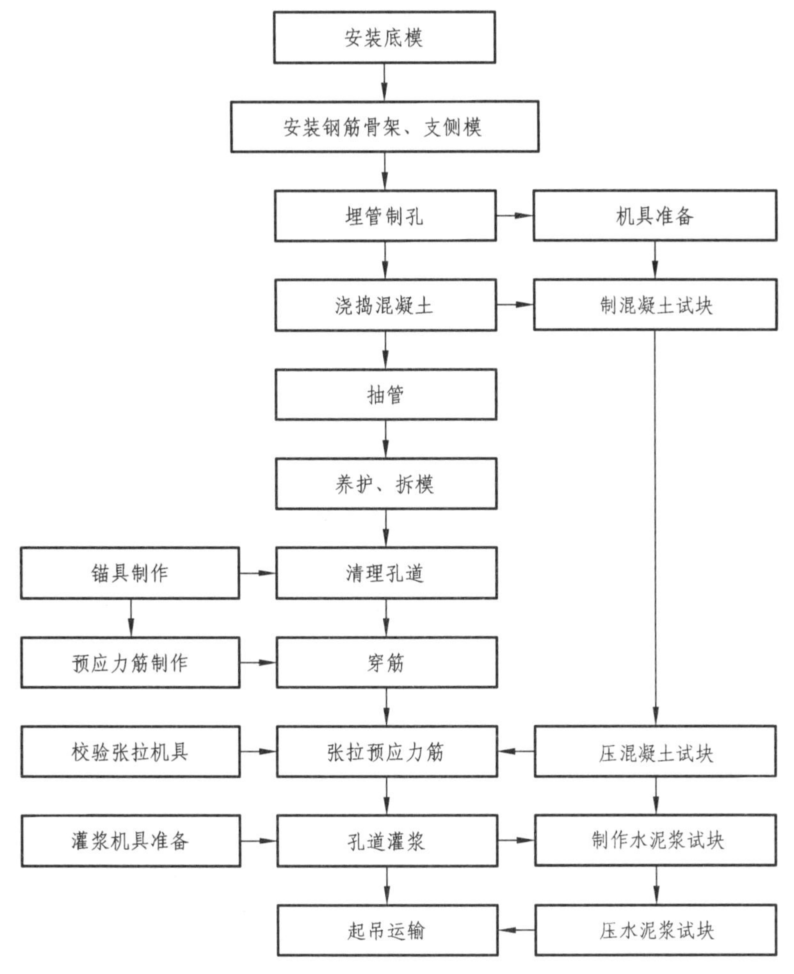

图 5.71　后张法施工工艺流程图

1）孔道留设

后张法构件中孔道留设一般采用钢管抽芯法、胶管抽芯法、预埋管法。预应力筋的孔道形状有直线、曲线和折线三种。钢管抽芯法只用于直线孔道，胶管抽芯法和预埋管法则适用于直线、曲线和折线孔道。

孔道的留设是后张法构件制作的关键工序之一。所留孔道的尺寸与位置应正确，孔道要平顺，端部的预埋钢板应垂直于孔中心线。孔道直径一般应比预应力筋的接头外径或需穿入孔道锚具外径大 10 ~ 15 mm，以利于穿入预应力筋。

（1）钢管抽芯法

将钢管预先埋设在模板内孔道位置，在混凝土浇筑和养护过程中，每隔一定时间要慢慢转动钢管一次，以防止混凝土与钢管黏结。在混凝土初凝后、终凝前抽出钢管，即在构件中形成孔道。为保证预留孔道质量，施工中应注意以下几点：

① 钢管要平直，表面光滑，安放位置准确。钢管不直，在转动及拔管时易将混凝土管壁挤裂。钢管预埋前应除锈、刷油，以便抽管。钢管的位置固定一般用钢筋井字架，井字架间距一般为 1 ~ 2 m。在灌筑混凝土时，应防止振动器直接接触钢管，以免产生位移。

② 钢管每根长度最好不超过 15 m，以便旋转和抽管。钢管两端应各伸出构件 500 mm 左右。较长构件可用两根钢管接长，两根钢管接头处可用 0.5 mm 厚铁皮做成的套管连接，如图 5.72 所示。套管内表面要与钢管外表面紧密结合，以防漏浆堵塞孔道。

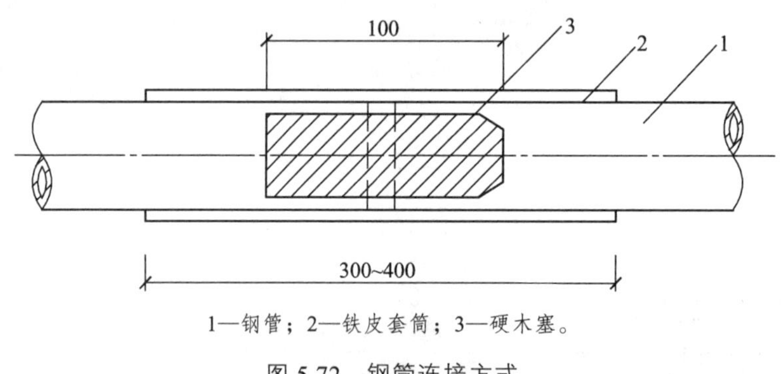

1—钢管；2—铁皮套筒；3—硬木塞。

图 5.72　钢管连接方式

③ 恰当地掌握抽管时间：抽管时间与水泥品种、气温和养护条件有关。抽管宜在混凝土终凝前、初凝后进行，以用手指按压混凝土表面不显指纹时为宜。常温下抽管时间一般在混凝土浇筑后 3 ~ 6 h。抽管时间过早，会造成坍孔事故；太晚，混凝土与钢管黏结牢固，抽管困难，甚至抽不出来。

④ 抽管顺序和方法：抽管顺序宜先上后下进行。抽管时速度要均匀。边抽边转，并与孔道保持在一直线上。抽管后，应及时检查孔道，并做好孔道清理工作，以免增加以后穿筋的困难。

⑤ 灌浆孔和排气孔的留设：由于孔道灌浆需要，每个构件与孔道垂直的方向应留设若干个灌浆孔和排气孔，孔距一般不大于 12 m，孔径为 20 mm，可用木塞或白铁皮管成孔。

（2）胶管抽芯法

留设孔道用的胶管一般有 5 层或 7 层夹布管和供预应力混凝土专用的钢丝网橡皮管两种。前者必须在管内充气或充水后才能使用。后者质硬，且有一定弹性，预留孔道时与钢管一样使用。下面介绍常用的夹布胶管留设孔道的方法。

胶管采用钢筋井字架固定，间距不宜大于 0.5 m，并与钢筋骨架绑扎牢。然后充水（或充气）加压到 0.5 ~ 0.8 N/mm^2，此时胶管直径可增大约 3 mm。待混凝土初凝后，放出压缩空气或压力水，胶管直径变小并与混凝土脱离，以便于抽出形成的孔道。为了保证留设孔道质量，使用时应注意以下几个问题：

胶管必须有良好的密封装置，勿使漏水、漏气。密封的方法是将胶管一端外表面削去 1 ~ 3 层胶皮及帆布，然后将外表面带有粗丝扣的钢管（钢管一端用铁板密封焊牢）插入胶管端头孔内，再用 20 号铅丝与胶管外表面密缠牢固，铅丝头用锡焊牢。胶管另一端接上阀门，其方法与密封端基本相同。

胶管接头处理，图 5.73 所示为胶管接头方法。图中 1 mm 厚钢管用无缝钢管加工而成。其内径等于或略小于胶管外径，以便于打入硬木塞后起到密封作用。铁皮套管与胶管外径相等或稍大（在 0.5 mm 左右），以防止在振捣混凝土时胶管受振外移。

抽管时间和顺序：抽管时间比钢管略迟。一般可参照气温和浇筑后的小时数的乘积达 200 °C · h 左右。抽管顺序一般为先上后下，先曲后直。

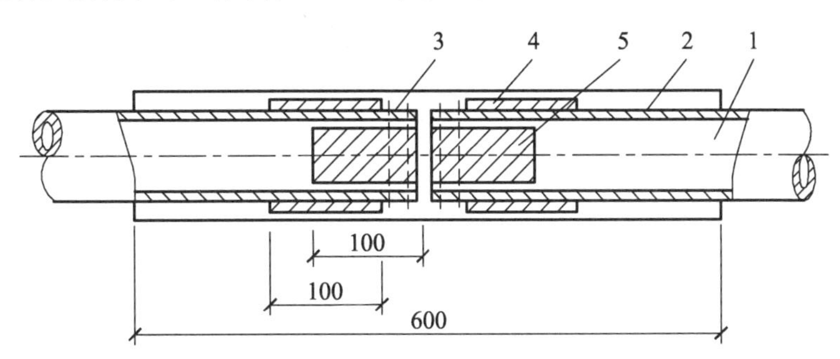

1—胶管；2—白铁皮套筒；3—钉子；4—1 mm 厚钢管；5—硬木塞。

图 5.73　胶管接头

（3）预埋管法

预埋管法是利用与孔道直径相同的金属波纹管埋在构件中，无需抽出，一般采用黑铁皮管、薄钢管或镀锌双波纹金属软管制作。预埋管法因省去抽管工序，且孔道留设的位置，形状也易保证，故目前应用较为普遍。金属波纹管质量轻、刚度好、弯折方便且与混凝土黏结好。金属波纹管每根长 4 ~ 6 m，也可根据需要，现场制作，其长度不限。波纹管在 1 kN 径向力作用下不变形，使用前应作灌水试验，检查有无渗漏现象。

波纹管的固定，采用钢筋井字架，间距不宜大于 0.8 m，曲线孔道时应加密，并用铁丝绑扎牢。波纹管的连接，可采用大一号同型波纹管，接头管长度应大于 200 mm，用密封胶带或塑料热塑管封口。

2）预应力筋张拉

用后张法张拉预应力筋时，混凝土强度应符合设计要求，如设计无规定时，不应低于设计强度等级的 75%。

（1）张拉控制应力

张拉控制应力越高，建立的预应力值就越大，构件抗裂性越好。但是张拉控制应力过高，构件使用过程经常处于高应力状态，构件出现裂缝的荷载与破坏荷载很接近，往往构件破坏前没有明显预兆，而且当控制应力过高，构件混凝土预压应力过大而导致混凝土的徐变应力损失增加。因此控制应力应符合设计规定。在施工中预应力筋需要超张拉时，可比设计要求提高 5%，但其最大张拉控制应力不得超过表 5.28 的规定。

为了减少预应力筋的松弛损失，预应力筋的张拉程序可为：

$$0 \longrightarrow 1.05\sigma_{con} \xrightarrow{\text{持荷 2 min}} \sigma_{con}$$

或

$$0 \longrightarrow 1.03\sigma_{con}$$

（2）张拉顺序

张拉顺序应使构件不扭转与侧弯，不产生过大偏心力，预应力筋一般应对称张拉。对配有多根预应力筋构件，不可能同时张拉时，应分批、分阶段对称张拉，张拉顺序应符合设计要求。

分批张拉时，由于后批张拉的作用力，混凝土再次产生弹性压缩导致先批预应力筋应力下降。此应力损失可按下式计算后加到先批预应力筋的张拉应力中去。分批张拉的损失也可以采取对先批预应力筋逐根复位补足的办法处理。

$$\Delta\sigma = \frac{E_s(\sigma_{con} - \sigma_1)A_p}{E_c A_n} \tag{5.11}$$

式中 $\Delta\sigma$——先批张拉钢筋应增加的应力；

E_s——预应力筋弹性模量；

σ_{con}——控制应力；

σ_1——后批张拉预应力筋的第一批预应力损失（包括锚具变形后和摩擦损失）；

E_c——混凝土弹性模量；

A_p——后批张拉的预应力筋面积；

A_n——构件混凝土净截面面积（包括构造钢筋折算面积）。

（3）叠层构件的张拉

对叠浇生产的预应力混凝土构件，上层构件产生的水平摩阻力会阻止下层构件预应力筋张拉时混凝土弹性压缩的自由变形，当上层构件吊起后，由于摩阻力影响消失，将增加混凝土弹性压缩变形，因而引起预应力损失。该损失值与构件形式、隔离层和张拉方式有关。为了减少和弥补该项预应力损失，可自上而下逐层加大张拉力，底层张拉力不宜比顶层张拉力大 5%（钢丝、钢绞线、热处理钢筋）且不得超过表 5.1 规定。

为了使逐层加大的张拉力符合实际情况，最好在正式张拉前对某叠层第一、第二层构件的张拉压缩量进行实测，然后按下式计算各层应增加的张拉力。

$$\Delta N = (n-1)\frac{\varDelta_1 - \varDelta_2}{L} E_s A_p \tag{5.12}$$

式中 ΔN——层间摩阻力；

n——构件所在层数（自上而下计）；

$\varDelta_1$——第一层构件张拉压缩值；

Δ_2——第二层构件张拉压缩值；

L——构件长度；

E_s——预应力筋弹性模量；

A_p——预应力筋截面面积。

此外，为了减少叠层摩阻应力损失，应进一步改善隔离层的性能，并应限制重叠层数，一般以 3～4 层为宜。

（4）张拉端的设置

为了减少预应力筋与预留孔壁摩擦引起的预应力损失，对于抽芯成形孔道，曲线预应力筋和长度大于 24 m 的直线预应力筋，应在两端张拉；对长度等于或小于 24 m 的直线预应力筋，可在一端张拉；预埋波纹管孔道，对于曲线预应力筋和长度大于 30 m 的直线预应力筋，宜在两端张拉；对于长度小于 30 m 的直线预应力筋可在一端张拉。当同一截面中有多根一端张拉的预应力筋时，张拉端宜分别设在构件的两端，以免构件受力不均匀。

（5）预应力值的校核和伸长值的测定

为了了解预应力值建立的可靠性，需对预应力筋的应力及损失进行检验和测定，以便使张拉时补足和调整预应力值。检验应力损失最方便的办法是，在预应力筋张拉 24 小时后孔道灌浆前重拉一次，测读前后两次应力值之差，即为钢筋预应力损失（并非应力损失全部，但已完成很大部分）。预应力筋张拉锚固后，实际预应力值与工程设计规定检验值的相对允许偏差为 ± 5%。

在测定预应力筋伸长值时，须先建立 10% σ_{con} 的初应力，预应力筋的伸长值，也应从建立初应力后开始测量，但须加上初应力的推算伸长值，推算伸长值可根据预应力弹性变形呈直线变化的规律求得。例如某筋应力自 0.2 σ_{con} 增至 0.3 σ_{con} 时，其变形为 4 mm，即应力每增加 0.1 σ_{con} 变形增加 4 mm，故该筋初应力 10% σ_{con} 时的伸长值为 4 mm。对后张法尚应扣除混凝土构件在张拉过程中的弹性压缩值。预应力筋在张拉时，通过伸长值的校核，可以综合反映出张拉应力是否满足，孔道摩阻损失是否偏大，以及预应力筋是否有异常现象等。如实际伸长值与计算伸长值的偏差超过 ± 6%时，应暂停张拉，分析原因后采取措施。

3）孔道灌浆

预应力筋张拉完毕后，应进行孔道灌浆。灌浆的目的是防止钢筋锈蚀，增加结构的整体性和耐久性，提高结构抗裂性和承载力。

灌浆用的水泥浆应有足够强度和黏结力，且应有较好的流动性，较小的干缩性和泌水性，水灰比控制在 0.4～0.45，搅拌后 3 h 泌水率宜控制在 2%，最大不得超过 3%，对孔隙较大的孔道，可采用砂浆灌浆。

为了增加孔道灌浆的密实性，在水泥浆或砂浆内可掺入对预应力筋无腐蚀作用的外加剂。如掺入占水泥重量 0.25%的本质素磺酸钙，或掺入占水泥重量 05%的铝粉。

灌浆用的水泥浆或砂浆应过筛，并在灌浆过程中不断搅拌，以免沉淀析水。灌浆前，用压力水冲洗和湿润孔道。用电动或手动灰浆泵进行灌浆。灌浆工作应连续进行，不得中断。并应防止空气压入孔道而影响灌浆质量。灌浆压力以 0.5～0.6 MPa 为宜。灌浆顺序应先下后上，以避免上层孔道漏浆时把下层孔道堵塞。

当灰浆强度达到 15 N/mm² 时，方能移动构件，灰浆强度达到 100%设计强度时，才允许吊装。

5.4.3 无黏结预应力施工

无黏结预应力是指在预应力构件中的预应力筋与混凝土没有黏结力，预应力筋张拉力完全靠构件两端的锚具传递给构件。具体做法是预应力筋表面刷涂料并包塑料布（管）后，将其铺设在支好的构件模板内，并浇筑混凝土，待混凝土达到规定强度后进行张拉锚固。它属于后张法施工。

无黏结预应力具有不需要预留孔道、穿筋、灌浆等复杂工序，施工程序简单，加快了施工速度。同时摩擦力小，且易弯成多跨曲线型，特别适用于大跨度的单、双向连续多跨曲线配筋梁板结构和屋盖。

1. 无黏结预应力筋制作

1）无黏结预应力筋的组成及要求

无黏结预应力筋主要由预应力钢材、涂料层、外包层和锚具组成，如图 5.74 所示。

无黏结预应力筋所用钢材主要有消除应力钢丝和钢绞线。钢丝和钢绞线不得有死弯，有死弯时必须切断，每根钢丝必须通长，严禁有接点。预应力筋的下料长度计算，应考虑构件长度、千斤顶长度、镦头的预留量、弹性回弹值、张拉伸长值、钢材品种和施工方法等因素。具体计算方法与有黏结预应力筋计算方法基本相同。

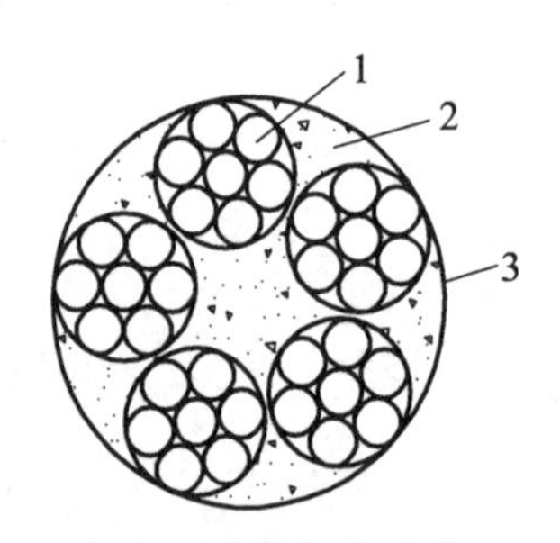

（a）无黏结钢绞线束

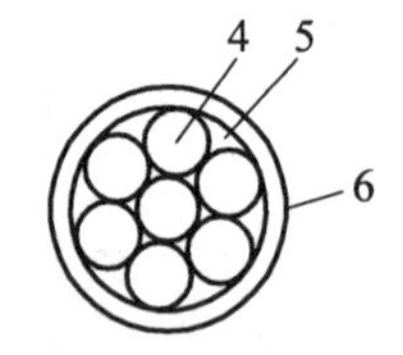

（b）无黏结钢丝束或单根钢绞线

1—钢绞线；2—沥青涂料；3—塑料布外包层；4—钢丝；
5—油脂涂料；6—塑料管、外包层。

图 5.74 无黏结筋横截面示意图

预应力筋下料时，宜采用砂轮锯或切断机切断，不得采用电弧切割。钢丝束的钢丝下料应采用等长下料。钢绞线下料时，应在切口两侧用 20 号或 22 号钢丝预先绑扎牢固，以免切割后松散。

涂料层的作用是使预应力筋与混凝土隔离，减少张拉时的摩擦损失，防止预应力筋腐蚀等。常用的涂料主要有防腐沥青和防腐油脂。涂料应有较好的化学稳定性和韧性；在 -20 ~ +70 °C 温度内应不开裂、不变脆、不流淌，能较好地黏附在钢筋上；涂料层应不透水、不吸湿、润滑性好、摩阻力小。

外包层主要由塑料带或高压聚乙烯塑料管制作而成。外包层应在 – 20 ~ + 70 °C 温度内不脆化、化学稳定性高，抗破损性强和具有足够的韧性，防水性好且对周围材料无侵蚀作用。塑料使用前必须烘干或晒干，避免成型过程中由于气泡引起塑料表面开裂。

单根无黏结筋制作时，宜优先选用防腐油脂作涂料层，外包层应用塑料注塑机注塑成形。防腐油脂应充足饱满，外包层与涂油预应力筋之间有一定的间隙，使预应力筋能在塑料套管中任意滑动。成束无黏结预应力筋可用防腐沥青或防腐油脂作涂料层。当使用防腐沥青时，应用密缠塑料带作外包层，塑料带各圈之间的搭接宽度应不小于带宽的 1/2，缠绕层数不小于 4 层。

制作好的预应力筋可以直线或盘圆运输、堆放。存放地点应设有遮盖棚，以免日晒雨淋。装卸堆放时，应采用软钢绳绑扎并在吊点处垫上橡胶衬垫，避免塑料套管外包层遭到损坏。

2）锚　具

无黏结预应力构件中，预应力筋的张拉力主要是靠锚具传递给混凝土的。因此，无黏结预应力筋的锚具不仅受力比有黏结预应力筋的锚具大，而且承受的是重复荷载。无黏结筋的锚具性能应符合 I 类锚具的规定。

预应力筋为高强钢丝时，主要是采用镦头锚具。预应筋为钢绞线时，可采用 XM 型锚具和 QM 型锚具，XM 型和 QM 型锚具可夹持多根ϕ15 或ϕ12 钢绞线，或 7 mm × 5 mm、7 mm × 4 mm 平行钢丝束，以适应不同的结构要求。

3）成型工艺

（1）涂包成型工艺

涂包成型工艺可以采用手工操作完成内涂刷防腐沥青或防腐油脂，外包塑料布。也可以在缠纸机上连续作业，完成编束、涂油、镦头、缠塑料布和切断等工序。缠纸机的工作示意图如图 5.75 所示。

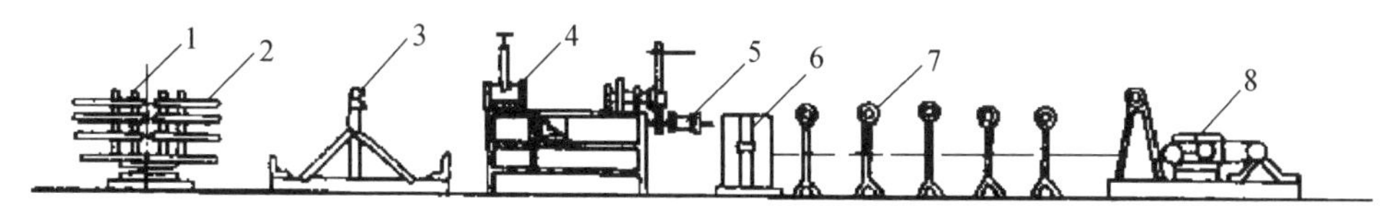

1—放线盘；2—盘圆钢丝；3—梳子板；4—油枪；5—塑料布卷；
6—切断机；7—滚道台；8—牵引装置。

图 5.75　无黏结预应力筋缠纸工艺流程图

无黏结预应力筋制作时，钢丝放在放线盘上，穿过梳子板汇成钢丝束，通过油枪均匀涂油后穿入锚环用冷镦机冷镦锚头，带有锚环的成束钢丝用牵引机向前牵引，同时开动装有塑料条的缠纸转盘，钢丝束一边前进一边进行缠绕塑料布条工作。当钢丝束达到需要长度后，进行切割，成为一完整的无黏结预应力筋。

（2）挤压涂塑工艺

挤压涂塑工艺主要是钢丝通过涂油装置涂油，涂油钢丝束通过塑料挤压机涂刷聚乙烯或聚丙烯塑料薄膜，再经冷却成型，形成塑料套管。此法涂包质量好，生产效率高，适用于大规模生产的单根钢绞线和7根钢丝束。挤压涂塑流水工艺如图5.76所示。

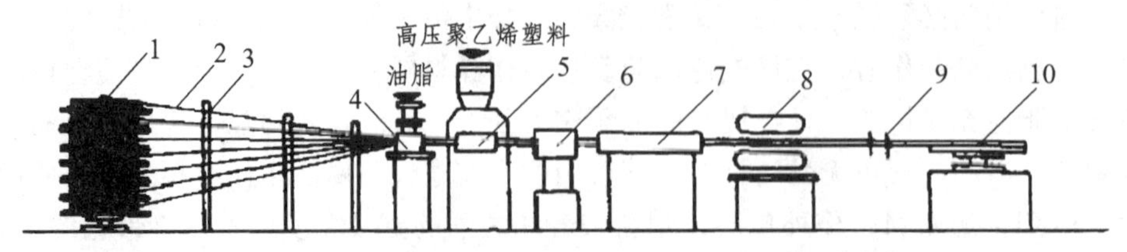

1—放线盘；2—钢丝；3—梳子板；4—给油装置；5—塑料挤压机机头；6—风冷装置；7—水冷装置；8—牵引机；9—定位支架；10—收线盘。

图5.76　挤压涂层工艺流水线图

2. 无黏结预应力施工工艺

下面主要叙述无黏结预应力构件制作工艺中的几个主要问题。

1）预应力筋的铺设

无黏结预应力筋铺设前应检查外包层完好程度，对有轻微破损者，用塑料带补包好，对破损严重者应予以报废。双向预应力筋铺设时，应先铺设下面的预应力筋，再铺设上面的预应力筋，以免预应力筋相互穿插。

无黏结预应力筋应严格按设计要求的曲线形状就位固定牢固。可用短钢筋或混凝土垫块等架起控制标高，再用铁丝绑扎在非预应力筋上。绑扎点间距不大于1 m，钢丝束的曲率控制可用铁马凳控制，马凳间距不宜大于2 m。

2）预应力筋的张拉

预应力筋张拉时，混凝土强度应符合设计要求，当设计无要求时，混凝土的强度应达到设计强度的75%方可开始张拉。

张拉程序一般采用0～103%σ_{con}以减少无黏结预应力筋的松弛损失。

张拉顺序应根据预应力筋的铺设顺序进行，先铺设的先张拉，后铺设的后张拉。

当预应力筋的长度小于25 m时，宜采用一端张拉；若长度大于25 m时，宜采用两端张拉；长度超过50 m时，宜采取分段张拉。

预应力平板结构中，预应力筋往往很长，如何减少其摩阻损失值是重要的问题。

影响摩阻损失值的主要因素是润滑介质、外包层和预应力筋截面形式。其中润滑介质和外包层的摩阻损失值，对一定的预应力束而言是个定值，相对稳定。

而截面形式则影响较大，不同截面形式其离散性不同，但如能保证截面形状在全长内一致，则其摩阻损失值就能在很小范围内波动。否则，因局部阻塞就可能导致其损失值无法测定。摩阻损失值，可用标准测力计或传感器等测力装置进行测定。施工时，为降低摩阻损失值，宜采用多次重复张拉工艺。成束无黏结筋正式张拉前，一般先用千斤顶往复抽动1～2次。张拉过程中，严防钢丝被拉断，要控制同一截面的断裂根数不得大于2%。

预应力筋的张拉伸长值应按设计要求进行控制。

3）预应力筋端部处理

（1）张拉端处理

预应力筋端部处理取决于无黏结筋和锚具种类。

锚具的位置通常从混凝土的端面缩进一定的距离，前面做成一个凹槽，待预应力筋张拉锚固后，将外伸在锚具外的钢绞线切割到规定的长度，即要求露出夹片锚具外长度不小于 30 mm，然后在槽内壁涂以环氧树脂类黏结剂，以加强新老材料间的黏结，再用后浇膨胀混凝土或低收缩防水砂浆或环氧砂浆密封。

在对凹槽填砂浆或混凝土前，应预先对无黏结筋端部和锚具夹持部分进行防潮、防腐封闭处理。

无黏结预应力筋采用钢丝束镦头锚具时，其张拉端头处理如图 5.77 所示，其中塑料套筒供钢丝束张拉时锚环从混凝土中拉出来用，软塑料管是用来保护无黏结钢丝末端因穿锚具而损坏的塑料管。无黏结钢丝的锚头防腐处理，应特别重视。当锚环被拉出后，塑料套筒内产生空隙，必须用油枪通过锚环的注油孔向套筒内注满防腐油脂，灌油后将外露锚具封闭好，避免长期与大气接触造成锈蚀。

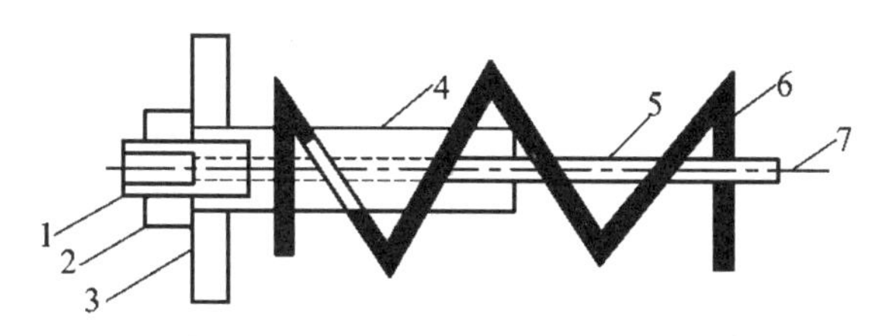

1—锚环；2—螺母；3—承压板；4—塑料套筒；
5—软塑料管；6—螺旋筋；7—无黏结筋。

图 5.77　镦头锚固系统张拉端

采用无黏结钢绞线夹片式锚具时，张拉端头构造简单，无须另加设施。张拉端头钢绞线预留长度不小于 150 mm，多余割掉，然后在锚具及承压板表面涂以防水涂料，再进行封闭。锚固区可以用后浇的钢筋混凝土圈梁封闭，将锚具外伸的钢绞线散开打弯，埋在圈梁内加强锚固，如图 5.78 所示。

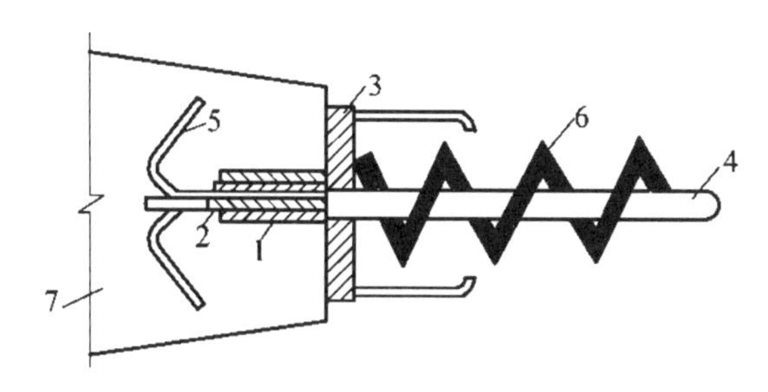

1—锚环；2—夹片；3—承压板；4—无黏结筋；5—散开打弯钢丝；
6—螺旋筋；7—后浇混凝土。

图 5.78　夹片式锚具张拉端处理

（2）固定端处理

无黏结筋的固定端可设置在构件内。

大的镦头锚板，并用螺旋筋加强，如图 5.79（a）所示。施工中如端头无结构配筋时，需要配置构造钢筋，使固定端板与混凝土之间有可靠锚固性能。当采用无黏结钢绞线时，锚固端可采用压花成型，如图 5.79（b）所示，埋置在设计部位。这种做法的关键是张拉前锚固端的混凝土强度等级必须达到设计强度（≥C30）才能形成可靠的黏结式锚头。

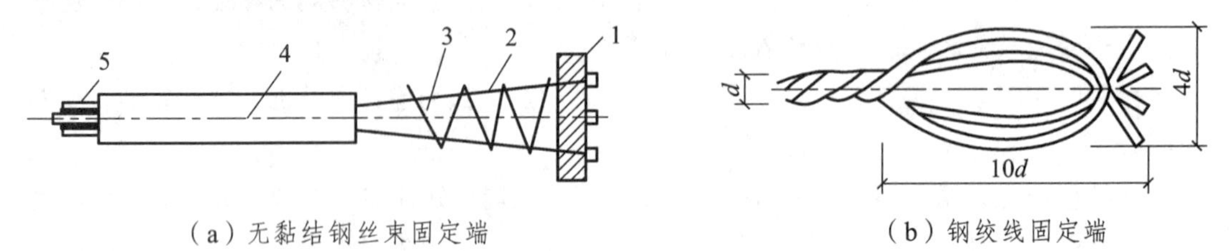

（a）无黏结钢丝束固定端　　（b）钢绞线固定端

1—锚板；2—钢丝；3—螺旋筋；4—软塑料管；5—无黏结钢丝束。

图 5.79　无黏结筋固定端详图

5.4.4　预应力混凝土施工质量检查与安全措施

1. 质量检查

混凝土工程的施工质量检验应按主控项目、一般项目规定的检验方法进行检验。

1）主控项目

（1）预应力筋进场时，应按现行国家标准《预应力混凝土用钢绞线》（GB/T 5224）的规定抽取试件作力学性能检验，其质量必须符合有关标准的规定。

检查数量：按进场的批次和产品的抽样检验方案确定。

检验方法：检查产品合格证、出厂检验报告和进场复检报告。

（2）无黏结预应力筋的涂包质量应符合无黏结预应力钢绞线标准的规定。

检查数量：每 60 t 为一批，每批抽取一组试件。

检验方法：观察，检查产品合格证、出厂检验报告和进场复验报告。

（3）预应力筋用锚具、夹具和连接器应按设计要求采用，其性能应符合现行国家标准《预应力筋用锚具、夹具和连接器》（GB/T 14370）等的规定。

孔道灌浆用水泥应采用普通硅酸盐水泥，其质量应符合有关规范的规定。孔道灌浆用外加剂的质量应符合有关规范的规定。

检查数量：按进场批次和产品的抽样检验方案确定。

检验方法：检查产品合格证、出厂检验报告和进场复验报告。

（4）预应力筋安装时，其品种、级别、规格、数量必须符合设计要求。

先张法预应力施工时应选用非油质类模板隔离剂，并应避免玷污预应力筋。施工过程中应避免电火花损伤预应力筋；受损伤的预应力筋应予以更换。

检查数量：全数检查。

检验方法：观察，钢尺检查。

（5）预应力筋张拉或放张时，混凝土强度应符合设计要求；当设计无具体要求时，不应低于设计的混凝土立方体抗压强度标准值的 75%。

检查数量：全数检查。

检验方法：检查同条件养护试件试验报告。

（6）预应力筋的张拉力、张拉或放张顺序及张拉工艺应符合设计及施工技术方案的要求，并应符合《混凝土结构施工质量验收规范》（GB 50204）规定。

检查数量：全数检查。

检验方法：检查张拉记录。

（7）预应力筋张拉锚固后实际建立的预应力值与工程设计规定检验值的相对允许偏差为 5%。

检查数量：对先张法施工，每工作班抽查预应力筋总数的 1%，且不少于 3 根；对后张法施工，在同一检验批内，抽查预应力筋总数的 3%，且不少于 5 束。

检验方法：对先张法施工，检查预应力筋应力检测记录；对后张法施工，应见证检查张拉记录。

（8）张拉过程中应避免预应力筋断裂或滑脱，当发生断裂或滑脱时，必须符合下列规定：对后张法预应力结构构件。断裂或滑脱的数量严禁超过同一截面预应力筋总根数的 3%，且每束钢丝不得超过 1 根；对多跨双向连续板，其同一截面应按每跨计算；对先张法预应力构件，在浇筑混凝土前发生断裂或滑脱的预应力筋必须予以更换。

检查数量：全数检查。

检验方法：观察，检查张拉记录。

（9）后张法有黏结预应力筋张拉后应尽早进行孔道灌浆，孔道内水泥浆应饱满、密实。

检查数量：全数检查。

检验方法：观察，检查灌浆记录。

（10）锚具的封闭保护应符合设计要求；当设计无具体要求时，应符合下列规定：应采取防止锚具腐蚀和遭受机械损伤的有效措施；凸出式锚固端锚具的保护层厚度不应小于 50 mm；外露预应力筋的保护层厚度：处于正常环境时，不应小于 20 mm；处于易受腐蚀的环境时，不应小于 50 mm。

检查数量：在同一检验批内，抽查预应力筋总数的 5%，且不少于 5 处。

检验方法：观察，钢尺检查。

2）一般项目

（1）预应力筋使用前应进行外观检查，要求：有黏结预应力筋展开后应平顺，不得有弯折，表面不应有裂纹、小刺、机械损伤、氧化铁皮和油污等；无黏结预应力筋护套应光滑，无裂缝，无明显褶皱。

预应力筋用锚具、夹具和连接器使用前应进行外观检查，其表面应无污物、锈蚀、机械损伤和裂纹。

预应力混凝土用金属螺旋管在使用前应进行外观检查，其内外表面应清洁，无锈蚀，不应有油污、孔洞和不规则的褶皱，咬口不应有开裂或脱扣。

检查数量：全数检查。

检验方法：观察。

（2）预应力混凝土用金属螺旋管的尺寸和性能应符合国家现行标准《预应力混凝土用金属螺旋管》（JG/T 3013）的规定。

检查数量：按进场批次和产品的抽样检验方案确定。

检验方法：检查产品合格证、出厂检验报告和进场复验报告。

（3）预应力筋应采用砂轮锯或切断机切断，不得采用电弧切割。当钢丝束两端采用镦头锚具时，同一束中各根钢丝长度的极差不应大于钢丝长度的 1/5 000，且不应大于 5 mm；成组张拉长度不大于 10 m 的钢丝时，同组钢丝长度的极差不得大于 2 mm。

检查数量：每工作班抽查预应力筋总数的 3%，且不少于 3 束。

检验方法：观察，钢尺检查。

（4）预应力筋端部锚具的制作质量应符合下列要求：挤压锚具制作时压力表油压应符合操作说明书的规定，挤压后预应力筋外端应露出挤压套筒。

（5）钢绞线压花锚成形时，表面应清洁、无油污，梨形头尺寸和直线段长度应符合设计要求；钢丝镦头的强度不得低于钢丝强度标准值的 98%。

检查数量：对挤压锚，每工作班抽查 5%，且不应少于 5 件；对压花锚，每工作班抽查 3 件；对钢丝镦头强度，每批钢丝检查 6 个镦头试件。

检验方法：观察，钢尺检查，检查镦头强度试验报告。

（6）后张法有黏结预应力筋预留孔道的规格、数量、位置和形状应符合设计要求和规范规定。

检查数量：全数检查。

检验方法：观察，钢尺检查。

（7）预应力筋束形控制点的竖向位置偏差应符合表 5.28 的规定。

表 5.28　束形控制点的竖向位置允许偏差

截面高（厚）度/mm	$A<300$	$300<A<1\ 500$	$A>1\ 500$
允许偏差/mm	±5	±10	±15

注：束形控制点的竖向位置偏差合格点率应达到 90%及以上，且不得有超过表中数值 1.5 倍的尺寸偏差。

检查数量：在同一检验批内，抽查各类型构件中预应力筋总数的 5%，且对各类型构件均不少于 5 束，每束不应少于 5 处。

检验方法：钢尺检查。

（8）无黏结预应力筋的铺设除应符合上条的规定外，尚应符合下列要求：无黏结预应力筋的定位应牢固，浇筑混凝土时不应出现移位和变形；端部的预埋锚垫板应垂直于预应力筋；内埋式固定端垫板不应重叠，锚具与垫板应贴紧；无黏结预应力筋成束布置时应能保证混凝土密实并能裹住预应力筋；无黏结预应力筋的护套应完整，局部破损处应采用防水胶带缠绕紧密。

检查数量：全数检查。

检验方法：观察。

（9）浇筑混凝土前穿入孔道的后张法有黏结预应力筋，宜采取防止锈蚀的措施。

检查数量：全数检查。

检验方法：观察。

（10）先张法预应力筋张拉后与设计位置的偏差不得大于 5 mm。且不得大于构件截面短边边长的 4%。

锚固阶段张拉端预应力筋的内缩量应符合设计要求；当设计无具体要求时，应符合表 5.29 的规定。

表 5.29　张拉端预应力筋的内缩量限值

锚具类别		内缩量限值/mm
支承式锚具（镦头锚具等）	螺帽缝隙	1
	每块后加垫板的缝隙	1
锥塞式锚具		5
夹片式锚具	有顶压	5
	无顶压	6 ~ 8

检查数量：每工作班抽查预应力筋总数的 3%，且不少于 3 束。

检验方法：钢尺检查。

（11）后张法预应力筋锚固后的外露部分宜采用机械方法切割，其外露长度不宜小于预应力筋直径的 1.5 倍，且不宜小于 30 mm。

检查数量：在同一检验批内，抽查预应力筋总数的 3%，且不少于 5 束。

检验方法：观察，钢尺检查。

（12）灌浆用水泥浆的水灰比不应大于 0.45，搅拌后 3 h 泌水率不宜大于 2%，且不应大于 3%。泌水应能在 24 h 内全部重新被水泥浆吸收。

检查数量：同一配合比检查一次。

检验方法：检查水泥浆性能试验报告。

（13）灌浆用水泥浆的抗压强度不应小于 30 N/mm^2。

检查数量：每工作班留置一组边长为 70.7 mm 的立方体试件。

检验方法：检查水泥浆试件强度试验报告。

2. 安全措施

所用张拉设备仪表，应由专人负责使用与管理，并定期进行维护与检验，设备的测定期不超过半年，否则必须及时重新测定。施工时，根据预应力筋种类等合理选择张拉设备，预应力筋的张拉力不应大于设备额定张拉力，严禁在负荷时拆换油管或压力表。按电源时，机壳必须接地，经检查绝缘可靠后，才可试运转。

先张法施工中，张拉机具与预应力筋应在一条直线上；顶紧锚塞时，用力不要过猛，以防钢丝折断。台座法生产，其两端应设有防护设施，并在张拉预应力筋时，沿台座长度方向每隔 4 ~ 5 m 设置一个防护架，两端严禁站人，更不准进入台座。

后张法施工中，张拉预应力筋时，任何人不得站在预应力筋两端，同时在千斤顶后面设立防护装置。操作千斤顶的人员应严格遵守操作规程，应站在千斤顶侧面工作。在油泵开动过程中，不得擅自离开岗位，如需离开，应将油阀全部松开或切断电路。

5.5 特殊季节施工

我国疆域辽阔，很多地区受内陆和海上高低压及季节风交替的影响气候变化较大，特别是冬期和雨期给工程施工带来了很大的困难。为了保证建筑工程在全年不间断地施工，在冬期和雨期时，需从具体条件出发，选择合理的施工方法，制订具体的技术措施，确保冬期和雨期施工的顺利进行。提高工程质量，降低工程费用。

5.5.1 冬期施工

根据《建筑工程冬期施工规程》（JGJ/104—2011）的规定，冬期施工期限的划分原则是：根据当地多年气温资料统计，当室外日平均气温连续五天稳定低于 5 °C 即进入冬期施工，当室外日平均气温连续五天高于 5 °C 时，解除冬期施工。

1. 冬期施工的特点与原则

冬期施工所采取的技术措施是以气温为依据的国家级各地区对分项工程冬期施工的起止日期。均做了明确的规定。

1）冬期施工的特点

（1）冬期施工期是质量事故的多发期，在冬期施工中长时间的持续低温，较大的温差、强风、降雪和反复的冻融，经常造成质量事故。

（2）冬期施工中发生的质量事故呈滞后性。冬期发生质量事故往往不易察觉，到春天解冻时，一系列的质的质问题才暴露出来，事故的滞后性给质量事故的处理带来了很大的困难。

（3）冬期施工技术要求高，能源消耗多。导致施工费用增加。

2）冬期施工的原则

冬期施工的原则是：保证质量，节约能源，降低费用，确保工期。

冬期施工必须做好组织、技术、材料等方面的准备工作，第一，做好施工组织设计的编制，将不适合冬期施工的分项工程，安排在东冬期之前或在冬期过后施工，决定在冬期施工的分项工程要依据工程质量，安排开、完工日期，降低施工费用。第二，依据当地气温情况、工程特点编制冬期施工技术措施和施工方法的条文件。确保工程质量。第三，因地制宜做好冬期施工的工具、材料及劳保用品等的准备工作。

2. 混凝土冬期施工的工艺要求

一般情况下，混凝土冬期施工要求正温浇筑、正温养护，对原材料的加热及混凝土的搅拌、运输、浇筑和养护应进行热工计算，并据此进行施工。

1）对材料和材料加热的要求

（1）冬期施工混凝土用的水泥应优先使用活性高、水化速度快的硅酸盐水泥和普通硅酸盐水泥，不宜用火山灰质硅酸盐水泥和粉煤灰硅酸盐水泥。蒸汽养护使用的水泥品种应经试验确定，宜选用矿渣硅酸盐水泥。水泥的强度等级不应低于 42.5MPa，最小水泥用量不宜少于 280 kg/m^3。水胶比不应大于 0.55，水泥不得直接加热，1～2 天运往暖棚存放，注意保暖和防潮。

（2）骨料要在东区施工前进行清洗和储备。并覆盖防雨雪材料，适当采取保温措施。防止骨料内有冰碴和雪团。

（3）水的比热大，是砂石骨料的五倍左右。所以冬期施工拌制混凝土应优先采用加热水的方法。当加热水不能满足要求时，才考虑加热砂和石子。砂石加热可采用蒸汽直接通入骨料中的方法。加热水时，应考虑加热的最高温度，以免水泥直接接触过热的水而产生假凝现象。水泥假凝是指水泥颗粒遇到温度较高的热水时，颗粒表面很快形成薄而硬的壳阻止水泥与水的水化作用的进行，使水泥水化不充分，从而使新拌混凝土拌合物的合和易性下降，导致混凝土强度下降。

混凝土拌合物及组成材料的加热最高允许温度按表 5.30 采用。

表 5.30　拌合水及骨料的最高温度

项目	水泥强度等级	拌合水（°C）	骨料（°C）
1	42.5 以下	80	60
2	42.5/42.5R 及以上	60	40

（4）钢筋焊接和冷拉施工，气温不宜低于 – 20 °C。预应力钢筋的张拉温度不宜低于 – 15 °C。钢筋哈街应在室内进行，若必须在室外进行时，应有防雨雪和挡风措施。焊接后冷却的接头应避免与冰雪接触。

2）混凝土的搅拌、运输、浇筑

冬期施工中外界气温低，由于空气和容器的热传导作用，混凝土在搅拌、运输和浇筑过程中应加强保温，防止热损失过大。

（1）混凝土的搅拌

混凝土的搅拌应在搭设的暖棚内进行，应优先采用大容量的搅拌机，以减少混凝土的热量损失。搅拌前，用热水或蒸汽冲洗加热搅拌筒；在搅拌过程中，为使新拌混凝土混合均匀，水泥水化作用完全充分，搅拌时间比常温规定的时间延长 50%，并严格控制搅拌用水量。为了避免水泥与过热的拌合水发生“假凝”现象，材料的的投料顺序为：先将水和沙石投入拌合，然后再加水泥。混凝土拌合物的温度应控制在 35 °C 以下。

（2）混凝土的运输

混凝土的运输时间和距离应保证混凝土不离析，不丧失塑性，尽量减少混凝土在运输过程中的热量损失，缩短运输路线，减少装卸和转运次数；使用大容量的运输工具，并经常清理保持干净；运输的容器四周必须加保温套和保温盖，尽量缩短装卸操作时间。

（3）混凝土的浇筑

混凝土浇筑前，要对各项保温措施进行一次全面检查；应清除模板和钢筋上的冰雪和污垢，尽量加快混凝土的浇筑速度，以防止热量散失过多。混凝土拌合物的出机温度不宜低于 10 °C，入模温度不得低于 5 °C，混凝土养护前的温度不得低于 2 °C。

制订浇筑方案时，应考虑集中浇筑，避免分散浇筑；浇筑过程中工作面尽量缩小，减少散热面；采用机械振捣的政振捣时间比常温时间有所延长，尽可能提高混凝土的密实度；保温材料随浇随盖，保证有足够的厚度，互相搭接之处应当特别严密，防止出现孔洞或空隙缝，以免空气进入造成质量事故。

冬期不得在强冻胀性地基上浇筑混凝土，这种土冻胀变形大，如果地基土遭冻必然会引起混凝土的变形并影响其强度。在弱冻胀性的地基上浇筑时，应采取保温措施，以免基土冻胀。

开始浇筑混凝土时，要做好测温工作，从原材料加热直至拆除保温材料为止，对混凝土出机温度、运输过程的温度、入模时的温度以及保温过程的温度都要经常测量，每至少测量四次，并做好记录。在施工过程中，要经常与气象部门联系，掌握每天气温情况，如有气温变化，要采取加强保温措施。

5.5.2 暑期施工

1. 暑期施工管理措施

（1）成立夏季工作领导小组，由项目经理担任组长，办公室主任担任副组长，对施工现场管理和职工生活管理做到责任到人，切实改善职工食堂、宿舍、办公室、厕所的环境卫生，定期喷洒杀虫剂，防止蚊、蝇滋生，杜绝常见病的流行。关心职工，特别是生产第一线和高温岗位职工的安全和健康，对高温作业人员进行就业和入手前的体格检查，凡检查不合格者，不得在高温条件下作业，认真督促检查，做到责任到人，措施得力，切实保证职工健康。

（2）做好用电管理，夏季是用电高峰期，定期对电气设备逐台进行全面检查、保养，禁止乱拉电线，特别是对职工宿舍的电线及时检查，加强用电知识教育。

（3）加强对易燃易爆等危险品的储存、运输和使用的管理。在露天堆放的危险品采取遮阳降温措施。严禁烈日暴晒，避免发生泄漏，杜绝一切自然火灾、爆炸事故。

（4）建立太阳能收集系统，用来加热洗澡等方面的用水；高温沙尘天气，建立沙尘系统，防止环境污染。

2. 混凝土工程施工

暑期高温天气会对混凝土浇筑施工造成负面影响。若需消除这些负面影响，要着重对混凝土分项工程施工进行计划与安排。

1）高温天气对混凝土的影响

（1）对混凝土的影响主要有混凝土凝固速度快，从而增加了摊铺、压实及成型的困难；混凝土流动性下降快，因而要求现场施工水量增加；半河拌合水量增加；控制气泡状空气存在于混凝土中的难度增加。

（2）对混凝土固化过程的影响主要有：较高的含水量较、高的混凝土温度，将导致混凝土 28 天和后续强度的降低，或混凝土凝固过程中及初凝过程中混凝土强度的降低；整体结构冷却或不同断面温度的差异，使得固化收缩裂缝以及温度裂缝产生的可能性增加；水合速率或水中粘性材料比例的不同，会导致混凝土表面摩擦度的变化，如颜色差异等；高含水量、不充分的养护、碳酸化、轻骨料或不适当的骨料混合比例，可导致混凝土渗透性增加。

2）混凝土浇筑施工措施

（1）粗骨料的冷却。粗骨料冷却的有效方法是用冷水喷洒或用大量的水冲洗。由于粗骨料在混凝土搅拌过程中占有较大的比例，降低粗骨料大约（1.0 ± 0.5）°C 的温度，混凝土的温度可以降低 0.5 °C。由于粗骨料可以被集中在筒仓内或箱柜容器内，因此粗骨料的冷却可以在很短时间内完成，在冷却过程中要控制水量的均匀性，以避免不同批次之间形成的温度差异。骨料的冷却也可以通过向潮湿的骨料内吹空气来实。粗骨料内空气流动可以加大其蒸发量，从而使粗骨料降温在 1 °C 温度范围内。该方法的实施效果与环境温度、相对湿度和空气流动的速度有关。如果用冷却后的空气代替环境温度下的空气，可以使粗骨料温度降低 7 °C。

（2）用冰代替部分拌合水。用冰替代部分拌合水可以降低混凝土温度，其降低温度的幅度受到用冰替代拌合水数量的限制，对于大多数混凝土，可降低的最大温度为 11 °C。为了保证正确的配合比，应对加入混凝土中冰的质量进行称重。如果采用冰块进行冷却，需要使用粉碎机将冰块粉碎，然后加入混凝土搅拌器中。

（3）混凝土的搅拌与运输。混凝土拌制时应采取措施控制混凝土的升温，并控制附加水量，减小塌落度损失，减少塑性收缩开裂。在混凝土拌制、运输过程中可以采取以下措施。

① 使用减水剂或以粉煤灰取代部分水，以减少水泥用量，同时在混凝土浇筑条件允许的情况下增大骨料粒径.

② 如果混凝土运输时间较长，可以用缓凝剂控制混凝土的凝结时间，但要注意缓凝剂的用量。

③ 如需要较高塌落度的混凝土拌合物，因使用高效减水剂。有些高效减水剂产生的拌合物其塌落度可维持两小时。高效减水剂还能够减少拌合过程中骨料颗粒之间的摩擦，减缓拌合筒中的热积聚。

④ 在混凝土浇筑过程中，始终保持搅拌车的搅拌状态。为防止泵管暴晒，可以用麻袋或草袋覆盖，同时在覆盖物上浇水，以降低混凝土的入模温度。

（4）施工方法：

① 检测运到工地上的混凝土的温度，必要时可以要求搅拌站予以调节。

② 暑期混凝土施工时，振动设备较易发热损坏，故应准备好备用振动器。

③ 与混凝土接触的各种工具、设备和材料等，如浇筑溜槽、输送机、泵管、混凝土浇筑导管、钢筋和手推车等，不要直接受到阳光曝晒，必要时应洒水冷却。

④ 浇筑混凝土地面时，应先湿润基层和地面边膜。

⑤ 夏季浇筑混凝土应精心计划，混凝土应连续、快速的浇筑。混凝土表面如有泌水时，要及时进行修整。

⑥ 根据具体气候条件，发现混凝土有塑性收缩开裂的可能性时，应采取措施（如喷洒养护剂、麻袋覆盖等），以控制混凝土表面的水分蒸发。混凝土表面水分蒸发速度如超过 0.5 kg/（m^3·h）时就可能出现塑性收缩裂缝；当超过 1.0 kg/（m^3·h）就需要采取适当措施，如冷却混凝土、向表面喷水或采用防风措施等，以降低表面蒸发速度。

⑦ 应做好施工组织设计，以避免在日最高气温时浇筑混凝土。在高温干燥季节，晚间浇筑混凝土受风和温度的影响相对较少，且可在接近日出时终凝，而此时的相对湿度较高，因而早期干燥和开裂的可能性较小。

（5）混凝土养护。夏季浇筑的混凝土必须加强对混凝土的养护。

① 在修整作业完成后或混凝土初凝后立即进行养护。

② 优先采用麻袋覆盖养护方法连续养护。在混凝土浇筑后的 1 ~ 7 天，应保证混凝土处于充分湿润状态，并应严格遵守规范规定的养护龄期。

③ 当完成规定的养护时间后拆模时，最好为其表面提供潮湿的覆盖层。

3）防暑降温措施

（1）在工程施工开始前，对施工人员进行夏季防暑降温知识的教育培训工作。培训的内容主要有：夏季防暑常识、防暑要求的使用方法、中毒的症状，中暑的急救措施等。

（2）合理安排高温作业时间，职工的劳动和休息时间。减轻劳动强度，缩短或避开高温环境的作业时间。

（3）上级管理人员应向施工队发放凉油、风油精等防暑降温药品。保证发放到每个施工人员手，并每天携带。

（4）加强夏季食堂管理，注意饮食卫生，食物应及时放到冰柜中，防止因天气炎热而导致食物变质腐烂，造成食物中毒。食堂炊事员合理安排，夏季饮食，增加清淡有营养的食物。

（5）对现场防暑降温组织进行不定期的安全监督检查，其内容包括检查各施工作业对防暑降温方案的执行和落实情况；检查药品的发放情况；检查施工队的工作时间和休息时间是否合理等。

（6）员工宿舍的设置做到卫生、整洁、通风，并安装空调，保证员工在夏季施工能有一个良好的休息环境。

5.5.3　雨季施工

连绵不断的小雨会给建筑工程施工带来许多困难和不便。影响工程质量和进度，钢筋混凝土工程遭到暴风雨的袭击，会造成模板系统沉降、倒塌等事故。带来重大的经济损失，因此建筑工程的雨期施工以预防为主。应根据施工地区预期的特点及降雨量，现场的地形条件，建筑工程的规模和在雨季施工的分项工程的具体情况，通过研究分析，制定切实有效的语气预防措施。和施工技术措施与期前充分做好思想准备和物质准备，把雨期造成的损失减至最小。同时保证要求的施工进度。

1. 雨期施工准备

（1）降水量大的地区在雨期到来之际，施工现场道路及设施必须做好有组织的排水措施；临时排水设施尽量与永久性排水设施结合使用；修筑的临时排水沟网要依据自然地势确定排水方向，排水坡度一般不小于 3%，横截面尺寸依据当地气象资料、历年最大降水量、施工期内的最大流量确定。做到排水畅通，雨停水干。要防止地面水流入基础和地下室内。

（2）施工现场的临时设施、库房要做好防雨排水的准备。水泥、保温材料、铝合保管堆放。要注意防潮、防雨和防止水的浸泡。

（3）现场的临时道路必要时要加固、加高路基。路面在雨期要加铺炉渣、沙砾或其他防滑材料。

（4）准备足够的防水、防汛材料（如草袋，油粘雨布等）和器材工具等，组织防水、防汛抢险队伍，统一指挥，以防发生紧急事件。

2. 混凝土工程的雨期施工

（1）加强对水泥材料防雨防潮工作的检查，对砂石骨料进行含水量的测定。及时调整施工配合比

（2）加强对模板有无松动、变形及隔离剂的情况的检查。特别是对其支撑系统的检查，如支撑下陷、松动，应及时加固处理。

（3）重要结构和大面积的混凝土结构，应尽量避开在雨天施工，施工前应了解 2～3 天的天气情况。

（4）小雨时，混凝土运输和浇注均要采取防雨措施。随浇筑随振捣，随覆盖防水材料。遇大雨时，应提前停止浇筑，按要求留设好施工缝，并把已浇筑部位加以覆盖，以防雨水的进入。

模块小结

本模块主要介绍了钢筋混凝土工程相关施工工艺。预应力混凝土工程的分类及工艺，装配式建筑混凝土工程施工工艺等内容。

通过本模块的学习，学生应了解钢筋混凝土工程施工特点，理解模板工程的种类以及

安拆的方法，理解基坑边坡稳定及支坑结构设计方法的基本原理，掌握土方量的计算场地，平整施工的竖向规划设计，掌握填土压实的要求和方法。

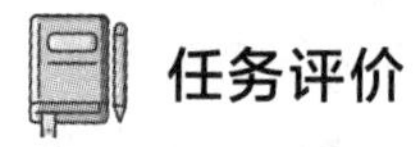

任务评价

模板的评分表

序号	评分项目	应得分	实得分	备　注
1	截面尺寸	20		
2	垂直度、平整度	20		
3	接缝处闭合度	30		
4	拼接方式	10		
5	综合印象	10		
6	合　计	100		

钢筋下料及钢筋制作的评分表

序号	评分项目	应得分	实得分	备　注
1	下料单正确	30		
2	箍筋加密区与非加密区设置	10		
3	箍筋间距	10		
4	受力筋排距	10		
5	钢筋间距	20		
6	钢筋保护层厚度	10		
7	综合印象	10		
8	合　计	100		

习　题

一、单选题

1. 某混凝土梁的跨度为 9.0 m，采用木模板、钢支柱支模时，如无设计要求，则该混凝土梁跨中的起拱高度为（　　）

A. 6 mm　　B. 8 mm　　C. 18 mm　　D. 28 mm

2. 钢筋进行冷拉加工时，常采用控制钢筋的冷拉率和（　　）两种方法。

A. 强度　　B. 冷弯性能　　C. 应力　　D. 变形

3. 对厚度大而面积较小的大体积设备基础，浇筑混凝土时应采取（　　）方案。

A. 全面分层　　B. 斜面分层

C. 分段分层　　D. 分期浇筑

4. 混凝土的自由倾落高度不应超过（　　）m，否则应采用串筒或溜槽下料。

A. 1　　B. 2　　C. 3　　D. 4

5. 对于泵送的混凝土，优先选用的粗骨料为（　　）。

A. 碎石　　B. 卵碎石　　C. 卵石　　D. 砾石

6. 采用插入式振捣器对基础、梁、柱进行振捣时，要做到（　　）。

A. 快插快拔　　B. 快插慢拔

C. 慢插慢拔　　D. 满插快拔

7. 后张法施工相对于先张法的优点是（　　）。

A. 不需要台座、不受地点限制　　B. 锚具可重复使用

C. 工艺简单　　D. 经济方便

8. 先张法中张拉预应力钢筋时，混凝土强度一般应不低于砼设计强度标准值的（　　）。

A. 50%　　B. 60% ~ 70%　　C. 75%　　D. 100%

二、填空题

1. 现浇钢筋混凝土工程包括________、________、混凝土工程三大主要工种工程。

2. 泵送混凝土设备包括________、________和________。

3. 混凝土构件的施工缝应留在结构____________同时_______的部位。

4. 预应力混凝土的强度等级一般不得低于_________。

5. 混凝土施工常见的质量通病有______、______、______、______、______等。

6. 先张法的工艺工程是先________，然后_______，待混凝土强度达到设计强度的________，放松预应力筋，借助混凝土与预应力筋的粘结，对混凝土产生预压应力。

7. 预应力混凝土后张法施工工艺中，孔道留设方法有：

（1）______只用于留设_______孔道。

（2）______可留设___________孔道且可留设__________孔道。

（3）______可留设___________孔道也可留设__________孔道。

8. 钢筋连接的方法通常有_______________、_______________、_______________。

9. 大体积混凝土的浇筑方法有______________、______________、______________。

10. 混凝土冬期施工中，外加剂的种类按作用可分为_____、______、_____、_____。

三、简答题

1. 什么是钢筋冷拉？冷拉的作用和目的有哪些？影响冷拉质量的主要因素是什么？

2. 钢筋冷拉控制方法有几种？各用于何种情况？采用控制应力方法冷拉时，冷拉应力怎样取值？冷拉率有何限制？采用控制冷拉率方法冷拉时，其控制冷拉率怎样确定？

3. 冷拉设备包括哪些？如何计算设备能力及测力计的负荷？

4. 试述钢筋冷拔工艺。冷拔与冷拉相比有何区别？

5. 怎样计算钢筋下料长度及编制钢筋配料单？

6. 简述钢筋加工工序和绑扎、安装要求。绑扎接头有何规定？

7. 钢筋工程检查验收包括哪几方面？应注意哪些问题？

8. 试述模板的作用。对模板及其支架的基本要求有哪些？模板有哪些类型？各有何特点？适用范围怎样？

9. 基础、柱、梁、楼板结构的模板构造及安装要求有哪些？

10. 试述定型组合钢模特点、组成及组合钢模配板原则。

11. 混凝土工程施工包括哪几个施工过程？

12. 混凝土施工配合比怎样根据实验室配合比求得？施工配料怎样计算？

13. 混凝土搅拌参数指什么？各有何影响？什么是一次投料、二次投料？各有何特点？二次投料时混凝土强度为什么会提高？

14. 混凝土运输有哪些要求？有哪些运输工具机械？各适用于何种情况？

15. 混凝土浇筑前对模板钢筋应作哪些检查？

16. 混凝土浇筑基本要求是什么？怎样防止离析？

17. 什么是施工缝？留设位置怎样？继续浇筑混凝土时，对施工缝有何要求？如何处理？

18. 什么是混凝土的自然养护？自然养护有哪些方法？如何控制混凝土拆模强度？

19. 混凝土检查包括哪些内容？

20. 使用商品混凝土时，应审查预拌混凝土厂家提供的哪些资料？

21. 对混凝土质量试验的试件留置有哪些规定？试件混凝土强度值如何确定？

22. 某大梁采用 C20 混凝土，实验室配合比提供的水泥用量为 300 kg/m^3 混凝土，砂子为 700 kg/m^3 混凝土，石子为 1 400 kg/m^3 混凝土，$W/C = 0.60$，现场实测砂子含水率为 3%，石子含水率为 1%。

试求：（1）施工配合比。（2）当采用 JZ350 型搅拌机时，每盘各种材料用量。（注：现场水泥为袋装水泥）

模块 6 砌体工程

知识目标

1. 掌握常用的砌筑工具和砌筑材料。
2. 了解砌砖施工、砌石施工及砌块施工的工艺流程。
3. 掌握砌砖、砌石及砌块施工的质量要求及检验方法。
4. 了解砌筑工程冬、雨期施工方法；掌握砌筑工程冬期施工的一般要求。
5. 砌筑工程施工质量验收要求、标准与安全技术。

技能目标

1. 掌握砂浆的品种，砌筑的形式。
2. 砌筑材料的选用及砌筑工艺要求。
3. 掌握砖砌体施工技术。
4. 熟悉砌筑工程验收标准。
5. 具有组织砌砖施工、砌石施工、砌块施工及质量验收能力。

价值目标

树立良好的职业操守、工程安全意识，提升工程质量。通过课程的学习，培养更多的能工巧匠。

会选用砂浆砌筑各常见形式的砌体工程；能运用相关规范及标准对砌体工程、中小型砌块工程进行验收。通过本模块的学习和实训，学生应具备常规砌筑技能。

典型案例

上海市长宁区厂房“5・16”坍塌重大事故

2019 年 5 月 16 日 11 时 10 分左右，上海市长宁区昭化路 148 号①幢厂房发生局部坍塌，造成 12 人死亡，10 人重伤，3 人轻伤，坍塌面积约 1 000 m^2，直接经济损失约 3 430 万元。

（一）概　况

1. 事故区域概况

昭化路 148 号地块位于长宁区华阳路街道昭化路南侧，定西路以东、安西路以西，地块面积 4 762 m^2，建筑面积 6 057 m^2。发生坍塌的是昭化路 148 号①幢厂房（如图 6.1 所示）。

2. 事故房屋情况

昭化路 148 号①幢厂房，主楼建造于 1963 年，原建为单层，建筑面积 1 080 m²（原设计考虑后期加层），1972 年后又进行改扩建，事发前为 2 层（局部 3 层），建筑面积 3 186 m²。主体结构外围为砖墙承重砌体结构，内部为预制装配式单向框架结构（纵向铰接），屋面为钢屋架（如图 6.2 所示）。在调查过程中未发现①幢厂房有关安全性检测的记录。

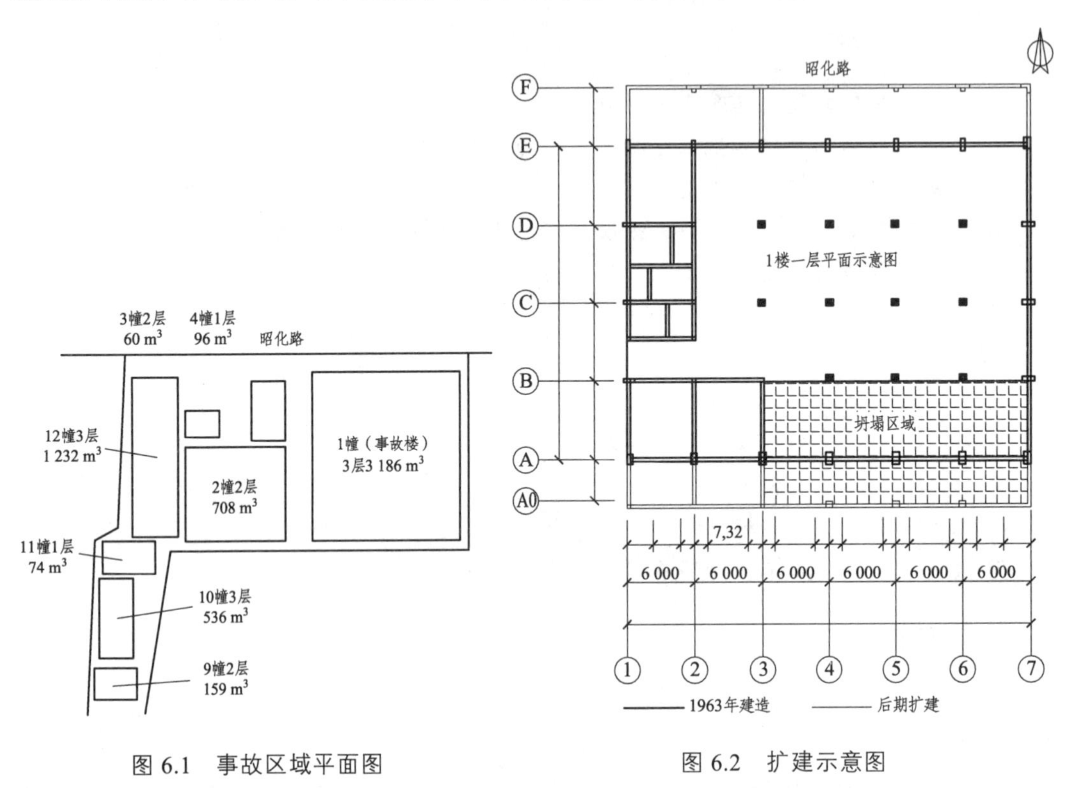

图 6.1　事故区域平面图

图 6.2　扩建示意图

（二）事故经过

5 月 16 日 11 时 10 分左右，昭化路 148 号①幢厂房内，15 名人员在 2 层东南侧就餐，4 名人员在 2 层东南侧临时办公室商谈工作，6 名人员分别在 2 层（A-3 轴）扎钢筋、1 层柱子（A-4 轴）底部周围挖掘、2 层楼梯间楼板拆除时，厂房东南角 1 层（南北向 A0-B 轴，东西向 3-7 轴）突然局部坍塌，引发 2 层（南北向 A0-D 轴，东西向 1-7 轴）连锁坍塌，将以上 25 名人员埋压（如图 6.3 所示）。

（三）现场情况

①幢厂房南侧主要承重砖墙（A 轴）向外坍塌；2 层（+5.200 m 标高）楼面预制梁、板部分（A 轴至 B 轴，3 轴至 7 轴）坍塌；屋盖（+9.200 m 标高）五榀钢屋架及预制屋面板全部坠落；墙外东南角的竹脚手架，东侧向内倾侧，南侧向外倒塌（如图 6.4 所示）。

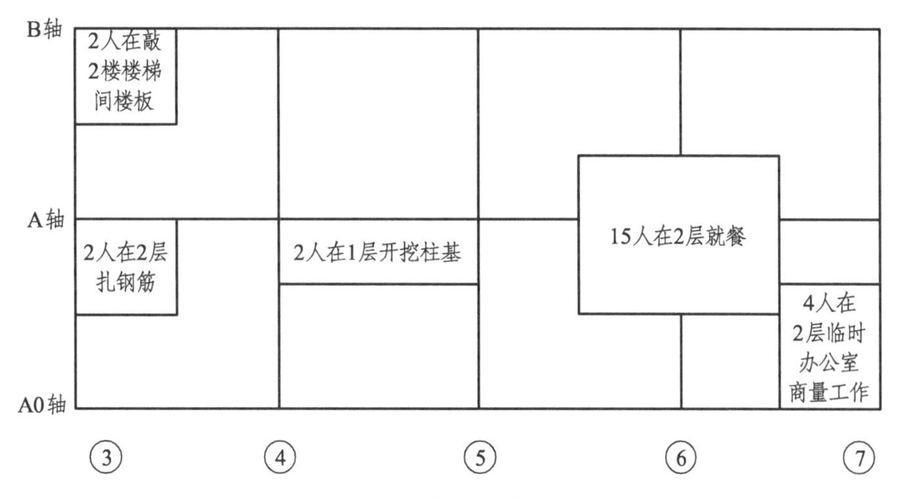

图 6.3　坍塌区域人员位置示意图

①幢厂房东侧 5-7 轴有地坪开挖，开挖深度 1 m 左右，在开挖区域内 A 轴承重墙（柱）基础暴露（如图 6.5 所示）。

图 6.4　坍塌现场照片

图 6.5　A 轴承重墙（柱）基础暴露

（四）事故原因分析

专家组通过事故现场勘查，查阅图纸、资料，以及询问相关人员，经综合分析，认定导致该起事故技术原因为：昭化路 148 号①幢厂房 1 层承重砖墙（柱）本身承载力不足，施工过程中未采取维持墙体稳定措施，南侧承重墙在改造施工过程中承载力和稳定性进一步降低，施工时承重砖墙（柱）瞬间失稳后部分厂房结构连锁坍塌，生活区设在施工区内，导致群死群伤。具体分析如下。

1. ①幢厂房 1 层承重砖墙（柱）本身承载力不足

（1）昭化路 148 号①幢厂房主楼建造于 1963 年，原建为单层（原设计考虑后期加层），基础混凝土强度 150 号（C13），主体结构混凝土强度 200 号（C18），承重砖墙 75 号黏土砖（MU7.5）、50 号混合砂浆（M5），钢筋屈服强度 2 100 kg/cm^2（210 MPa）。1972 年后改扩建为2层（局部3层），南北侧加建了南区、北区等，且南区、北区均与主楼部分连接。改建后厂房为预制装配式单向内框架结构，南侧采用带扶壁柱的承重墙，楼面采用预制空心板。加建屋面采用钢屋架、槽型屋面板，2层竖向采用混凝土柱、砖墙、砖柱混合承重。

（2）厂房结构体系混乱。按照本次改造前的状态验算，材料强度按照砖 MU7.5、砂浆 M5（设计值），底层A轴砖柱及翼墙抗力与荷载效应之比约为0.48，局部构件承载力不足，处于较危险状态。5月1日后，南侧A轴进行过墙体窗洞扩大（拆墙）等施工，翼墙仅剩200～300 mm，整体稳固性不足，存在明显薄弱环节和安全隐患。根据事发前施工现场底层6/A、7/A翼墙凿除照片、A轴其他承重柱及翼墙粉刷层凿除、翼墙穿孔等情况计算，其比值降为0.42，局部构件承载力进一步下降，危险性加大。

底层A轴砖柱（含翼墙）受压承载力严重不足，处于危险状态，对施工扰动极为敏感，失稳后极易引起结构连续倒塌。

2. 现场未采取维持墙体稳定措施情况

（1）①幢厂房改造方案情况：

①幢厂房改造方案主要包括：普遍插建1夹层；A-D轴原有钢屋架拆除，增加2层、3层钢柱，A-D轴加建3层。

从结构加固方案看（仅主楼区域），结构加固包括底层和2层部分混凝土柱和扶壁柱加固、增加2层钢柱等；设计要求结构加固自基础面开始，要求施工前，必须做好必要的施工支撑，确保施工期间安全。此外，结构加固方案要求承重砖墙不能拆除。

（2）经调查，建设单位、施工单位在本次改造中未采取有效的维持墙体稳定和事前补强的针对性施工措施。

3. 地坪开挖进一步降低了厂房结构安全性

施工人员对①幢厂房东南侧的墙基、地坪开挖，开挖深度1.0～1.5 m，削弱了地坪土对柱、墙的约束作用，降低了厂房结构安全性。

（五）事故防范和整改措施

（1）进一步健全安全生产责任体系，牢固树立安全发展理念。

（2）进一步深化隐患排查和风险管控，履行安全监管职责。

（3）进一步夯实安全生产基础工作，履行安全生产主体责任。

（4）进一步优化安全监管方式，提升建筑施工现场本质安全水平。

（5）全面排查装饰装修工程的违规行为，强化参建主体动态监管。

（6）充分发挥舆论监督、群众监督等社会监督的作用，形成全社会共治安全的良好格局。

模块任务

根据所学操作基本知识，能独立完成条形基础砌筑，独立砖柱基础砌筑。

1. 条形基础砌筑

（1）在砌筑前要进行摆砖、撂底，大放脚转角处要打七分找，七分找应放在檐墙和山墙拐角处，分层交错放置，不管基底多宽均按此规律排列（每层都打七分找），砌筑前一天，砖块要浇水湿润。

① 一砖墙身六皮三收等高式大放脚：此种大放脚共有 3 个台阶，每个台阶的宽度为 1/4 砖长，即 60 mm，按上述计算，得到基底宽度为 $B = 600$ mm，考虑竖缝后实际应为 615 mm，即两砖半宽，其组砌方式如图 6.7 所示。

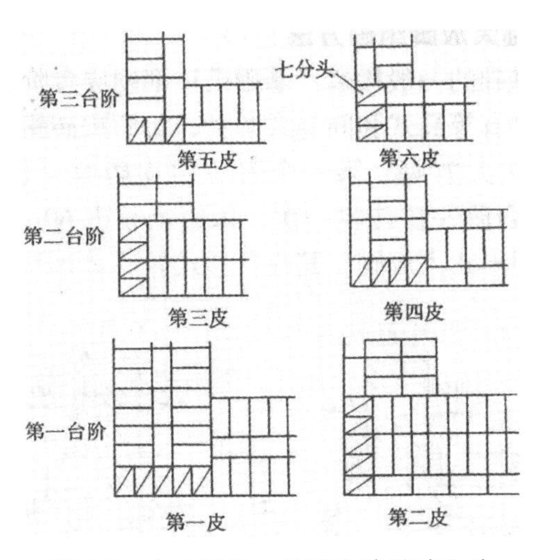

图 6.7　六皮三收大放脚台阶排砖方法

② 一砖墙身六皮四收大放脚：按上式计算，求得基底理论宽度为 720 mm，实际为 740 mm，其组砌方式如图 6.8 所示。

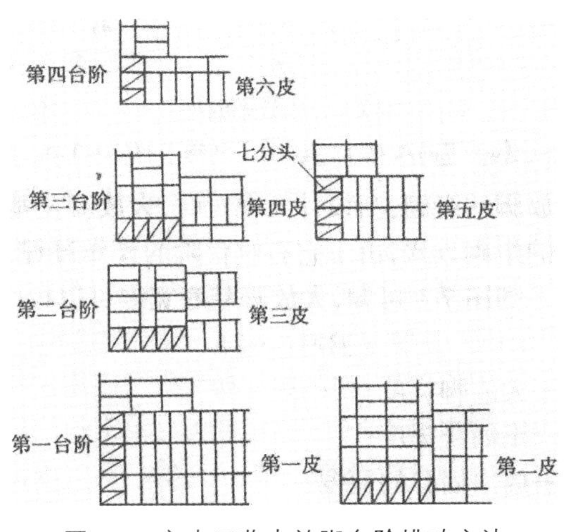

图 6.8　六皮四收大放脚台阶排砖方法

（2）立皮数杆后按所弹墨线的边线砌大放脚大拐（盘角）。砌大拐时，经常用线垂吊其垂直度，对照皮数杆的皮数。砌筑大放脚时要抓住轴线，不能砌成偏心基础。

（3）砌筑大放脚时要求双面带挂线，即里外墙都要带挂线，保证墙的平整度和水平灰缝的平直度。

（4）砌筑宜采用“三一”砌筑法。

（5）基础墙和大放脚砌筑时要错缝搭接，半截砖和碎砖不应集中砌筑，应分散砌筑在非承重部位。

（6）由于基础受上部荷载压力，故要求墙体整体性强，在砌大放脚时，转角处和交接处应同时砌筑。对不能同时砌筑而又必须留置的临时间断处，应砌成踏步槎。接槎时要将松动的砖及砂浆清除干净，用水冲刷后再进行砌筑。在砌筑时根据图纸要求应预先留洞口，严禁砌好后打洞。

（7）基础墙一般砌到 – 0.06 m 处即防潮层以下，待基础两测回填土填完并分层夯实后再进行防潮层的铺设，这样可避免由于回填土和打夯时将防潮层破坏。防潮层砌筑时须找平。

2. 独立砖柱基础砌筑

（1）独立砖柱基础砌筑与条形砖基础砌筑一样，顺序、要领也相同。

（2）砌筑独立砖柱基础时要注意以下几个问题：

① 每砌完一层时要检查对角线是否相等，如不相等就不垂直。

② 砌筑多根柱基础时也应带通线。

③ 砌筑柱基础时勿用强度低的砖。

本模块以湖南省凤凰县堤溪沱江大桥“8 · 13”特别重大坍塌事故案例为主线，以学生为主体，以学生对湖南省凤凰县堤溪沱江大桥“8 · 13”特别重大坍塌事故案例的疑惑为出发点，重点阐述砌体材料、砖砌体施工、石砌体施工、砌块砌体施工、框架填充墙施工、特殊季节施工、砌体结构工程施工施工质量检查与验收、砌筑工程常见质量问题与施工安全技术，并以典型失败案例提升专业素养。用专业知识解决实际身边工程问题，提升学生的学习热情和积极性，端正学习态度，激励同学们立鸿鹄志、做工程界的追梦人。

砌体结构是指由块体和砂浆组砌而成的墙、柱等作为建筑物主要受力构件的结构，是砖砌体、砌块砌体和石砌体结构的统称。砌体结构施工的主要施工过程就是砌筑工程，包括砌筑材料，砖、石砌体砌筑，砌块砌体砌筑。早在三四千年前就已经出现了用天然石料加工成的块材的砌体结构，在大约 2 000 多年前又出现了由烧制的黏土砖砌筑的砌体结构，祖先遗留下来的“秦砖汉瓦”，在我国古代建筑中占有重要地位，至今仍在建筑工程中起着很大的作用。这种砖石结构虽然具有就地取材方便、保温、隔热、隔声、耐火等良好性能，且可以节约钢材和水泥，不需大型施工机械，施工组织简单等优点，但它的施工仍以手工操作为主，劳动强度大，生产效率低，而且烧制黏土砖需占用大量农田，因而采用新型墙体材料代替普通黏土砖，改善砌体施工工艺已经成为砌筑工程改革的重要发展方向。

砌筑工程是一个综合的施工过程，它包括材料运输、砌筑施工准备和墙体砌筑等。

6.1 砌筑材料

砌筑材料主要包括砂浆和块体两大部分。

6.1.1　砂　浆

砂浆是由胶结料、细集料、掺合料（为改善砂浆和易性而加入的无机材料，如石灰膏、电石膏、粉煤灰、黏土膏等）和水配制而成的建筑工程材料。其在建筑工程中起黏结、衬垫和传递应力的作用。

砂浆按胶凝材料的不同，可分为水泥砂浆、混合砂浆和石灰砂浆。

水泥砂浆，用水泥和砂拌和成的砂浆具有较高的强度和耐久性，但和易性差。其多用于高强度和潮湿环境的砌体中。

混合砂浆，在水泥砂浆中掺入一定数量的石灰膏或黏土膏的砂浆具有一定的强度和耐久性，且和易性和保水性好。其多用于一般墙体中。

石灰砂浆，宜砌筑干燥境中砌体和干土中的基础以及强度要求不高的砌体，因为石灰是气硬性胶凝材料。在潮湿环境中，石灰膏不但难以结硬，而且会出现溶解流散现象。

1. 原材料

（1）水泥。除分批对其强度、安定性进行复验外，不同品种的水泥不得混合使用。

（2）砂。砂浆用砂宜采用中砂，并应过筛，不得含有草根等有害杂物。对水泥砂浆和强度等级不小于 M5 的水泥混合砂浆，含泥量不应超过 5%；强度等级小于 M5 的水泥混合砂浆，砂的含泥量不应超过 10%。

（3）石灰膏。用块状生石灰熟化成石灰膏时，应用孔径不大于 3 mm × 3 mm 的网过滤，其熟化时间不得少于 7 d，其稠度一般为 12 cm；磨细生石灰粉的熟化时间不得少于 2 d。对沉淀池中储存的石灰膏，应采取防干燥、防冻结和防污染的措施。严禁使用脱水硬化的石灰膏。

（4）黏土膏。用黏土或粉质黏土制备黏土膏，应过筛，并用搅拌机加水搅拌。

（5）水。采用不含有害物质的洁净水，具体应符合有关规范的规定。

（6）外加剂。凡在砂浆中掺入有机塑化剂、早强剂、缓凝剂、防冻剂等，均应经检验和试配，且符合要求后方可使用。为了改善砂浆在砌筑时的和易性，可掺入适量的有机塑化剂，其掺量一般为水泥用量的（0.5 ~ 1）/10 000。

2. 质量要求

1）砂浆的强度

水泥砂浆强度等级划分为 M5、M7.5、M10、M15、M20、M25、M30 共 7 个等级。混合砂浆强度等级划分为 M5、M7.5、M10、M15 共 4 个等级。在一般工程中，办公楼、教学楼以及多层建筑物宜选用 M5 ~ M10 的砂浆，平房商店等多选用 M5 的砂浆，仓库、食堂、地下室以及工业厂房等多选用 M5 ~ M10 的砂浆，而特别重要的砌体宜选用 M10 以上的砂浆。

2）砂浆和易性

砂浆和易性是指砂浆便于施工操作的性能，包含流动性和保水性两个方面的含义。

砂浆的流动性（稠度）是指在自重或外力作用下能产生流动的性能。流动性采用砂浆稠度测定仪测定，其大小用沉入度（或稠度值）表示，即砂浆稠度测定仪的圆锥体沉入砂浆深度的毫米数。用砂浆稠度测定仪测定的稠度越大，流动性越大，即圆锥体沉入的深度越大，稠度越大，流动性越好。

砂浆的保水性指新拌砂浆能够保持水分的能力，也指砂浆中各项组成材料不易分离的性质。

为便于操作，砌筑砂浆应有较好的和易性，即良好的流动性（稠度）和保水性（分层度）。和易性好的砂浆能保证砌体灰缝饱满、均匀、密实，并能提高砌体强度。水泥砂浆分层度不应大于 30 mm，水泥混合砂浆分层度一般不应超过 20 mm。水泥砂浆最小水泥用量不宜小于 200 kg/ m^3；水泥混合砂浆中水泥和掺合料总量宜为 300 ~ 350 kg/ m^3 。如果水泥用量太小，则没有足够的水泥浆来填充砂子空隙，其稠度、分层度将无法保证。拌成后的砌筑砂浆，其稠度应符合表 6.1 规定，分层度不应大于 30 mm，颜色一致。

表 6.1　砌筑砂浆的稠度

序号	砌　体　种　类	砂浆稠度/mm
1	烧结普通砖砌体、粉煤灰砖砌体	70 ~ 90
2	轻集料混凝土小型空心砌块砌体 烧结多孔砖砌体、烧结空心砖砌体 蒸压加气混凝土砌块砌体	60 ~ 80
3	混凝土砖砌体、普通混凝土小型空心砌块砌体、灰沙砖砌体	50 ~ 70
4	石砌体	30 ~ 50

砂浆中掺入适量的加气剂或塑化剂也能改善砂浆的保水性和流动性。通常可掺入微沫剂来改善新拌砂浆的性质。

具有冻融循环次数要求的砌筑砂浆，经冻融试验后，质量损失率不得大于 5%，抗压强度损失率不得大于 25%。

3）黏结力

砖石砌体是靠砂浆把块状的砖石材料黏结成为一个坚固整体的，因此要求砂浆对于砖石必须有一定的黏结力。一般情况下，砂浆的抗压强度越高，其黏结力越大。此外，砂浆黏结力的大小与砖石表面状态、清洁程度、湿润情况以及施工养护条件等因素有关。

3. 制备及使用要求

砂浆的配合比应事先通过计算和试配确定。砂浆现场拌制时，各组分材料采用质量计量。计量精度水泥为 ± 2%，砂、石灰膏控制在 ± 5%以内。

砌筑砂浆应采用砂浆搅拌机进行拌制。砂浆搅拌机可选用活门卸料式、倾翻卸料式或立式，其出料容量为 200 L。自投料完算起，搅拌时间应符合下列规定：水泥砂浆和水泥混合砂浆的拌和时间不得少于 2 min；水泥粉煤灰砂浆和掺外加剂的砂浆不得少于 3 min；掺有机塑化剂的砂浆为 3 ~ 5 min。

拌制水泥砂浆，应先将砂与水泥干拌均匀，再加掺料（石灰膏、黏膏）和水拌和均匀。拌制水泥粉煤灰砂浆，应先将水泥、粉煤灰、砂干拌均匀，再加水拌和均匀。掺外加剂时，应先将外加剂按规定浓度溶于水中，在拌和时投入外加剂溶液，外加剂不得直接投入拌制的砂浆中。在施工中，当采用水泥砂浆代替水泥混合砂浆时，应重新确定砂浆强度等级。砂浆拌成后应盛入储灰器中，如砂浆出现泌水现象，应在砌筑前再次拌和。

砂浆应随拌随用，水泥砂浆和水泥混合砂浆应分别在 3 h 和 4 h 内使用完毕；若施工期间最高气温超过 30 °C 时，必须分别在拌成后 2 h 和 3 h 内使用完毕。对掺用缓凝剂的砂浆，其使用时间可根据具体情况延长。

4. 质量验收

成型砌筑砂浆立方体抗压强度试件尺寸为 70.7 mm × 70.7 mm × 70.7 mm，每组 6 块试件。

（1）取样：每一楼层或 250 m^3 砌体、每一工作班、每种配比至少一组。

（2）试件制作：将无底试模放在预先铺有吸水性较好的纸（报纸或其他未粘过胶凝材料的纸）的烧结普通砖上，试模内壁事先涂刷薄层机油或脱模剂；向试模内一次注满砂浆，用捣棒均匀地由外向里按螺旋方向插捣 25 次，插捣完后，砂浆应高出试模顶面 6 ~ 8 mm；当砂浆表面开始出现麻斑状态时（15 ~ 30 min），将高出部分的砂浆沿试模顶面削去抹平，按规定进行养护。

（3）试块养护至 28 d 即送检，砌筑砂浆试块在强度验收时必须符合以下规定：同一验收批砂浆试块，抗压强度平均值必须大于或等于设计强度等级所对应的立方体抗压强度；同一验收批砂浆，试块抗压强度的最小一组平均值必须大于或等于设计强度所对应的立方体抗压强度的 0.75 倍。

（4）当施工中或验收时出现下列情况，可采用现场检验方法对砂浆和砌体强度进行原位检测或取样检测，并判定强度：砂浆试块缺乏代表性或试块数量不足；对砂浆试块的试验结果有怀疑或有争议；砂浆试块的试验结果，不能满足设计要求。

6.1.2　块　材

块体是砌体的主要组成部分，块体包括砖、砌块、石材三类。

1. 砖

1）烧结普通砖

烧结普通砖是以黏土、页岩、煤矸石或粉煤灰为主要原料，经焙烧而成的实心的或具有一定孔洞率的、外形尺寸符合规定的砖。根据烧结原材料的不同，烧结普通砖分为烧结黏土砖、烧结页岩砖、烧结煤矸石砖以及烧结粉煤灰砖等，其外形尺寸为 240 mm × 115 mm × 53 mm。

2）烧结多孔砖

烧结多孔砖是以黏土、页岩、煤矸石为主要原料，经焙烧而成的孔洞率不小于 33%、孔形为圆孔或非圆孔的砖。烧结多孔砖的孔尺寸小而数量多，主要适用于承重部位，简称多孔砖。目前，烧结多孔砖的规格尺寸为 290、240、190、180、140、115、90（mm）。

烧结普通砖、烧结多孔砖的强度分为 MU30、MU25、MU20、MU15 和 MU10 五级。

3）蒸压灰砂砖

蒸压灰砂砖是以石灰和砂为主要原料，经过料制备、压制成型、蒸压养护而成的实心砖。蒸压灰砂砖的强度分为 MU25、MU20、MU15、MU10 四级。

4）蒸压粉煤灰砖

蒸压粉煤灰砖是以粉煤灰、石灰为主要原料，掺加适量石膏等外加剂和集料，经胚料制备、压制成型、高压蒸汽养护而成的砖。

蒸压粉煤灰砖的强度分为 MU30、MU25、MU20、MU15 和 MU10 五级。

5）砖的抽样检验

每一生产厂家的砖到场后按烧结砖 15 万块、多孔砖 5 万块、灰砂砖及中粉煤灰砖 10 万块为一验收批，在每一验收批中随机抽取 15 块进行抗压检验和抗折检验。

2. 砌　块

砌块的种类较多，按形状分为实心砌块和空心砌块。砌块按规格可分为两种：小型砌块，高度为 180 ~ 350 mm：中型砌块，高度为 360 ~ 900 mm。常用的砌块有混凝土小型空心砌块、轻集料混凝土小型空心砌块、蒸压加气混凝土砌块和粉煤灰砌块。

1）混凝土小型空心砌块

混凝土小型空心砌块由普通混凝土或集料混凝土制成，主规格尺寸为 390 mm × 190 mm × 190 mm，空心率为 25% ~ 50%，简称混凝土砌块或砌块。砌块的强度分为 MU25、MU20、MU15、MU10、MU7.5 和 MU5 六级。

2）轻集料混凝土小型空心砌块

轻集料混凝土小型空心砌块以水泥、砂、轻集料加水预制而成，其主规格尺寸为 390（290、190）mm × 190（290、240、140、90）mm × 190（90）mm，按孔的排数分为单排孔、双排孔、三排孔和四排孔四类；按抗压强度分为 MU10、MU7.5、MU5、MU3.5、MU2.5、MU1.5 六级。

3）蒸压加气混凝土砌块

蒸压加气混凝土砌块是以水泥、矿渣、砂、石灰等为主要原料，加入发气剂，经搅拌成型、蒸压养护而成的实心砌块。其规格为长度 600 mm，高度 200 mm、240 mm、250 mm、300 mm，宽度 100 mm、120 mm、125 mm、150 mm、180 mm、200 mm、240 mm、250 mm、300 mm。砌块按强度和干密度分级，强度有 A1.0、A2.0、A2.5、A3.5、A5.0、A7.5、A10.0

（注：1.0 表示 1.0 MPa）七个级别；干密度有 B03、B04、B05、B06、B07、B08（注：03 表示 300 kg/ m³）六个级别。

砌块按尺寸偏差与外观质量、干密度、抗压强度和抗冻性分为优等品（A）、合格品（B）两级。

3. 石　材

砌筑用石材分为毛石和料石。砌筑用石材应质地坚实，无风化剥落和裂纹；用于清水墙、柱表面的石材，尚应色泽均匀。

1）毛　石

毛石应呈块状，其中部厚度不宜小于 150 mm。毛石分为乱毛石和平毛石两种。乱毛石是指形状不规则的石块；平毛石是指形状不规则但有两个平面大致平行的石块。

2）料　石

料石按其加工面的平整程度，分为细料石、粗料石和毛料石三种。料石的宽度、厚度均不宜小于 200 mm，长度不宜大于厚度的 4 倍。料石根据抗压强度分为 MU100、MU80、MU60、MU50、MU40、MU30、MU20 七级。

6.2　砖砌体施工

6.2.1　施工准备

1. 砖的准备

砖的品种、强度等级必须符合设计要求，并应规格一致。用于清水墙、柱表面的砖，应边角整齐、色泽均匀。在砌砖前应提前 1 ~ 2 d 将砖堆浇水湿润，以使砂浆和砖能很好地黏结。严禁砌筑前临时浇水，以免因砖表面存有水膜而影响砌体质量。烧结普通砖、多孔砖的含水率宜为 10% ~ 15%，灰砂砖、粉煤灰砖的含水率宜为 8% ~ 12%。检查含水率的最简易方法是现场断砖，砖截面周围融水深度达 15 ~ 20 mm 即视为符合要求。

2. 施工机具的准备

砌筑前，一般应按施工组织设计要求组织垂直和水平运输机械、砂浆搅拌机械进场、安装、调试等工作。垂直运输多采用扣件及钢管搭设的井架，或人货两用施工电梯，或塔式起重机，而水平运输多采用手推车或机动翻斗车。对多高层建筑，还可以用灰浆泵输送砂浆。同时，还要准备脚手架、砌筑工具（如皮数杆、托线板）等。

6.2.2　砖砌体的组砌形式

普通砖墙的砌筑形式主要有几种：全顺式、两平一侧、全丁式、一顺一丁、梅花丁和三顺一丁。

1. 全顺式

全顺式［图 6.9（a）］是各皮砖均为顺砖，上下皮竖缝相互错开 1/2 砖长。这种形式仅使用于砌半砖墙。

2. 两平一侧

两平一侧［图 6.9（b）］采用两皮平砌砖与一皮侧砌的顺砖相隔砌成。当墙厚为 3/4 砖时，平砌砖均为顺砖，上下皮平砌顺砖间竖缝相互错开 1/2 砖长；上下皮平砌顺砖与侧砌顺砖间竖缝相互错开 1/2 砖长。当墙厚为 1 砖长时，上下皮平砌顺砖与侧砌顺砖间竖缝相互错开 1/2 砖长；上下皮平砌丁砖与侧砌顺砖间竖缝相互错开 1/4 砖长。这种形式适合于砌筑 3/4 砖墙及 1 砖墙。

3. 全丁式

全丁式［图 6.9（c）］砌法每皮砖全部用丁砖砌筑，两皮间竖缝搭接长度为 1/4 砖长。此种砌法一般多用于圆形建筑物，如水塔、烟囱、水池、圆仓等。

4. 一顺一丁

一顺一丁［图 6.9（d）］是一皮全部顺砖与一皮全部丁砖间隔砌成。上下皮竖缝相互错开 1/4 砖长。这种砌法各皮间错缝搭接牢靠，墙体整体性较好，操作中变化小，易于掌握，砌筑时墙面也容易控制平直；但竖缝不易对齐，在墙的转角、丁字接头、门窗洞口等处都要砍砖，因此砌筑效率受到一定限制。这种砌法效率较高，适用于砌一砖、一砖半及二砖墙。

5. 梅花丁

梅花丁是每皮中丁砖与顺砖相隔，上皮丁砖坐中于下皮顺砖，上下皮间竖缝相互错开 1/4 砖长［图 6.9（e）］。这种砌法内外竖缝每皮都能避开，故整体性较好，灰缝整齐，比较美观，但砌筑效率较低。适用于砌一砖及一砖半墙。

6. 三顺一丁

三顺一丁［图 6.9（f）］是三皮全部顺砖与一皮全部丁砖间隔砌成。上下皮顺砖间竖缝错开 1/2 砖长；上下皮顺砖与丁砖间竖缝错开 1/4 砖长。这种砌法因顺砖较多，效率较高，适用于砌一砖、一砖半墙。

（a）全顺式　（b）两平一侧　（c）全丁式　（d）一顺一丁　（e）梅花丁　（f）三顺一丁

图 6.9　砖墙组砌形式

为了使砖墙的转角处各皮间竖缝相互错开，必须在外角处砌七分头砖（3/4 砖长）。当采用一顺一丁组砌时，七分头的顺面方向依次砌顺砖，丁面方向依次砌丁砖［图 6.10（a）］。

砖墙的丁字接头处，应分皮相互砌通，内角相交处竖缝应错开 1/4 砖长，并在横墙端头处加砌七分头砖［图 6.10（b）］。

砖墙的十字接头处，应分皮相互砌通，交角处的竖缝应相互错开 1/4 砖长［图 6.10（c）］。

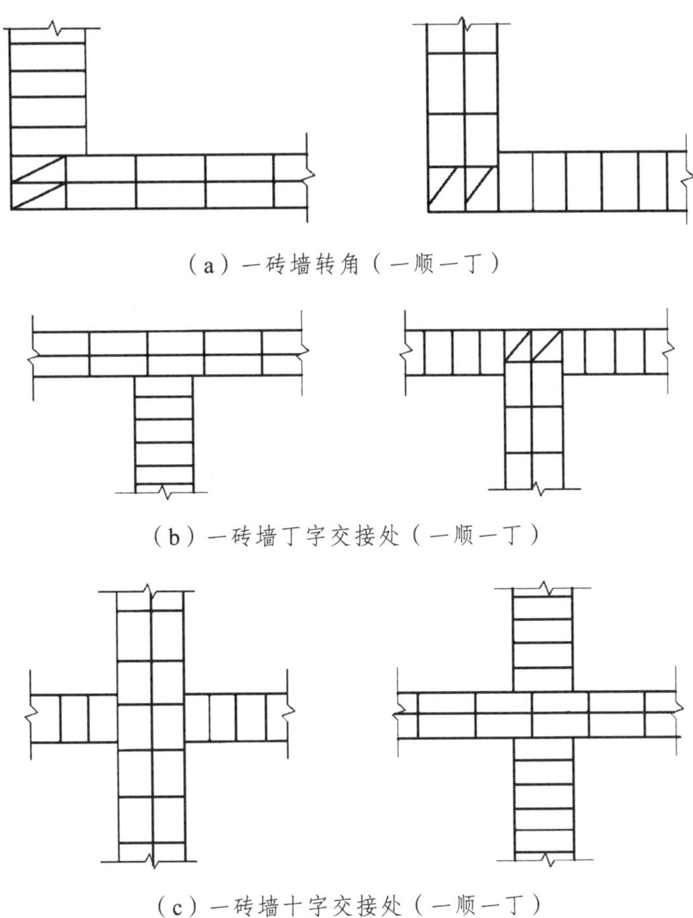

（a）一砖墙转角（一顺一丁）

（b）一砖墙丁字交接处（一顺一丁）

（c）一砖墙十字交接处（一顺一丁）

图 6.10　砖墙交接处组砌

6.2.3　砖砌体的施工工艺

砖砌体的砌筑施工工艺包括：抄平、放线→摆砖→立皮数杆→盘角、挂线→砌筑→勾缝→清理。

1. 抄平放线

1）底层抄平、放线

当基础砌筑到 ± 0.000 时，依据施工现场 ± 0.000 标准，水准点在基础面上用水泥砂浆或 C10 细石混凝土找平，并在建筑物四角外墙面上引测 ± 0.000 标高，画上符号并注明，作为楼层标高引测点；依据施工现场龙门板上的轴线钉拉通线，并沿通线挂线坠，将墙轴线引测到基础面上，再以轴线为标准弹出墙边线，定出门窗洞口的平面位置。轴线放出并经复查无误后，将轴线引测到外墙面上，画上特定的符号，作为楼层轴线引测点。

2）轴线、标高引测

当墙体砌筑到各楼层时，可根据设在底层的轴线引测点，利用经纬仪或铅垂球，把控制轴线引测到各楼层外墙上；也可根据设在底层的标高引测点，利用钢尺向上直接丈量，把控制标高引测到各楼层外墙上。

3）楼层抄平、放线

轴线和标高引测到各楼层后，就可进行各楼层的抄平、放线。为了保证各楼层墙身轴线的重合，并与基础定位轴线一致，引测后一定要用钢尺丈量各轴线间距，经校核无误后，再弹出各分间的轴线和墙边线，并按设计要求定出门窗洞口的平面位置。

注意，抄平时厚度不大于 20 mm 时，用 1∶3 水泥砂浆；厚度大于 20 mm 时，一般用 C15 细石混凝土找平。

2. 摆　砖

摆砖，又称摆脚，是指在放线的基面上按选定的组砌方式用干砖试摆。目的是校对所放出的墨线在门窗洞口、附墙垛等处是否符合砖的模数，以尽可能减少砍砖，并使砌体灰缝均匀，组砌得当。一般在房屋纵墙方向摆顺砖，在山墙方向摆丁砖，摆砖由一个大角摆到另一个大角，砖与砖留 10 mm 缝隙。

3. 立皮数杆

皮数杆是指在其上划有每皮砖和灰缝厚度，以及门窗洞口、过梁、楼板等高度位置的一种木制标杆。砌筑时用来控制墙体竖向尺寸及各部位构件的竖向标高，并保证灰缝厚度的均匀性。

皮数杆一般设置在墙体操作面的另一侧，立于建筑物的四个大角处、内外墙交接处、楼梯间及洞口较多的地方，并从两个方向设置斜撑或用锚钉加以固定，以确保垂直和牢固，如图 6.11 所示。皮数杆的间距为 10 ~ 15 m，间距超过时中间应增设皮数杆。皮数杆需用水平仪统一竖立，使皮数杆上的 ± 0.00 与建筑物的 ± 0.00 相吻合，以后就可以向上接皮数杆。每次开始砌砖前，均应检查皮数杆的垂直度和牢固性，以防有误。

4. 盘角、挂线

盘角又称立头角，是指墙体正式砌砖前，在墙体的转角处由高级瓦工先砌起，并始终高于周围墙面 4 ~ 6 皮砖，作为整片墙体控制垂直度和标高的依据。盘角的质量直接影响墙体施工质量，因此，必须严格按皮数杆标高控制每一皮墙面高度和灰缝厚度，做到墙角方正、墙面顺直、方位准确、每皮砖的顶面近似水平，并要“三皮一吊，五皮一靠”，确保盘角质量。墙角必须双向垂直。

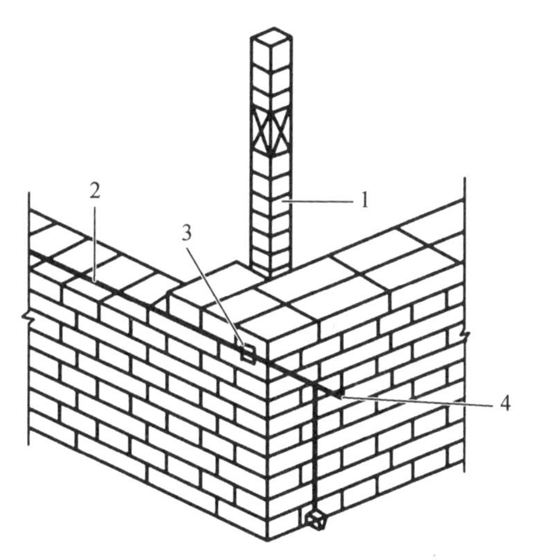

1—皮数杆；2—准线；3—竹片；4—圆钢。

图 6.11 皮数杆

挂线是指以盘角的墙体为依据，两个盘角中间的墙外侧挂通线。挂线应用尼龙线或棉线绳拴砖坠重拉紧，使线绳水平、无下垂。墙身过长时，在中间除设置皮数杆外，还应砌一块“腰线砖”或再加一个细钢丝揽线棍，用以固定挂通的准线，使之不下垂和内外移动。盘角处的通线是靠墙角的灰缝卡挂的，为避免通线陷入水平灰缝内，应采用不超过 1 mm 厚的小别棍（用小竹片或包装用薄铁皮片）别在盘角处墙面与通线之间。一般一砖墙、一砖半墙可用单面挂线，一砖半墙以上则应用双面挂线。

5. 砌 筑

砖砌体的砌筑方法有“三一砌砖法”、“二三八一砌砖法”、挤浆法、刮浆法和满口灰法。“三一砌砖法”，即一块砖、一铲灰、一揉压，并随手将挤出的砂浆刮去的砌筑方法。这种砌法的优点是灰缝容易饱满、黏结力好、墙面整洁。故实心砖砌体宜采用“三一砌砖法”。挤浆法（铺浆法），即用灰勺、大铲或铺灰器在墙顶上铺一段砂浆，然后双手拿砖或单手拿砖，用砖挤入砂浆中一定厚度后把砖放平，达到下齐边、上齐线、横平竖直的要求。砌筑时，铺浆长度不得超过 750 mm，施工期间气温超过 30 °C 时，铺浆长度不得超过 500 mm。这种砌法的优点是：可以连续挤砌几块砖，减少烦琐的动作，平推平挤可使灰缝饱满，效率高。

砌筑砖墙通常采用“三一砌砖法”或挤浆法，并要求砖外侧的上楞线与准线平行、水平且离准线 1 mm，不得冲（顶）线，砖外侧的下楞线与已砌好的下皮砖外侧的上楞线平行并在同一垂直面上，俗称“上跟线、下靠楞”；同时，还要做到砖平位正、挤揉适度、灰缝均匀、砂浆饱满。

6. 勾 缝

勾缝是砌清水墙的最后一道工序，可以用砂浆随砌随勾缝，叫作原浆勾缝；也可砌完墙后再用 1∶1.5 水泥砂浆或加色砂浆勾缝，称为加浆勾缝。勾缝具有保护墙面和增加墙面美观的作用，为了确保勾缝质量，勾缝前应清除墙面黏结的砂浆和杂物，并洒水润湿，在砌完墙后，应画出的灰槽、灰缝可勾成凹、平、斜或凸形状。

7. 清　理

勾缝完后应将施工操作面的落地灰和杂物清理干净。

6.2.4　砖砌体质量要求

砖砌体是由砖块和砂浆通过各种形式的组合而搭砌成的整体，因此，砌体质量的好坏取决于组成砌体的原材料质量和砌筑方法。砌筑质量应符合《砌体工程施工质量验收规范》的要求。做到“横平竖直、砂浆饱满、组砌得当、接槎可靠”。

1. 横平竖直

砌体的灰缝应横平竖直，厚薄均匀。水平灰缝厚度宜为 10 mm，不应小于 8 mm，也不应大于 12 mm。否则在垂直荷载作用下上下两层将产生剪力，使砂浆与砌块分离从而引起砌体破坏；砌体必须满足垂直度要求，否则在垂直荷载作用下将产生附加弯矩而降低砌体承载力。砌体的竖向灰缝应垂直对齐，对不齐而错位，称为游丁走缝，会影响墙体外观质量。

要做到横平竖直，首先应将基础找平，砌筑时严格按皮数杆拉线，将每皮砖砌平，同时经常用 2 m 托线板检查墙体垂直度，厚 370 mm 以上的墙应双面挂线，发现问题应及时纠正。

2. 砂浆饱满

为保证砖块均匀受力和使块体紧密结合，要求水平灰缝砂浆饱满，厚薄均匀。水平灰缝太厚在受力时砌体的压缩变形增大，还可能使砌体产生滑移，这对墙体结构很不利。如灰缝过薄，则不能保证砂浆的饱满度，对墙体的黏结力削弱，影响整体性。砂浆的饱满程度以砂浆饱满度表示，用百格网检查，要求饱满度达到 80%以上。同样，竖向灰缝亦应控制厚度保证黏结，不得出现透明缝、瞎缝和假缝，以避免透风漏雨，影响保温性能。

3. 错缝搭接

为了提高砌体的整体性、稳定性和承载力，砖块排列应遵守上下错缝、内外搭接的原则，不能出现通缝、错缝或搭接长度一般不小于 1/4 砖长（60 mm）。在砌筑时尽量少砍砖，承重墙最上一皮砖应采用丁砖砌筑，在梁或梁垫的下面、砖砌体台阶的水平面上以及砌体的挑出层（挑檐、腰线）也应整砖丁砖砌筑。砖柱或宽度小于 1 m 的窗间墙应选用整砖砌筑。

4. 接槎可靠

整个房屋的纵横墙应相互连接牢固，以增加房屋的强度和稳定性。砖墙的转角处和交接处一般应同时砌筑，若不能同时砌筑，应将留置的临时间断做成斜槎。实心墙的斜槎长度不应小于墙高度的 2/3（图 6.12）。接槎时必须将接槎处的表面清理干净，浇水湿润，填实砂浆并保持灰缝顺直。如临时间断处留斜槎确有困难，非抗震设防及抗震设防烈度低于 6 度、7 度地区，除转角处外也可留直槎，但必须做成凸槎，并加设拉结筋。拉结筋的数量为每 120 mm 墙厚放置 1ϕ6 拉结钢筋（120 mm 厚墙放置 2 根ϕ6 拉结钢筋），间距沿墙高不得超过 500 mm，埋入长度从墙的留槎处算起，每边均不得少于 500 mm，对抗震设防烈度为 6 度、7 度地区，不得小于 1 000 mm，末端应有 90°弯钩，如图 6.13 所示。抗震设防地区不得留直槎。

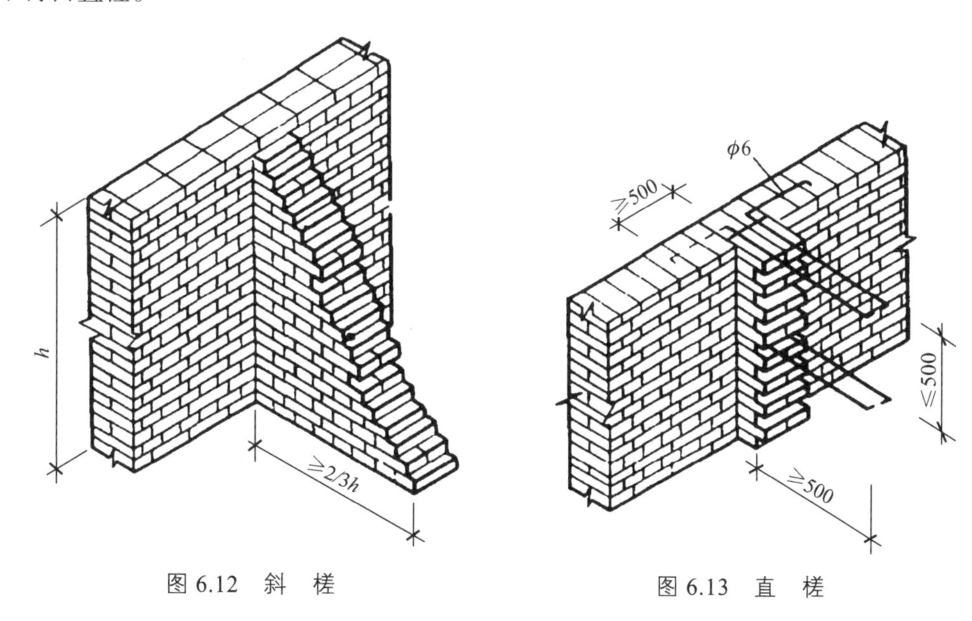

图 6.12　斜　槎　　　　图 6.13　直　槎

6.2.5　砖砌体的施工技术要求

1. 洞口、管道留设

在墙上留置的临时施工洞口，其侧边离交接处的墙面不应小于 500 mm，洞口净宽度不应超过 1 m。抗震设防烈度为 9 度地区建筑物的临时施工洞口的位置，应会同设计单位研究决定。临时施工洞口应做好补砌。

设计要求的洞口、管道、沟槽应于砌筑时正确留出或预埋，未经设计同意，不得打凿墙体和在墙体上开凿水平沟槽。宽度超过 300 mm 的洞口上部，应设置钢筋混凝土过梁。不应在截面长边小于 500 mm 的承重墙体、独立柱内埋设管线。

2. 脚手眼

不得在下列墙体或部位中设置脚手眼：

（1）120 mm 厚墙、料石清水墙和独立柱。

（2）过梁上与过梁成 60°的三角形范围内及过梁净跨度 1/2 的高度范围内。

（3）宽度小于 1 m 的窗间墙。

（4）砌体门窗洞口两侧 200 mm（石砌体为 300 mm）和转角处 450 mm（石砌体为 600 mm）的范围内。

（5）梁或梁垫下及其左右 500 mm 的范围内。

（6）设计不允许设置脚手架的部位。

施工脚手眼补砌时，灰缝应填满砂浆，不得用干砖填塞。外墙脚手眼需用混凝土填补密实，防止该部位出现渗漏。

3. 防止墙体出现不均匀沉降

若房屋相邻高差较大时，应先建高层部分；分段施工时，砌体相邻施工段的高差，不得超过一个楼层，也不得大于 4 m。柱和墙上严禁施加大的集中荷载（如架设起重机），以减少灰缝变形而导致砌体沉降。正常施工条件下，砖砌体、小砌块砌体每日砌筑高度宜控制在 1.5 m 或一步脚手架高度内。砖墙工作段的分段位置，宜设在变形缝、构造柱或门窗洞口处。

4. 构造柱

为提高砌体结构的抗震性能，规范要求在房屋的砌体内适宜部位设置钢筋混凝土柱并与圈梁连接，共同加强建筑物的稳定性。这种钢筋混凝土柱通常就被称为构造柱。

1）构造要求

钢筋混凝土构造柱的截面尺寸不宜小于 240 mm×240 mm，其厚度不应小于墙厚，边柱、角柱的截面宽度宜适当加大。

构造柱内竖向受力钢筋，对于中柱不宜少于 4ϕ12；对于边柱、角柱，不宜少于 4ϕ14。构造柱的竖向受力钢筋的直径也不宜大于 16 mm。其箍筋，一般部位宜采用ϕ6，间距 200 mm，楼层上下 500 mm 范围内宜采用ϕ6，间距 100 mm。构造柱的竖向受力钢筋应在基础梁和楼层圈梁中锚固，并应符合受拉钢筋的锚固要求。构造柱的混凝土强度等级不宜低于 C20。

砖墙与构造柱的连接处应砌成马牙槎，每一个马牙槎的高度不宜超过 300 mm，沿墙高每 500 mm 设 2ϕ6 水平钢筋和ϕ4 分布短筋平面内点焊组成的拉结网片或ϕ4 点焊钢筋网片，每边伸入墙内不宜小于 1 m。6、7 度时底部 1/3 楼层，上述拉结钢筋网片应沿墙体水平通长设置（如图 6.14 所示）。构造柱与圈梁连接处，构造柱的纵筋应在圈梁纵筋内侧过，保证构造柱纵筋上下贯通。

在纵横墙交接处、墙端部和较大洞口的洞边设置构造柱，其间距不宜大于 4 m。各层洞口宜设置在对应位置，并宜上下对齐。

2）施工要点

构造柱施工程序：绑扎钢筋→砌砖墙→支模板→浇混凝土→拆模。

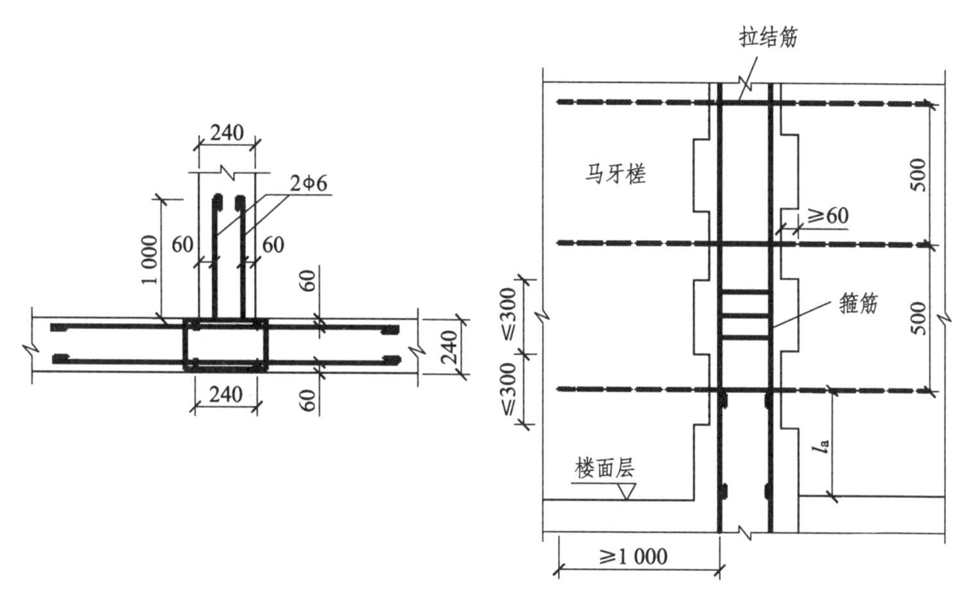

图 6.14　砖墙与构造柱连接

构造柱的模板可用木模板或组合钢模板。在每层砖墙及其马牙槎砌好后，应立即支设模板，模板必须与所在墙的两侧严密贴紧，支撑牢靠，防止模板缝漏浆。构造柱的底部（圈梁面上）应留出 2 皮砖高的孔洞，以便清除模板内的杂物，清除后封闭。

构造柱浇灌混凝土前，必须将马牙槎部位和模板浇水湿润，将模板内的落地灰、砖渣等杂物清理干净，并在结合面处注入适量与构造柱混凝土相同的水泥砂浆。构造柱的混凝土坍落度宜为 50 ~ 70 mm，石子粒径不宜大于 20 mm。混凝土随拌随用，拌和好的混凝土应在 1.5 h 内浇筑完。构造柱的混凝土浇筑可以分段进行，每段高度不宜大于 2.0 m。在施工条件较好并能确保混凝土浇筑密实时，也可每层一次浇筑。振捣构造柱混凝土时，宜用插入式混凝土振动器，应分层振捣，振捣棒随振随拔，每次振捣层的厚度不应超过振捣棒长度的 1.25 倍。振捣棒应避免直接碰触砖墙，严禁通过砖墙传振。

6.3　石砌体施工

6.3.1　毛石砌体

砌筑前应清除石材表面的泥垢、水锈等杂物。毛石砌体宜采用铺浆法砌筑，砂浆必须饱满，叠砌面的沾灰面积（即砂浆饱满度）应大于 80%。

毛石砌体宜分皮卧砌，各皮石块间应利用毛石的自然形状，经敲打、修整，使之能与先砌毛石基本吻合、搭砌紧密；毛石应上下错缝，内外搭砌，不得采用外面侧立毛石、中间填心的砌筑方法；中间不得有铲口石（尖石倾斜向外的石块）、斧刃石（尖石向下的石块）和过桥石（仅在两端搭砌的石块），如图 6.15 所示。

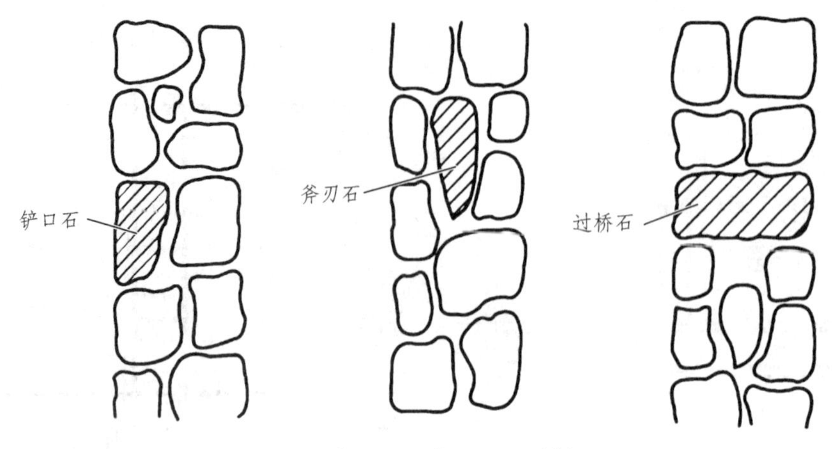

图 6.15　铲口石、斧刃石、过桥石

石砌体的灰缝厚度，毛料石和粗料石砌体不宜大于 20 mm，细料石砌体不宜大于 5 mm。石块间不得有相互接触现象。石块间较大的空隙应先填塞砂浆，再用碎石块嵌实，不得采用先摆碎石块、后塞砂浆或干填碎石块的方法。砂浆初凝后，如移动已砌筑的石块，应将原砂浆清理干净，重新铺浆砌筑。

6.3.2　毛石基础

毛石基础是用毛石与水泥砂浆或水泥混合砂浆砌成。所用毛石应质地坚硬、无裂纹，强度等级一般为 MU20 以上，砂浆宜用水泥砂浆，强度等级应不低于 M5。

毛石基础可作墙下条形基础或柱下独立基础。按其断面形状有矩形、阶梯形和梯形等（图 6.16）。基础顶面宽度比墙基底面宽度要大于 200 mm；基础底面宽度依设计计算而定。梯形基础坡角应大于 60°。阶梯形基础每阶高不小于 300 mm，每阶挑出宽度不大于 200 mm。

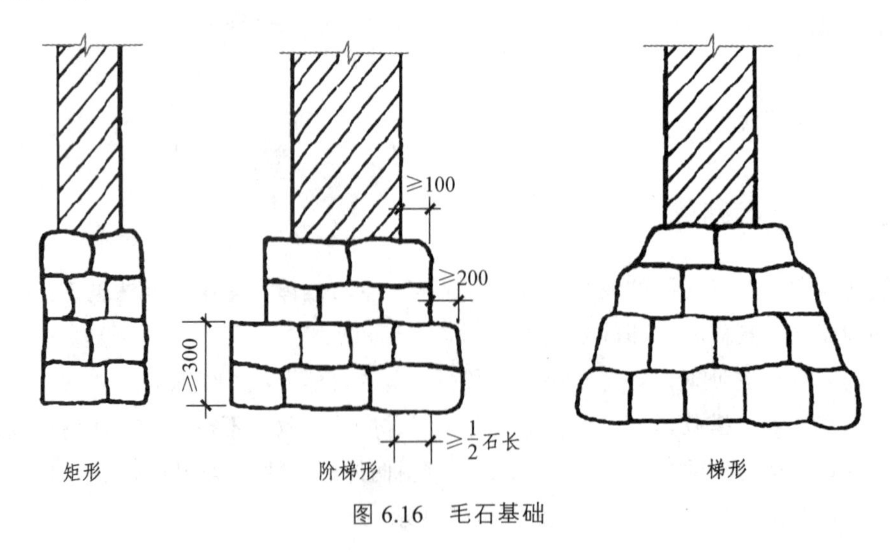

图 6.16　毛石基础

毛石基础施工要点：

（1）基础砌筑前，应先行验槽并将表面的浮土和垃圾清除干净。

（2）放出基础轴线及边线，其允许偏差应符合规范规定。

（3）毛石基础砌筑时，第一皮石块应坐浆，并大面向下；料石基础的第一皮石块应丁砌并坐浆。

（4）为增加整体性和稳定性，应按规定设置拉结石。

（5）毛石基础的最上一皮及转角处、交接处和洞口处，应选用较大的平毛石砌筑。有高低台的毛石基础，应从低处砌起，并由高台向低台搭接，搭接长度不小于基础高度。

（6）阶梯形毛石基础，上阶的石块应至少压砌下阶石块的 1/2，相邻阶梯毛石应相互错缝搭接。

（7）毛石基础的转角处和交接处应同时砌筑。如不能同时砌筑又必须留槎时，应砌成斜槎。基础每天可砌高度应不超过 1.2 m。

6.3.3　石挡土墙

石挡土墙可采用毛石或料石砌筑。砌筑毛石挡土墙（图 6.17）应符合下列规定：

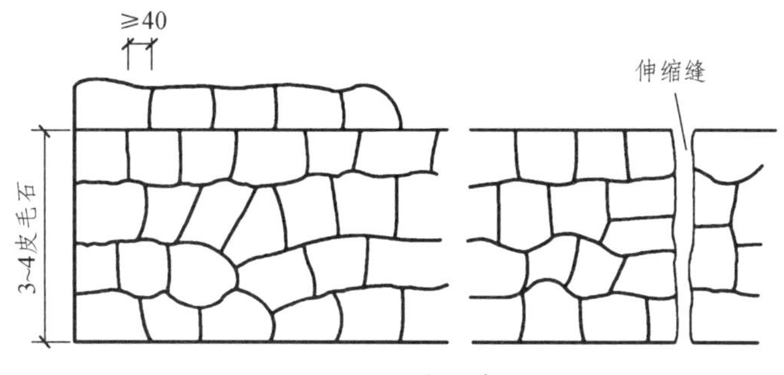

图 6.17　毛石挡土墙立面

（1）每砌 3 ~ 4 皮毛石为一个分层高度，每个分层高度应找平一次。

（2）外露面的灰缝厚度不得大于 40 mm，两个分层高度间分层处的错缝不得小于 80 mm。

（3）料石挡土墙宜采用丁顺组砌的砌筑形式。

当中间部分用毛石填砌时，丁砌料石伸入毛石部分的长度不应小于 200 mm。石挡土墙的泄水孔当设计无规定时，施工应符合下列规定：

① 泄水孔应均匀设置，在每米高度上间隔 2 m 左右设置一个泄水孔。

② 泄水孔与土体间铺设长、宽均为 300 mm，厚 200 mm 的卵石或碎石作疏水层。

（4）挡土墙内侧回填土必须分层填，分层松土厚度应为 300 mm。墙顶土面应有适当坡度，使水流向挡土墙外侧面。

（5）石挡土墙砌筑的常见质量通病为组砌不良。

① 现象：

上、下两层石块不错缝搭接或搭接长度太少；同皮内采用丁顺相间组砌时，丁砌石数量太少（中心距过大）；同皮内采用全部顺砌或丁砌时，丁砌层层数太少；阶梯形挡土墙各阶梯的标高和墙顶标高偏差过大。

② 原因分析：

不执行施工规范和操作规程的有关规定；不按设计要求和石料的实际尺寸预先计算确定各段应砌皮数和灰缝厚度。

③ 防治措施：

毛料石挡土墙应上下错缝搭砌；阶梯形挡土墙的上阶梯料石至少压砌下阶梯料石宽的1/3；同皮内采用丁顺组砌时，丁砌石应交错设置，其中心距不应大于2 m；毛料石挡土墙厚度大于或等于两块石块宽度时，同皮内采用全部顺砌，但每砌两皮后，应砌一皮丁砌层；按设计要求、石料厚度和灰缝允许厚度的范围，预先计算出砌完各段、各皮的灰缝厚度。当上述要求不能同时满足时，应提前进行技术核定或设计修改。

6.4 砌块砌体施工

用砌块代替烧结普通砖做墙体材料，是墙体改革的一个重要途径。近几年来，中小型砌块在我国得到了广泛应用。常用的砌块有粉煤灰硅酸盐砌块、混凝土小型空心砌块、煤矸石砌块等。砌块的规格不统一，中型砌块一般高度为380 ~ 940 mm，长度为高度的1.5 ~ 2.5倍，厚度为180 ~ 300 mm，每块砌块质量50 ~ 200 kg。

1. 砌块排列

由于中小型砌块体积较大、较重，不如砖块可以随意搬动，多用专门设备进行吊装砌筑，且砌筑时必须使用整块，不像普通砖可随意砍凿，因此，在施工前，须根据工程平面图、立面图及门窗洞口的大小、楼层标高、构造要求等条件，绘制各墙的砌块排列图，以指导吊装砌筑施工。

砌块排列图按每片纵横墙分别绘制（图6.18）。其绘制方法是在立面上用1∶50或1∶30的比例绘出纵横墙，然后将过梁、平板、大梁、楼梯、孔洞等在墙面上标出，由纵墙和横墙高度计算皮数，放出水平灰缝线，并保证砌体平面尺寸和高度是块体加灰缝尺寸的倍数，再按砌块错缝搭接的构造要求和竖缝大小进行排列。对砌块进行排列时，注意尽量以主规格砌块为主，辅助规格砌块为辅，减少镶砖。小砌块墙体应对孔错缝横砌，搭接长度不应小于90 mm。墙体的个别部位不能满足上述要求时，应在灰缝中设置拉结钢筋或钢筋网片，但竖向通缝仍不得超过两皮小砌块。砌块中水平灰缝厚度一般为10 ~ 20 mm，有配筋的水平灰缝厚度为20 ~ 25 mm；竖缝的宽度为15 ~ 20 mm，当竖缝宽度大于30 mm时，应用强度等级不低于C20的细石混凝土填实，当竖缝宽度≥1 500 mm或楼层高不是砌块加灰缝的整数倍时，应用普通砖镶砌。

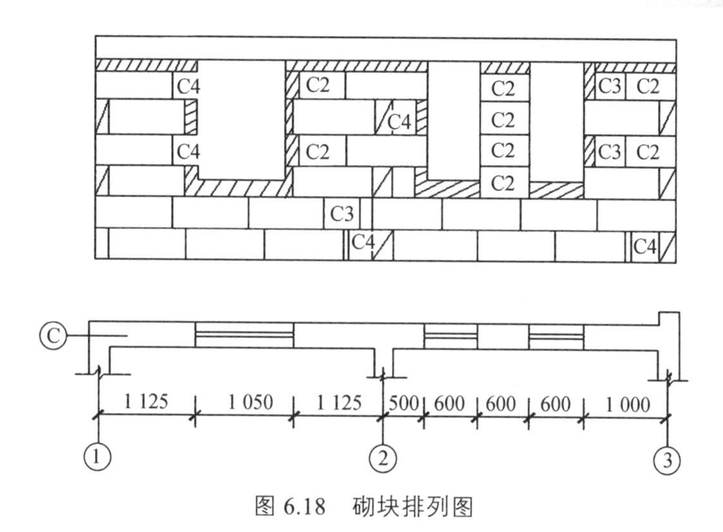

图 6.18　砌块排列图

2. 砌块砌体质量检查

砌块砌体质量应符合下列规定：

（1）砌块砌体砌筑的基本要求与砖砌体相同，但搭接长度不应少于 150 mm。

（2）外观检查应达到：墙面清洁，勾缝密实，深浅一致，交接平整。

（3）经试验检查，在每一楼层或 250 m^3 砌体中，一组试块（每组 3 块）同强度等级的砂浆或细石混凝土的平均强度不得低于设计强度最低值，对砂浆不得低于设计强度的 75%，对于细石混凝土不得低于设计强度的 85%。

（4）预埋件、预留孔洞的位置应符合设计要求。

6.4.1　小型砌块墙

1. 混凝土小型空心砌块墙的施工工艺

混凝土小型空心砌块墙的施工工艺如图 6.19 所示。

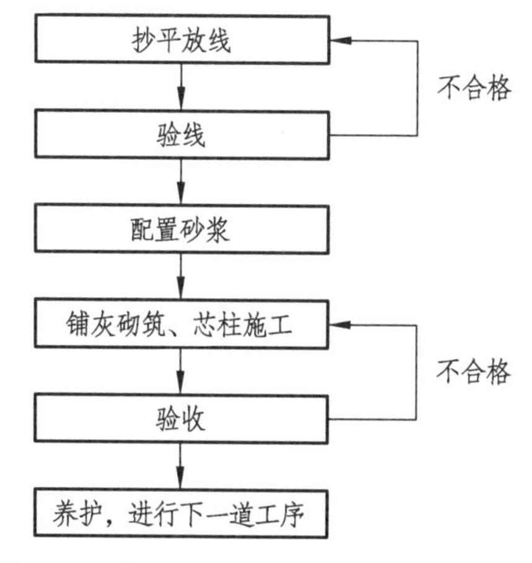

图 6.19　混凝土小型空心砌块墙施工工艺

小砌块墙施工顺序与砖墙一样，砌筑时，上皮小砌块的空洞应与下皮小砌块的空洞对齐，因为上下皮小砌块的壁和肋能够较好地传递竖向荷载，保证了砌体的整体性和强度；同时，上下皮小砌块还应错缝砌筑；为了保证水平灰缝砂浆饱满，小砌块的底面应该朝上砌筑。以上三点总结为对孔、错缝、反砌。

2. 施工要点

混凝土小型空心砌块墙体施工要点：

施工时所用砌块的龄期不应小于 28 d，砌筑时不需要对小砌块浇水湿润。

小砌块外墙转角处，应使小砌块隔皮交错搭砌，小砌块端面外露处用水泥砂浆补抹平整。小砌块内、外墙 T 形交接处，应隔皮加砌两块 290 mm × 190 mm ×1 90 mm 的辅助规格小砌块，辅助小砌块位于外墙上，开口处对齐，如图 6.20 所示。

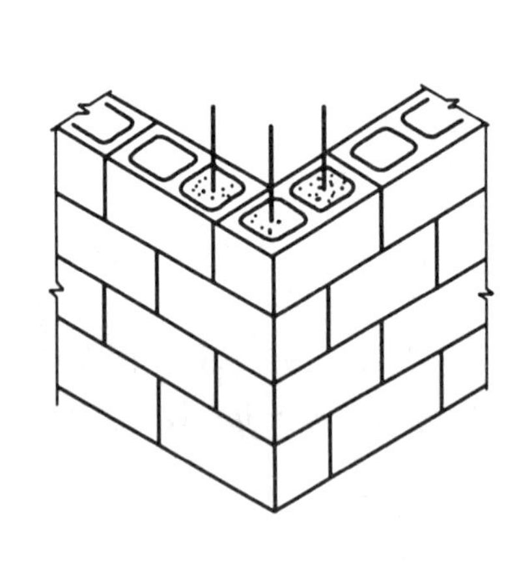
（a）转角处

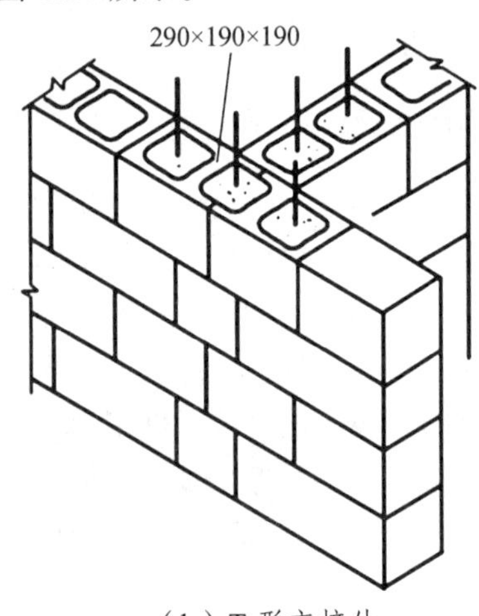

（b）T 形交接处

图 6.20 小砌块墙转角和交接处砌法

砌块的砌筑应遵循“对孔、错缝、反砌”的规则。上下皮小砌块竖向灰缝相互错开 190 mm。个别情况无法对孔时，普通混凝土小砌块错缝长度不应小于 90 mm，轻骨料混凝土小砌块错缝长度不应小于 120 mm，若不能保证此规定，应在水平灰缝中设置不少于 2 根直径不小于 4 mm 的焊接钢筋网片，钢筋网片每端均为超过该垂直灰缝，超过长度不应小于 300 mm，如图 6.21 所示。小砌块应将生产时的底面朝上反砌于墙上。小砌块砌体的水平灰缝厚度和竖向灰缝宽度宜为 10 mm，但不应小于 8 mm，也不应大于 12 mm，且灰缝应横平竖直。

砌块要逐块铺砌，并采用满铺、满挤法。灰缝应横平竖直、厚薄均匀，所有灰缝应铺满砂浆。水平灰缝和竖向灰缝的砂浆饱满度按净面积计算不得低于 90%，砌筑中不得出现瞎缝和透明缝。当缺少辅助规格的小砌块时，砌体通缝不得超过两皮砌体。承重墙体严禁使用断裂砌块；需移动砌体中的砌块或砌块被撞动时，应重新铺砌。砌块的日砌筑高度一般控制在 1.5 m 或一步架内。

除了按设计要求留置门窗洞口外，不应留置施工缝。小砌块砌体的临时间断处应砌成斜槎，斜槎水平投影长度不应小于斜槎高度。如果留斜槎有困难，除外墙转角处及抗震设防地区不应留直槎外，可从砌面伸出 200 mm 砌成阴阳槎，并每三皮砌块设拉结筋或者钢筋网片，接槎部位应延至门窗洞口，如图 6.22 所示。

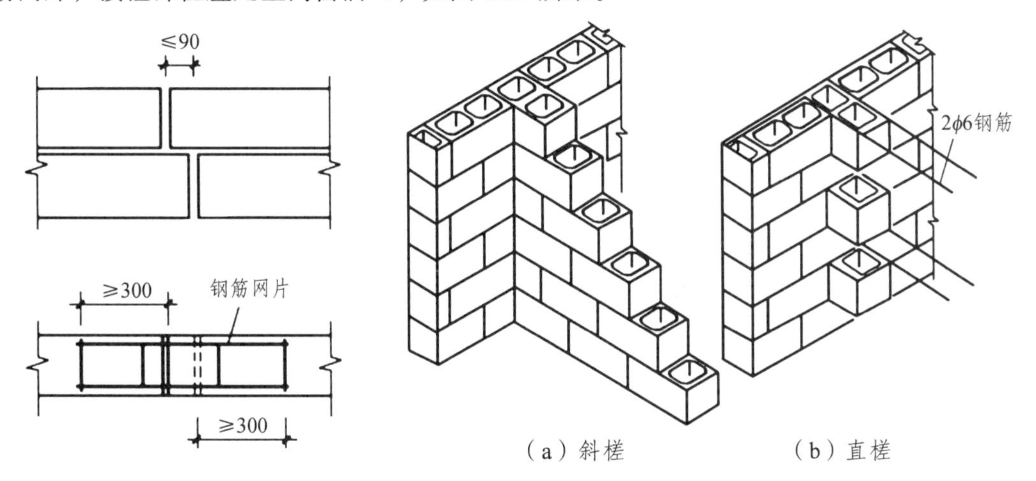

图 6.21　灰缝中的拉结筋

图 6.22　小砌块砌体斜槎和直槎

在墙体的下列部位，应用 C15 混凝土灌实砌块的孔洞（先灌后砌）:

（1）底层室内地面以下或防潮层以下的砌体。

（2）无圈梁的楼板支承面下的一皮砌块。

（3）没有设置混凝土垫块的次梁支承处，灌实宽度不应小于 600 mm，高度不应小于一皮砌块。

（4）挑梁的悬挑长度不小于 1.2 m 时，其支承部位的内外墙交接处纵横各灌实 3 个孔洞，灌实高度不小于三皮砌块。

砌体内不宜设脚手眼；如必须设置时，可用 190 mm × 190 mm × 190 mm 小砌块侧砌，利用其孔洞作脚手眼。砌体完工后用 C15 混凝土填实。

砌块砌筑时一定要跟线，并随时检查，做到随砌随查随纠正。

6.4.2　中型砌块墙

1. 大中型砌块施工的主要工艺

大中型砌块施工的主要工艺：铺灰→砌块吊装就位→校正→灌缝→镶砖。

1）铺　灰

砌块墙体所采用的砂浆，应具有良好的和易性，其稠度 50 ~ 70 mm 为宜，铺灰应平整饱满，每次铺灰长度一般不超过 5 m，炎热天气及严寒季节应适当缩短。

2）砌块吊装就位

砌块安装通常采用两种方案：一是以轻型塔式起重机进行砌块、砂浆的运输，以及楼板等预制构件的吊装，用台灵架吊装砌块，此种方法适用于工程量大的建筑或两幢房屋对翻流水的情况；二是以井架进行材料的垂直运输、杠杆车进行楼板吊装，所有预制构件及材料的水平运输则用砌块车和劳动车，台灵架负责砌块的吊装，此种方法适用于工程量小的房屋。

砌块的吊装一般按施工段依次进行，其次序为先外后内，先远后近，先下后上，在相邻施工段之间留阶梯形斜槎。吊装时应从转角处或砌块定位处开始，采用摩擦式夹具，按砌块排列图将所需砌块吊装就位。

3）校　正

砌块吊装就位后，用托线板检查砌块的垂直度，拉准线检查水平度，并用撬棍、楔块调整偏差。

4）灌　缝

灌竖缝时，先用夹板在墙体内外夹住，然后灌砂浆，用竹片插或铁棒捣，使其密实。当砂浆吸水后，用刮缝板把竖缝和水平缝刮齐。灌缝后，一般不应再撬动砌块，以防损坏砂浆黏结力。

5）镶　砖

当砌块间出现较大竖缝或过梁找平时，应镶砖。镶砖砌体的竖直缝和水平缝应控制在15 ~ 30 mm以内。镶砖工作应在砌块校正后即刻进行，镶砖时应注意使砖的竖缝灌密实。

2. 中型砌块墙体施工要点

中型砌块墙体的施工要点在于需要砌块排列。因为中型砌块体积、质量大，不能随意搬动，因此需要吊装。为了指导吊装，在施工前就必须根据工程特点绘制墙体的砌块排列图。

砌块排列图用立面表示，每一面墙都要绘制一张砌块排列图，说明墙面砌块排列的形式及各种规格砌块的数量，同时标出楼板、大梁、过梁、楼梯孔洞等位置。若设计无规定，砌块排列（如图6.23所示）应遵循下列原则：

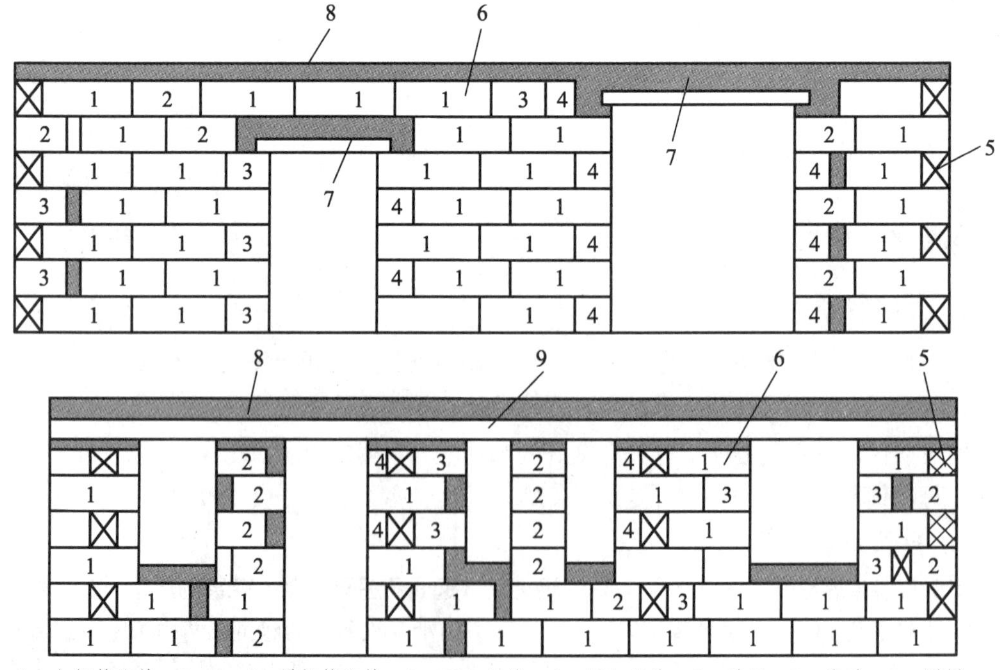

1—主规格砌块；2，3，4—副规格砌块；5—丁砌砌块；6—顺砌砌块；7—过梁；8—镶砖；9—圈梁。

图6.23　砌块排列图

（1）尽量使用主规格砌块，应占总量的 75%～80%。

（2）砌块应错缝搭砌，搭砌长度不得小于块高的 1/3，也不应小于 150 mm。搭接长度不足时，应在水平灰缝内设 2ϕ4 的钢丝网片或拉结筋。

（3）局部必须镶砖时，应尽量使镶砖的数量达到最低限度，镶砖部分应分散布置。

6.5　框架填充墙施工

框架填充墙施工要点如下：

（1）填充墙采用烧结多孔砖、烧结空心砖进行砌筑时，应提前两天浇水湿润。采用蒸压加气混凝土砌块砌筑时，应向砌筑面浇适量的水。

（2）墙体的灰缝应横平竖直、厚薄均匀，并应填满砂浆，竖缝不得出现透明缝、瞎缝。

（3）多孔砖应采用一顺一丁或梅花丁的组砌形式。多孔砖的孔洞应垂直面受压，砌筑前应先进行试摆。

（4）填充墙拉结筋的设置；框架柱和梁施工完后，就应按设计砌筑内外墙体，墙体应与框架柱进行锚固，锚固拉结筋的规格、数量、间距和长度应符合设计要求。

当设计无规定时，一般应在框架柱施工时预埋锚筋，锚筋的设置规定如下：

沿柱高每 500 mm 配置 2ϕ6 钢筋伸入墙内长度，一二级框架宜沿墙全长设置，三四级框架不应小于墙长的 1/5，且不应小于 700 mm，锚筋的位置必须准确。砌体施工时，将锚筋凿出并拉直砌在砌体的水平砌缝中，确保墙体与框架柱的连接。有的锚筋由于在框架柱内伸出的位置不准，施工中把锚筋打弯甚至扭转，使之伸入墙身内，从而失去了锚筋的作用，会使墙身与框架间出现裂缝。因此，当锚筋的位置不准时，将锚筋拉直用 C20 细石混凝土浇筑至与砌体模数吻合，一般厚度为 20～500 mm。在实际工程中，为了解决预埋锚筋位置容易错位的问题，框架柱施工时，在规定留设锚筋位置处预留铁件或沿柱高设置 2ϕ6 预埋钢筋，进行砌体施工前，按设计要求的锚筋间距将其凿出与锚筋焊接。当填充墙长度大于 5 m 时，墙顶部与梁应有拉结措施；当墙的高度超过 4 m 时，应在墙高中部设置与柱连接的通长的钢筋混凝土水平墙梁。

（5）采用轻集料混凝土小型空心砌块或蒸压加气混凝土砌块施工时，墙底部应先砌烧结普通砖或多孔砖，或现浇混凝土坎台等，其高度不宜小于 200 mm。

（6）卫生间、浴室等潮湿房间，在砌体的底部应现浇宽度不小于 120 mm、高度不小于 100 mm 的混凝土导墙，待达到一定强度后再在上面砌筑墙体。

（7）门窗洞口的侧壁也应用烧结普通砖镶框砌筑，并与砌块相互咬合。填充墙砌至接近梁底、板底时，应留一定的空隙，待填充墙砌筑完毕并应至少间隔 7 d 后，采用烧结普通砖侧砌，并用砂浆填塞密实，以提高砌块砌体与框架之间的拉结。

（8）若设计为空心石膏板隔墙时，应先在柱和框架梁与地坪间加木框，木框与梁柱可用膨胀螺栓等连接，然后在木框内加设木筋，木筋的间距视空心石膏板的宽度而定。当空心石膏板的刚度及强度满足要求时，可直接安装。

框架本身在建筑中构成骨架，自成体系，在设计中只承受本层隔墙、板及活荷载所传给它的压力，故施工时不能先砌墙，后浇筑框架梁，这样会使框架梁失去作用，并增加底层框架梁的应力，甚至发生事故。

6.6 特殊季节施工

6.6.1 砌筑工程冬期施工

《砌体工程施工质量验收规范》（GB50203—2011）规定：当室外日平均气温连续 5 d 稳定低于 5 °C 时，砌体工程应采取冬期施工措施。需要注意的是，气温根据当地气象资料确定。冬期施工期限以外，当日最低气温低于 0 °C 时，也应采取冬期施工措施。

砌体工程冬期施工时，砌体砂浆在负温下冻结后，会影响水泥硬化，使砂浆强度降低；另外砂浆中的水泥由于水分冻结而停止水化，且砂浆体积膨胀，产生冻融应力，使水泥石结构遭受破坏，降低砂浆粘结力。砂浆受冻后对砌体的影响程度与砂浆受冻时已达到的强度值有关。若砂浆在砌筑后马上遭受冻结，则最终强度损失较大；若砂浆在砌筑后达到一定强度时再受冻结，则最终强度损失很小。因此，可采取一些措施、方法来降低冰点、加速砂浆早期强度增长，以保证砂浆在遭受冻结时已达到一定的强度。

1. 砌筑工程冬期施工的一般要求

（1）砌体工程冬期施工应有完整的冬期施工方案。

（2）冬期施工所用材料应符合下列规定：

① 石灰膏、电石膏等应采取防冻措施，如遭冻结，应经融化后使用。

② 拌制砂浆用砂，不得含有冰块和大于 10 mm 的冻结块。

③ 砖、砌块在砌筑前，应清除表面污物、冰雪等，不得使用遭水浸和受冻后表面结冰、污染的砖或砌块。

（3）冬期施工砂浆试块的留置，除应按常温规定要求外，还应增加 1 组与砌体同条件养护的试块．用于检验转入常温 28 d 的强度。如有特殊需要，可另外增加相应龄期的同条件养护的试块。

（4）地基土有冻胀性时，应在未冻的地基上砌筑，并应防止在施工期间和回填土前地基受冻。

（5）冬期施工中砖、小砌块浇（喷）水湿润应符合下列规定：

① 烧结普通砖、烧结多孔砖、蒸压灰砂砖、蒸压粉煤灰砖、烧结空心砖、吸水率较大的轻集料混凝土小型空心砌块在气温高于 0 °C 条件下砌筑时，应浇水湿润；在气温低于、等于 0 °C 条件下砌筑时，可不浇水，但必须增大砂浆稠度。

② 普通混凝土小型空心砌块、混凝土多孔砖、混凝土实心砖及采用薄灰砌筑法的蒸压加气混凝土砌块施工时，不应对其浇（喷）水湿润。

③ 抗震设防烈度为 9 度的建筑物，当烧结普通砖、烧结多孔砖、蒸压粉煤灰砖、烧结空心砖无法浇水湿润时，如无特殊措施，不得砌筑。

（6）拌和砂浆时水的温度不得超过 80 C，砂的温度不得超过 40 °C。

（7）采用砂浆掺外加剂法、暖棚法施工时，砂浆使用温度不应低于 5 °C。

（8）配筋砌体不得采用掺氯盐的砂浆施工。

2. 砌体工程冬期施工常用方法

砌体工程冬期施工常用的方法有掺盐砂浆法、冻结法和暖棚法。由于掺外加剂砂浆在负温条件下强度可以持续增长，砌体不会发生沉降变形，施工工艺简单，因此砖石工程的冬期施工，应以外加剂法为主。对保温绝缘、装饰等有特殊要求的工程，对地下工程或急需使用的工程，可采用冻结法或暖棚法。

1）掺盐砂浆法

掺盐砂浆法是在砂浆中掺入一定数量的氯化钠（单盐）或氯化钠加氯化钙（双盐），以降低冰点，使砂浆中的水分在低于 0 °C 一定范围内不冻结。这种方法施工简便、经济、可靠，是砌体工程冬期施工广泛采用的方法。掺盐砂浆的掺盐量应符合规定。当设计无要求且最低气温≤ – 15 °C 时，砌筑承重砌体砂浆强度等级应按常温施工提高一级。

下列情况不得采用掺氯盐的砂浆砌筑砌体：

（1）对装饰工程有特殊要求的建筑物。

（2）使用环境湿度大于 80%的建筑物。

（3）配筋、钢埋件无可靠防腐处理措施的砌体。

（4）接近高压电线的建筑物（如变电所、发电站等）。

（5）经常处于地下水水位变化范围内，以及在地下未设防水层的结构。

对于配筋砌体，为了防止钢筋锈蚀，应采用亚硝酸钠或硫酸钠等复合外加剂；钢筋也可以涂防锈漆 2 ~ 3 度，以防止锈蚀。

掺盐砂浆法的砂浆使用温度不应低于 5 °C，当日最低气温等于或低于 – 15 °C 时，对砌筑承重彻体的砂浆强度等级应比常温施工时提高一级；当日最低气温等于或低于 – 20 °C 时，砌筑工程不官施工；拌和砂浆前要对原材料进行加热，应优先加热水；当满足不了温度时，再进行砂的加热。拌制时投料顺序：水和砂先拌，然后投放水泥，以免较高温度的水与水泥直接接触而产生“假凝”现象。掺盐砂浆中掺入微沫剂时，盐溶液和微沫剂在砂浆拌和过程中先后加入。砂浆应采用机械进行拌和，搅拌的时间应比常温季节增加一倍。拌和后的砂浆应注意保温。

2）冻结法

冻结法是指采用不掺化学外加剂的普通水泥砂浆或水泥混合砂浆进行砌筑的一种冬期施工方法。

冻结法的原理是砂浆内不掺任何抗冻化学剂，允许砂浆在铺砌完毕后就受冻。受冻的砂浆可获得较大的冻结强度，而且冻结的强度随气温的降低而增高。但当气温升高而砌体解冻时，砂浆强度仍然等于冻结前的强度。当气温转入正温后，水泥水化作用又重新进行，砂浆强度可继续增长。

冻结法允许砂浆砌筑后遭受冻结，且在解冻后其强度仍可继续增长。所以，适用于对保温、绝缘、装饰等有特殊要求的工程和受力配筋砌体以及不受地震区条件限制的其他工程。

冻结法施工的砂浆，经冻结、融化和硬化三个阶段后，使砂浆强度，砂浆与砖石砌体间的粘结力都有不同程度的降低。砌体在融化阶段，由于砂浆强度接近于零，将会增加砌体的变形和沉降。

冻结法施工注意事项如下：

（1）对材料的要求。冻结法的砂浆使用温度不应低于 10 °C，当日最低气温高于或者等于 – 25 °C 时，对砌筑承重砌体的砂浆强度等级应按常温施工时提高一级；当日最低气温低于 – 25 °C 时，则应提高二级。

（2）砌体解冻时，增加了砌体的变形和沉降，对空斗墙、毛石墙、承受侧压力的砌体，在解冻期间可能受到振动或动力荷载的砌体结构不宜采用冻结法施工。

（3）采用冻结法施工，应会同设计单位制定在施工过程中和解冻期内必要的加固措施。

（4）为了保证砌体在解冻时正常沉降、稳定和安全，应遵守下列规定：冻结法宜采用分段施工，每日砌筑高度及临时间断处的高度差均不得大于 1.2 m；砌体水平灰缝不宜大于 10 mm；跨度大于 0.7 m 的过梁，应采用预制过梁；门窗框上部应留 3 ~ 5 mm 的空隙，作为化冻后预留的沉降量。

（5）砌体的解冻。用冻结法砌筑的砌体，应经常对砌体进行观测和检查，如发现裂缝、不均匀下沉等情况，应分析原因并立即采取加固措施。此外，还必须观测砌体沉降的大小、方向和均匀性，砌体灰缝内砂浆的硬化情况。观测一般需 15 d 左右。

3）暖棚法

暖棚法是利用简易结构和廉价的保温材料，将需要砌筑的砌体和工作面临时封闭起来，棚内加热，使之在正温条件下砌筑和养护。暖棚法费用高、热效低、劳动效率不高，因此宜少采用。一般来说，地下工程、基础工程及工期紧迫的砌体结构，可考虑采用暖棚法施工。暖棚的加热，可优先采用热风装置，如用天然气、焦炭炉等，必须注意安全防火。

采用暖棚法施工，块体在砌筑时的温度不应低于 5 °C，距离所砌的结构底面 0.5 m 处的棚内温度也不应低于 5 °C。在暖棚内的砌体养护时间应根据暖棚内温度按表 6.2 确定。

表 6.2　暖棚法砌体的养护时间

暖棚的温度/°C	5	10	15	20
养护时间/d	≥6	≥5	≥4	≥3

6.6.2　砌筑工程雨期施工

1. 雨期施工准备

（1）降水量大的地区在雨期到来之际，施工现场、道路及设施必须做好有组织的排水；临时排水设施尽量与永久性排水设施结合；修筑的临时排水沟网要依据自然地势确定排水方向，排水坡度一般不应小于 3%，横截面尺寸依据当地气象资料、历年最大降水量、施工期内的最大流量确定，做到排水通畅，雨停水干。要防止地面水流入基础和地下室。

（2）施工现场临时设施、库房要做好防雨排水的准备；水泥、保温材料、铝合金构件、玻璃及装饰材料的保管堆放，要注意防潮、防雨和防止水的浸泡。

（3）现场的临时道路必要时要加固、加高路基，路面在雨期加铺炉渣、砂砾或其他防滑材料。

（4）准备足够的防水、防汛材料（如草袋、油毡雨布等）和器材工具等，组织防雨、防汛抢险队伍，统一指挥，以防应急事件。

2. 施工要求

（1）雨期施工中，砌筑工程不准使用过湿的砖，以免砂浆流淌和砖块滑移造成墙体倒塌，每日砌筑的高度应控制在 1.2 m 以内。

（2）砌筑施工过程中，若遇雨应立即停止施工，并在砖墙顶面铺设一层干砖，以防雨水冲走灰缝的砂浆。雨后，受冲刷的新砌墙体应翻砌上面的两皮砖。

（3）稳定性较差的窗间墙、山尖墙，砌筑到一定高度应在砌体顶部加水平支撑，以防阵风袭击，维护墙体的整体性。

（4）雨水浸泡会引起脚手架底座下陷而倾斜，雨后施工要经常检查，发现问题及时处理、加固。

（5）砌筑方法宜采用“三一砌砖法”，每天的砌筑高度应限制在 1.2 m 以内，以减小砌体倾斜的可能性。必要时，可将墙体两面用夹板支撑加固。

（6）根据雨期长短及工程实际情况，可搭设活动的防雨棚，随砌筑位置变动而搬动。若为小雨，可不采取此措施。收工时，在墙上盖一层砖，并用草帘加以覆盖，以免雨水将砂浆冲掉。

3. 雨期施工安全措施

雨期施工时脚手架等应增设防滑设施。金属脚手架和高耸设备，应有防雷接地设施。在期，露天施工人员易受寒，要备好姜汤和药物。

6.7　砌筑工程常见质量问题与施工安全技术

6.7.1　砌筑工程常见质量问题及解决措施

在砌筑过程中，时有质量事故发生，故应详细分析产生事故的原因，防患于未然。常见质量问题主要针对施工因而论，在材料质量满足要求的条件下，施工中较常见的质量事故包括砂浆强度不足、砂浆不饱满、墙体变形、墙面渗水等，具体质量问题和解决办法如下。

1. 砂浆强度不足

砂浆强度不足从施工操作过程来分析，主要是由 3 个环节造成的。一是砂浆搅拌过程，如下料不计量、加水过多等。二是试块制作不规范，养护不得当。三是使用不规范，如砂浆和易性变差未处理；超时限砂浆违规使用等。砂浆强度不足问题反应具有滞后性，往往是在试块检验时才得以暴露，进行回弹检验时会暴露得更明显，这是因为实际操作环境和操作人员个体差异，在墙体中的砂浆强度在不同点会有明显差异。问题发生给后期处理带来困难，因此应加强管理。搅拌砂浆应派责任心强的人员负责，严格计量，执行标准。砂浆试块制作应派有经验的人专门制作，并严格按规定进行。使用过程中，施工工长必须严格管理，及时纠正工人的错误作法，并采取有效措施防止问题发生。

2. 砂浆不饱满

砂浆不饱满直接原因是工人操作不当，砌筑方法不对，如用“摆砖法”砌筑，间接原因则是砂浆的和易性变差而未处理。解决办法是采用正确的砌筑方法，及时适当加水拌和砂浆使其恢复和易性。

3. 墙体变形

墙体变形主要是因为外力作用所引起，如碰撞、安装模板时撬动、过早支撑荷载、一次性砌筑过快过高等。针对这类问题主要应在工序安排、进度控制及过程管理上采取措施，如构造柱模板安装应待墙体具有一定强度时再进行，一层墙体竖向划分成两个流水段完成，施工过程防止碰撞，严禁在新砌墙体上加载（搁置砂浆料斗）等。

4. 墙面不平整

墙面不平整首先与墙体变形有关，其次是因施工中挂线过长，风吹摆动或砌砖时砖靠线等。解决办法是挂线不宜过长，否则应在中间作挑线点，砌砖时砖应与线保持一个线径的距离，经常检查线的平直度等。除此之外砌头角时一定要做到“三线一吊、五线一靠”，确保两端挂线点的墙体质量。

5. 轴线偏差

轴线偏差与放线质量有关，也与墙体变形有关。防止产生这样的问题，应控制好放线质量，一定要在放线后认真做好校核工作。墙体变形问题前面已经阐述，此处不再重复。

6. 组砌层数不一致

组砌层数不一致会造成俗称的“螺丝墙、打楔子”等现象。产生这样的问题会给施工带来极不利的影响，特别反映在内外墙交接处将无法处理，造成大量返工，应十分重视。其原因是升线时左右不一致或标高测定出现错误所致。防治办法是认真作好抄平弹线工作，立皮数杆挂线砌筑，升线时左右相互通知并统一层数。

7. 内外墙接槎明显

内外墙接槎明显主要表现接槎处竖向灰缝不饱满有亮缝，接槎处砖面不齐。原因有砌筑时没打头灰，水平灰缝未砍紧，留槎时外伸的砖角度未摆正摆平等。防治办法是接槎时砖的角度应摆正摆平，传与竖缝的接触面应打头灰，当墙体砌到一定高度时，应在留槎面吊线并用铅笔画出垂线，保证槎口垂直。

8. 通　缝

通缝是指上下层砖的搭砌长度≤20 mm 时，称之为通缝。其原因是由于试摆砖时未调整好竖缝大小，砖的尺寸偏差较大，砌砖时不认真等。防治办法是砌筑前应认真做好试摆砖，当砖的长宽尺寸误差较大时，采用梅花丁的组砌方式，砌筑时应注意隔层准确对缝。

9. 墙面渗水

墙面渗水通常发生在外墙面，特别是迎风面。渗水表现为下雨天墙内有浸湿痕迹。原因是多方面的，就砌筑工程而言，主要还是砂浆不饱满，特别是竖向灰缝，再就是堵洞不严。防治办法是砌筑方法应正确，如挤浆法、三一法，抹灰前墙面墙洞应认真，要用砖从两面堵洞且砂浆应饱满。

10. 墙体开裂

墙体开裂的现象及原因很多且十分复杂，主要有地基不均匀沉降、砌体强度不足、荷载过大、温度原因等。就施工而言，砌体强度不足是我们应高度重视的问题。

6.7.2　砌筑工程施工安全技术

在砌筑操作前，必须检查施工现场各项准备工作是否符合安全要求，如道路是否畅通、机具是否完好牢固，安全设施和防护用品是否齐全，经检查符合要求后才可施工。

施工人员进入现场必须戴好安全帽。砌基础时，应检查和注意基坑土质的变化情况。堆放砖石材料应离开坑边 1 m 以上。

砌墙高度超过地坪 1.2 m 以上时，应搭设脚手架。架上堆放材料不得超过规定荷载值，堆放高度不得超过 3 皮砖，同一块脚手板上的操作人员不应超过两人。按规定搭设安全网。

不准站在墙顶上做划线、刮缝及清扫墙面或检查大角垂直等工作。不准用不稳固的工具或物体在脚手板上垫高操作。

砍砖时应面向墙面，工作完毕应将脚手板和砖墙上的碎砖、灰浆清扫干净，防止掉落伤人。正在砌筑的墙上不准走人。不准站在墙上做划线、刮缝、吊线等工作，高大的或硬山到顶山墙砌完后，应立即安装桁条或临时支撑，防止倒塌。

雨天或每日下班时，应作好防雨准备，以防雨水冲走砂浆，致使砌体倒塌。冬期施工时，脚手板上如有冰霜、积雪，应先清除后才能上架子进行操作。

砌石施工时不准在墙顶或架上修石材，以免振动墙体影响质量或石片掉下伤人。不准徒手移动上墙的石块，以免压破或擦伤手指。石块不得往下掷。运石块上下时，脚手板要钉装牢固，并钉防滑条及扶手栏杆。

对有部分破裂和脱落危险的砌块，严禁起吊；起吊砌块时，严禁将砌块停留在操作人员的上空或在空中整修；砌块吊装时，不得在下一层楼面上进行其他任何工作。卸下砌块时应避免冲击，砌块堆放应尽量靠近楼板两端，不得超过楼板的承重能力；砌块吊装就位时，应待砌块放稳后，方可松开夹具。

凡脚手架搭设好后，须经验收合格后方准使用。

模块小结

本模块包括砌体材料、砖砌体施工、石砌体施工、砌块砌体施工、框架填充墙施工、特殊季节施工、砌体结构工程施工施工质量检查与验收、砌筑工程常见质量问题与施工安全技术八部分内容。

通过本模块学习，学生应熟悉砌体工程材料及主要机具、作业条件；掌握砖砌体的工艺流程，熟悉施工要点；熟悉石砌体的构造要求；熟悉砌块砌体的构造要求，施工主要工序，施工要点；掌握框架填充墙砌体施工工艺流程及技术要点；掌握特殊季节施工要点；掌握《砌体结构工程施工质量验收规范》（GB 50203—2011）主控项目，一般项目与质量控制资料的基本内容；能组织和管理砖砌体、石砌体、砌块砌体、填充墙砌体施工，能进行砌体结构工程施工质量检查与验收。

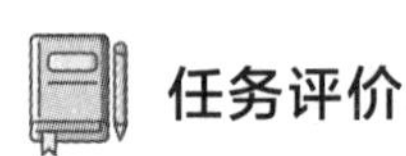

任务评价

砖基础砌筑的评分表

序号	评分项目	应得分	实得分	备　注
1	标高正确	10		
2	按基础大放脚（要求）排列正确	20		
3	灰浆饱满不低于 80%	10		
4	灌浆刮灰	10		
5	竖缝中无通缝	10		
6	大放脚错缝、搭接、横平竖直	20		
7	安全操作	10		
8	综合印象	10		
9	合　计	100		

习　题

一、填空题

1. 砌筑工程所用的主要材料是__________、__________和__________。

2. 砌筑砂浆按组成材料不同，可分为__________、__________和__________三种。

3. 普通混凝土小型空心砌块主要规格尺寸为__________。

4. 砌筑用水泥砂浆宜选用水泥强度等级不大于__________的水泥。

5. 搅拌水泥混合砂浆时，生石灰熟化时间不得少于__________，磨细生石灰粉的熟化时间不得少于__________。

6. 小砌块的堆放高度不宜超过__________，堆垛之间应保持适当的通道。
7. 构造柱的截面尺寸一般为__________；构造柱必须与__________连接。

二、选择题

1. 砌筑工程用的块材不包括（　　）。
   A. 烧结普通砖　　B. 炉渣转
   C. 陶粒混凝土砌块　　D. 玻璃砖
2. 生石灰熟化成石膏时，熟化时间不得少于（　　）d。
   A. 3　　B. 5　　C. 7　　D. 14
3. 皮数杆的间距为（　　）m，间距超过时中间应增设皮数杆。
   A. 10～15　　B. 10～12　　C. 15～20　　D. 10～20
4. 小型砌块墙体临时间断处应砌成斜槎，斜槎长度不应小于高度的（　　）。
   A. 2/3　　B. 1/3　　C. 1/2　　D. 3/4

三、简答题

1. 砖墙砌体主要有哪几种组砌形式？各有何特点？
2. 简述砖墙砌筑的施工工艺？砖砌体质量要求有哪些？
3. 砌筑用的皮数杆的作用是什么？如何布置？
4. 什么是“三一砌砖法”？ 其优点是什么？
5. 如何绘制砌块排列图？简述砌块的施工工艺。
6. 砌筑用砂浆有哪些种类？适用在什么场合？
7. 对砂浆制备和使用有什么要求？砂浆强度检验如何规定？
8. 砌筑用砖有哪些种类？其特点怎样？其外观质量和强度指标有什么要求？
9. 砖砌体构造柱的施工程序包括哪些工序？
10. 简述毛石基础的构造及施工要点。
11. 砌筑时如何控制砌体的位置和标高？
12. 墙体接槎应如何处理？
13. 砖砌体工程质量要求有哪些？影响其质量的因素有哪些？
14. 砌体工程雨期施工有哪些要求？
15. 砌筑工程中质量要求和安全防护措施有哪些？
16. 砌筑工程中常见的质量问题有哪些？

模块 7　保温隔热工程

知识目标

1. 整体保温隔热层的分类及特点。
2. 整体保温隔热层的施工要点。
3. 松散材料保温隔热层的材料及施工要点。
4. 板状材料保温隔热层的材料及施工要点。

技能目标

1. 根据具体材料要求及环境特点选取不同的保温隔热层。
2. 能判断具体哪种材料适用于哪种不同的建筑节能工程。
3. 掌握各种保温隔热层的施工要点。

价值目标

有这样一句话广为流传："但存方寸土，留与子孙耕。"现今的世界状况，其实每一种资源都面临着如此的挑战。

通过"南京绿色灯塔"课程思政案例，培养学生环保、节能、可持续的理念。南京绿色灯塔建筑内部没有传统空调，制冷供暖依靠的是全新的地源热泵技术。每层楼板厚度为30 厘米，中间预埋了具有蓄冷蓄热功能的 TABS（热辐射管道系统），分别与地下 21 口 100米深井里的 U 形管相连。冬季，热泵机组从岩土体中吸收热量，向建筑物供暖；夏季，热泵机组从室内吸收热量并转移释放到地源中，实现建筑物空调制冷。作为第一座逼近"零能耗"标准的建筑，项目充分收集利用雨水、风能等自然资源，依靠主动式设计，把节能降耗做到了极致。

典型案例

某工程屋面保温隔热工程施工技术方案

1. 施工前准备

1）材料准备

（1）松散材料：炉渣粒径一般为 5 ~ 40 mm，不得含有石块、土块、重矿渣和未燃尽的煤块，堆积密度为 500 ~ 800 kg/m^3，导热系数为 0.16 ~ 0.25W/（m · K）。

（2）保温板：采用 XPS 挤塑保温板，应有出厂合格证、检测报告，选用产品的厚度、规格应予设计要求一致，外形应整齐；选用产品的密度、导热系数、抗压强度、燃烧性能应符合设计要求。

2）施工机具准备

裁刀、铁锹，铁耙，小车等。

3）施工人员准备

（1）专业工长应针对不同的施工工序对施工班组进行技术交底。

（2）施工人员应经过培训并经考核合格。

2. 施工技术

1）施工顺序

基层清理→弹线分格→管根固定→隔气层施工→保温层铺设→抹找平层。

2）施工方法

（1）屋面保温隔热工程的施工必须在基层（结构层）质量验收合格后进行。

（2）铺设保温材料的基层（结构层）施工验收完以后，将预制构件的吊钩、铁件等进行处理，处理点应抹入水泥砂浆，经检查验收合格，方可铺设保温材料。

（3）找坡层为粒径在 5 ~ 40 mm，不含有石块、土块、重矿渣和末燃尽的煤块的炉渣，铺设时需配比均匀、分层敷设，按要求压实、表面平整，并按图纸要求找坡。

（4）在找坡层表面，用墨线弹出保温板铺设控制线。

（5）屋面找坡层施工完成后，应及时进行找平层和防水层的施工，避免其受潮、浸泡或受损。

（6）板状保温材料应紧贴（靠）防水层，错缝铺贴、铺平垫稳、拼缝严密平整、坡向正确，表面两边相邻的板边厚度应一致，板状保温材料的保温层厚度允许偏差为 ± 5%，且不得大于 4 mm。

（7）保温层的基层应平整、干燥和干净。

（8）板状保温材料应紧靠在水泥焦渣表面上，并应铺平垫稳。

模块任务

住房和乡建设部印发《“十四五”建筑节能与绿色建筑发展规划》提出，到 2025 年，完成既有建筑节能改造面积 3.5 亿平方米以上，建设超低能耗、近零能耗建筑 0.5 亿平方米以上，装配式建筑占当年城镇新建建筑的比例达到 30%，全国新增建筑太阳能光伏装机容量 0.5 亿千瓦以上，地热能建筑应用面积 1 亿平方米以上，城镇建筑可再生能源替代率达到 8%，建筑能耗中电力消费比例超过 55%。

本章主要介绍的是建筑节能中的保温隔热工程，那么你知道常见的建筑工程施工中会采取哪些措施来保温隔热吗？

按照不同的标准划分，保温隔热工程使用材料的种类数量也有所不同，一般而言，保温隔热材料可以根据制作原料是否是无机还是有机为主，可划分为无机保温隔热材料和有机保温隔热材料。按照材料的构造，可以将保温隔热层分成整体保温隔热层、松散材料保温隔热层、板状材料保温隔热层等。根据防火等级划分，可以划分为A级不燃材料（一般是无机保温材料）、B1级难燃材料（一般是有机保温材料）、B2级可阻燃材料（一般是有机保温材料）。

现阶段整体保温隔热层主要有三种，分别为现浇水泥蛭石保温隔热层、水泥膨胀珍珠岩保温隔热层和喷抹膨胀蛭石灰浆保温隔热层。

7.1 整体保温隔热层

7.1.1 现浇水泥蛭石保温隔热层

1. 现浇水泥蛭石保温隔热层材料要求

现浇水泥蛭石保温隔热层，是以膨胀蛭石为集料，以水泥为胶凝材料，按一定配合比配制而成，一般用于屋面和夹壁之间。但不宜用于整体封闭式保温层，否则，应采取屋面排气措施。

1）水　泥

水泥在水泥蛭石保温隔热层中起骨架作用，因此应选用强度等级不低于32.5的普通硅酸盐水泥，以用强度等级为42.5的普通硅酸盐水泥为好，或选用早期强度高的水泥。

2）膨胀蛭石

膨胀蛭石的技术性能及规格见表7.1，其颗粒可选用5～20 mm的大颗粒级配，这样可使颗粒的总面积减少，以减少水泥用量，减轻密度，提高强度。在低温环境中使用时，它的保温性能较好。存放膨胀蛭石要避风避雨，堆放高度不宜超过1 m。

表7.1　膨胀蛭石的技术性能及规格

序号	项目	技术性能指标
1	密度	80～200 kg/m³
2	抗菌性	膨胀蛭石是一种无机材料，故不受菌类侵蚀，不会腐烂变质，不易被虫蛀、鼠咬
3	耐腐蚀性	膨胀蛭石耐碱，但不耐酸
4	耐冻耐热性	膨胀蛭石在－20～100 °C温度下，本身质量不变
5	吸水性及吸湿率	膨胀蛭石的吸水性很大，与密度成反比。在相对湿度95%～100%环境下，其吸湿率（24 h）为1.1%
6	热导率	0.047～0.07W/（m·K）
7	吸声系数	0.53～0.63（频率为512 Hz）

续表

序号	项目	技术性能指标
8	隔声性能	当密度≤200 kg/m³ 时，$N=13.5\lg P+13$；当密度>200 kg/m³ 时，$N=23\lg P-P$（式中，P 为基准声压，N 为隔声性能）
9	规格	一般按其叶片平面尺寸（也可称为粒径）大小的不同，分为 4 级：1 级，粒径>15 mm；2 级，粒径 = 4 ~ 15 mm；3 级，粒径 = 2 ~ 4 mm；4 级，粒径<2 mm。有的生产单位仅供应“混合料”，并不分级

2. 配合比

1）水泥和膨胀蛭石的体积比

在一般工程中以 1∶12 为最合理的配合比。

2）水灰比

由于膨胀蛭石的吸水率高，吸水速度快，水灰比过大，会造成施工水分排出时间过长和强度不高等结果。水灰比过小，又会造成找平层表面龟裂，保温隔热层强度降低等缺点。一般以 2.4 ~ 2.6 为宜（体积比）。现场检查方法是：将拌好的水泥蛭石浆用手紧捏成团不散，并稍有水泥浆滴下时为合适。

3. 施工要点

1）材料的拌和

拌和应采用人工拌和，机械搅拌时蛭石和膨胀珍珠岩颗粒破损严重，有的达 50%，且极易黏于壁筒，影响保温性能和造成施工不便。采用人工拌和时又分为干拌和湿拌两种。

2）铺设保温隔热层

屋面铺设隔热保温层时，应采取“分仓”施工，每仓宽度为 700 ~ 900 mm。可采用木板分隔，亦可采用钢筋尺控制宽度和铺设厚度。隔热保温层结构如图 7.1 所示。

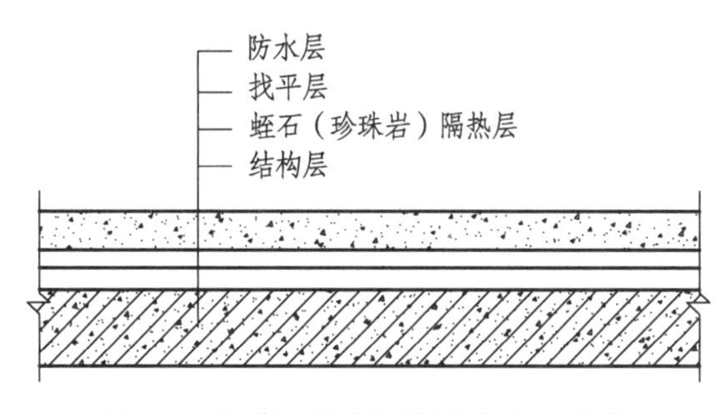

图 7.1　现浇水泥蛭石隔热保温层结构

3）铺设厚度

隔热保温层的虚设厚度一般为设计厚度的 130%（不包括找平层），铺后用木板拍实抹平至设计厚度。铺设时应尽可能使膨胀蛭石颗粒的层理平面与铺设平面平行。

4）找平层

水泥蛭石浆压实抹平后应立即抹找平层，两者不得分两个阶段施工。找平层砂浆配合比为强度等级为 42.5 的水泥：粗砂：细砂 = 1：2：1，稠度为 7 ~ 8 cm（呈粥状）。

5）施工检验

由于膨胀蛭石吸水较快，施工时，最好把原材料运至铺设地点，随拌随铺，以确保水灰比准确和工程质量。整体保温层应有平整的表面，其平整度用 2 m 直尺检查。直尺与保温层表面之间的空隙：当在保温层上直接设置防水层时，不应大于 5 mm；如在保温层上做找平层时，不应大于 7 mm，空隙只允许平缓变化。

6）膨胀蛭石的用量

膨胀蛭石的用量按下式计算：

$$Q = 150X$$

式中 Q——100 m² 隔热保温层中膨胀蛭石的用量（m³）；
X——隔热保温层的设计厚度（m）。

7.1.2 水泥膨胀珍珠岩保温隔热层

1. 水泥膨胀珍珠岩保温隔热层材料要求

水泥膨胀珍珠岩以膨胀珍珠岩为集料，以水泥为胶凝材料，按一定比例配制而成，可用于墙面抹灰，亦可用于屋面或夹壁等处作现浇隔热保温层，珍珠岩粉的性能指标及规格见表 7.2。用于墙面粉刷的珍珠岩灰浆的配合比及性能参见表 7.3；用于屋面或夹壁现浇保温隔热层灰浆的配合比及性能见表 7.4。

表 7.2 珍珠岩粉的性能指标及规格

<table>
<tr><th>热导率/[W/（m·K）]</th><th>吸声系数/Hz</th><th>吸水率/%</th><th>吸湿率/%</th><th>安全使用温度/°C</th><th>抗冻性（干燥状态）</th><th>电阻系数/（Ω·cm）</th></tr>
<tr><td>常温下<0.047</td><td rowspan="3">$\frac{0.12}{125}$、$\frac{0.13}{250}$、$\frac{0.67}{500}$、$\frac{0.68}{1\,000}$、$\frac{0.82}{2\,000}$、$\frac{0.92}{3\,000}$</td><td rowspan="3">质量吸水率为：400；体积吸水率为：29 ~ 30</td><td rowspan="3">0.006 ~ 0.08</td><td rowspan="3">800</td><td rowspan="3">− 20 °C 15 次冻融无变化</td><td rowspan="3">$1.95 \times 10^{6} \sim 2.3 \times 10^{10}$</td></tr>
<tr><td>高温下 0.058 ~ 0.170</td></tr>
<tr><td>低温下 0.028 ~ 0.038</td></tr>
</table>

表 7.3 墙面粉刷的珍珠岩灰浆的配合比及性能

序号	用料规格		用料体积比（水泥：珍珠岩：水）	密度/（kg/m³）	抗压强度/MPa	热导率/[W/（m·K）]
	膨胀珍珠岩	水泥				
1	密度：320～350 kg/m³	强度等级为32.5或42.5普通硅酸盐水泥	1：10：1.55 1：12：1.6	480 430	1.1 0.8	0.081 0.074
2	密度：120～160 kg/m³	强度等级为32.5或42.5普通硅酸盐水泥	1：15：1.7	335	0.9～1.0	0.065

表 7.4 现浇保温隔热层灰浆的配合比及性能

序号	用料体积比		密度/（kg/m³）	抗压强度/MPa	热导率/[W/（m·K）]
	硅酸盐水泥（强度等级 42.5）	膨胀珍珠岩（密度 120～160 kg/m³）			
1	1	6	548	1.7	0.121
2	1	8	510	2.0	0.085
3	1	10	380	1.2	0.080
4	1	12	360	1.1	0.074
5	1	14	351	1.0	0.071
6	1	16	315	0.9	0.064
7	1	18	300	0.7	0.059
8	1	20	296	0.7	0.055

2. 施工方法

水泥膨胀珍珠岩保温隔热层常见的施工方法主要有喷涂法和抹压法两种。

1）喷涂法

喷涂设备包括混凝土喷射机一台，如图 7.2 所示，它由进料室、储料室和传动部件组成。为了防止混合料堵塞，在储料室设搅拌翅。储料室的底部与喷射口同一水平上设配料盘，其上有 12 个缺口，转速为 16 r/min，作用是使混合料缺口均匀喷出，喷枪一支，它是由喷嘴、串水圈及连接管三部分组成的；空气压缩机一台，压力水罐一个以及输料、输水用的胶管等。

图 7.2　混凝土喷射机

图 7.3　保温隔热层喷涂法施工图

喷前先将水泥和膨胀珍珠岩按照一定比例干拌均匀，然后送入喷射机内进一步搅拌，在风压作用下经胶管送至喷枪，水与干物料在喷枪口混合后由喷嘴喷出。

喷涂时要随时注意调整风量、水量。喷射角度：当喷墙面、屋面时，喷枪与基层表面垂直为宜；喷射顶棚时，以45°角为宜。一次喷涂厚度可达 30 mm，多次喷涂厚度可达 80 mm，喷涂墙面一般用 1∶12（水泥与膨胀珍珠岩体积比，下同），喷涂屋面一般用 1∶15。当采用水泥石灰膨胀珍珠岩灰炭时，宜分两遍喷涂，两遍喷涂时间相隔 24 h，总厚度不宜超过 30 mm，其配合比见表 7.5。

表 7.5　喷涂水泥石灰膨胀珍珠岩灰浆配比

序号	材料比	第一遍	第二遍	适用部位
1	水泥∶石灰膏∶珍珠岩	1∶1∶9	1∶1∶12	顶棚
2	水泥∶石灰膏∶珍珠岩	1∶1∶15	1∶0.5∶15	墙面

2）抹压法

（1）将水泥和珍珠岩按一定配合比干拌均匀，然后加水样和，水不宜过多，否则珍珠岩将由于体轻上浮，产生离析现象。灰浆稠度以外观松散，手提成团不散，挤不出水泥浆或只能挤出少量水泥浆为宜。

（2）基层表面事先应洒水湿润。

（3）墙面粉刷时用力要适当，用力过大，易影响隔热保温效果；用力过小，与基层黏结不牢，易产生脱落，一般掌握压缩比为 130%左右即可。

（4）平面铺设时应分仓进行，铺设厚度一般为设计厚度的 130%左右，经拍实（轻度）至设计厚度。拍实后的表面，不能直接铺贴油毡防水层，必须先抹 1：（2.5～3）的水泥砂浆找平层一层，厚度为 7～10 mm。抹后一周内浇水养护。

（5）整体保温层应有平整的表面，其平整度用 2 m 直尺检查，直尺与保温层间的空隙：当在保温层上直接设置防水层时，不应大于 5 mm；如在保温层上做找平层时，不应大于 7 mm，空隙只允许平缓变化。

7.1.3　喷抹膨胀蛭石灰浆保温隔热层

膨胀蛭石灰浆（简称蛭石灰浆）以膨胀蛭石为主体，以水泥、石灰、石膏为胶凝材料，加水按一定配合比配制而成。它可以采用抹、喷涂和直接浇注等方法，作为一般建筑内墙、顶棚等粉刷工程的墙面材料，也可以用它作为一些建筑物的热保温层和吸声层。

1. 材料要求

1）水　泥

水泥在水泥蛭石保温隔热层中起骨架作用，因此应选用强度等级不低于 32.5 的普通硅酸盐水泥，以用 42.5 普通硅酸盐水泥为好，或选用早期强度高的水泥。

2）石灰膏

石灰膏可以起到胶结、和易的作用，还可以用于罩面。抹灰用石灰裔的熟化时间在常温下不应少于 15 天，对于罩面使用的石灰膏不应少手 30 天，石灰膏中不得合有未熟化的颗粒和其他杂质。尤其对于直接购买的石灰膏，特别需要了解其熟化的时间。

3）膨胀蛭石

颗粒粒径应在 10 mm 以下，并以 1.2～5 mm 为主，1.2 mm 占 15%左右，小于 1.2 mm 的不得超过 10%。机械喷涂时所选用的粒径不宜太大，以 3～5 mm 为宜。其配合比及性能可参见表 7.6。

表 7.6　膨胀蛭石灰浆配合比及其性能

配合比及性能		灰浆类别		
		水泥蛭石浆	水泥石灰蛭石浆	石灰蛭石浆
体积配合比	水泥	1	1	—
	石灰膏	—	1	1
	膨胀蛭石	4～8	5～8	2.5～4
	水	1.4～2.6	2.33～3.75	0.962～1.8
主要技术性能指标	密度/（kg/m³）	509～638	636～749	405～497
	热导率/[W/（m·K）]	0.152～0.184	0.161～0.194	0.154～0.164
	抗压强度/MPa	0.36～1.17	1.22～2.13	0.16～0.18
	抗拉强度/MPa	0.20～0.75	0.59～0.95	0.19～0.21
	黏结强度/MPa	0.23～0.37	0.12～0.24	0.01～0.02
	吸湿率/%	2.54～4.00	0.78～1.01	1.54～1.56
	吸水率/%	88.4～137.0	62.0～87.0	114.0～133.5
	平衡含水率/%	0.41～0.60	0.37～0.45	0.57～1.27
	线收缩/%	0.311～0.397	0.318～0.398	0.981～1.427

2. 施工要点

1）清理基层

被喷抹的基层表面应清洗干净，并须凿毛，然后涂抹一道底浆，底浆用料配合比及适用部位见表 7.7。

表 7.7　底浆用料配合比及适用部位

名称	厚度/mm	适用部位
1∶1.5 水泥细砂浆	2～3	地下坑壁
1∶3 水泥细砂浆	2～3	墙面
水泥浆	—	顶棚

2）膨胀蛭石灰浆的涂刷

膨胀蛭石灰浆可采用人工粉刷或机械喷涂，不论采种方法，均应分底层和面层两层施工，防止一次喷抹太厚，产生龟裂，底层完工后须经一昼夜方可再做面层，总厚度不宜超过 30 mm。采用机喷方法喷涂水泥灰蛭石浆的配合比见表 7.8。

表 7.8　水泥石灰蛭石浆的配合比

材料	底层配合比	面层配合比	适用部位
水泥∶石灰膏∶蛭石	1∶1∶5	1∶1∶6	墙面、地下坑壁
水泥∶石灰膏∶蛭石	1∶1∶12	1∶1∶10	墙面、顶棚

3）人工抹灰浆

采用人工抹蛭石灰浆的方法与抹普通水泥砂浆相同，抹时应用力适当。用力过大，易将水泥浆从蛭石缝中挤出，影响灰浆强度；用力过小，则与基层黏结不牢，且影响灰浆本身质量。

4）机械喷涂砂浆

可用隔膜式灰浆泵或自行改装专制的喷浆机进行施工，喷嘴大小以 16～20 mm 为宜，喷射压力可根据具体情况决定，可在 0.05～0.08 MPa 范围内进行调整。喷涂墙面时，喷枪与墙面垂直，喷涂顶棚时，喷枪与顶棚成 45°角为宜。喷嘴距基层表面 300 mm 左右为好。喷涂后的面层可用抹子轻轻抹平，落地灰浆可回收再用。

5）塑化剂的配置

塑化剂的配制方法如下：先用固体烧碱 15 g 和 85 g 水制成 100 g 碱溶液，再加入 50 g 松香，加热搅拌成浓缩塑化剂。喷涂时，把浓缩的塑化剂加水稀释成 20 倍溶液，即可使用。

6）施工的要求

蛭石灰浆应随拌随用，一边使用一边搅拌，使浆液保持均匀。一般从搅拌到用完不宜超过 2 h，否则因蛭石水化成粉末，影响隔热保温效果。室内过于潮湿及结露的基层，蛭石灰浆不易粘牢；过于干燥的环境，基层表面应先洒水润湿。喷抹蛭石灰浆应尽量避免在严冬和炎夏施工，否则应采取防寒或降温养护措施。

7.2　松散材料保温隔热层

7.2.1　材料要求

（1）宜采用无机材料，如使用有机材料，应先做好材料的防腐处理。

（2）材料在使用前必须检验其密度、含水率和热导率，使其符合设计要求。

（3）常用的松散保温隔热材料应符合下列要求：炉渣和煤渣，粒径一般为 5～40 mm，其中不应含有有机杂物、石块、土块、重矿渣块和未燃尽的煤块；膨胀蛭石，粒径一般为 3～15 mm；矿棉，应尽量少含珠粒，使用前应加工疏松；锯木屑，不得使用腐朽的锯木屑；稻壳，宜用隔年陈谷新轧的干燥稻壳，不得含有糠麸、尘土等杂物；膨胀珍珠岩粒径小于 0.15 mm 的含量不应大于 8%。材料在使用前必须过筛，含水率超过设计要求时，应予晾干或烘干。采用装锯末屑或稻壳，在墙壁顶端处松散材料不易填入时，可加以包装后填入。

（4）保温层压实后，不得直接在其上行车或堆放重物，施工人员宜穿平底软鞋。

（5）松铺膨胀蛭石时，应尽量使膨胀蛭石的层理平面与热流垂直，以达到更好的保温效果。

（6）搬运和辅设矿物棉时，工人应穿戴头乳、口罩、手套、鞋套和工作服，以防止矿物棉纤维刺伤皮肤和眼睛或吸入肺部。

（7）下雨或刮大风时一般不宜施工。

7.2.2 施工要点

1. 空心板隔热保温屋盖

空心板隔热保温屋盖如图 7.4 所示。

施工时，板缝用 C20 细石混凝土灌缝；分格木龙骨要与板缝预埋铁丝绑牢；

隔热保温材料铺设后，要用竹筛或钉有木框的铅丝网覆盖，然后将找平层砂浆倒人筛内，摊平后，取出筛子，找平抹光即可。这样可以防止倾倒砂浆时挤走隔热保温材料，以保证工程质量。

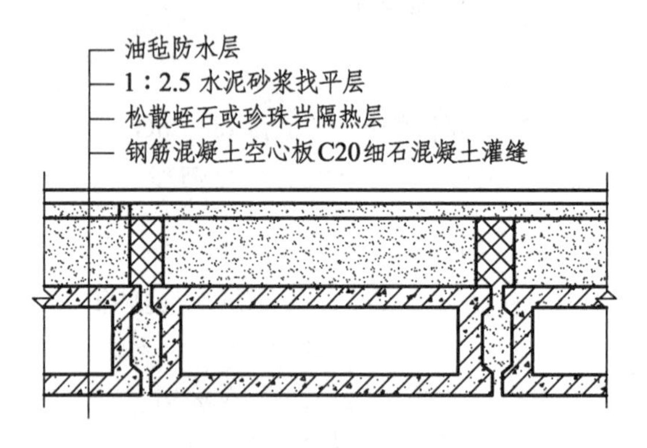

图 7.4　空心板隔热保温屋盖

2. 保温隔热屋盖

保温隔热屋盖如图 7.5 所示。

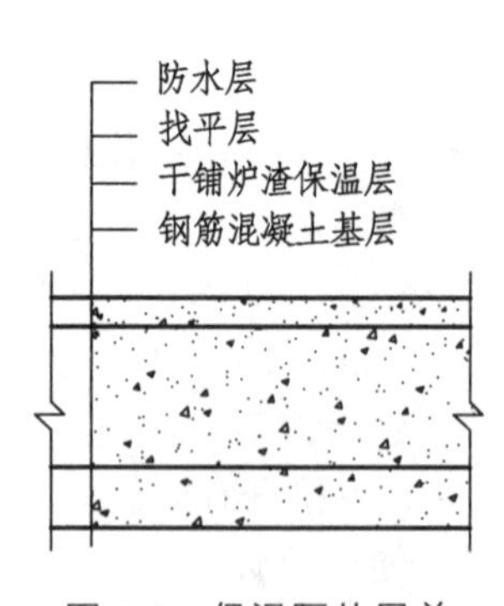

图 7.5　保温隔热屋盖

施工时要保证炉渣隔热保温层分层铺设（每层不大于 150 mm），边铺设边压实，压实后的表面用 2 m 长靠尺检查，顺水方向误差不大于 15 mm。

3. 保温隔热顶棚

保温隔热顶棚如图 7.6 所示。

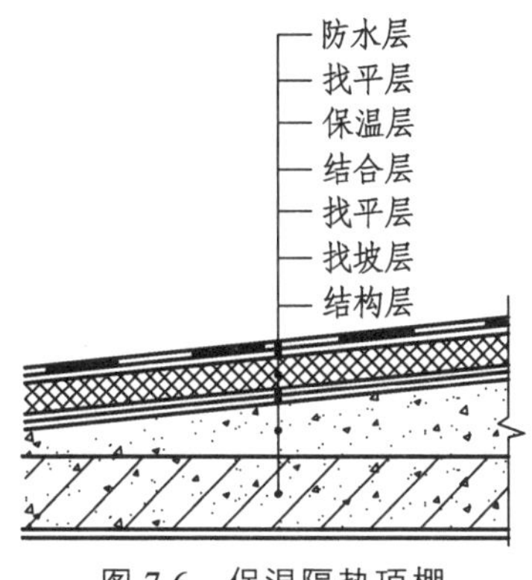

图 7.6　保温隔热顶棚

施工时，用纸盒（需做防潮处理）或塑料袋装填保温隔热材料，依次平铺在顶棚内。袋装厚度要根据设计要求试验确定。铺设时，盒（袋）要靠紧，不得有空隙或漏铺保温隔热墙面。

4. 保温隔热墙面

保温隔热墙面如图 7.7 所示。

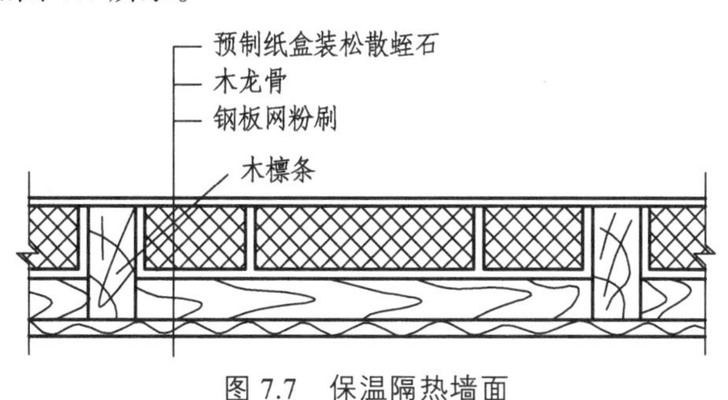

图 7.7　保温隔热墙面

木龙骨应安装牢固并做防腐处理，内墙和隔热保温材料采取随砌随填（压实）方法。夹层内不得掉人砂浆和砖块。砌墙时，可用木板将隔热保温材料隔开，当砌至一定高度（如按木龙骨间距）需填铺隔热保温材料时，再取出木板。以此循环施工至设计高度。

7.3　板状材料保温隔热层

7.3.1　材料要求

1. 沥青稻壳板

稻壳与沥青按 1∶0.4 的比例进行配制。制作时，先将稻壳放在锅内适当加热，然后倒人 200 °C 沥青中拌和均匀，再倒入钢模（或木模）内压制成型。压缩比为 1.4∶1。采用水泥纸袋作隔离层时，加压后六面包裹，连纸再压一次脱模备用。沥青稻壳板常用规格为 100 mm × 300 mm × 600 mm 或 80 mm × 400 mm × 800 mm。

2. 沥青膨胀珍珠岩板

膨胀珍珠岩应以大颗粒为宜，密度为 100 ~ 120 kg/m³，含水率 10%。沥青以 60 号石油沥青为宜。膨胀珍珠岩与沥青的配合比见表 7.9。

表 7.9　膨胀珍珠岩与沥青的配合比

材料名称	配合比	每立方米用料	
		单位	数量
膨胀珍珠岩	1	m³	1.84
沥青	0.7 ~ 0.8	kg	128

沥青膨胀珍珠岩板制作过程如下。

（1）将膨胀珍珠岩散料倒在锅内加热不断翻动，加热至 100 ~ 120 °C，然后倒入已熬化的沥青中拌和均匀。沥青的熬化温度不宜超过 200 °C，拌和料的温度宜控制在 180 °C 以内。

（2）将拌和均匀的拌合物从锅内倒在铁板上，铺摊并不断翻动，使拌合物温度下降至成型温度（80 ~ 100 °C）。如温度过高，脱模成品会自动爆裂，不爆裂的强度也会降低。

（3）将达到成型温度的拌合物装入钢模内，压料成型。钢模内事先要撒滑石粉或铺垫水泥纸袋作隔离层。拌合物入模后，先用 10 mm 厚的木板，在模的四周插压一次，然后刮平压制。钢模可按设计要求确定，一般为 450 mm × 450 mm × 160 mm。模压工具可采用小型油压榨油机改装即可，压缩比为 1.6 : 1。

（4）压制的成品经自然散热冷却后，堆放待用。

（5）成型后的板（块）状材料的热导率应为 0.084 W/（m · K），抗压强度应为 0.17 ~ 0.21 MPa，吸水率（雨淋三昼夜，增加的质量比）应为 7.2%。膨胀珍珠岩的其他制品及主要技术性能见表 7.10。

表 7.10　膨胀珍珠岩的其他制品及主要技术性能

品种	制成工艺和特点	密度/（kg/m³）	抗压强度/MPa	热导率/w/（m · K）]	使用温度/°C	吸湿率（24 h）/%	吸水率（24 h）/%
水泥珍珠岩制品	以水泥为胶结剂，以珍珠岩粉为骨料加工而成。具有质轻、热导率低、抗压强度较高等特点	300 ~ 400	0.5 ~ 1.0	常温：0.058 ~ 0.087 低温：0.081 ~ 0.120	≤600	0.87 ~ 1.55	110 ~ 130

续表

品种	制成工艺和特点	密度/(kg/m³)	抗压强度/MPa	热导率/w/(m·K)]	使用温度/°C	吸湿率(24 h)/%	吸水率(24 h)/%
水玻璃珍珠岩制品	以水玻璃为胶结剂和珍珠岩粉按比例配合、成型、加工、焙烧而成	200 ~ 300	0.8 ~ 1.2	常温：0.056 ~ 0.065	≤650	相对湿度：93 ~ 100	96 h 质量
磷酸盐珍珠岩制品	以磷酸盐铝及少量硫酸铝、纸浆废液为胶结剂，以珍珠岩粉为骨料，经配料、搅拌、成型、焙烧而成。具有密度低、耐火度高等特点	200 ~ 250	0.6 ~ 1.0	常温：0.044 ~ 0.052	≤1 000	—	—

3. 聚苯乙烯泡沫塑料板

挤压聚苯乙烯泡沫塑料板（100 mm）铺贴在防水层上，用作屋面保温隔热，性能很好，并克服了高寒地区卷材防水层长期存在的脆裂和渗漏的老大难问题。在南方地区，如采用 30 mm 厚的聚苯乙烯泡沫塑料做隔热层（其热阻已满足当地热工要求），材料费不高，而且屋面荷载大大减轻，施工方便，综合效益较为可观。经某工程测试，当室外温度为 34.3 °C 时，聚苯乙烯泡沫塑料隔热层的表面温度为 53.7 °C，而其下面防水层的温度仅为 33.3 °C。聚苯乙烯泡沫塑料的表观密度为 30 ~ 130 kg/m³，热导率为 0.031 ~ 0.047 W/（m·K），吸水率为 2.5%左右。因而被认为是一种极有前途的“理想屋面”板材。

7.3.2 施工要点

1. 一般工程施工

（1）板状材料保温层可以采用干铺、沥青胶结料粘贴、水泥砂浆粘贴三种铺设方法。干铺法可在负温下施工，沥青胶结料粘贴宜在气温 – 10 °C 以上时施工，水泥砂浆粘贴宜在气温 5 °C 以上时施工。如气温低于上述温度，要采取保温措施。

（2）板状保温材料板形应完整。因此，在搬运时要轻搬轻放，整顺堆码，堆放不宜过高，不允许随便抛掷，防止损伤、断裂、缺棱、掉角。

（3）铺设板状保温隔热层的基层表面应平整、干燥、洁净。

（4）板状保温材料铺贴时，应紧靠在需保温结构的表面上，铺平、垫稳，板缝应错开，保温层厚度大于 60 mm 时，要分层铺设，分层厚度应基本均匀。用胶结材料粘贴时，板与基层间应满涂胶结料，以便相互黏结牢固，沥青胶结料的加热温度不位高于 240 °C，使用温度不宜低于 100 °C，沥青胶结材料的软化点，北方地区不低于 30 号沥青，南方地区不低于 10 号沥青。用水泥砂浆铺贴板状材料时，用 1 : 2（水泥 : 砂，体积比）水泥砂浆粘贴。

（5）铺贴时，如板缝大于 6 mm，则应用同类保温材料嵌填，然后用保温灰浆勾缝。保温灰浆配合比一般为 1 : 1 : 10（水泥 : 石灰 : 同类保温材料的碎粒，体积比）

（6）干铺的板状保温隔热材料，应紧贴在需保温隔热结构的表面上，铺平、垫稳。分层铺设的上下接缝要错开，接缝用相同材料来填嵌。

（7）施工完毕后打扫现场，保持干净。

2. 隔热保温屋盖及施工要点

1）蛭石型隔热保温屋盖

蛭石型隔热保温屋盖如图 7.8 所示。

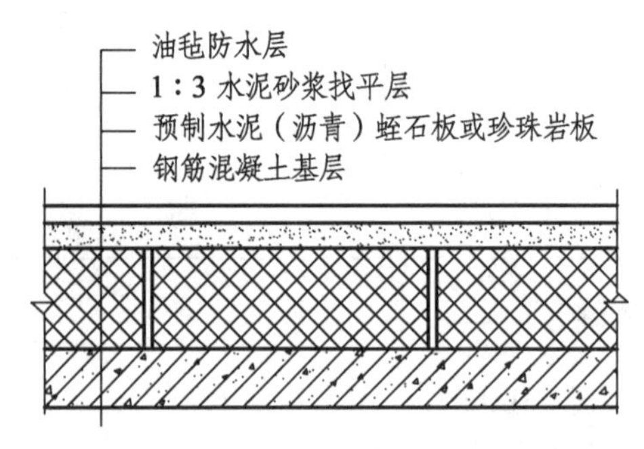

图 7.8　蛭石型隔热保温屋盖

首先将基层打扫干净，然后先刷 1 : 1 水泥蛭石（或珍珠岩）浆一道，以保证粘贴牢固。板状隔热保温层的胶结材料最好与找平层材料一致，粘铺完后应立即做好找平层，使之形成整体，防止雨淋受潮。

2）预制木丝板隔热保温屋盖

预制木丝板隔热保温屋盖如图 7.9 所示。

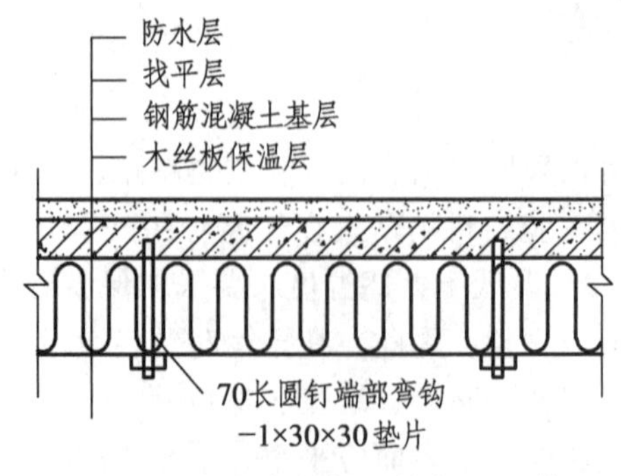

图 7.9　预制木丝板隔热保温屋盖

施工时将木丝板（或其他有机纤维板）平铺于台座上，每块板钉圆钉 4～6 个，尖头弯钩，板面涂刷热沥青二道，然后支模，上部灌注混凝土使之成为一个整体。

模块小结

本模块主要介绍的是建筑节能工程中常见的三种保温隔热层，分别是整体保温隔热层，散装材料保温隔热层和板状材料保温隔热层。主要介绍了各自的材料要求和施工要点以及各自的使用情况。

任务评价

（1）将全班学生分成若干组，每组 4～5 人。

（2）每组学生根据所学知识，并上网查询资料，将常见的三种保温隔热层各自的材料要求和施工要点的主要内容制成 PPT 文件，每组派出一名代表在课堂上进行讲解。（讲解时间控制在 5 min 左右）

（3）老师按下表给各小组打分。

任务评分表

评分标准	满分	实际得分	备注
积极参与活动	25		
内容扣题、正确	25		
讲解流畅	25		
其他	25		
总分	100		

习　题

一、单选题

1. 蛭石灰浆应随拌随用，一边使用一边搅拌，使浆液保持均匀。一般从搅拌到用完不宜超过（　　）h，否则因蛭石水化成粉末，影响隔热保温效果。

A. 2　　B. 3　　C. 1　　D. 4

2. 现浇水泥蛭石保温隔热层的虚设厚度一般为设计厚度的（　　）%（不包括找平层），铺后用木板拍实抹平至设计厚度。

A. 100　　B. 80　　C. 70　　D. 130

3. 存放膨胀蛭石要避风避雨，堆放高度不宜超过（　　）m。

A. 1　　B. 2　　C.　1.5　　D. 2.5

4. 板状保温材料铺贴时，应紧靠在需保温结构的表面上，铺平、垫稳，板缝应错开，保温层厚度大于（　　）mm 时，要分层铺设，分层厚度应基本均匀。

A. 50　　B. 60　　C. 70　　D. 80

5. 干铺的板状保温隔热材料，应紧贴在需保温隔热结构的表面上，铺平、垫稳。分层铺设的上下接缝要错开，接缝用（　　）来填嵌。

A. 相同材料　　B. 不同材料

C. 细石混凝土　　D. 水泥砂浆

二、填空题

1. 板状材料保温层可以采用_______、_______、________三种铺设方法。

2. 按照材料的构造，可以将保温隔热层分成_______、______、________三种。

3. 水泥膨胀珍珠岩保温隔热层常见的施工方法主要有______和______两种。

4. 喷涂水泥膨胀珍珠岩隔热保温层时要随时注意调整风量、水量。喷射角度：当喷墙面、屋面时，喷枪与基层表面______为宜；喷射顶棚时，以______角为宜。

5. ___________的表观密度为 30 ~ 130 kg/m^3，热导率为 0.031 ~ 0.047 W/（m·K），吸水率为 2.5%左右。因而被认为是一种极有前途的“理想屋面”板材。

三、简答题

1. 按照材料的构造，可以将保温隔热层分成哪几种？

2. 整体保温隔热层有哪些种类？

3. 屋面铺设隔热保温层时，注意事项有哪些？

4. 松散材料保温隔热层的材料要求是什么？

5. 板状材料保温隔热层的施工要点有哪些？

模块 8　防水工程

知识目标

1. 了解屋面工程的基本知识和有关技术术语概念。
2. 掌握屋面防水工程卷材防水、刚性防水施工方法和主要的技术措施。
3. 掌握地下防水的主要施工方法和施工要点。
4. 熟悉现行国家有关防水工程规范以及防水工程质量验收与安全要求。

技能目标

1. 能应用所学知识，根据施工图纸和施工现场条件，能选择和编制一般建筑物防水工程的合理施工方案及施工技术交底。

2. 具有组织屋面防水和地下防水工程质量检查验收的能力。

价值目标

通过不同类型的防水工程施工工艺，培养学生现场综合组织管理能力和协调能力；通过现场实训，锻炼学生动手操作和解决实际问题的能力，培养学生的团队协作能力。

典型案例

某学院师范分院行政楼地下室防水工程施工方案

1. 工程概况

本工程为某学院师范分院行政楼。地下一层为人防工程，地上八层，建筑面积 12 000 m^2，建筑高度 31.2 m，结构形式地下室为现浇钢筋混凝土剪力墙，地上为框架结构。地下室防水等级为二级，采用刚性防水与柔性防水相结合。筏板基础与地下室剪力墙均采用 S6 抗渗混凝土，柔性防水采用 4 mm 厚 SBS 防水卷材。

2. 施工方法

浇筑垫层→筏板、梁侧边砌保护墙→抹找平层→复杂部位加强处理→铺防水层→做保护层→底板和墙体结构→外墙找平层→粘贴防水层→做保护层。

（1）浇筑垫层：垫层浇筑从东往西分两次完成。

（2）基础梁侧砌 120 mm 厚红砖保护墙，筏板侧边（即周圈基础梁外侧）砌 240 mm 厚砖墙，均采用 M5 水泥砂浆。

（3）抹找平层（包括外墙部分）：

① 在垫层、保护墙上抹 20 厚 1∶2.5 水泥砂浆找平层，其表面要抹平压光，不允许有凹凸不平、松动和起砂掉灰等缺陷存在。

② 阴阳角部位应做成半径约 10 mm 的小圆角，以便涂料施工。

（4）复杂部位加强处理：

① 复杂部位包括转角处、穿墙管道、预埋件、垂直施工缝、变形缝等处。加铺一层 SBS，墙体穿墙螺栓采用止水螺栓。

② 施工缝采用埋入式橡胶止水带，在施工缝处预留 30 mm 宽槽，浇筑混凝土前把止水带放入。止水带应埋入混凝土≥3 mm，并顺墙连续设置。

③ 筏板外侧：在永久性保护墙上加砌 200 mm 高临时保护墙，将 SBS 粘铺在拐角平面（宽 300 mm），平面必须用涂料与垫层混凝土基面紧密粘牢，然后由下而上铺贴 SBS，并使阴角，避免吊空。在永久性保护墙上不刷涂料，仅将网布空铺或点粘密贴永久砖墙身，在临时性保护墙上需用涂料粘铺网布并将它固定在临时保护墙上。

（5）涂刷基层处理剂：基层处理剂应与铺贴的卷材材性相容。可将氯丁橡胶沥青胶粘剂加入工业汽油稀释，搅拌均匀，用长把滚刷均匀涂刷于基层表面上，常温经过 4 h 后，开始铺贴卷材。

（6）附加层施工：采用热熔法施工 SBS 防水层，在阴阳角先做附加层，附加的范围应符合设计和规范的规定。

（7）铺贴卷材：卷材的层数、厚度应符合设计要求。将改性沥青防水卷材剪成相应尺寸，用原卷材卷好备用；铺贴时随放卷随用火焰喷枪加热基层和卷材的交界处，喷枪距加热面 300 mm 左右，经往返均匀加热，趁卷材的材面刚刚熔化时，将卷材向前滚铺、粘贴，搭接部位应满粘牢固，卷材铺贴方向、搭接宽度应符合规范规定。

（8）做保护层（包括墙体部分）

① 筏板下平面保护层采用 40 mm 厚 C20 细石混凝土；墙外侧筏板上平面采用 120 mm 保护墙；外墙部分采用 60 mm 厚聚乙烯泡沫板。

② 立墙泡沫板保护层在填土前随层摆放，应紧贴墙面，拼缝严密，以防回填土时损伤防水卷材。

（9）底板与墙体结构施工

① 绑扎时应按设计规定留足保护层，不得有负误差，留设保护层应以相同配合比的细石混凝土或水泥砂浆制成垫块，将钢筋垫起，严禁以钢筋垫钢筋或将钢筋用铁钉、铅丝直接固定在模板上。

② 防水混凝土施工要点本工程中混凝土为泵送，所以在运输中除了具有普通混凝土的注意事项外还得注意以下几点：

a. 输送以前先用高压水洗管，再压送水泥砂浆，压送第一车混凝土时少增加水泥 100 kg，为顺利泵送创造条件。

b. 控制坍落度：在混凝土浇筑地派专人每隔 2 h 测试一次解决坍落度过大或过小的问题。泵送间歇时间可能超过 45 min 或产生离析时，应立即以压力水将管道内残存的混凝土清除干净。

③ 混凝土的浇筑振捣。

混凝土浇筑应分层，每层厚度不宜超过 30 ~ 40 cm，相领两层浇筑时间间距不应超过 2 h。振捣时一定要严格按规范进行。

④ 混凝土的养护。

防水混凝土的养护对其抗渗性能影响很大，特别是早期湿润养护更为重要。在混凝土浇筑后 4 ~ 6 h 覆盖，浇水湿润养护不得少于 14 d。

⑤ 混凝土试块制作。

防水混凝土的抗压强度和抗渗压力必须符合设计要求。试件在浇筑地点随机取样制作。抗渗试件每 500 m^3 留置一组（一组为 6 个抗渗试件），基础留置两组；剪力墙每个施工段留置一组。标准养护抗压试件：垫层、保护层、每个施工段墙体各留置一组；基础每 100 m^3 取样一次，留置 9 组；每施工段梁、板留置两组，其中一组为拆模用。同条件养护抗压试件每一强度等级留置 10 组。

模块任务

张三于 2020 年初购买了一套商品房，2022 年初装修好入住半年后发现厕所屋顶漏水，遂寻找漏水原因，经专业人员检查发现是施工单位防水工程施工质量不合格导致。于是张三提出让开发商赔偿损失并尽快修复。那么，请问可以张三得到赔偿吗？防水工程的质保期是多久呢？

1. 屋面防水工程识图

屋面防水工程识图图例如图 8.1 所示。

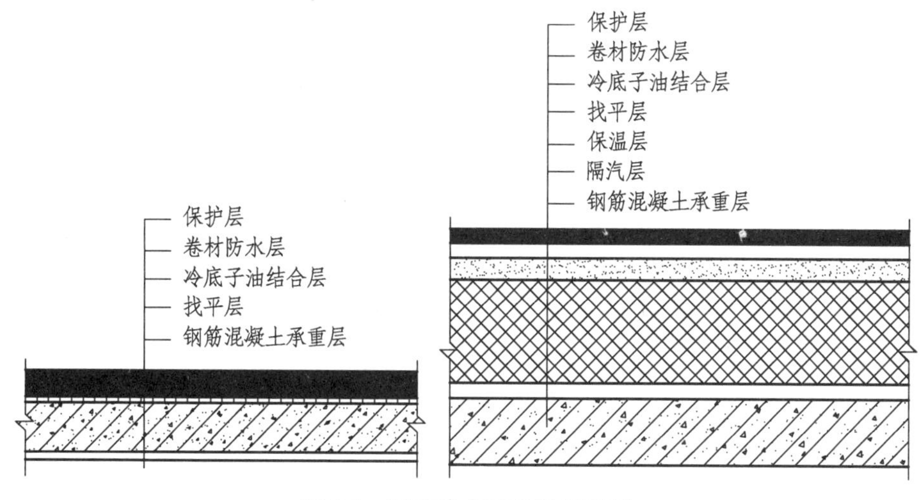

图 8.1　屋面防水工程识图图例

2. 防水工程基本概念

1）防水工程的概念

建筑防水工程是保证建筑物（构筑物）的结构不受水的侵袭、内部空间受水的危害的一项分部工程，建筑防水工程在整个建筑工程中占有重要的地位。建筑防水工程涉及建筑物（构筑物）的地下室、墙地面、墙身、屋顶等诸多部位，其功能就是要使建筑物或构筑物在设计耐久年限内，防止雨水及生产、生活用水的渗漏和地下水的浸蚀，确保建筑结构、内部空间不受到污损，为人们提供一个舒适和安全的生活空间环境。

2）防水工程的分类

（1）按工程防水的部位分

可分为地下防水、屋面防水、厕浴间楼地面防水、桥梁隧道防水及水池、水塔等构筑物防水等。

（2）按构造做法分

可分为结构构件的自防水、刚性防水层防水和用各种卷材、涂膜作为防水层的柔性防水。

3）屋面防水等级和设防要求

屋面防水工程是房屋建筑的一项重要工程。根据建筑物的性质、重要程度、使用功能要求及防水层耐用年限等，将屋面防水分为四个等级，并按不同等级进行设防（表 8.1）。防水屋面的常用种类有卷材防水屋面、涂膜防水屋面和刚性防水屋面等（表 8.2）。

表 8.1　屋面防水等级和设防要求

项　目	屋面防水等级			
	Ⅰ	Ⅱ	Ⅲ	Ⅳ
建筑物类别	特别重要或对防水有特殊要求的建筑	重要的建筑和高层建筑	一般建筑	非永久性的建筑
防水层合理使用年限	25 年	15 年	10 年	5 年
防水层选用材料	宜选用合成高分子防水卷材、高聚物改性沥青防水卷材、金属板材、合成高分子防水涂料、细石混凝土等材料	宜选用高聚物改性沥青防水卷材、合成高分子防水卷材、金属板材、合成高分子防水涂料、高聚物改性沥青防水涂料、细石混凝土、平瓦、油毡瓦等材料	宜选用三毡四油沥青防水卷材、高聚物改性沥青防水卷材、合成高分子防水卷材、金属板材、高聚物改性沥青防水涂料、合成高分子防水涂料、细石混凝土、平瓦、油毡瓦等材料	可选用二毡三油沥青防水卷材、高聚物改性沥青防水涂料等材料
设防要求	三道或三道以上防水设防	二道防水设防	一道防水设防	一道防水设防

表 8.2　各类地下工程的防水等级

防水等级	一级	二级	三级	四级
标准	不允许渗水，围护结构无湿渍	不允许漏水，围护结构有少量、偶见的湿渍	有少量漏水点，不得有线流和漏泥沙，每昼夜漏水量<0.5 L/m^2	有漏水点，不得有线流和漏泥沙，每昼夜漏水量<2 L/m^2
工程名称	医院、餐厅、旅馆、影剧院、商场、冷库、粮库、金库、档案库、通信工程、计算机房、电站控制室、配电间、防水要求较高的生产车间指挥工程、武器弹药库，防水要求较高的人员掩蔽部，铁路旅客站台、行李房、地下铁道车站、城市人行地道	一般生产车间、空调机房、发电机房、燃料库，一般人防掩蔽工程，电气化铁路隧道、寒冷地区铁路隧道、地铁运行区间隧道、城市公路隧道、水泵房	电缆隧道，水下隧道、非电气化铁路隧道、一般公路隧道	取水隧道、污水排放隧道，人防疏散干道涵洞

8.1　屋面防水工程施工

8.1.1　屋面卷材防水施工

1. 卷材防水屋面构造

卷材屋面是采用沥青油毡、再生橡胶、合成橡胶或合成树脂类等柔性材料粘贴而成的一整片能防水的屋面覆盖层。其构造如图 8.2 所示。

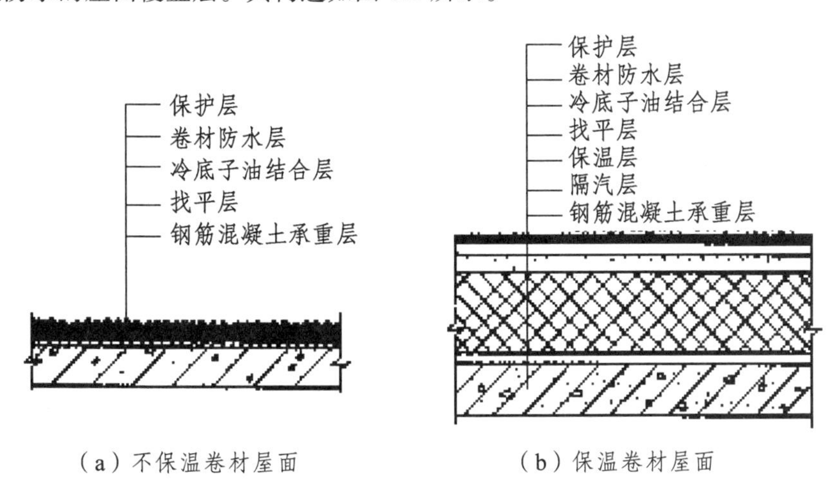

（a）不保温卷材屋面　　（b）保温卷材屋面

图 8.2　卷材防水屋面构造示意图

2. 卷材防水材料及要求

常用材料包括沥青防水卷材、高聚物（如 SBS、APP 等）改性沥青防水卷材、合成高分子防水卷材。

1）基层要求

基层施工质量的好坏，将直接影响屋面工程的质量。基层应有足够的强度和刚度，承受荷载时不致产生显著变形。基层一般采用水泥砂浆、细石混凝土或沥青砂浆找平，做到平整、坚实、清洁、无凹凸形及尖锐颗粒。其平整度为：用 2 m 长的直尺检查，基层与直尺间的最大空隙不应超过 5 mm，空隙仅允许平缓变化，每米长度内不得多于一处。铺设屋面隔汽层和防水层以前，基层必须清扫干净。

屋面及檐口、檐沟、天沟找平层的排水坡度，必须符合设计要求，平屋面采用结构找坡应不小于 3%，采用材料找坡宜为 2%，天沟、檐沟纵向找坡不应小于 1%，沟底落水差不大于 200 mm，在与突出屋面结构的连接处以及在基层的转角处，均应做成圆弧或钝角，其圆弧半径应符合要求：沥青防水卷材为 100 ~ 150 mm，高聚物改性沥青防水卷材为 50 mm，合成高分子防水卷材为 20 mm。

为防止由于温差及混凝土构件收缩而使防水屋面开裂，找平层应留分格缝，缝宽一般为 20 mm。缝应留在预制板支承边的拼缝处，其纵横向最大间距，当找平层采用水泥砂浆或细石混凝土时，不宜大于 6 m；采用沥青砂浆时，则不宜大于 4 m。分格缝处应附加 200 ~ 300 mm 宽的油毡，用沥青胶结材料单边点贴覆盖。

采用水泥砂浆或沥青砂浆找平层做基层时，其厚度和技术要求应符合表 8.3 的规定。

表 8.3　找平层厚度和技术要求

<table>
<tr><th>类　别</th><th>基层种类</th><th>厚度/mm</th><th>技术要求</th></tr>
<tr><td rowspan="3">水泥砂浆找平层</td><td>整体混凝土</td><td>15 ~ 20</td><td rowspan="3">1∶2.5 ~ 1∶3（水泥∶砂）体积比，水泥强度等级不低于 32.5</td></tr>
<tr><td>整体或板状材料保温层</td><td>20 ~ 25</td></tr>
<tr><td>装配式混凝土板、松散材料保温层</td><td>20 ~ 30</td></tr>
<tr><td>细石混凝土找平层</td><td>松散材料保温层</td><td>30 ~ 35</td><td>混凝土强度等级不低于 C20</td></tr>
<tr><td rowspan="2">沥青砂浆找平层</td><td>整体混凝土</td><td>15 ~ 20</td><td rowspan="2">质量比 1∶8（沥青∶砂）</td></tr>
<tr><td>装配式混凝土板、整体或板状材料保温层</td><td>20 ~ 25</td></tr>
</table>

2）材料选择

（1）基层处理剂

基层处理剂是为了增强防水材料与基层之间的黏结力，在防水层施工前，预先涂刷在基层上的涂料。其选择应与所用卷材的材性相容。常用的基层处理剂有用于沥青卷材防水屋面的冷底子油，用于高聚物改性沥青防水卷材屋面的氯丁胶沥青乳胶、橡胶改性沥青溶液、沥青溶液（即冷底子油）和用于合成高分子防水卷材屋面的聚氨酯煤焦油系的二甲苯溶液、氯丁胶乳溶液、氯丁胶沥青乳胶等。

（2）胶粘剂

卷材防水层的黏结材料，必须选用与卷材相应的胶粘剂。沥青卷材可选用沥青胶作为胶粘剂，沥青胶的标号应根据屋面坡度、当地历年室外极端最高气温按表 8.4 选用，其性能应符合表 8.4 规定。

表 8.4　沥青标号选用表

屋面坡度	历年室外极端最高温度	沥青胶结材料标号
1%～3%	小于 38 °C	S-60
	38～41 °C	S-65
	41～45 °C	S-70
3%～15%	小于 38 °C	S-65
	38～41 °C	S-70
	41～45 °C	S-75
15%～25%	小于 38 °C	S-75
	38～41 °C	S-80
	41～45 °C	S-85

注：① 油毡层上有板块保护层或整体保护层时，沥青胶标号按上表降低 5 号。
② 受其他热影响（如高温车间等）或屋面超过 25%时，应考虑将其标号适当提高。

高聚物改性沥青卷材可选用橡胶或再生橡胶改性沥青的汽油溶液或水乳液作胶粘剂，其黏结剪切强度应大于 0.05 MPa，剥离强度大于 8 N/mm。

合成高分子防水卷材可选用以氯丁橡胶和丁基酚醛树脂为主要成分的胶粘剂或以氯丁橡胶乳液制成的胶粘剂，其黏结剥离强度不应小于 15 N/mm，其用量为 0.4～0.5 kg/m2，胶粘剂均为卷材生产厂家配套供应，合成高分子分子卷材配套胶粘剂见表 8.5、表 8.6。

表 8.5　沥青胶的质量要求

指标名称	标　号					
	S-60	S-65	S-70	S-75	S-80	S-85
耐热度	用 20 mm 的沥青胶粘合两张沥青纸，与不低于下列温度（°C）中，在 1∶1 坡度上停放 5 h 的沥青胶不应流淌，油纸不应该滑动					
	60	65	70	75	80	85
柔韧性	涂在沥青油纸上的 2 mm 厚的沥青胶层，在（18±20）°C 时，围绕下列直径（mm）的圆棒，用 2 s 的时间以均衡速度弯成半周，沥青胶不应有裂纹					
	10	15	15	20	25	30
黏结力	用于将两张粘贴在一起的油纸慢慢地一次撕开，从油纸和沥青胶的粘贴面的任何一面的撕开部分，应不大于粘贴面积的 1/2					

表 8.6　部分合成高分子卷材的胶粘剂

卷材名称	基层与卷材胶粘剂	卷材与卷材胶粘剂	表面保护层涂料
三元乙丙-丁基橡胶卷材	CX-404 胶	丁基黏结剂 A、B 组分（1∶1）	水乳型醋酸乙烯-丙烯酸酯共聚，油溶型乙丙橡胶和甲苯溶液
氯化聚乙烯卷材	BX-12 胶粘剂	BX-12 乙组分胶粘剂	水乳型醋酸乙烯-丙烯酸酯共聚，油溶型乙丙橡胶和甲苯溶液
LYX-603 氯化聚乙烯卷材	LYX-603-3（3 号胶）甲、乙组分	LYX-603-2（2 号胶）	LYX-603-1（1 号胶）
聚氯乙烯卷材	FL-5 型（5 ~ 15 °C 时使用）FL-15 型（5 ~ 40 °C 时使用）		

（3）卷材

主要防水卷材的分类参见表 8.7。

表 8.7　主要防水卷材分类表

类　别		防水卷材名称
沥青基防水卷材		纸胎、玻璃胎、玻璃布、黄麻、铝箔沥青卷材
高聚物改性沥青防水卷材		SBS，APP，$ABS\text{-}APP_4$ 丁苯橡胶改性沥青卷材；胶粉改性沥青卷材、再生胶卷材、改性煤焦油沥青卷材等
合成高分子防水卷材	硫化橡胶或橡胶共混卷材	三元乙丙卷材、氯磺化聚乙烯卷材、丁基橡胶卷材、氯丁橡胶卷材、氯化聚乙烯-橡胶共混卷材等
	非硫化型橡胶或橡塑共混卷材	丁基橡胶卷材、氯丁橡胶卷材、氯化聚乙烯-橡胶共混卷材等
	合成树脂系防水卷材	氯化聚乙烯卷材、PVC 卷材等
	特种卷材	热熔卷材、冷自粘卷材、带孔卷材、热反射卷材、沥青瓦等

沥青防水卷材的外观质量要求参见表 8.8。

表 8.8　沥青防水卷材外观质量

项　目	质 量 要 求
孔洞、硌伤	不允许
露胎、涂盖不匀	不允许
折纹、皱折	距卷芯 1 000 mm 以外，长度不大于 100 mm
裂纹	距卷芯 1 000 mm 以外，长度不大于 10 mm
裂口、缺边	边缘开裂小于 20 mm，缺边长度小于 50 mm
每卷卷材的接头	不超过 1 处，较短的一段不应小于 2 500 mm，接头处应加长 150 mm

高聚物改性沥青防水卷材的外观质量要求参见表 8.9。

表 8.9　高聚物改性沥青防水卷材外观质量

项　目	质 量 要 求
孔洞、缺边、裂口	不允许
边缘不整齐	不超过 10 mm
胎体露白、未浸透	不允许
撒布材料粒度、颜色	均　匀
每卷卷材的接头	不超过 1 处，较短的一段不应小于 1 000 mm，接头处应加长 150 mm

合成高分子防水卷材外观质量的要求参见表 8.10。

表 8.10　合成高分子防水卷材外观质量

项　目	质 量 要 求
折　痕	每卷不超过 2 处，总长度不超过 20 mm
杂　质	大于 0.5 mm 颗粒不允许，每 1 m^2 不超过 9 mm^2
凹　痕	每卷不超过 6 处，深度不超过本身厚度的 30%，树脂深度不超过 15%
胶　块	每卷不超过 6 处，每处面积不大于 4 mm^2
每卷卷材的接头	橡胶类每 20 mm 不超过 1 处，较短的一段不应小于 3 000 mm，接头处应加长 150 mm，树脂类 20 m 长度内不允许有接头

各种防水材料及制品均应符合设计要求，具有质量合格证明，进场前应按规范要求进行抽样复检，严禁使用不合格产品。

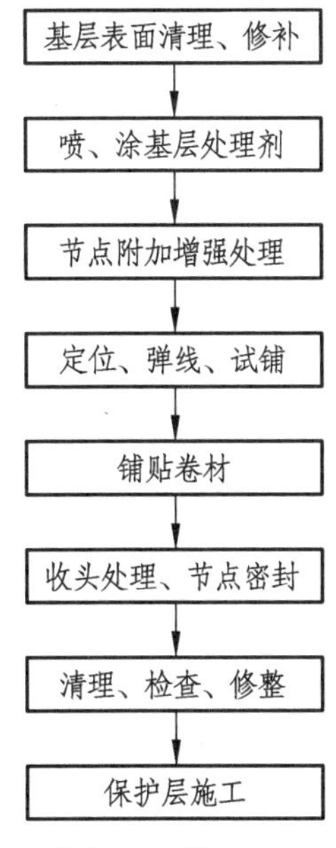

图 8.3　卷材防水施工工艺流程图

3. 屋面施工要点

1）沥青卷材防水施工

卷材防水层施工的一般工艺流程如图 8.3 所示。

（1）铺设方向

卷材的铺设方向应根据屋面坡度和屋面是否有振动来确定。当屋面坡度小于 3%时，卷材宜平行于屋脊铺贴；屋面坡度为 3%～15%时，卷材可平行或垂直于屋脊铺贴；屋面坡度大于 15%或屋面受振动时，沥青防水卷材应垂直于屋脊铺贴。上下层卷材不得相互垂直铺贴。

（2）施工顺序

屋面防水层施工时，应先做好节点、附加层和屋面排水比较集中部位（如屋面与水落口连接处、檐口、天沟、屋面转角处、板端缝等）的处理，然后由屋面最低标高处向上施工。铺贴天沟、檐沟卷材时，宜顺天沟、檐口方向，尽量减少搭接。

铺贴多跨和有高低跨的屋面时，应按先高后低、先远后近的顺序进行。大面积屋面施工时，应根据屋面特征及面积大小等因素合理划分流水施工段。施工段的界线宜设在屋脊、天沟、变形缝等处。

（3）搭接方法及宽度要求

铺贴卷材采用搭接法，上下层及相邻两幅卷材的搭接缝应错开。平行于屋脊的搭接应顺流水方向；垂直于屋脊的搭接应顺主导风向。叠层铺设的各层卷材，在天沟与屋面的连接处，应采用叉接法搭接，搭接缝应错开，接缝宜留在屋面或天沟侧面，不宜留在沟底。各种卷材搭接宽度应符合表 8.11 的要求。

表 8.11　卷材搭接宽度　　单位：mm

<table>
<tr><td colspan="2" rowspan="3">卷材种类</td><td colspan="4">铺贴方法</td></tr>
<tr><td colspan="2">短边搭接</td><td colspan="2">长边搭接</td></tr>
<tr><td>满粘法</td><td>空铺、点粘、条粘法</td><td>满粘法</td><td>空铺、点粘、条粘法</td></tr>
<tr><td colspan="2">沥青防水卷材</td><td>100</td><td>150</td><td>70</td><td>100</td></tr>
<tr><td colspan="2">高聚物改性沥青防水卷材</td><td>80</td><td>100</td><td>80</td><td>100</td></tr>
<tr><td rowspan="4">合成高分子防水卷材</td><td>胶粘剂</td><td>80</td><td>100</td><td>80</td><td>100</td></tr>
<tr><td>胶粘带</td><td>50</td><td>60</td><td>50</td><td>60</td></tr>
<tr><td>单缝焊</td><td colspan="4">60，有效焊接宽度不小于 25</td></tr>
<tr><td>双缝焊</td><td colspan="4">80，有效焊接宽度 10×2＋空腔宽</td></tr>
</table>

（4）铺贴方法

沥青卷材的铺贴方法有浇油法、刷油法、刮油法、撒油法等四种。通常采用浇油法或刷油法，在干燥的基层上满涂沥青胶，应随浇涂随铺油毡。铺贴时，油毡要展平压实，使之与下层紧密黏结，卷材的接缝，应用沥青胶赶平封严。对容易渗漏水的薄弱部位（如天沟、檐口、泛水、水落口处等），均应加铺 1～2 层卷材附加层。

（5）屋面特殊部位的铺贴要求

天沟、檐沟、檐口、水落口、泛水、变形缝和伸出屋面管道的防水构造，必须符合设计要求。天沟、檐沟、檐口、泛水和立面卷材收头的端部应裁齐，塞入预留凹槽内，用金属压条，钉压固定，最大钉距不应大于 900 mm，并用密封材料嵌填封严，凹槽距屋面找平层不小于 250 mm，凹槽上部墙体应做防水处理。

水落口杯应牢固地固定在承重结构上，如系铸铁制品，所有零件均应除锈，并刷防锈漆；天沟、檐沟铺贴卷材应从沟底开始。如沟底过宽，卷材纵向搭接时，搭接缝必须用密封材料封口，密封材料嵌填必须密实、连续、饱满，黏结牢固，无气泡，不开裂脱落。沟内卷材附加层在与屋面交接处宜空铺，其空铺宽度不小于 200 mm，其卷材防水层应由沟底翻上至沟外檐顶部，卷材收头应用水泥钉固定并用密封材料封严，铺贴檐口 800 mm 范围内的卷材应采取满粘法。

铺贴泛水处的卷材应采取满粘法，防水层贴入水落口杯内不小于 50 mm，水落口周围直径 500 mm 范围内的坡度不小于 5%，并用密封材料封严。

变形缝处的泛水高度不小于 250 mm，伸出屋面管道的周围与找平层或细石混凝土防水层之间，应预留 20 mm × 20 mm 的凹槽，并用密封材料嵌填严密，在管道根部直径 500 mm 范围内，找平层应抹出高度不小于 30 mm 的圆台。管道根部四周应增设附加层，宽度和高度均不小于 300 mm。管道上的防水层收头应用金属箍紧固，并用密封材料封严。

（6）排汽屋面的施工

卷材应铺设在干燥的基层上。当屋面保温层或找平层干燥有困难而又急需铺设屋面卷材时，则应采用排汽屋面。排汽屋面是整体连续的，在屋面与垂直面连接的地方，隔汽层应延伸到保温层顶部，并高出 150 mm，以便与防水层相连，要防止房间内的水蒸气进入保温层，造成防水层起鼓破坏，保温层的含水率必须符合设计要求。在铺贴第一层卷材时，采用条粘、点粘、空铺等方法使卷材与基层之间留有纵横相互贯通的空隙作排汽道（图 8.4），排汽道的宽度 30～40 mm，深度一直到结构层。对于有保温层的屋面，也可在保温层上的找平层上留槽作排汽道，并在屋面或屋脊上设置一定的排汽孔（每 36 m2 左右一个）与大气相通，这样就能使潮湿基层中的水分蒸发排出，防止了油毡起鼓。排汽屋面适用于气候潮湿，雨量充沛，夏季阵雨多，保温层或找平层含水率较大，且干燥有困难的地区。

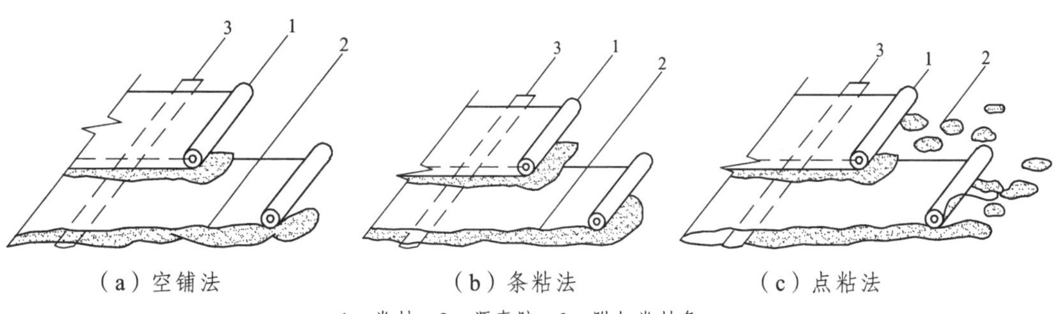

（a）空铺法　　（b）条粘法　　（c）点粘法

1—卷材；2—沥青胶；3—附加卷材条。

图 8.4　排汽屋面卷材铺法

2）高聚物改性沥青卷材防水施工

高聚物改性沥青防水卷材，是指对石油沥青进行改性，提高防水卷材使用性能，增加防水层寿命而生产的一类沥青防水卷材。对沥青的改性，主要是通过添加高分子聚合物实现，其分类品种包括：塑性体沥青防水卷材、弹性体沥青防水卷材、自黏结油毡、聚乙烯膜沥青防水卷材等。使用较为普遍的是 SBS 改性沥青卷材、APP 改性沥青卷材、PVC 改性沥青卷材和再生胶改性沥青卷材等。其施工工艺流程与普通沥青卷材防水层相同。

依据高聚物改性沥青防水卷材的特性，其施工方法有冷粘法、热熔法和自粘法之分。在立面或大坡面铺贴高聚物改性沥青防水卷材时，应采用满粘法，并宜减少短边搭接。

（1）冷粘法施工

冷粘法施工是利用毛刷将胶粘剂涂刷在基层或卷材上，然后直接铺贴卷材，使卷材与基层、卷材与卷材黏结的方法。施工时，胶粘剂涂刷应均匀、不露底、不堆积。空铺法、条粘法、点粘法应按规定的位置与面积涂刷胶粘剂。铺贴卷材时应平整顺直，搭接尺寸准确，接缝应满涂胶粘剂，辊压黏结牢固，不得扭曲，破折溢出的胶粘剂随即刮平封口；也可采用热熔法接缝。接缝口应用密封材料封严，宽度不应小于 10 mm。

（2）热熔法施工

热熔法施工是指利用火焰加热器熔化热熔型防水卷材底层的热熔胶进行粘贴的方法。施工时，在卷材表面热熔后（以卷材表面熔融至光亮黑色为度）应立即滚铺卷材，使之平展，并辊压黏结牢固。搭接缝处必须以溢出热熔的改性沥青胶为度，并应随即刮封接口。加热卷材时应均匀，不得过分加热或烧穿卷材。

（3）自粘法施工

自粘法施工是指采用带有自粘胶的防水卷材，不用热施工，也不需涂胶结材料，而进行黏结的方法。铺贴前，基层表面应均匀涂刷基层处理剂，待干燥后及时铺贴卷材。铺贴时，应先将自粘胶底面隔离纸完全撕净，排除卷材下面的空气，并辊压黏结牢固，不得空鼓。搭接部位必须采用热风焊枪加热后随即粘贴牢固，溢出的自粘胶随即刮平封口。接缝口用不小于 10 mm 宽的密封材料封严。对厚度小于 3 mm 的高聚物改性沥青防水卷材，严禁采用热熔法施工。

3）合成高分子卷材防水施工

合成高分子卷材的主要品种有：三元乙丙橡胶防水卷材，氯化聚乙烯-橡胶共混防水卷材，氯化聚乙烯防水卷材和聚氯乙烯防水卷材等。其施工工艺流程与前相同。

施工方法一般有冷粘法、自粘法和热风焊接法三种。

冷粘法、自粘法施工要求与高聚物改性沥青防水卷材基本相同，但冷粘法施工时搭接部位应采用与卷材配套的接缝专用胶粘剂，在搭接缝粘合面上涂刷均匀，并控制涂刷与粘合的间隔时间，排除空气，辊压黏结牢固。

热风焊接法是利用热空气焊枪进行防水卷材搭接粘合的方法。焊接前卷材铺放应平整顺直，搭接尺寸正确；施工时焊接缝的结合面应清扫干净，应无水滴，油污及附着物。先焊长边搭接缝，后焊短边搭接缝，焊接处不得有漏焊、缺焊、焊焦或焊接不牢的现象，也不得损害非焊接部位的卷材。

4）保护层施工

卷材铺设完毕，经检查合格后，应立即进行保护层的施工，及时保护防水层免受损伤，从而延长卷材防水层的使用年限。常用的保护层做法有以下几种：

（1）涂料保护层

保护层涂料一般在现场配制，常用的有铝基沥青悬浮液、丙烯酸浅色涂料或在涂料中掺入铝粉的反射涂料。施工前防水层表面应干净无杂物。涂刷方法与用量按各种涂料使用说明书操作，基本和涂膜防水施工相同。涂刷应均匀、不漏涂。

（2）绿豆砂保护层

在沥青卷材非上人屋面中使用较多。施工时在卷材表面涂刷最后一道沥青胶，趁热撒铺一层粒径为 3 ~ 5 mm 的绿豆砂（或人工砂），绿豆砂应撒铺均匀，全部嵌入沥青胶中。为了嵌入牢固，绿豆砂须经预热至 100 °C 左右干燥后使用。边撒砂边扫铺均匀，并用软辊轻轻压实。

（3）细砂、云母或蛭石保护层

主要用于非上人屋面的涂膜防水层的保护层，使用前应先筛去粉料，砂可采用天然砂。当涂刷最后一道涂料时，应边涂刷边撒布细砂（或云母、蛭石），同时用软胶辊反复轻轻滚压，使保护层牢固地黏结在涂层上。

（4）混凝土预制板保护层

混凝土预制板保护层的结合层可采用砂或水泥砂浆。混凝土板的铺砌必须平整，并满足排水要求。在砂结合层上铺砌块体时，砂层应洒水压实、刮平；板块对接铺砌，缝隙应一致，缝宽 10 mm 左右，砌完洒水轻拍压实。板缝先填砂一半高度，再用 1∶2 水泥砂浆勾成凹缝。为防止砂子流失，在保护层四周 500 mm 范围内，应改用低强度等级水泥砂浆做结合层。采用水泥砂浆做结合层时，应先在防水层上做隔离层，隔离层可采用热砂、干铺油毡、铺纸筋灰或麻刀灰、黏土砂浆、白灰砂浆等多种方法施工。预制块体应先浸水湿润并阴干。摆铺完后应立即挤压密实、平整，使之结合牢固。预留板缝（10 mm）用 1∶2 水泥砂浆勾成凹缝。

上人屋面的预制块体保护层，块体材料应按照楼地面工程质量要求选用，结合层应选用 1∶2 水泥砂浆。

（5）水泥砂浆保护层

水泥砂浆保护层与防水层之间应设置隔离层。保护层用的水泥砂浆配合比一般为 1∶（2.5 ~ 3）（体积比）。

保护层施工前，应根据结构情况每隔 4 ~ 6 mm 用木模设置纵横分格缝。铺设水泥砂浆时应随铺随拍实，并用刮尺刮平。排水坡度应符合设计要求。

立面水泥砂浆保护层施工时，为使砂浆与防水层黏结牢固，可事先在防水层表面粘上砂粒或小豆石，然后再做保护层。

（6）细石混凝土保护层

施工前应在防水层上铺设隔离层，并按设计要求支设好分格缝木模，设计无要求时，每格面积不大于 36 m2，分格缝宽度为 20 mm。一个分格内的混凝土应连续浇筑，不留施工缝。振捣宜采用铁辊滚压或人工拍实，以防破坏防水层。拍实后随即用刮尺按排水坡度刮平，初凝前用木抹子提浆抹平，初凝后及时取出分格缝木模，终凝前用铁抹子压光。

细石混凝土保护层浇筑后应及时进行养护，养护时间不应少于养护期，养护后将分格缝清理干净，待干燥后嵌填密封材料。

4. 质量检查及验收

（1）卷材防水工程不得有渗漏现象和积水现象，且坡度应符合规范规定和设计要求，排水系统应畅通。检查屋面有无渗漏和积水、排水系统是否畅通，一般可在雨后或持续淋水 2 h 以后进行。有可能作蓄水检验的屋面宜作蓄水检验，蓄水时间不宜小于 24 h。

（2）所用的防水卷材与胶粘剂的质量，应符合标准规范规定和设计要求。对进场卷材必须抽样复检，合格后方可使用，并应提供材料质量证明文件和复检报告，存档备查。

（3）卷材防水层的节点构造应符合规范规定和设计要求。卷材末端收头和接缝部位必须粘结牢固，封闭严密，不允许有开缝、翘边、滑移、鼓泡、皱折、裂纹等缺陷存在。

（4）松散材料（如绿豆砂等）保护层、浅色涂料保护层与卷材防水层应粘结牢固、色泽均匀、覆盖严密。刚性整体保护层与防水层之间应设置隔离层，其分格缝和表面分格缝的留设应准确，表面应密实平整。块体材料保护层应铺砌平整、勾缝严密，缝隙应均匀一致，横平竖直，分格缝的留设方法应正确。

（5）卷材的铺贴方法和搭接顺序、搭接宽度、附加层的处理，均应符合规范规定和设计要求。

（6）蓄水屋面、种植屋面的溢水口、过水孔、排水管和泄水孔，应符合设计要求。

（7）卷材防水工程完工后，应由质量监督部门进行检查和核定，合格后方可签字验收。

（8）卷材防水工程验收时，应提供防水工程设计图、设计变更洽商单、防水工程施工方案、技术交底记录、材料准用证、质量复试报告、隐蔽工程验收记录、淋水或蓄水检验记录和验评报告等技术资料，以便存档备查。

（9）卷材防水工程竣工验收后，应由使用单位指派专人负责管理。严禁在有防水设防的部位凿眼打洞。若必须在这些部位增加设施时，应采取有效措施，做好防水处理。

5. 常见质量问题处理及防治措施（表 8.12）

表 8.12　常见质量问题处理及防治措施

现象名称	产生原因	防治方法
开裂（沿预制板支座、变形缝、挑檐处出现规律性或不规则裂缝）	① 屋面板板端或桁架变形，找平层开裂； ② 基层温度收缩变形； ③ 吊车振动和建筑物不均匀沉陷； ④ 卷材质量低劣，老化脆裂； ⑤ 沥青胶韧性差，发脆，熬制温度过高，老化等	在预制板接缝处铺一层卷材作缓冲层；做好砂浆找平层；留分隔缝；严格控制厚材料和铺设质量，改善沥青胶配合比；采取措施，控制耐热度和提高韧性，防止老化；严格操作程序，采取撒油法粘贴； 治理方法：在开裂处补贴卷材

续表

现象名称	产生原因	防治方法
流淌（沥青胶软化，使卷材移动而形成皱褶或被拉空，沥青胶在下部堆积或流淌）	① 沥青胶的耐热度过低，天热软化； ② 沥青胶涂刷过厚，产生蠕动； ③ 未作绿豆砂保护层，或绿豆砂保护层脱落，辐射温度过度，引起软化； ④ 屋面坡度过陡，而采用平行屋脊铺贴卷材	根据实际最高辐射温度、厂房内热源、屋面坡度合理选择沥青胶的型号，控制熬制质量和涂刷厚度（小于 2 mm）做好绿豆砂保护层，减低辐射温度；屋面坡度过陡，采用垂直屋脊铺贴卷材。 治理方法：可局部切割，重铺卷材
鼓泡（防水层出现大量大小不等的鼓泡、气泡，局部卷材与基层或下层卷材脱空）	① 屋面基层潮湿，未干就刷冷底子油或铺卷材；基层窝有水分或卷材受潮，在受到太阳照射后，水分蒸发，体积膨胀，造成鼓泡； ② 基层不平整，粘贴不实，空气没有排净； ③ 卷材铺贴扭歪、皱褶不平，或刮压不紧，雨水、潮气侵入； ④ 室内有蒸汽，而屋面未作隔气层	严格控制基层含水率在 6%以内；避免雨、雾天施工；防止卷材受潮；加强操作程序和控制，保证基层平整，涂油均匀。封边严密，各层卷材粘贴平顺严实，把卷材内的空气赶净；潮湿基层上铺设卷材，采取排气屋面做法。 治理方法：将鼓泡处卷材割开，采取打补钉办法，重新加贴小块卷材覆盖
老化、龟裂（沥青胶出现变质、裂缝等情况）	① 沥青胶的标号选用过低； ② 沥青胶配制时，熬制温度过高，时间过长，沥青碳化； ③ 沥青胶涂刷过厚； ④ 未做绿豆砂保护层或绿豆砂撒铺不匀； ⑤ 沥青胶使用年限已到	根据屋面坡度、最高温度合理选择沥青胶的型号；逐锅检验软化点；严格控制沥青胶的熬制和使用温度，熬制时间不要过长；做好绿豆砂保护层，免受辐射作用；减缓老化，做好定期维护检修。 治理方法：清除脱落绿豆砂，表面加做保护层；翻修
变形缝漏水（变形缝处出现脱开、拉裂、反水、渗水等情况）	① 屋面变形缝，加伸缩缝、沉降缝等没有按规定附加干铺卷材，或铁皮凸棱安反，铁皮向中间泛水，造成变形缝漏水； ② 变形缝缝隙塞灰不严；铁皮没有泛水； ③ 铁皮未顺水流方向搭接，或未安装牢固，被风掀起； ④ 变形缝在屋檐部位未断开，卷材直铺过去，变形缝变形时，将卷材拉裂	变形缝严格按设计要求和规范施工，铁皮安装注意顺水流方向搭接，做好泛水并钉装牢固；缝隙填塞严密；变形缝在屋檐部分应断开，卷材在断开处应有弯曲以适应变形伸缩需要。 方法：变形缝铁皮高低不平，可将铁皮掀开，将基层修理平整，再铺好卷材，安好铁皮顶罩（或泛水），卷材脱开拉裂按“开裂”处理

8.1.2　涂膜防水屋面

涂膜防水屋面是在屋面基层上涂刷防水涂料，经固化后形成一层有一定厚度和弹性的整体涂膜从而达到防水目的的一种防水屋面形式。其典型的构造层次如图 8.5 所示。这种屋面具有施工操作简便，无污染，冷操作，无接缝，能适应复杂基层，防水性能好，温度适应性强，容易修补等特点。适用于防水等级为Ⅲ、Ⅳ级的屋面防水，也可作为Ⅰ级、Ⅱ级屋面多道防水设防中的一道防水层。

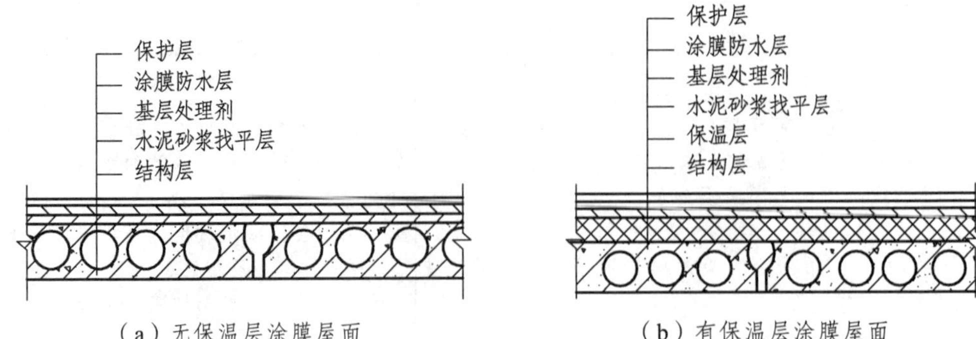

（a）无保温层涂膜屋面　　（b）有保温层涂膜屋面

图 8.5　涂膜防水屋面构造图

1. 涂膜防水屋面构造

涂膜防水屋面构造如图 8.5 所示。

2. 材料及要求

1）材料要求

根据防水涂料成膜物质的主要成分，适用涂膜防水层的涂料可分为：高聚物改性沥青防水涂料和合成高分子防水涂料两类。根据防水涂料形成液态的方式，可分为溶剂型、反应型和水乳型三类（表 8.13），各类防水涂料的质量要求分别见表 8.14 ~ 8.17。

表 8.13　主要防水涂料的分类

类　别	材料名称	
高聚物改性沥青防水涂料	溶剂型	再生橡胶沥青涂料、氯丁橡胶沥青涂料等
	乳液型	丁苯胶乳沥青涂料、氯丁胶乳沥青涂料、PVC 煤焦油涂料等
合成高分子防水涂料	乳液型	硅橡胶涂料、丙烯酸酯涂料、AAS 隔热涂料等
	反应型	聚氨酯防水涂料、环氧树脂防水涂料等

表 8.14　沥青基防水涂料质量要求

项　目		质量要求
固体含量/%		≥50
耐热度/（80 °C，5 h）		无流淌、起泡和滑动
柔性/［（10 ± 1）°C］		4 mm 厚，绕φ20 mm 圆棒，无裂纹、断裂
不透水性	压力/MPa	≥0.1
	保持时间/min	≥30 不渗透
延伸［（20 ± 2）°C 拉伸］/min		≥4.0

表 8.15　高聚物改性沥青防水涂料质量要求

项　目		质 量 要 求
固体含量/%		≥43
耐热度/（80 °C，5 h）		无流淌、起泡和滑动
柔性/（－10 °C）		3 mm 厚，绕φ20 mm 圆棒，无裂纹、断裂
不透水性	压力/MPa	≥0.1
	保持时间/min	≥30 不渗透
延伸［（20±2）°C 拉伸］/min		≥4.5

表 8.16　合成高分子防水涂料性能要求

项　目		质 量 要 求		
		反应固化型	挥发固化型	聚合物水泥涂料
固体含量/%		≥94	≥65	≥65
拉伸强度/MPa		≥65	≥1.5	≥1.2
断裂延伸率/%		≥300	≥300	≥200
柔性/°C		－30 弯折无裂纹	－20 弯折无裂纹	－10，绕φ10 mm 圆棒，无裂纹
不透水性	压力/MPa	≥0.3	≥0.3	≥0.3
	保持时间/min	≥30	≥30	≥30

表 8.17　胎体增强材料质量要求

项　目		质 量 要 求		
		聚酯无纺布	化纤无纺布	玻纤网布
外观		均匀，无团状，平整无折皱		
拉力（宽 50 mm）/N	纵向	≥150	≥45	≥90
	横向	≥100	≥35	≥50
延伸率/%	纵向	≥10	≥20	≥3
	横向	≥20	≥25	≥3

2）基层要求

涂膜防水层要求基层的刚度大，空心板安装牢固，找平层有一定强度，表面平整、密实，不应有起砂、起壳、龟裂、爆皮等现象。表面平整度应用 2 m 直尺检查，基层与直尺的最大间隙不应超过 5 mm，间隙仅允许平缓变化。基层与凸出屋面结构连接处及基层转角处应做成圆弧形或钝角。按设计要求做好排水坡度，不得有积水现象。施工前应将分格缝清理干净，不得有异物和浮灰。对屋面的板缝处理应遵守有关规定。等基层干燥后方可进行涂膜施工。

3. 施工准备

1）技术准备

（1）图纸熟悉、会审、掌握和了解设计意图；搜集该品种涂膜防水的有关资料。
（2）编制屋面防水工程施工方案。
（3）向操作人员进行技术交底或培训。
（4）确定质量目标和检验要求。
（5）提出施工记录的内容要求。
（6）掌握天气预报资料。

2）材料准备

（1）进场的涂料经抽样复验，技术性能符合质量标准。
（2）防水涂料的进场数量能满足屋面防水工程的使用。
（3）各种屋面防水的配套材料准备齐全。

3）机具准备

棕扫帚、钢丝刷、衡器、搅拌器、容器、开罐刀、棕毛刷、圆滚刷、刮板、喷涂机械、剪刀、卷尺。

4）现场条件准备

（1）现场贮料仓库符合要求，设施完善。
（2）找平层已检查验收，质量合格，含水率符合要求。
（3）消防设施齐全，安全设施可靠，劳保用品已能满足施工操作需要。
（4）屋面上安设的一些设施已安装就位。

4. 屋面施工要点

涂膜防水施工的一般工艺流程是：基层表面清理、修理—喷涂基层处理剂—特殊部位附加增强处理—涂布防水涂料及铺贴胎体增强材料—清理与检查修理—保护层施工。

基层处理剂常用涂膜防水材料稀释后使用，其配合比应根据不同防水材料按要求配置。

涂膜防水必须由两层以上涂层组成，每层应刷 2～3 遍，且应根据防水涂料的品种，分层分遍涂布，不能一次涂成，并待先涂的涂层干燥成膜后，方可涂后一遍涂料，其总厚度必须达到设计要求。涂膜厚度选用应符合表 8.18 规定。

表 8.18　涂膜厚度选用表

屋面防水等级	设防道数	高聚物改性沥青防水涂料	合成高分子防水涂料
Ⅰ级	三道或三道以上设防	—	不应小于 1.5 mm
Ⅱ级	二道设防	不应小于 3 mm	不应小于 1.5 mm
Ⅲ级	一道设防	不应小于 3 mm	不应小于 2 mm
Ⅳ级	一道设防	不应小于 2 mm	—

涂料的涂布顺序为：先高跨后低跨，先远后近，先立面后平面。同一屋面上先涂布排水较集中的水落口、天沟、檐口等节点部位，再进行大面积涂布。涂层应厚薄均匀、表面平整，不得有露底、漏涂和堆积现象。两涂层施工间隔时间不宜过长，否则易形成分层现象。涂层中夹铺增强材料时，宜边涂边铺胎体。胎体增强材料长边搭接宽度不得小于 50 mm，短边搭接宽度不得小于 70 mm。当屋面坡度小于 15%时，可平行屋脊铺设。屋面坡度大于 15%时，应垂直屋脊铺设。采用二层胎体增强材料时，上下层不得互相垂直铺设，搭接缝应错开，其间距不应小于幅宽的 1/3。找平层分格缝处应增设胎体增强材料的空铺附加层，其宽度以 200 ~ 300 mm 为宜。涂膜防水层收头应用防水涂料多遍涂刷或用密封材料封严。

在涂膜未干前，不得在防水层上进行其他施工作业。涂膜防水屋面上不得直接堆放物品。涂膜防水屋面的隔汽层设置原则与卷材防水屋面相同。

涂膜防水屋面应设置保护层。保护层材料可采用细砂、云母、蛭石、浅色涂料、水泥砂浆或块材等。采用水泥砂浆或块材时，应在涂膜与保护层之间设置隔离层。当用细砂、云母、蛭石时，应在最后一遍涂料涂刷后随即撒上，并用扫帚轻扫均匀、轻拍粘牢。当用浅色涂料作保护层时，应在涂膜固化后进行。

5. 质量检查及验收

涂膜防水屋面不得有渗漏和积水现象。

所有的防水涂料、胎体增强材料、配套进行密封处理的密封材料及复合使用的卷材和其他材料应有产品合格证书和性能检测报告，材料的品种、规格、性能等必须符合现行国家产品标准和设计要求。材料进场后，应按有关规范的规定进行抽样复验，并提出试验报告；不合格的材料，不得在屋面工程中使用。

屋面坡度必须准确，找平层平整度不得超过 5 mm，不得有酥松、起砂、起皮等现象，出现裂缝应作修补。找平层的水泥砂浆配合比、细石混凝土的强度等级及厚度应符合设计要求。基层应平整、干净、干燥。

水落口和伸出屋面的管道应与基层固定牢固，密封严密。各节点做法应符合设计要求，附加层设置正确，节点封固严密，不得开缝翘边。

防水层与基层应粘结牢固，不得有裂纹、脱皮、流淌、鼓包、露胎体和皱皮等现象，厚度应符合设计要求。

涂膜防水层的质量检验应包括原辅材料、施工过程和成品等几个方面，各方面质量检验应按相关规定进行。

6. 常见质量问题处理及防治措施

涂膜防水屋面常见质量问题产生的原因也是多方面的，包括设计、施工、原材料质量、维修管理等。要提高其防水质量，就必须针对其质量问题进行综合治。涂膜防水屋面常见质量问题有屋面渗漏、粘结不牢、脱皮、流淌、防水层破损等。形成原因及防治方法详见表 8.19。

表 8.19　质量问题形成原因与防治方法

序号	质量问题	形成原因	防治方法
1	屋面渗漏	1. 屋面积水、排水不畅； 2. 涂层厚度不足、胎体外露、皱皮； 3. 结构不均匀将导致防水层撕裂，节点密封不严； 4. 涂料质量不合格、双组分涂料配合比和计量不准确等	1. 屋面基层应平整、干净、干燥，排水坡度符合要求。 2. 按设计要求选定涂料品种，并在使用前进行抽样复检，合格后方可使用。涂料应分成分次涂布，涂布厚度符合设计要求，双组涂料严格按厂方提供的配合比施工，并在规定时间内用完。 3. 基础沉降不均匀可考虑加设钢筋混凝土刚性找平层后再用 APP 卷材进行柔性防水。 4. 节点等细部应用密封胶料仔细封严，防止脱落
2	粘贴不牢	1. 基层起皮、起灰、不干净、潮湿； 2. 涂料结膜不良、成膜厚度不足； 3. 施工遇雨或施工不当等	1. 基层不平、起皮、起灰应扫净后用涂料拌和水泥砂浆修补，潮湿基层应干燥后方可施工。 2. 过期变质涂料或质量低劣产品不易成膜不得使用。底层涂料干透后，方可进行上层涂料施工。 3. 按设计厚度和规定的材料用量、分层、分遍涂刷确保涂膜厚度，雨、雪、雾天不应施工
3	涂膜裂缝	基层刚度不够，找平层开裂导致涂膜开裂	1. 基层刚度不足的应设置配筋的细石混凝土刚性找平层，并按设计要求配置温度分格缝。 2. 找平层开裂后，应用密封材料镶填密实，用 10～20 mm 宽聚酯毡作隔离条，在涂刷 1～2 mm 厚涂料附加层
4	涂膜裂缝	涂料施工温度过高，或一次涂刷过厚，或前次涂刷涂料未干即涂刷后遍涂料	夏天施工温度过高时，应选择早晚施工，分层、分遍涂刷不能一次过厚或间隔时间过短
5	涂膜鼓泡	找平层不干燥或湿度过大的环境中施工，水汽遇热在涂膜层中形成鼓泡	待基层干透后选择晴好天气施工或选择潮湿界面处理剂、基层处理剂等抑制涂膜鼓泡形成
6	涂膜鲁胎体、皱折	基层表面不平、胎体自身铺贴不平、涂膜厚度不足	基层不平可用涂料拌和水泥砂浆修补刮平，铺贴胎体材应松紧有度，应边倒涂料，边推铺、边压实平整，再在其上涂刷两遍涂料，确保涂膜厚度
7	涂膜流淌	主要是涂料质量不符合要求，特别是耐热性差的厚质涂料（沥青基厚涂料目前不再使用）	涂料质量不符合要求的坚决不用，尽量不用厚质涂料而改用其他涂料
8	涂膜破损	涂膜层较薄，施工过程未保护好	按操作规程施工，确保涂膜厚度，做好成品保护

8.1.3 刚性防水屋面

刚性防水屋面是指利用刚性防水材料作防水层的屋面。主要有普通细石混凝土防水屋面、补偿收缩混凝土防水屋面、块体刚性防水屋面、预应力混凝土防水屋面等。与卷材及涂膜防水屋面相比，刚性防水屋面所用材料易得，价格便宜，耐久性好，维修方便，但刚性防水层材料的表观密度大，抗拉强度低，极限拉应力变小，易受混凝土或砂浆的干湿变形、温度变形和结构变位而产生裂缝。主要适用于防水等级为Ⅲ级的屋面防水，也可用作Ⅰ、Ⅱ级屋面多道防水设防中的一道防水层，不适用于设有松散材料保温层的屋面以及受较大震动或冲击和坡度大于 15%的建筑屋面。

1. 细石混凝土材料要求

1）材料要求

防水层的细石混凝土宜用普通硅酸盐水泥或硅酸盐水泥，用矿渣硅酸盐水泥时应采取减少泌水性措施。水泥强度等级不宜低于 32.5 级。不得使用火山灰质水泥。防水层的细石混凝土和砂浆中，粗骨料的最大粒径不宜超过 150 mm，含泥量不应大于 1%；细骨料应采用中砂或粗砂，含泥量不应大于 2%；拌和用水应采用不含有害物质的洁净水。混凝土水灰比不应大于 0.55，每立方米混凝土水泥最小用量不应小于 330 kg，含砂率宜为 35%～40%，灰砂比应为 1：（2～2.5），并宜掺入外加剂；混凝土强度不得低于 C20。普通细石混凝土、补偿收缩混凝土的自由膨胀率应为 0.05%～0.1%。

块体刚性防水层使用的块体应无裂纹、无石灰颗粒、无灰浆泥面、无缺棱掉角，质地密实，表面平整。

2）基层要求

刚性防水屋面的结构层宜为整体现浇的钢筋混凝土。当屋面结构层采用装配式钢筋混凝土板时，应用强度等级不小于 C20 的细石混凝土灌缝，灌缝的细石混凝土宜掺膨胀剂。当屋面板板缝宽度大于 40 mm 或上窄下宽时，板缝内必须设置构造钢筋，板端缝应进行密封处理。

2. 构造要求（图 8.6）

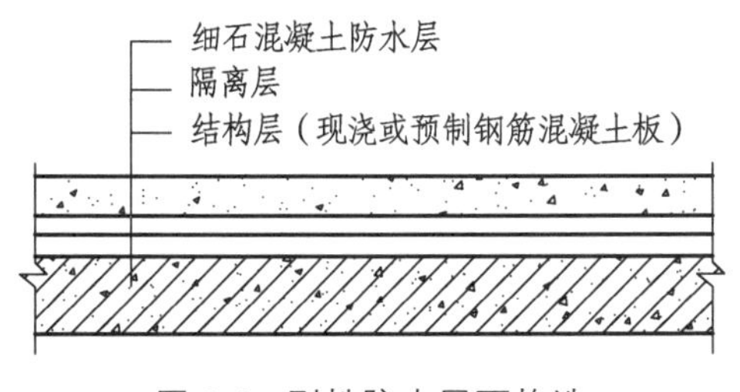

图 8.6 刚性防水屋面构造

3. 细石混凝土防水层施工

混凝土浇筑应按先远后近、先高后低的原则逐格进行施工，每个分格缝内的混凝土必须一次浇筑完毕，不得留施工缝。细石混凝土防水层厚度不小于 40 mm，应配双向钢筋网片，间距 100 ~ 200 mm，但在分隔缝处应断开，钢筋网片应放置在混凝土的中上部，其保护层厚度不小于 10 mm。混凝土的质量要严格保证，加入外加剂时，应准确计量，投料顺序得当，搅拌均匀。混凝土搅拌应采用机械搅拌，搅拌时间不少于 2 min，混凝土运输过程中应防止漏浆和离析。混凝土浇筑时，先用平板振动器振实，再用滚筒滚压至表面平整、泛浆，然后用铁抹子压实抹平，并确保防水层的设计厚度和排水坡度。抹压时严禁在表面洒水、加水泥浆或撒干水泥。待混凝土初凝收水后，应进行二次表面压光，或在终凝前三次压光成活，以提高其抗渗性。混凝土浇筑 12 ~ 24 h 后应进行养护，养护时间不应少于 14 d，养护初期屋面不得上人。施工时的气温宜在 5 ~ 35 °C，以保证防水层的施工质量。

4. 隔离层施工

在结构层与防水层之间宜增加一层低强度等级砂浆、卷材、塑料薄膜等材料，起隔离作用，使结构层和防水层变形互不受约束，以减少防水混凝土产生拉应力而导致混凝土防水层开裂。

1）黏土砂浆（或石灰砂浆）隔离层施工

预制板缝填嵌细石混凝土后板面应清扫干净，洒水湿润，但不得积水，将按石灰膏：砂：黏土 = 1：2.4：3.6（或石灰膏：砂 = 1：4）配制的材料拌和均匀，砂浆以干稠为宜，铺抹的厚度一般为 10 ~ 20 mm，要求表面平整、压实、抹光，待砂浆基本干燥后，方可进行下道工序施工。

2）卷材隔离层施工

用 1：3 水泥砂浆将结构层找平，并压实抹光养护，再在干燥的找平层上铺一层 3 ~ 8 mm 干细砂滑动层，在其上铺一层卷材，搭接缝用热沥青胶胶结。也可以在找平层上直接铺一层塑料薄膜。

做好隔离层继续施工时，要注意对隔离层加强保护。混凝土运输不能直接在隔离层表面进行，应采取垫板等措施；绑扎钢筋时不得扎破表面，浇捣混凝土时更不能振疏隔离层。

3）分格缝的设置

为防止大面积的刚性防水层因温差、混凝土收缩等影响而产生裂缝，应按设计要求设置分格缝。其位置一般应设在结构应力变化较突出的部位，如结构层屋面板的支承端、屋面转折处、防水层与突出屋面结构的交接处，并应与板缝对齐。分格缝的纵横间距一般不大于 6 m。

分格缝的一般做法是在施工刚性防水层前，先在隔离层上定好分格缝位置，再安放分格条，然后按分隔板块浇筑混凝土，待混凝土初凝后，将分格条取出即可。分格缝处可采用嵌填密封材料并加贴防水卷材的办法进行处理，以增加防水的可靠性。

8.2　厨房、卫生间防水工程施工

厨房、卫生间一般有较多穿过楼地面或墙体的管道，平面形状较复杂且面积较小，如果采用各种防水卷材施工，因防水卷材的剪口和接缝较多，很难黏结牢固、封闭严密，难以形成一个有弹性的整体防水层，比较容易发生渗漏水的质量事故。

8.2.1　一般要求

1. 厨房、卫生间细部构造

如图 8.7 所示。

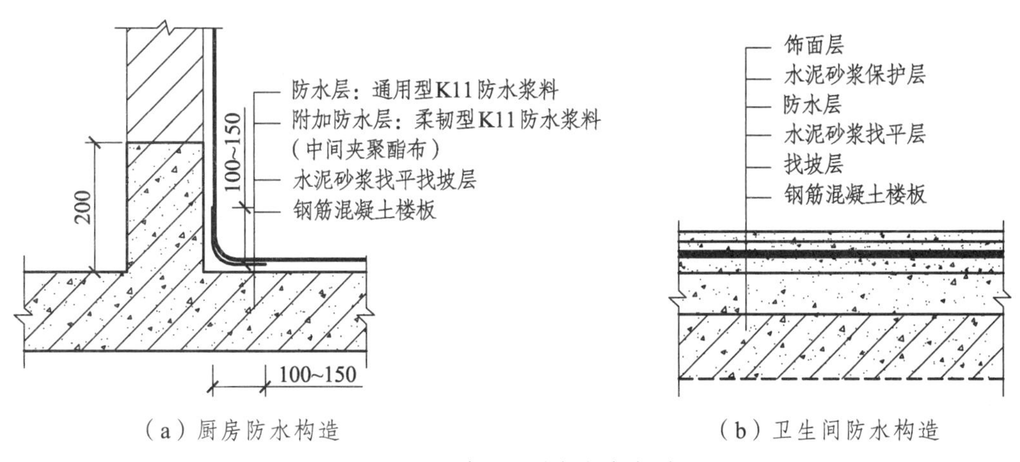

（a）厨房防水构造　　（b）卫生间防水构造

图 8.7　厨房、卫生间细部构造

2. 材料及其要求

厨房、卫生间防水最好用复合防水涂料，建议防水材料使用聚合物水泥基防水涂/浆料，即市场上名称为通用型、柔韧型、K11、JS、GS 防水涂/浆料，这类产品是水性涂料，有无毒无害无污染、施工简单快捷、和水泥基材粘接紧密、使用寿命长、防水效果强、价格适中等显著特点。防水材料的施工厚度需要达到 1.5 mm 涂膜。复合防水涂料是以水为分散介质的涂料，可在干燥或潮湿（无明水）的基层表面进行涂刷施工。因其具有挥发固化和反应固化的双重功能，所以成膜速度快，涂膜的耐磨性能佳；另外与基层的粘结力佳，拉伸强度高，断裂延伸率大，对基层伸缩或开裂变形的适应性强；再就是该涂料无毒、无味、施工安全、简便。

8.2.2　施工工艺流程

1. 施工工序流程

基层清理→细部附加层施工→第一层涂膜→第二层涂膜→第三层涂膜→第一次试水→保护层施工→第二次试水→工程质量验收。

2. 操作要点

聚氨酯涂膜防水材料是双组分化学反应固化型的高弹性防水涂料，多以甲、乙双组分形式使用。主要材料有聚氨酯涂膜防水材料甲组分、聚氨酯涂膜防水材料乙组分和无机铝盐防水剂等。施工用辅助材料应备有二甲苯、醋酸乙酯、磷酸等。

1）卫生间楼地面聚氨酯防水施工

（1）基层处理

卫生间的防水基层必须用 1∶3 的水泥砂浆找平，要求抹平压光无空鼓，表面要坚实，不应有起砂、掉灰现象。在抹找平层时，在管道根部的周围，应使其略高于地面，在地漏的周围，应做成略低于地面的洼坑。找平层的坡度以 1%～2%为宜，坡向地漏。凡遇到阴、阳角处，要抹成半径不小于 10 mm 的小圆弧。

与找平层相连接的管件、卫生洁具、排水口等，必须安装牢固，收头圆滑，按设计要求用密封膏嵌固。基层必须基本干燥，一般在基层表面均匀泛白无明显水印时，才能进行涂膜防水层施工。施工前要把基层表面的尘土杂物彻底清扫干净。

（2）施工工艺

① 清理基层

需作防水处理的基层表面，必须彻底清扫干净。

② 涂布底胶

将聚氨酯甲、乙两组分和二甲苯按 1∶1.5∶2 的比例（重量比，以产品说明为准）配合搅拌均匀，再用小滚刷或油漆刷均匀涂布在基层表面上。涂刷量一般为 0.15～0.21 kg/m^2，涂刷后应干燥固化 4 h 以上，才能进行下道工序施工。

③ 配制聚氨酯涂膜防水涂料

将聚氨酯甲、乙组分和二甲苯按 1∶1.5∶0.3 的比例配合，用电动搅拌器强力搅拌均匀备用。应随配随用，一般在 2 h 内用完。

④ 涂膜防水层施工

用小滚刷或油漆刷将已配好的防水涂料均匀涂布在底胶已干固的基层表面上。涂完第一度涂膜后，一般需固化 5 h 以上，在基本不粘手时，再按上述方法涂布第二、第三、第四度涂膜，并使后一度与前一度的涂布方向相垂直。对管子根部、地漏周围以及墙转角部位，必须认真涂刷，涂刷厚度不小于 2 mm。在涂刷最后一度涂膜固化前及时稀撒少许干净的粒径为 2～3 mm 的小豆石，使其与涂膜防水层黏结牢固，作为与水泥砂浆保护层黏结的过渡层。

⑤ 做好保护层

当聚氨酯涂膜防水层完全固化和通过蓄水试验合格后，即可铺设一层厚度为 15～25 mm 的水泥砂浆保护层，然后按设计要求铺设饰面层。

（3）质量要求

聚氨酯涂膜防水材料的技术性能应符合设计要求或材料标准规定，并应附有质量证明文件和现场取样进行检测的试验报告以及其他有关质量的证明文件。聚氨酯的甲、乙料必须密封存放，甲料开盖后，吸收空气中的水分会起反应而固化，如在施工中，混有水分，则聚氨酯固化后内部会有水泡，影响防水能力。涂膜厚度应均匀一致，总厚度不应小于 1.5 mm。涂膜防水层必须均匀固化，不应有明显的凹坑、气泡和渗漏水的现象。

2）卫生间楼地面氯丁胶乳沥青防水涂料施工

氯丁胶乳沥青防水涂料是以氯丁橡胶和沥青为基料，经加工合成的一种水乳型防水涂料。它兼有橡胶和沥青的双重优点，具有防水、抗渗、耐老化、不易燃、无毒、抗基层变形能力强等优点，冷作业施工，操作方便。

（1）基层处理

与聚氨酯涂膜防水施工要求相同。

（2）施工工艺及要点

二布六油防水层的工艺流程：基层找平处理—满刮一遍氯丁胶沥青水泥腻子—满刮第一遍涂料—做细部构造加强层—铺贴玻璃布，同时刷第二遍涂料—刷第三遍涂料—铺贴玻纤网格布，同时刷第四遍涂料—涂刷第五遍涂料—涂刷第六遍涂料并及时撒砂粒—蓄水试验—按设计要求做保护层和面层—防水层二次试水，验收。

在清理干净的基层上满刮一遍氯丁胶乳沥青水泥腻子，管根和转角处要厚刮并抹平整，腻子的配制方法是将氯丁胶乳沥青防水涂料倒入水泥中，边倒边搅拌至稠浆状即可刮涂于基层，腻子厚度为 2 ~ 3 mm，待腻子干燥后，满刷一遍防水涂料，但涂刷不能过厚，不得漏刷，表面均匀不流淌，不堆积，立面刷至设计标高。在细部构造部位，如阴阳角、管道根部、地漏、大便器蹲坑等分别附加一布二涂附加层。附加层干燥后，大面铺贴玻纤网格布同时涂刷第二遍防水涂料，使防水涂料浸透布纹渗入下层，玻纤网格布搭接宽度不小于 100 mm，立面贴到设计高度，顺水接槎，收口处贴牢。

上述涂料实干后（约 24 h），满刷第三遍涂料，表干后（约 4 h）铺贴第二层玻纤网格布同时满刷第四遍防水涂料。第二层玻纤布与第一层玻纤布接槎要错开，涂刷防水涂料时，应均匀，将布展平无折皱。上述涂层实干后，满刷第五遍、第六遍防水涂料，整个防水层实干后，可进行第一次蓄水试验，蓄水时间不少于 24 h，无渗漏才合格，然后做保护层和饰面层。工程交付使用前应进行第二次蓄水试验。

（3）质量要求

水泥砂浆找平层做完后，应对其平整度、强度、坡度和干燥度进行预检验收。防水涂料应有产品质量证明书以及现场取样的复检报告。施工完成的氯丁胶乳沥青涂膜防水层，不得有起鼓、裂纹、孔洞缺陷。末端收头部位应粘贴牢固，封闭严密，成为一个整体的防水层。做完防水层的卫生间，经 24 h 以上的蓄水检验，无渗漏水现象方为合格。要提供检查验收记录，连同材料质量证明文件等技术资料一并归档备查。

3）卫生间涂膜防水施工注意事项

施工用材料有毒性，存放材料的仓库和施工现场必须通风良好，无通风条件的地方必须安装机械通风设备。

施工材料多属易燃物质，存放、配料以及施工现场必须严禁烟火，现场要配备足够消防器材。

在施工过程中，严禁上人踩踏未完全干燥的涂膜防水层。操作人员应穿平底胶布鞋，以免损坏涂膜防水层。

凡需做附加补强层的部位应先施工，然后再进行大面防水层施工。

已完工的涂膜防水层，必须经蓄水试验无渗漏现象后，方可进行刚性保护层的施工。进行刚性保护层施工时，切勿损坏防水层，以免留下渗漏隐患。

4）卫生间渗漏与堵漏技术

卫生间用水频繁，防水处理不当就会发生渗漏，主要表现在楼板管道滴漏水、地面积水、墙壁潮湿渗水，甚至下层顶板和墙壁也出现滴水等现象。治理卫生间的渗漏，必须先查找渗漏的部位和原因，然后采取有效的针对性措施。

（1）板面及墙面渗水

① 原　因

混凝土、砂浆施工的质量不良，存在微孔渗漏；板面、隔墙出现轻微裂缝；防水涂层施工质量不好或被损坏。

② 堵漏措施

a. 拆除卫生间渗漏部位饰面材料，涂刷防水涂料。

b. 如有开裂现象，则应对裂缝先进行增强防水处理，再刷防水涂料。增强处理一般采用贴缝法、填缝法和填缝加贴缝法。贴缝法主要适用于微小的裂缝，可刷防水涂料并加贴纤维材料或布条，作防水处理。填缝法主要用于较显著的裂缝，施工时要先进行扩缝处理，将缝扩展成 15 mm × 15 mm 左右的 V 形槽，清理干净后刮填嵌缝材料。填缝加贴缝法除采用填缝处理外，在缝表面再涂刷防水涂料，并粘纤维材料处理。

当渗漏不严重，饰面拆除困难时，也可直接在其表面刮涂透明或彩色聚氨酯防水涂料。

（2）卫生洁具及穿楼板管道、排水管口等部位渗漏

① 原因

细部处理方法欠妥，卫生洁具及管口周边填塞不严；管口连接件老化；由于振动及砂浆、混凝土收缩等原因，出现裂隙；卫生洁具及管口周边未用弹性材料处理，或施工时嵌缝材料及防水涂料黏结不牢；嵌缝材料及防水涂层被拉裂或拉离黏结面。

② 堵漏措施

a. 将漏水部位彻底清理，刮填弹性嵌缝材料。

b. 在渗漏部位涂刷防水涂料，并粘贴纤维材料增强。

c. 更换老化管口连接件。

3. 质量检查及验收

（1）防水施工宜用于涂膜防水材料。

（2）防水材料性能应符合国家现行有关标准的规定，并应有产品合格证书。

（3）基层表面应平整，不得有空鼓、起砂、开裂等缺陷。基层含水率应符合防水材料的施工要求。

防水层应从地面延伸到墙面，高出地面 250 mm。浴室墙面的防水层高度不得低于 1 800 mm。

（4）防水水泥砂浆找平层与基础结合密实，无空鼓，表面平整光洁、无裂缝、起砂，阴阳角做成圆弧形。

（5）涂膜防水层涂刷均匀，厚度满足产品技术规定的要求，一般厚度不少于 1.5 mm 不露底。

（6）使用施工接茬应顺流水方向搭接，搭接宽度不小于 100 mm，使用两层以上玻纤布上下搭接时应错开幅宽的二分之一。

（7）涂膜表面不起泡、不流淌、平整无凹凸，与管件、洁具地脚、地漏、排水口接缝严密收头圆滑不渗漏。

（8）保护层水泥砂浆厚度、强度必须符合设计要求，操作时严禁破坏防水层，根据设计要求做好地面泛水坡度，排水要畅通、不得有积水倒坡现象。

（9）防水工程完工后，必须做 24 小时蓄水试验。

8.3　地下防水工程施工

地下防水工程是防止地下水对地下构筑物或建筑物基础的长期浸透，保证地下构筑物或地下室使用功能正常发挥的一项重要工程。由于地下工程常年受到地表水、潜水、上层滞水、毛细管水等的作用，所以，对地下工程防水的处理比屋面防水工程要求更高，防水技术难度更大。而如何正确选择合理有效的防水方案就成为地下防水工程中的首要问题。

地下工程的防水等级分 4 级，各级标准应符合表 8.20 的规定。

表 8.20　地下工程防水等级标准

防水等级	标　　准
1 级	不允许渗水，结构表面无湿渍
2 级	不允许漏水，结构表面可有少量湿渍。 工业与民用建筑：湿渍总面积不大于总防水面积的 1‰，单个湿渍面积不大于 0.1 m^2，任意 100 m^2 防水面积不超过 1 处。 其他地下工程：湿渍总面积不大于总防水面积的 6‰，单个湿渍面积不大于 0.2 m^2，任意 100 m^2 防水面积不超过 4 处
3 级	有少量漏水点，不得有线流和漏泥沙。 单个湿渍面积不大于 0.3 m^2，单个漏水点的漏水量不大于 2.5 L/d，任意 100 m^2 防水面积不超过 1 处
4 级	有漏水点，不得有线流和漏泥沙。 整个工程平均漏水量不大于 2 L/（$m^2 \cdot d$），任意 100 m^2 防水面积的平均漏水量不大于 4 L/（$m^2 \cdot d$）

地下工程的防水方案，应遵循“防、排、截、堵结合，刚柔相济，因地制宜，综合治理”的原则，根据使用要求、自然环境条件及结构形式等因素确定。地下工程的防水，应

采用经过试验、检测和鉴定并经实践检验质量可靠的新材料，行之有效的新技术、新工艺。常用的防水方案有以下两类：

1. 结构自防水

依靠防水混凝土本身的抗渗性和密实性来进行防水。结构本身既是承重围护结构，又是防水层。因此，它具有施工简便、工期较短、改善劳动条件、节省工程造价等优点，是解决地下防水的有效途径，从而被广泛采用。

2. 设防水层

即在结构物的外侧增加防水层，以达到防水的目的。常用的防水层有水泥砂浆、卷材、沥青胶结料和金属防水层，可根据不同的工程对象、防水要求及施工条件选用。

3. 渗排水防水

利用盲沟、渗排水层等措施来排除附近的水源，以达到防水目的。适用于形状复杂、受高温影响、地下水为上层滞水且防水要求较高的地下建筑。

8.3.1 结构主体防水的施工

1. 防水混凝土结构的施工

防水混凝土结构是指以本身的密实性而具有一定防水能力的整体式混凝土或钢筋混凝土结构。它兼有承重、围护和抗渗的功能，还可满足一定的耐冻融及耐侵蚀要求。

1）防水混凝土的种类

防水混凝土一般分为普通防水混凝土、外加剂防水混凝土和膨胀水泥防水混凝土三种。

普通防水混凝土是以调整和控制配合比的方法，以达到提高密实度和抗渗性要求的一种混凝土。

外加剂防水混凝土是指用掺入适量外加剂的方法，改善混凝土内部组织结构，以增加密实性、提高抗渗性的混凝土。按所掺外加剂种类的不同可分减水剂防水混凝土、加气剂防水混凝土、三乙醇胺防水混凝土、氯化铁防水混凝土等。

膨胀水泥防水混凝土是指用膨胀水泥为胶结料配制而成的防水混凝土。

不同类型的防水混凝土具有不同特点，应根据使用要求加以选择。

2）防水混凝土施工

防水混凝土结构工程质量的优劣，除取决于合理的设计、材料的性质及配合成分以外，还取决于施工质量的好坏。因此，对施工中的各主要环节，如混凝土搅拌、运输、浇筑、振捣、养护等，均应严格遵循施工及验收规范和操作规程的各项规定进行施工。

防水混凝土所用模板，除满足一般要求外，应特别注意模板拼缝严密，支撑牢固。在浇筑防水混凝土前，应将模板内部清理干净。如若两侧模板需用对拉螺栓固定时，应在螺栓或套管中间加焊止水环，螺栓加堵头（如图 8.8 所示钢筋不得用钢丝或铁钉固定在模板上，必须采用相同配合比的细石混凝土或砂浆块作垫块，并确保钢筋保护层厚度符合规定，不得有负误差）。如结构内设置的钢筋确需用铁丝绑扎时，均不得接触模板。

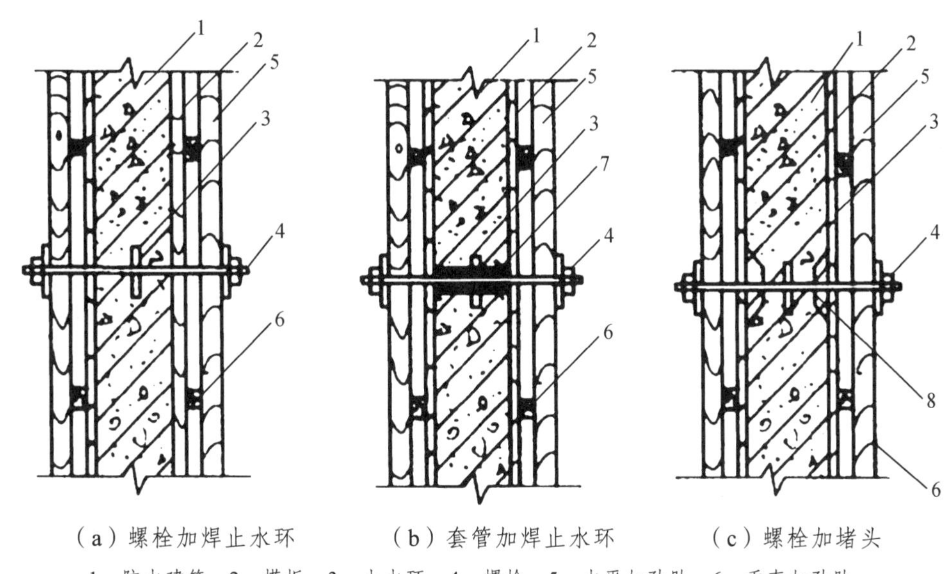

（a）螺栓加焊止水环　（b）套管加焊止水环　（c）螺栓加堵头

1—防水建筑；2—模板；3—止水环；4—螺栓；5—水平加劲肋；6—垂直加劲肋；
7—预埋套管（拆模后将螺栓拔出，套管内用膨胀水泥砂浆封堵）；
8—堵头（拆模后将螺栓沿平凹坑底割去，再用膨胀水泥砂浆封堵）。

图 8.8　螺栓穿墙止水措施

防水混凝土的配合比应通过试验选定。选定配合比时，应按设计要求的抗渗标号提高 0.2 MPa，防水混凝土的抗渗等级不得小于 S6，所用水泥的强度等级不低于 32.5 级，石子的粒径宜为 5 ~ 40 mm，宜采用中砂，防水混凝土可根据抗裂要求掺入钢纤维或合成纤维，其掺合料、外加剂的掺量应经试验确定，其水灰比不大于 0.55。地下防水工程所使用的防水材料应有产品合格证书和性能检测报告，材料的品种、规格、性能等应符合现行国家产品标准和设计要求，不合格的材料不得在工程中使用。配制防水混凝土要用机械搅拌，先将砂、石、水泥一次倒入搅拌筒内搅拌 0.5 ~ 1.0 min，再加水搅拌 1.5 ~ 2.5 min。如掺外加剂应最后加入。外加剂必须先用水稀释均匀，掺外加剂防水混凝土的搅拌时间应根据外加剂的技术要求确定。对厚度≥250 mm 的结构，混凝土坍落度宜为 10 ~ 30 mm，厚度<250 mm 或钢筋稠密的结构，混凝土坍落度宜为 30 ~ 50 mm。拌好的混凝土应在半小时内运至现场，于初凝前浇筑完毕，如运距较远或气温较高时，宜掺缓凝减水剂。防水混凝土拌和物在运输后，如出现离折，必须进行二次搅拌，当坍落度损失后，不能满足施工要求时，应加入原水灰比的水泥浆或二次掺减水剂进行搅拌，严禁直接加水。混凝土浇筑时应分层连续浇筑，其自由倾落高度不得大于 1.5 m。混凝土应用机械振捣密实，振捣时间为 10 ~ 30 s，以混凝土开始泛浆和不冒气泡为止，并避免漏振、欠振和超振。混凝土振捣后，须用铁锹拍实，等混凝土初凝后用铁抹子压光，以增加表面致密性。

防水混凝土应连续浇筑，尽量不留或少留施工缝。必须留设施工缝时，宜留在下列部位：墙体水平施工缝不应留在剪力与弯矩最大处或底板与侧墙的交接处，应留在高出底板表面不小于 300 mm 的墙体上；拱（板）墙结合的水平施工缝，宜留在拱（板）墙接缝线以下 150 ~ 300 mm 处；墙体有预留孔洞时，施工缝距孔洞边缘不应小于 300 mm；垂直施工缝应避开地下水和裂隙水较多的地段，并宜与变形缝相结合。施工缝防水的构造形式见图 8.9。

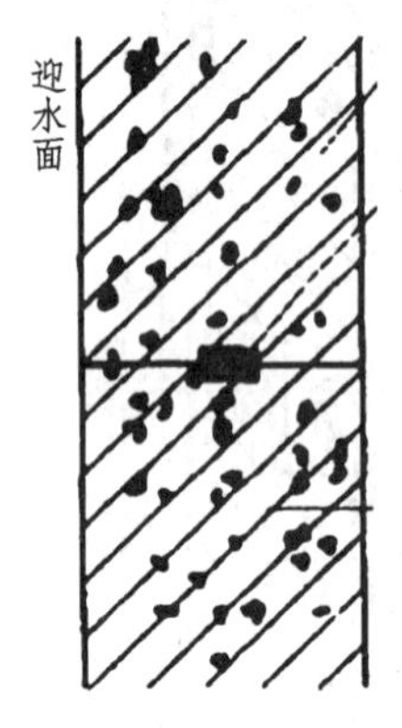

防水基本构造（一）

1—先浇混凝土；2—遇水膨胀止水条；3—后浇混凝土。

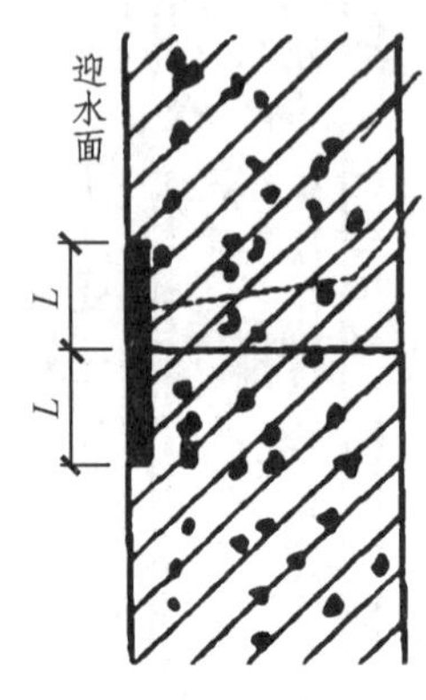

防水基本构造（二）

1—先浇混凝土；2—中埋止水带；3—后浇混凝土。

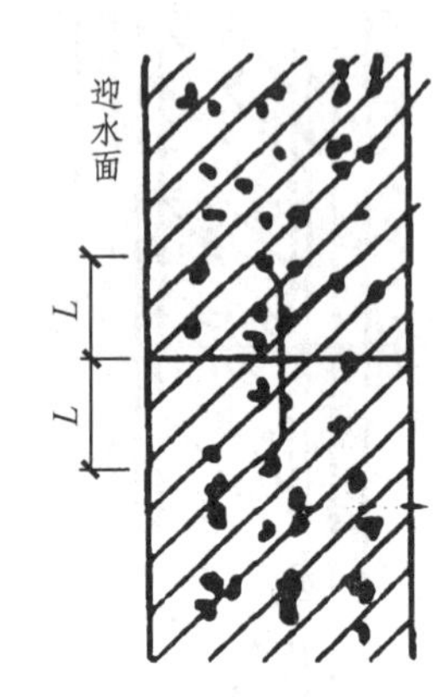

防水基本构造（三）

1—先浇混凝土；2—中埋止水带；3—后浇混凝土。

外贴止水带≥150；钢板止水带≥400；
外涂防水涂料≥200；橡胶止水带≥125；
外抹防水砂浆≥200；钢边橡胶止水带≥120

图 8.9　施工缝防水构造

施工缝浇灌混凝土前，应将其表面浮浆和杂物清除干净，先铺净浆，再铺 30 ~ 50 mm 厚的 1∶1 水泥砂浆或涂刷混凝土界面处理剂，并及时浇灌混凝土，垂直施工缝可不铺水泥砂浆，选用的遇水膨胀止水条，应牢固地安装在缝表面或预留槽内，且该止水条应具有缓胀性能，其 7 d 的膨胀率不应大于最终膨胀率的 60%，如采用中埋式止水带时，应位置准确，固定牢靠。

防水混凝土终凝后（一般浇后 4 ~ 6 h），即应开始覆盖浇水养护，养护时间应在 14 d 以上，冬季施工混凝土入模温度不应低于 5 °C，宜采用综合蓄热法，蓄热法、暖棚法等养护方法，并应保持混凝土表面湿润，防止混凝土早期脱水，如采用掺化学外加剂方法施工时，能降低水溶液的冰点，使混凝土在低温下硬化，但要适当延长混凝土搅拌时间，振捣要密实，还要采取保温保湿措施。不宜采用蒸汽养护和电热养护，地下构筑物应及时回填分层夯实，以避免由于干缩和温差产生裂缝。防水混凝土结构须在混凝土强度达到设计强度 40%以上时方可在其上面继续施工达到设计强度 70%以上时方可拆模。拆模时，混凝土表面温度与环境温度之差，不得超过 15 °C，以防混凝土表面出现裂缝。

防水混凝土浇筑后严禁打洞，因此，所有的预留孔和预埋件在混凝土浇筑前必须埋设准确。对防水混凝土结构内的预埋铁件、穿墙管道等防水薄弱之处，应采取措施，仔细施工。

拌制防水混凝土所用材料的品种、规格和用量，每工作班检查不应少于两次，混凝土在浇筑地点的坍落度，每工作班至少检查两次，防水混凝土抗渗性能，应采用标准条件下养护混凝土抗渗试件的试验结果评定，试件应在浇筑地点制作。连续浇筑混凝土每 500 m^3 应留置一组抗渗试件，一组为 6 个试件，每项工程不得小于两组。

防水混凝土的施工质量检验，应按混凝土外露面积每 100 m^2 抽查 1 处，每处 10 m^2，且不得不少于 3 处，细部构造应全数检查。

防水混凝土的抗压强度和抗渗压力必须符合设计要求，其变形缝、施工缝、后浇带、穿墙管道、埋设件等设置和构造均要符合设计要求，严禁有渗漏。防水混凝土结构表面的裂缝宽度不应大于 0.2 mm，并不得贯通，其结构厚度不应小于 250 mm，迎水面钢筋保护层厚度不应小于 50 mm。

2. 水泥砂浆防水层的施工

刚性抹面防水根据防水砂浆材料组成及防水层构造不同可分为两种：掺外加剂的水泥砂浆防水层与刚性多层抹面防水层。掺外加剂的水泥砂浆防水层，近年来已从掺用一般无机盐类防水剂发展至用聚合物外加剂改性水泥砂浆，从而提高水泥砂浆防水层的抗拉强度及韧性，有效地增强了防水层的抗渗性，可单独用于防水工程，获得较好的防水效果。刚性多层抹面防水层主要是依靠特定的施工工艺要求来提高水泥砂浆的密实性，从而达到防水抗渗的目的，适用于埋深不大，不会因结构沉降、温度和湿度变化及受振动等产生有害裂缝的地下防水工程。适用于结构主体的迎水面或背水面，在混凝土或砌体结构的基层上采用多层抹压施工，但不适用环境有侵蚀性，持续振动或温度高于 80 °C 的地下工程。

水泥砂浆防水层所采用的水泥强度等级不应低于 32.5 级，宜采用中砂，其粒径在 3 mm 以下，外加剂的技术性能应符合国家或行业标准一等品及以上的质量要求。

刚性多层抹面防水层通常采用四层或五层抹面做法。一般在防水工程的迎水面采用五层抹面做法（图 8.10），在背水面采用四层抹面做法（少一道水泥浆），施工前要注意对基层的处理，使基层表面保持湿润、清洁、平整、坚实、粗糙，以保证防水层与基层表面结合牢固，不空鼓和密实不透水。施工时应注意素灰层与砂浆层应在同一天完成。施工应连续进行，尽可能不留施工缝。一般顺序为先平面后立面。分层做法如下：第一层，在浇水湿润的基层上先抹 1 mm 厚素灰（用铁板用力刮抹 5 ~ 6 遍），再抹找平。第二层，在素灰层初凝后终凝前进行，使砂浆压入素灰层 0.5 mm 并扫出横纹。第三层，在第二层凝固后进行，做法同第一层。第四层，同第二层做法，抹后在表面用铁板抹压 5 ~ 6 遍，最后压光。第五层，在第四层抹压二遍后刷水泥浆一遍，随第四层压光。水泥砂浆铺抹时，采用砂浆收水后二次抹光，使表面坚固密实。防水层的厚度应满足设计要求，一般为 18 ~ 20 mm 厚，聚合物水泥砂浆防水层厚度要视施工层数而定。施工时应注意素灰层与砂浆层应在同一天完成，防水层各层之间应结合牢固，不空鼓。每层宜连续施工，尽可能不留施工缝，必须留施工缝时，应采用阶梯坡形槎，但离开阴阳角处，不小于 200 mm，防水层的阴阳角应做成圆弧形。

水泥砂浆防水层不宜在雨天及 5 级以上大风中施工，冬季施工不低于 5 °C，夏季施工不应在 35 °C 以上或烈日照射下施工。

如采用普通水泥砂浆做防水层，铺抹的面层终凝后应及时进行养护，且养护时间不得少于 14 d。

对聚合物水泥砂浆防水层未达硬化状态时，不得浇水养护或受雨水冲刷，硬化后应采用干湿交替的养护方法。

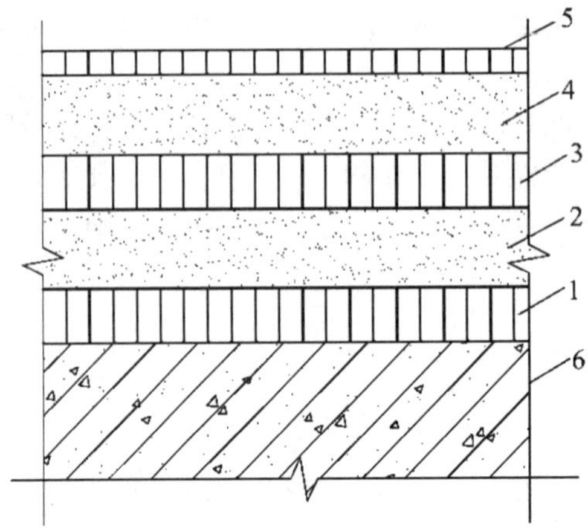

1，3—素灰层 2 mm；2，4—砂浆层 4 ~ 5 mm；5—水泥浆 1 mm；6—结构层。

图 8.10　五层做法构造

8.3.2　卷材防水层的施工

卷材防水层是用沥青胶结材料粘贴卷材而成的一种防水层，属于柔性防水层。其特点是具有良好的韧性和延伸性，能适应一定的结构振动和微小变形，对酸、碱、盐溶液具有良好的耐腐蚀性，是地下防水工程常用的施工方法，采用改性沥青防水卷材和高分子防水卷材，抗拉强度高，延伸率大，耐久性好，施工方便。但由于沥青卷材吸水率大，耐久性差，机械强度低，直接影响防水层质量，而且材料成本高，施工工序多，操作条件差，工期较长，发生渗漏后修补困难。

1. 铺贴方案

地下防水工程一般把卷材防水层设置在建筑结构的外侧迎水面上称为外防水，这种防水层的铺贴法可以借助土压力压紧，并与结构一起抵抗有压地下水的渗透和侵蚀作用，防水效果良好，采用比较广泛。卷材防水层用于建筑物地下室，应铺设在结构主体底板垫层至墙体顶端的基面上，在外围形成封闭的防水层，卷材防水层为一至二层，防水卷材厚度应满足表 8.21 的规定。

表 8.21　防水卷材厚度表

防水等级	设防道数	合成高分子卷材	高聚物改性沥青防水卷材
一级	三道或三道以上设防	单层：不应小于 1.5 mm	单层：不应小于 4 mm
二级	二道设防	双层：每层不应小于 1.2 mm	双层：每层不应小于 3 mm
三级	一道设防	不应小于 1.5 mm	不应小于 4 mm
	复合设防	不应小于 1.2 mm	不应小于 3 mm

阴阳角处应做成圆弧或 135°折角，其尺寸视卷材品质而定，在转角处，阴阳角等特殊部位，应增贴 1 ~ 2 层相同的卷材，宽度不宜小于 500 mm。

外防水的卷材防水层铺贴方法，按其与地下防水结构施工的先后顺序分为外贴法和内贴法两种。

1）外贴法

在地下建筑墙体做好后，直接将卷材防水层铺贴在墙上，然后砌筑保护墙（图 8.11）。其施工程序是：首先浇筑需防水结构的底面混凝土垫层，并在垫层上砌筑永久性保护墙，墙下干铺油毡一层，墙高不小于结构底板厚度，另加 200 ~ 500 mm；在永久性保护墙上用石灰砂浆砌临时保护墙，墙高为 150 mm × 油毡层数 + 1；在永久性保护墙上和垫层上抹 1∶3 水泥砂浆找平层，临时保护墙上用石灰砂浆找平；待找平层基本干燥后，即在其上满涂冷底子油，然后分层铺贴立面和平面卷材防水层，并将顶端临时固定。在铺贴好的卷材表面做好保护层后，再进行需防水结构的底板和墙体施工。需防水结构施工完成后，将临时固定的接槎部位的各层卷材揭开并清理干净，再在此区段的外墙外表面上摸水泥砂浆找平层，找平层上满涂冷底子油，将卷材分层错槎搭接向上铺贴在结构墙上，并及时做好防水层的保护结构。

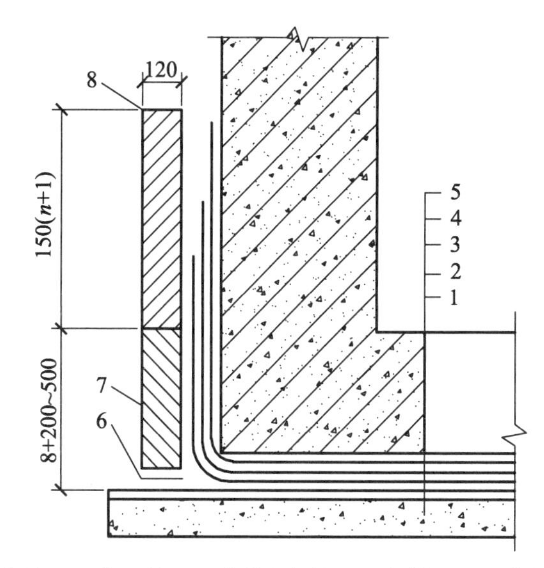

1—垫层；2—找平层；3—卷材防水层；4—保护层；5—构筑物；
6—油毡；7—永久保护墙；8—临时性保护墙。

图 8.11　外贴法

2）内贴法

在地下建筑墙体施工前先砌筑保护墙，然后将卷材防水层铺贴在保护墙上，最后施工并浇筑地下建筑墙体（图 8.12）。其施工程序是：先在垫层上砌筑永久保护墙，然后在垫层及保护墙上抹 1∶3 水泥砂浆找平层，待其基本干燥后满涂冷底子油，沿保护墙与垫层铺贴防水层。卷材防水层铺贴完成后，在立面防水层上涂刷最后一层沥青胶时，趁热粘上干净的热砂或散麻丝，待冷却后，随即抹一层 10～20 mm 厚 1∶3 水泥砂浆保护层。在平面上可铺设一层 30 mm 厚 1∶3 水泥砂浆或细石混凝土保护层。最后浇筑防水结构的底板和墙体混凝土。

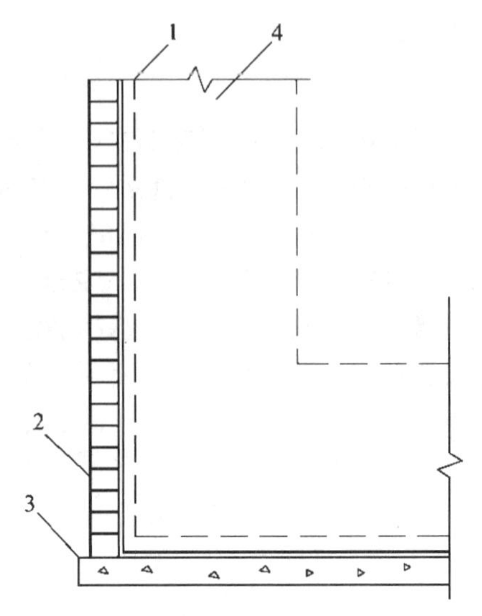

1—卷材防水层；2—永久保护墙；3—垫层；4—尚未施工的构筑物。

图 8.12　内贴法

2. 施工要点

铺贴卷材的基层必须牢固、无松动现象；基层表面应平整干净；阴阳角处，均应做成圆弧形或钝角。铺贴卷材前，应在基面上涂刷基层处理剂，当基面较潮湿时，应涂刷湿固化型胶粘剂或潮湿界面隔离剂。基层处理剂应与卷材和胶粘剂的材性相容，基层处理剂可采用喷涂法或涂刷法施工，喷涂应均匀一致，不露底，待表面干燥后，再铺贴卷材。铺贴卷材时，每层的沥青胶，要求涂布均匀，其厚度一般为 1.5～2.5 mm。外贴法铺贴卷材应先铺平面，后铺立面，平、立面交接处应交叉搭接；内贴法宜先铺垂直面，后铺水平面。铺贴垂直面时应先铺转角，后铺大面。墙面铺贴时应待冷底子油干燥后自下而上进行。卷材接槎的搭接长度：高聚物改性沥青卷材为 150 mm，合成高分子卷材为 100 mm，当使用两层卷材时，上下两层和相邻两幅卷材的接缝应错开 1/3～1/2 幅宽，并不得互相垂直铺贴。在立面与平面的转角处，卷材的接缝应留在平面距立面不小于 600 mm 处。在所有转角处均应铺贴附加层并仔细粘贴紧密。粘贴卷材时应展平压实。卷材与基层和各层卷材间必须黏结紧密，搭接缝必须用沥青胶仔细封严。最后一层卷材贴好后，应在其表面均匀涂刷一层热沥青胶，以保护防水层。铺贴高聚物改性沥青卷材应采用热熔法施工，在幅宽内卷材底表面均匀加热，不可过分加热或烧穿卷材，只使卷材的粘接面材料加热呈熔融状态后，立即与基层或已粘贴好的卷材粘接牢固，但对厚度小于 3 mm 的高聚物改青沥青防水卷材不能采用热熔法施工。铺贴合成高分子卷材要采用冷粘法施工，所使用的胶粘剂必须与卷材材性相容。

如用模板代替临时性保护墙时，应在其上涂刷隔离剂。从底面折向立面的卷材与永久性保护墙的接触部位，应采用空铺法施工，与临时性保护墙或围护结构模板接触的部位，应临时贴附在该墙上或模板上，卷材铺好后，其顶端应临时固定。当不设保护墙时，从底面折向立面的卷材的接茬部位应采取可靠的保护措施。

8.3.3 结构细部构造防水的施工

1. 变形缝

地下结构物的变形缝是防水工程的薄弱环节，防水处理比较复杂。如处理不当会引起渗漏现象，从而直接影响地下工程的正常使用和寿命。为此，在选用材料、做法及结构形式上，应考虑变形缝处的沉降、伸缩的可变性，并且还应保证其在形态中的密闭性，即不产生渗漏水现象。用于伸缩的变形缝宜不设或少设，可根据不同的工程结构、类别及工程地质情况采用诱导缝、加强带、后浇带等替代措施。用于沉降的变形缝宽度宜为 20 ~ 30 mm，用于伸缩的变形缝宽度宜小于此值，变形缝处混凝土结构的厚度不应小于 300 mm，变形缝的防水措施可根据工程开挖方法，防水等级按表 8.21 选用。

对止水材料的基本要求是：适应变形能力强；防水性能好；耐久性高；与混凝土黏结牢固等。防水混凝土结构的变形缝，后浇带等细部构造应采用止水带，遇水膨胀橡胶腻子止水条等高分子防水材料和接缝密封材料。

常见的变形缝止水带材料有：橡胶止水带、塑料止水带、氯丁橡胶止水带和金属止水带（如镀锌钢板等）。其中，橡胶止水带与塑料止水带的柔性、适应变形能力与防水性能都比较好，是目前变形缝常用的止水材料；氯丁橡胶止水带是一种新型止水材料，具有施工简便、防水效果好、造价低且易修补的特点；金属止水带一般仅用于高温环境条件下无法采用橡胶止水带或塑料止水带的场合。金属止水带的适应变形能力差，制作困难。对环境温度高于 50 °C 处的变形缝，可采用 2 mm 厚的紫铜片或 3 mm 厚不锈钢金属止水带，在不受水压的地下室防水工程中，结构变形缝可采用加防腐掺合料的沥青浸过的松散纤维材料，软质板材等填塞严密，并用封缝材料严密封缝，墙的变形缝的填嵌应按施工进度逐段进行，每 300 ~ 500 mm 高填缝一次，缝宽不小于 30 mm，不受水压的卷材防水层，在变形缝处应加铺两层抗拉强度高的卷材，在受水压的地下防水工程中，温度经常处于 50 °C 以下，在不受强氧化作用时，变形缝宜采用橡胶或塑料止水带，当有油类侵蚀时，应选用相应的耐油橡胶或塑料止水带，止水带应整条，如必须接长，应采用焊接或胶接，止水带的接缝宜为一处，应设在边墙较高位置上，不得设在结构转角处，止水带埋设位置应准确，其中间空心圆环与变形缝的中心线应重合。止水带应妥善固定，顶、底板内止水带应成盆状安设，宜采用专用钢筋套或扁钢固定，止水带不得穿孔或用铁钉固定，损坏处应修补，止水带应固定牢固、平直，不能有扭曲现象。

变形缝接缝处两侧应平整、清洁、无渗水，并涂刷与嵌缝材料相容的基层处理剂，嵌缝应先设置与嵌缝材料隔离的背衬材料，并嵌填密实，与两侧黏结牢固，在缝上粘贴卷材或涂刷涂料前，应在缝上设置隔离层后才能进行施工。

止水带的构造形式通常有埋入式、可卸式、粘贴式等，目前采用较多的是埋入式。根据防水设计的要求，有时在同一变形缝处，可采用数层、数种止水带的构造形式。图 8.13 是埋入式橡胶（或塑料）止水带的构造图，图 8.14、图 8.15 分别是可卸式止水带和粘贴式止水带的构造图。

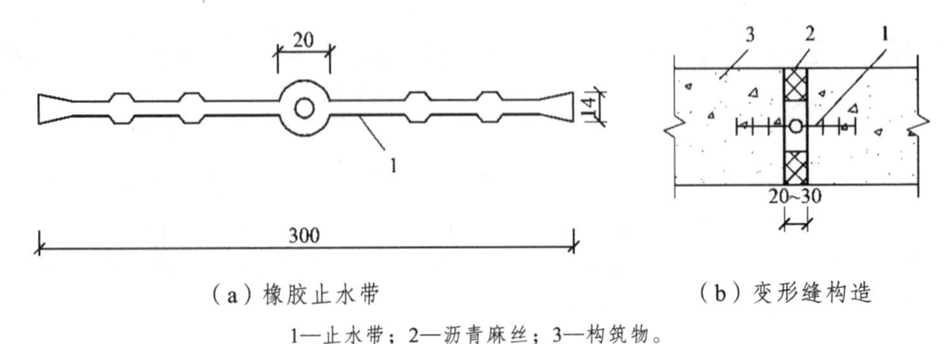

（a）橡胶止水带　　　　（b）变形缝构造

1—止水带；2—沥青麻丝；3—构筑物。

图 8.13　埋入式橡胶（或塑料）止水带的构造

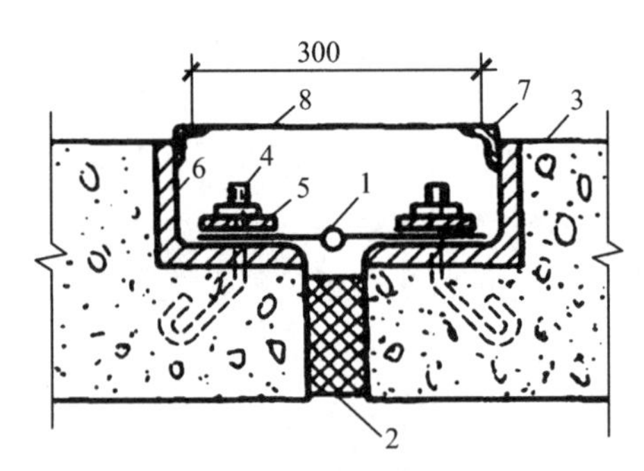

1—橡胶止水带；2—沥青麻丝；3—构筑物；4—螺栓；5—钢压条；
6—角钢；7—支撑角钢；8—钢盖板。

图 8.14　可卸式橡胶止水带变形构造

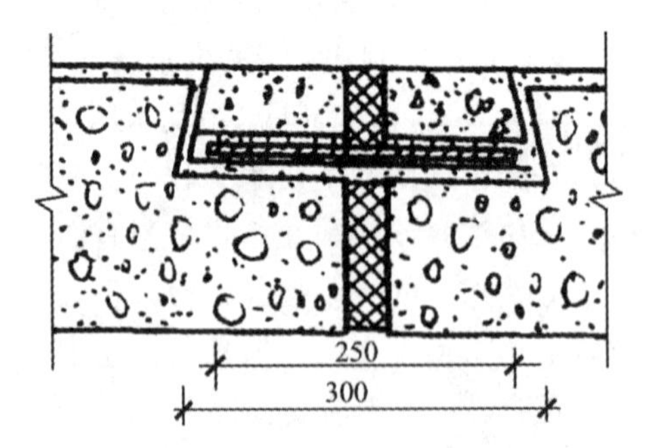

图 8.15　粘贴式氯丁橡胶板变形缝构造

2. 后浇带的处理

后浇带（也称后浇缝）是对不允许留设变形缝的防水混凝土结构工程（如大型设备基础等）采用的一种刚性接缝。

防水混凝土基础后浇缝留设的位置及宽度应符合设计要求。其断面形式可留成平直缝或阶梯缝，但结构钢筋不能断开；如必须断开，则主筋搭接长度应大于 45 倍主筋直径，并应按设计要求加设附加钢筋。留缝时应采取支模或固定钢板网等措施，保证留缝位置准确、断口垂直、边缘混凝土密实。后浇带需超前止水时，后浇带部位混凝土应局部加厚，并增设外贴式或埋入式止水带。留缝后要注意保护，防止边缘毁坏或缝内进入垃圾杂物。

后浇带的混凝土施工，应在其两侧混凝土浇筑完毕并养护 6 个星期，待混凝土收缩变形基本稳定后再进行。但高层建筑的后浇带应在结构顶板浇筑混凝土 14 d 后，再施工后浇带。浇筑前应将接缝处混凝土表面凿毛并清洗干净，保持湿润；浇筑的混凝土应优先选用补偿收缩的混凝土，其强度等级不得低于两侧混凝土的强度等级；施工期的温度应低于两侧混凝土施工时的温度，而且宜选择在气温较低的季节施工；浇筑后的混凝土养护时间不应少于 4 个星期。

8.3.4　地下防水工程渗漏及防治方法

地下防水工程，常常由于设计考虑不周，选材不当或施工质量差而造成渗漏，直接影响生产和使用。渗漏水易发生的部位主要在施工缝、蜂窝麻面、裂缝、变形缝及穿墙管道等处。渗漏水的形式主要有孔洞漏水、裂缝漏水、防水面渗水或是上述几种渗漏水的综合。因此，堵漏前必须先查明其原因，确定其位置，弄清水压大小，然后根据不同情况采取不同的防治措施。

1. 渗漏部位及原因

1）防水混凝土结构渗漏的部位及原因

模板表面粗糙或清理不干净，模板浇水湿润不够，脱模剂涂刷不均匀，接缝不严，振捣混凝土不密实等，致使混凝土出现蜂窝、孔洞、麻面而引起渗漏。墙板和底板及墙板与墙板间的施工缝处理不当而造成地下水沿施工缝渗入。混凝土中砂石含泥量大、养护不及时等，产生干缩和温度裂缝而造成渗漏。混凝土内的预埋件及管道穿墙处未作认真处理而致使地下水渗入。

2）卷材防水层渗漏部位及原因

保护墙和地下工程主体结构沉降不同，致使粘在保护墙上的防水卷材被撕裂而造成漏水。卷材的压力和搭接接头宽度不够，搭接不严，结构转角处卷材铺贴不严实，后浇或后砌结构时卷材被破坏，或由于卷材韧性较差，结构不均匀沉降而造成卷材被破坏，也会产生渗漏，另外还有管道处的卷材与管道黏结不严，出现张口翘边现象而引起渗漏。

3）变形缝处渗漏原因

止水带固定方法不当，埋设位置不准确或在浇筑混凝土时被挤动，止水带两翼的混凝土包裹不严，特别是底板止水带下面的混凝土振捣不实；钢筋过密，浇筑混凝土时下料和振捣不当，造成止水带周围骨料集中、混凝土离析，产生蜂窝、麻面；混凝土分层浇筑前，止水带周围的木屑杂物等未清理干净，混凝土中形成薄弱的夹层，均会造成渗漏。

2. 堵漏技术

堵漏技术就是根据地下防水工程特点，针对不同程度的渗漏水情况，选择相应的防水材料和堵漏方法，进行防水结构渗漏水处理。在拟定处理渗漏水措施时，应本着将大漏变小漏，片漏变孔漏，线漏变点漏，使漏水部位汇集于一点或数点，最后堵塞的方法进行。

对防水混凝土工程的修补堵漏，通常采用的方法是用促凝剂和水泥拌制而成的快凝水泥胶浆，进行快速堵漏或大面积修补。近年来，采用膨胀水泥（或掺膨胀剂）作为防水修补材料，其抗渗堵漏效果更好。对混凝土的微小裂缝，则采用化学灌浆堵漏技术。

1）快硬性水泥胶浆堵漏法

（1）堵漏材料

① 促凝剂。促凝剂是以水玻璃为主，并与硫酸铜、重铬酸钾及水配制而成。配制时按配合比先把定量的水加热至 100 °C，然后将硫酸铜和重铬酸钾倒入水中，继续加热并不断搅拌至完全溶解后，冷却至 30 ~ 40 °C，再将此溶液倒入称量好的水玻璃液体中，搅拌均匀，静置半小时后就可使用。

② 快凝水泥胶浆。快凝水泥胶浆的配合比是水泥：促凝剂为 1：（0.5 ~ 0.6）。由于这种胶浆凝固快（一般 1 min 左右就凝固），使用时，注意随拌随用。

（2）堵漏方法

地下防水工程的渗漏水情况比较复杂，堵漏的方法也较多。因此，在选用时要因地制宜。常用的堵漏方法有堵塞法和抹面法。

① 堵塞法。堵塞法适用于孔洞漏水或裂缝漏水时的修补处理。孔洞漏水常用直接堵塞法和下管堵漏法。直接堵塞法适用于水压不大，漏水孔洞较小，操作时，先将漏水孔洞处剔槽，槽壁必须与基面垂直，并用水刷洗干净，随即将配制好的快凝水泥胶浆捻成与槽尺寸相近的锥形团，在胶浆开始凝固时，迅速压入槽内，并挤压密实，保持半分钟左右即可。当水压力较大，漏水孔洞较大时，可采用下管堵漏法、孔洞堵塞好后，在胶浆表面抹素灰一层，砂浆一层，以作保护。待砂浆有一定的强度后，将胶管拔出，按直接堵塞法将管孔堵塞。最后拆除挡水墙，再做防水层。裂缝漏水的处理方法有裂缝直接堵塞法和下绳堵漏法。裂缝直接堵塞法适用于水压较小的裂缝漏水，操作时，沿裂缝剔成八字形坡的沟槽，刷洗干净后，用快凝水泥胶浆直接堵塞，经检查无渗水，再做保护层和防水层。当水压力较大，裂缝较长时，可采用下绳堵漏法。

② 抹面法。抹面法适用于较大面积的渗水面，一般先降低水压或降低地下水位，将基层处理好，然后用抹面法做刚性防水层修补处理。先在漏水严重处用凿子剔出半贯穿性孔眼，插入胶管将水导出。这样就使“片渗”变为“点漏”，在渗水面做好刚性防水层修补处理。待修补的防水层砂浆凝固后，拔出胶管，再按“孔洞直接堵塞法”将管孔堵填好。

2）化学灌浆堵漏法

（1）灌浆材料

① 氰凝。氰凝的主体成分是以多异氰酸酯与含羟基的化合物（聚酯、聚醚）制成的预聚体。使用前，在预聚体内掺入一定量的副剂（表面活性剂、乳化剂、增塑剂、溶剂与

催化剂等）、搅拌均匀即配制成氰凝浆液。氰凝浆液不遇水不发生化学反应，稳定性好；当浆液灌入漏水部位后，立即与水发生化学反应，生成不溶于水的凝胶体；同时释放二氧化碳气体，使浆液发泡膨胀，向四周渗透扩散直至反应结束。

② 丙凝。丙凝由双组分（甲溶液和乙溶液）组成。甲溶液是丙烯酰胺和甲叉双丙烯酰胺及二甲氨基丙胺的混合溶液。乙溶液是过硫酸铵的水溶液。两者混合后很快形成不溶于水的高分子硬性凝胶，这种凝胶可以封密结构裂缝，从而达到堵漏的目的。

（2）灌浆施工

灌浆堵漏施工，可分为对混凝土表面处理、布置灌浆孔、埋设灌浆嘴、封闭漏水部位、压水试验、灌浆、封孔等工序。灌浆孔的间距一般为 1 m 左右，并要交错布置；灌浆嘴的埋设；灌浆结束，待浆液固结后，拔出灌浆嘴并用水泥砂浆封固灌浆孔。

模块小结

本模块主要介绍的是防水工程的原理及种类，卷材防水屋面施工、刚性防水屋面施工、地下室防水施工等施工工艺，以及防水工程的施工质量验收要求与标准和防水工程安全技术措施。

任务评价

（1）将全班学生分成若干组，每组 4 ~ 5 人。

（2）每组学生根据所学知识，并上网查询资料，将防水工程的不同方式及其各自特点等相关内容制成 PPT 文件，每组派出一名代表在课堂上进行讲解。（讲解时间控制在 5 min 左右）

（3）老师按下表给各小组打分。

任务评分表

评分标准	满分	实际得分	备注
积极参与活动	25		
内容扣题、正确	25		
讲解流畅	25		
其他	25		
总分	100		

习　题

一、单选题

1. 当屋面坡度小于（　　）时，卷材宜平行于屋脊铺贴。

A. 3%　　B. 6%　　C. 15%　　D. 13%

2. 按工程防水的部位可分为（　　）。

A. 地下防水　　B. 屋面防水

C. 厕浴间楼地面防水　　D. 以上全部都是

3. 按照屋面防水等级和设防要求，对于一般建筑防水层合理使用年限为（　　）年。

A. 5　　B. 10　　C. 15　　D. 20

4. 在立面或大坡面铺贴高聚物改性沥青防水卷材时，应采用（　　），并宜减少短边搭接。

A. 冷粘法　　B. 热熔法　　C. 自粘法　　D. 满粘法

5. 后浇带的混凝土施工，应在其两侧混凝土浇筑完毕并养护（　　）个星期，待混凝土收缩变形基本稳定后再进行。

A. 5　　B. 6　　C. 4　　D. 7

二、填空题

1. 合成高分子卷材防水施工方法一般有________、________、________三种。

2. 为防止由于温差及混凝土构件收缩而使防水屋面开裂，找平层应留__________，缝宽一般为________mm。

3. 对防水混凝土工程的修补堵漏，通常采用的方法是______________，进行快速堵漏或大面积修补。对混凝土的微小裂缝，则采用_________________。

4. ______________与______________的柔性、适应变形能力与防水性能都比较好，是目前变形缝常用的止水材料。

5. 当屋面坡度小于3%时，卷材宜______________于屋脊铺贴；屋面坡度为3%~15%时，卷材可平行或垂直于屋脊铺贴；屋面坡度大于15%或屋面受振动时，沥青防水卷材应于屋脊铺贴。上下层卷材不得相互垂直铺贴。

三、简答题

1. 常用防水卷材有哪些种类？

2. 刚性防水屋面的隔离层如何施工？分格缝如何处理？

3. 简述屋面渗漏原因及其防治方法。

4. 地下防水工程有哪几种防水方案？

5. 地下构筑物的变形缝有哪几种形式？各有哪些特点？

模块 9　装饰装修工程

知识目标

1. 了解装饰工程的原理及种类。
2. 掌握抹灰工程、饰面工程、裱糊工程施工工艺、机具设备及材料。
3. 装饰工程的施工质量验收要求与标准。
4. 熟悉装饰工程安全技术措施。

技能目标

1. 能够根据不同分项工程，制订装饰工程施工方案。
2. 现场指导施工生产作业。

价值目标

树立正确的人生观、价值观，树立献身祖国工程建设发展的远大理想，弘扬我国铸就超级工程的大国工匠精神。"无以规矩，不成方圆"，生活工作都如此。工程建设责任重大，按标准施工方能做出质量达标，人民满意的放心工程。

典型案例

一、装修工程简介

（1）屋面工程：分保温柔不保温两种屋面，采用合成高分子卷材（3＋3）和涂膜防水，保温采用聚苯乙烯挤塑保温板，找坡采用 1∶6 水泥焦渣。

（2）外墙：外墙弹性腻子和弹性涂料。

（3）顶棚：乳胶漆顶棚；轻钢龙骨矿棉板吊顶；PVC 吊顶和铝扣板吊顶。

（4）内墙面：乳胶漆、瓷砖墙面。

（5）楼地面：花岗岩、地砖、水泥砂浆地面。

（6）门窗工程：铝合金门窗、钢制门窗、防火门、木制门。

（7）砌体工程：陶粒砼空心砌块砌筑。

二、装修阶段的管理措施

（1）装修阶段是工程种类最多、工序最繁杂、上下立体交错作业阶段，要合理安置好各道工序的贯穿。按照先外后内，自上而下，先湿作业后干作业，先房间后走廊楼梯，先粗后细的原那么做有序的流水施工组织。

（2）装修阶段应重点做好合作和管理协调工作，加强整体意识，水、电暖安装等工种应紧密合作，各种接线盒、电箱、预留孔洞要在抹灰前全部处理好。

（3）对各班组长做好细致的书面技术交底，加强装修材料及成品的质量检查验收工作。确保装饰工程达成优良标准。并做到每道工序工完场清，文明施工。

（4）在大面积施工前，要做好样板，经甲方、监理和工程部认可后面可全面开展。

（5）对各种装饰材料应及早做好供给筹划（班组对一般材料提前 3 天上报，大宗材料提前 10 天以书面形式上报工程部，并经班组负责人签字认可），以保证饰面工程顺遂举行。其他影响到装饰工程施工开展的设备材料也应及早组织进场。

（6）装修阶段成品养护措施，落实特意人员负责，做好成品养护，防止彼此污染。并采用经济杠杆，奖罚挂钩。

三、装修阶段的垂直运输及脚手架

（1）垂直运输以龙门架为主。

（2）外檐装修作业采用原布局施工阶段的落地式外架子。内装修脚手架，视房间的层高而定，可使用上下适中的活动升降架，铺脚手板，或用钢管搭满堂脚手架。

四、装修工程工艺流程

（1）外檐装修：屋面工程→外墙抹灰、刷涂料→拆外架子→室外台阶、散水。

（2）内檐装修：顶棚、内墙面抹灰→安装窗框、卫生间、走道墙砖镶贴→吊顶安龙骨→楼地面地砖→顶棚、内墙面刷乳胶漆→吊顶挂板、门窗扇安装、窗帘盒等其他木装修→木制品油漆、楼梯护栏、灯具安装。

五、装修工程主要施工方案

1. 砌体工程施工方案

1）施工打定

（1）按 50 线在柱子上打眼植拉结筋，拉结筋间距 40/60 厘米，200 墙设 2ϕ6 拉结筋，300 墙设 3ϕ6 拉结筋，墙柱拉结筋伸入墙内长为 1 000 mm，末端应有 90°弯钩，构造柱处拉结筋应贯穿构造柱。植筋时，打眼深度大于 8 cm，眼内灰尘清理明净后用专用胶水塞满插牢。

（2）砌筑前放线人员应按施工图弹出轴线、墙边线、门窗洞口线，并报工程部和监理单位举行检查验收，经复核合格后面可施工。

（3）施工前确定构造柱位置：在墙体的转角处、纵横墙交接处，墙体端头以及沿墙长每隔 4 m 左右设置构造柱，构造柱为 250 × 墙厚，竖筋 4ϕ12，箍筋ϕ6@200。

（4）立皮数杆：砌体工程施工前须根据施工图和砌块尺寸、垂直灰缝的宽度、水平灰缝的厚度等，计算砌块的皮数和排数，以保证砌体的尺寸。

（5）根据最下面第一皮砖的标高，拉通线检查，如水平灰缝厚度超过 20 mm，用细石混凝土找平，不得用砂浆找平或砍砖包合子找平。

（6）常温下在砌筑前 1 ~ 2 d 将小红砖浇水润湿。

（7）施工之前，对工人举行技术模范交底和关键部位施工交底。

（8）施工时把预制构件和预制块浇好，并留试块举行试压。

（9）砌筑砂浆为 M10 混合砂浆，砂浆合作比应用重量比，砌筑前后台计量工作做好，计量精度为，水泥 ± 2%，砂及掺合料 ± 5%。

2）操作工艺

（1）砌筑前，楼面清扫明净，并洒水润湿。

（2）立皮数杆，皮数杆上注明门窗洞口、木砖、拉结筋、圈梁、过梁的尺寸标高。皮数杆应垂直、坚韧、标高一致。

（3）根据设计图纸各部位尺寸，排砖撂底，使组砌方法合理，便于操作。

（4）砂浆应随拌随用，水泥砂浆和水泥混合砂浆一般应在拌合后 3 h 和 4 h 内用完，当施工期间最高气温超过 30 °C 时应分别在拌成后 2 h 和 3 h 内用完，严禁使用过夜砂浆。

（5）砌筑砂浆要直接放入灰槽，不得直接倒在水泥地面上。

（6）砌筑墙体：

① 组砌方法应正确，上、下错缝，交接处咬槎搭砌，掉角严重的砖不能使用。

② 灰缝为 10 mm，不宜大于 12 mm，也不宜小于 8 mm，砂浆饱满度达成 80%，平直通顺，立缝用砂浆填实，全体缝务必勾缝。

③ 砖墙在楼面上先砌四皮实心砖，砖墙砌至梁或楼板下留 20 cm 左右缝隙，用小红砖斜砌，斜砌必须从两边开头往中间砌。

④ 各种预留洞、预埋件等，应按设计要求设置，制止后剔凿。

⑤ 砌筑时应在门窗框两侧按要求留置木砖（水泥块），每边四块，距洞口上下 30 cm 各 1 块，中间设 2 块。

⑥ 墙体转角及交接处应同时砌筑，不得留直槎。

⑦ 砌筑时务必拉通线，砌筑时，随砌、随吊、随靠，保证墙体垂直、平整，不允许砸砖修墙。

⑧ 在卫生间四周墙底部应现浇混凝土坎台，其高度不宜小于 200 mm。在外墙如室内外标高一致时也务必现浇混凝土坎台，其高度不宜小于 200 mm。浇筑砼务必达成设计强度。

3）注意事项

（1）砌筑前楼面务必清扫明净，洒水润湿。

（2）严禁在填充墙上预留洞。

（3）植筋前拉结筋打眼深度务必大于 8 cm，且眼内灰尘清理明净→报工程部验收→报监理验收→砌筑样板间→报工程部验收→报监理验收→合格后开头大面积砌筑。

（4）砌筑时，灰缝应横平竖直，砂浆饱满，以保证砌块之间有良好的粘结力。砌体的上下皮砌块应错缝砌筑。

（5）构造柱、圈梁、过梁、各种预留洞、预埋件等，按设计要求设置，制止后剔凿。圈梁、墙梁、构造柱模板均用对拉螺栓固定，概括做法见图所示。

（6）构造柱钢筋务必绑扎到位，栽筋不到位部位筋遏止乱砸乱撬，钢筋以 1∶6 的角度校正，再绑扎构造柱钢筋。

（7）构造柱模板安装前，确定要先检查柱根部碎砖及砂浆等杂物有否清理明净，并报工程部和监理单位进行检查验收。

（8）构造柱、圈梁等构件因尺寸小，混凝土用 C20 自拌的混凝土，构造柱混凝土浇筑前，宜先浇灌 5 cm 厚减半石子混凝土。混凝土楼层内水平运输用手推车，宜先将混凝土卸在垫板上，再用铁锹灌入模内，混凝土应分层浇筑，先将振动棒插入柱底部，使其振动，再灌入混凝土，边下料边振捣，连续作业至板底或梁底，梁板底混凝土应用手工填嵌密实，构造柱模板的上口做成喇叭口，多出的混凝土在拆模后凿除。混凝土浇筑时应留神养护钢筋位置，随时检查模板是否变形移位，螺栓是否松动、脱落或展现胀模、漏浆等现象，并有专人修理。

（9）砌块应平面朝上砌筑。

（10）砌筑时应从构造柱边向两边开头排砖砌筑，缺乏整砖处用小红砖在柱边补砌，遏止砍半块砌块砌筑。

（11）空心砖墙砌至梁或楼板下 20 cm 左右空隙，待填充墙砌筑完并应至少间隔 7 d 后再将其补砌挤紧。

（12）砌筑时，随砌、随吊、随靠，保证墙体垂直、平整。

（13）在电缆井、管道井等部位有防水要求的房间应浇 100 mm（装修后的高度）高混凝土门槛。管井墙体内侧（包括通风井道）随砌原浆随抹 20 厚。

（14）楼梯间等部位严禁在墙体上搭脚手架，留脚手眼。

（15）对水电需要预留部位做法：30 墙的外侧砌 150 砌块，预留部位砌小红砖 120 墙，保证强度。

（16）做好落手清工作，每天工完时务必把工作面清理明净。

4）成品养护

（1）暖卫、电气管线及预埋件应留神养护，防止碰撞损坏。

（2）预埋的拉结筋应加强养护，不得踩倒、弯折。

（3）空心砖墙上不得放脚手架，防止发生事故。

（4）砂浆稠度适合，砌墙时应防止砂浆溅脏墙面。

5）与本工程有关的施工模范、技术模范、质量验收标准、标准图集

可采用的企业工法或操作规程：《主体工程施工工艺标准》（SXYJ/QSP）、《砌体工程施工质量验收模范》（GB50203－2022）、《钢筋混凝土用热轧带肋钢筋》（GB1499）。

2. 屋面工程施工方案

本工程屋面有保温和不保温两种做法。

（1）屋面 1：保温屋面

（2）工程做法如下：

① 3 厚合成高分子卷材（带养护层）防水层一道。

② 3 厚合成高分子卷材防水层一道。

③ 20 厚 1∶3 水泥砂浆找平层，刷处理剂一遍。

④ 找坡层：檐口起始处 1 m 范围内用 0 ~ 30 厚 1∶3 水泥砂浆找坡 2%，其他片面用 1∶6 水泥焦渣找 2%坡，最薄处 30 厚。

⑤ 60 厚（25 kg/m³）聚苯乙烯泡沫塑料板。

（2）屋面 2：不保温屋面

工程做法如下：

① 3 厚合成高分子卷材（带养护层）防水层一道。

② 3 厚合成高分子卷材防水层一道。

③ 20 厚 1∶3 水泥砂浆找平层，刷处理剂一遍。

④ 找坡层：檐口起始处 1 m 范围内用 0 ~ 30 厚 1∶3 水泥砂浆找坡 2%，其他片面用 1∶6 水泥焦渣找 2%坡，最薄处 30 厚。

- 屋面工程施工前的要求

① 屋面工程施工执行《屋面工程施工验收模范》（GB50300—2022）的规定。

② 屋面施工前布局验收务必完毕，创办、监理、设计、质监等各部门签字齐全，施工技术资料齐全。

③ 屋面防水施工的施工人员各种上岗证件齐全的效，严禁非专业队伍，无资质专业队和非专业防水操作人员举行屋面防水施工。

- 材料质量检查

① 屋面工程所使用的防水、保温材料，务必有生产厂家的有效期限内的材质证明和法定质量检测机构的抽检证明，所使用的材料务必保证其质量和技术要求。

② 全体防水、保温材料进场后，务必按规定举行检验复试。

- 屋面工程主要工程施工方法

① 聚苯乙烯泡沫塑料保温板铺贴：应找平拉线铺设，铺设前先将基层清扫明净，板块应精细铺设、铺平、垫稳。保温板缺棱掉角，可用同类材料的碎块嵌补，用同类材料的粉屑加适量水泥填嵌缝隙。外观应与相邻两板高度一致。保温层留设排气槽，应在做砂浆找平层分格缝排气道处留设，不得遗漏。在已铺完保温层层行走或用胶轮车运输材料，应在其上铺脚手板。

② 水泥焦渣找坡层：按 1∶6 水泥焦渣找坡，炉渣应经筛选，不含杂质。找坡前应先根据保温层厚度拉线找出 2%坡度，做好操纵点，在栏板四周弹线操纵，铺设依次由一端退着向另一端举行，并留好分格缝，一般分格缝的间距为不大于 6 m，分格缝用模板分格，并用平板振动器振捣密实。外观抹平，做成粗糙面，以利与上部找平层结合。

③ 找平层施工：找平层施工前应先在分格缝里填经筛过的明净的碎石做为排气道，并埋好通气管，高出屋面 30 cm，管根打孔透气，埋设在分格缝的交错处。找平层施工的质量好坏，对保证防水层的质量有紧密关系。铺砂浆前，基层外观应清扫明净并洒水润湿，砂浆铺设应由远到近、由高到低举行，最好在每分格内一次连续铺成，严格掌管坡度，可用 2 m 左右长的方尺找平。待砂浆收水后，用抹子压实抹平。

模块任务

不少业主在验房时发现墙体抹灰层经常会出现起鼓、裂缝及脱落等现象，你知道为什么会出现这种现象吗？

9.1 抹灰工程

抹灰工程：用灰浆涂抹在房屋建筑的墙、地、顶棚等表面上的一种传统做法的装饰工程。

抹灰工程包括一般抹灰和装饰抹灰的施工。一般抹灰是指石灰砂浆、水泥混合砂浆、水泥砂浆、聚合物水泥砂浆、膨胀珍珠岩水泥砂浆和麻刀石灰、纸筋石灰、石膏灰等抹灰。一般抹灰适用于内墙面抹灰，其中水泥混合砂浆、水泥砂浆、聚合物水泥砂浆抹灰也可用于外墙面抹灰；装饰抹灰是指面层为水刷石、水磨石、斩假石、干粘石、假面砖、拉条灰、洒毛灰、喷砂、喷涂、滚涂、弹涂、仿石和彩色抹灰等。装饰抹灰适用于外墙面，其中水磨石、彩色抹灰也可用于内墙面抹灰。

9.1.1 一般抹灰施工

施工工艺：

墙面抹灰：基层处理→弹线、找规矩、套方→贴饼、冲筋→做护角→抹底灰→抹罩面灰→抹水泥灰窗台板→抹墙裙、踢脚。

顶板抹灰：基层处理→弹线、找规矩→抹底灰→抹中层灰→抹罩面灰。

1. 内墙一般抹灰

（1）找规矩：四角找方、横线找平、竖线吊直，弹出顶棚、墙裙及踢脚板线。根据设计，如果墙面另有造型时，按图纸要求实测弹线或画线标出。

（2）做标筋：较大面积墙面抹灰时，为了控制设计要求的抹灰层平均总厚度尺寸，先在上方两角处以及两角水平距离之间 1.5 m 左右的必要部位做灰饼标志块。可采用底层抹灰砂浆或是采用横向水平冲筋，横向水平冲筋较有利于控制大面与门窗洞口在抹灰过程中保持平整。

（3）做护角：为防止门窗洞口及墙（柱）面阳角部位的抹灰饰面在使用中容易被碰撞损坏，应采用 1∶2 水泥砂浆抹制暗护角，以增加阳角部位抹灰层的硬度和强度。护角部位的高度不应低于 2 m，每侧宽度不应小于 50 mm。

（4）底、中层抹灰：在标筋及阳角的护角条做好后，在墙面标筋之间即可进行底层和中层抹灰。底层抹灰凝结后再进行中层抹灰，厚度略高出标筋，然后用刮杠按标筋整体刮平。待中层抹灰面全部刮平时，再用木抹子搓抹一遍，使表面密实、平整。

（5）面层抹灰：待中层砂浆达到凝结程度，即可抹面层，面层抹灰必须保证平整、光洁、无裂痕。

2. 外墙一般抹灰

（1）找规矩：建筑外墙面抹灰同内墙抹灰一样要设置标筋，但因为外墙面自地坪到檐口的整体灰面过大，门窗、雨篷、阳台、明柱、腰线、勒脚等都要横平竖直，而抹灰操作必须是自上而下住逐一步架地顺序进行，因此，外墙抹灰找规矩需在四大角先挂好垂直通线，然后于每步架大角两侧选点弹控制线、拉水平通线，再根据抹灰层厚度要求做标志块灰饼以及抹制标筋。

（2）贴分格条：外墙大面积抹灰饰面，为避免罩面砂浆收缩后产生裂缝等不良现象，一般均设计有分格缝，分格缝同时具有美观的作用。

（3）抹灰：目前采用较多的为水泥砂浆，配合比通常为水泥：砂 = 1：（2.5 ~ 3）。

3. 顶棚一般抹灰

（1）弹线、找规矩：根据标高线，在四周墙上弹出靠近顶板的水平线，作为顶板抹灰的水平控制线。

（2）抹底灰：先将顶板基层润湿，然后刷一道界面剂，随刷随抹底灰。底灰一般用 1：3 水泥砂浆（或 1：0.3：3 水泥混合砂浆），厚度通常为 3 ~ 5 mm。以墙上水平线为依据，将顶板四周找平。抹灰时需用力挤压，使底灰与顶板表面结合紧密。最后用软刮尺刮平，木抹子搓平、搓毛。局部较厚时，应分层抹灰找平。

（3）抹中层灰：抹底灰后紧跟着抹中层灰以保证中层灰与底灰黏结牢固。先从板边开始，用抹子顺抹纹方向抹灰，用刮尺刮平，木抹子搓毛。

（4）抹罩面灰：罩面灰采用 1：2.5 水泥砂浆（或 1：0.3：2.5 水泥混合砂浆），厚度一般为 5 mm 左右。待中层灰约六七成干时在表面上薄薄地刮一道聚合物水泥浆，紧接着抹罩面灰，用刮尺刮平，再用铁抹子抹平压实压光，使其黏结牢固。

9.1.2　装饰抹灰施工

装饰抹灰主要包括水刷石、斩假石、干粘石和假面砖等项目，如若处理得当并精工细作，其抹灰层既能保持与一般抹灰的相同功能，又可取得独特的装饰艺术效果。

1. 水刷石装饰抹灰

（1）底、中层抹灰：应按设计规定，一般多采用 1：3 水泥砂浆进行底、中层抹灰，总厚度约为 12 mm。

（2）水刷石面层施工：抹水泥石粒浆之前，要等待中层砂浆凝结硬化后，按设计要求弹分格线并粘贴分格条，然后根据中层抹灰的干燥程度适当洒水湿润，用铁抹子满刮水灰比为 0.37 ~ 0.40（内掺适量的胶粘剂）的聚合物水泥浆一道，随即抹面层水泥石粒浆。

（3）喷水冲刷：冲水是确保水刷石饰面质量的重要环节之一，如冲洗不净会使水刷石表面色泽晦暗或明暗不一。当罩面层凝结（表面略有发黑，手感稍有柔软但不显指痕），用刷子刷扫石粒不掉时，即可开始喷水冲刷。喷刷分两遍进行，第一遍先用软毛刷蘸水刷掉面层水泥浆露出石粒；第二遍随即用喷浆机或喷雾器将四周相邻部位喷湿，然后由上往下顺序喷水。喷射要均匀，喷头距墙面 100 ~ 200 mm，将面层表面及石粒间的水泥浆冲出，使石粒露出表面 1/3 ~ 1/2 粒径，达到清晰可见。冲刷时要做好排水工作，使水不会直接顺墙面流下。

（4）喷刷完成后即可取出分格条，刷光并清理干净分格缝，并用水泥浆勾缝。

2. 斩假石装饰抹灰

斩假石又称剁斧石，是在水泥砂浆抹灰中层上批抹水泥石粒浆，待其硬化后用剁斧、齿斧及钢凿等工具剁出有规律的纹路，使之具有类似经过雕琢的天然石材的表面形态，即为斩假石（錾假石）装饰抹灰饰面。所用施工工具除一般抹灰常用工具外，尚需备有剁斧（斩斧）、单刃或多刃斧、花锤（棱点锤）、钢凿和尖锥等。

9.1.3 抹灰施工实训

1. 材料及机具

1）主要材料

（1）水泥：325 号及以上普通水泥，颜色一致，宜采用同一批号的产品，不同品种的水泥不得混合使用。

（2）砂：平均粒径 0.35 ~ 0.5 mm 的中砂，砂颗粒要求坚硬洁净，不得含有黏土、草根、树叶、碱质及其他有机物等有害物质，砂在使用前应过筛备用。

2）主要机具

砂浆搅拌机、窄手推车、铁锹、筛子、水桶、灰桶、灰勺、刮杠、木杠、靠尺板、线坠、钢卷尺、方尺、托灰板、铁抹子、压子、木抹子、塑料抹子、八字靠尺、方口尺、阴角抹子、阳角抹子、小压子、金属水平尺、捋角器、喷壶、小线、铁锤、钳子、钉子、托线板等。

2. 外墙抹灰实训工艺

1）工艺流程

墙面清理→不同材料基体交接处挂网→混凝土面喷浆→浇水湿墙面→吊垂直、套方、抹灰饼、充筋→弹灰层控制线→抹底层砂浆→弹线分格→贴分格条→抹面层砂浆→养护。

2）外墙抹灰的工艺要点

（1）基层处理。将墙面上残存的砂浆、污垢、灰尘等清理干净，用水浇墙，将砖缝中的尘土冲掉，将墙面润湿。浇水湿润墙面应在抹灰前一天进行，抹灰时墙面不得有明水。

（2）挂线、做标志块（灰饼）、冲筋。外墙面抹灰与内墙一样要挂线，做标志块（灰饼）、标筋。但因外墙面由檐口到地面抹灰面积大，门窗、阳台、明柱、腰线等面积都要横平竖直，而抹灰操作则必须一步架一步架往下抹。因此，外墙抹灰找规矩要在四角先挂好自上往下垂直通线（多层及高层楼房应用钢丝线垂下），然后根据大致决定的抹灰厚度，每步架大角两侧弹上控制线，再拉横向水平通线，横向水平线依据实际尺寸 + 50 cm 线为水平基准线进行交圈控制，并弹水平线，然后按抹灰操作层抹灰饼，每层抹灰时以灰饼做基准冲筋，以保证横平竖直。飘窗侧板、空调侧板、阳台、飘窗板等必须挂自上往下垂直通线。

（3）抹底层砂浆。底层砂浆配合比为水泥：砂 = 1：3，厚度约 12 mm。要用力抹，使砂浆挤入细小缝隙内，分层装档，压实抹平，与冲筋平时，用刮尺垂直水平刮平，不得漏抹，并用木抹子搓毛。然后全面进行质量检查，检查底子灰是否抹平整，阴阳角是否规方整洁，管道后与阴角交接处、墙顶板交接处是否光滑平整，并用 2 m 标尺板检查墙面垂直和平整情况，墙的阴角，先用方尺上下核对方正，然后用阴角器上下抽动扯平，使室内四角方正。

（4）弹线分格、贴分格条。根据图纸要求弹线分格、粘分格条。分格条采用塑料装饰条制作，粘前应用水充分浸透。粘时在条两侧用素水泥浆抹成 45°八字坡形。粘分格条时竖条粘在所弹立线的同一侧，防止左右乱粘，出现分格不均匀。分格条粘好后待底层七八成干后可抹面层灰。

（5）抹面层砂浆。面层砂浆配合比为水泥：砂 = 1：2.5，厚度约 8 mm。将底灰墙面浇水均匀湿润，先刮一层薄薄的素水泥浆，随即抹罩面灰与分格条平，并用木杠横竖刮平，木抹子搓毛，铁抹子溜光、压实。待其表面无明水时，用软毛刷蘸水垂直于地面向同一方向轻刷一遍，以保证面层灰颜色一致，避免出现收缩裂缝。

（6）养护。水泥砂浆抹灰常温 24 h 后应及时喷水养护。

3. 抹灰质量控制与检验标准

（1）基层表面的尘土、污垢、油渍等应清除干净。

（2）抹灰所用材料的品种、性能和砂浆配合比应符合设计要求。水泥凝结时间和安定性复检应合格。

（3）抹灰层与基层之间及各抹灰层之间必须黏结牢固，无脱层、空鼓、面层应无爆灰和裂缝。

（4）抹灰的表面质量：抹灰表面应平整光滑、洁净、接槎平整、颜色均匀，无抹痕，线角和灰线平直、方正，清晰美观。

（5）一般抹灰工程质量的允许偏差和检验方法应符合表 9.1 的规定。

表 9.1　一般抹灰的允许偏差和检验方法

序号	项　目	允许偏差	检验方法
1	立面垂直度	4 mm	用 2 m 垂直检测尺检查
2	表面平整度	4 mm	用 2 m 靠尺和塞尺检查
3	阴阳角方正	4 mm	用直角检测尺检查
4	分格条（缝）直	4 mm	用 5 m 线，不足 5 m 拉通线，用钢直尺检查
5	墙裙、勒脚上口直线度	4 mm	用 5 m 线，不足 5 m 拉通线，用钢直尺检查

注：普通抹灰，本表第 3 项阴角方正可不检查。

4. 成品保护

实训过程中应采取下列成品保护措施：

（1）各工种在实训中不得污染、损坏其他工种的半成品、成品。

（2）材料表面保护膜不得损坏。

5. 注意事项

（1）检查墙面：用靠尺检查墙面平整情况，对局部高出部分可作适当剔凿处理，但不得破坏墙内钢筋。对局部低洼处，可用 1∶2.5 水泥砂浆分层找抹，分层厚度为 6～10 mm，找平总厚度不得大于 25 mm。对厚度大于 25 mm 的抹灰层必须加设网格布，并经质量和技术有关人员论证后方可抹灰。抹灰前必须先进行基层界面处理。

（2）基层界面处理：基层为混凝土的梁、柱、板应对其表面进行“毛化”处理，将光滑的表面清扫干净，用 10%火碱水除去混凝土表面的油污后，将碱液冲洗干净后晾干，采用机械喷涂或用笤帚甩上一层水泥浆（内掺用水量 10%的 108 胶），使其凝固在光滑的基层表面。

（3）必须做标志块（灰饼），不能用铁钉代替标志块（灰饼）。

（4）砂浆搅拌必须在搅拌机搅拌，并严格按照实训图配合比下料，不能私自在楼面搅拌砂浆。

（5）抹灰砂浆应在搅拌后 3 h 内全部用完，每个工作组应根据实际操作情况拌制抹灰砂浆；砂浆必须当天用完，剩余的砂浆第二天不能继续用。

（6）养护：抹灰 24 h 后要及时进行养护，养护采用浇水养护。

（7）成品保护：墙体抹灰后，要注意成品保护，搬运较长的物体要注意碰装墙面，必要时可加设护角保护。

6. 安全注意事项

（1）实训现场必须着实训服、戴好安全帽，系好帽带。

（2）实训现场不得随意动用机械设备，防止触电、机械伤人等安全事故发生。

（3）抹灰用架体必须搭设牢固。

9.2　门窗安装工程

9.2.1　木门窗的安装

1. 门窗工程的施工分类

门窗工程的施工可分为两大类：一类是由工厂预先加工拼装成型，在现场安装；另一类是在现场根据设计要求加工、制作，及时安装。

2. 木门窗安装

木门窗安装施工工艺流程：放线找规矩→洞口修复门窗框安装→嵌缝处理→门窗扇安装。

（1）放线找规矩。以顶层门窗位置为准，从窗中心线向两侧量出边线，用垂线或经纬仪将顶层门窗控制线逐层引下，分别确定各层门窗安装位置；再根据室内墙面上已确定的“50 线”，确定门窗安装标高；然后，根据墙身大样图及窗台板的宽度，确定门窗安装的平面位置，在侧面墙上弹出竖向控制线。

（2）洞口修复。门窗框安装前，应检查洞口尺寸大小、平面位置是否准确，如有缺陷应及时进行剔凿处理。检查预埋木砖的数量及固定方法应符合下列要求：

① 高为 1.2 m 的洞口，每边预埋两块木砖；高为 1.2 ~ 2 m 的洞口，每边预埋三块木高为 2 ~ 3 m 的洞口，每边预埋 4 块木砖。

② 当墙体为轻质隔墙和 120 mm 时，应采用预埋木砖的混凝土预制块，混凝土等级不应低于 C15。

（3）门窗框安装。门窗框安装时，应根据门窗扇的开启方向，确定门窗框安装的裁口方有窗台板的窗，应根据窗台板的宽度确定窗框位置；有贴脸的门窗，立框应与抹灰面方平；中立的外窗以遮盖住砖墙立缝为宜。门窗框安装标高以室内“50 线”为准，用木楔将程临时固定于门窗洞口内，并立即使用线坠检查，达到要求后塞紧固定。

（4）嵌缝处理。门窗框安装完成经自检合格后，在抹灰前应进行塞缝处理。塞缝材料应符合设计要求，无特殊要求者用掺有纤维的水泥砂浆嵌实缝隙，经检验无漏嵌和空嵌现象后，方可进行抹灰作业。

（5）门窗扇安装。安装前，按图样要求确定门窗的开启方向及装锁位置，以及门窗口的尺寸是否正确。将门扇靠在框上，画出第一道修刨线。如扇小，应在下口和装合页的一面 5 站木条，然后修刨合适。第一次修刨后的门窗扇，应以能塞人口内为宜。第二次修刨门宿扇后，继縢尺寸合适，同时在框、扇上标出合页位置，定出合页安装边线。

9.2.2　铝合金门窗安装

1. 工艺流程

画线定位，防腐处理→铝合金窗户的安装就位→固定铝合金窗　窗框与墙体间缝隙的处理→安装窗扇及窗玻璃→安装五金配件。

2. 施工工艺

1）画线定位

根据设计图纸中窗户的安装位置、尺寸，依据窗户中线向两边量出窗户边线。

多层地下结构时，以顶层窗户边线为准，用经纬仪将窗边线下引，并在各层窗户口处画线标记，对个别不直的窗口边应及时处理。

窗户的水平位置应以楼层室内 + 50 cm 的水平线为准，量出窗户下皮标高，弹线找直。每一层同标高窗户必须保持窗下皮标高一致。

2）防腐处理

窗框四周外表面的防腐处理应按设计要求进行。如设计无要求时，可涂刷防腐涂料或粘贴朔料薄膜进行保护，以免水泥砂浆直接与铝合金门窗表面接触，产生电化学反应，腐蚀铝合金门窗。

安装铝合金窗户时，如果采用连接铁件固定，则连接铁件、固定件等安装用金属零件应优先选用不锈钢件，否则必须进行防腐处理，以免产生电化学反应，腐钟铝合金窗户。

3）铝合金窗户的安装就位

根据画好的窗户定位线安装铝合金窗框，并及时调整好窗框的水平、乖直及对角线长度等符合质量标准，然后用大楔临时固定窗框。

4）固定铝合金窗

当墙体上预埋有铁件时，可把铝合金窗框上的铁脚直接与墙体上的预埋铁件焊牢；当墙体上没有预埋铁件时，可用金属膨胀螺栓或塑料膨胀螺栓将铝合金窗的铁脚固定到墙上。混凝土墙体可用射钉枪把铝合金窗的铁脚固定到墙体上：当墙体上没有预埋件时，也可用电锤在墙体上钻 80 mm 深、直径为ϕ6 的孔，用 L 形 80 mm × 50 mm 的 d6 钢筋，在长的一端粘涂 107 胶水泥浆，然后打入孔中。待 107 胶水泥浆终凝后，再将铝合金门窗的铁脚与埋置的 b6 钢筋焊牢。

铝合金门窗常用的固定方法如图 9.1 所示。

5）窗框与墙体间缝隙的处理

铝合金窗安装固定后，应先进行隐蔽工程验收。合格后及时按设计要求处理窗框与墙体之间的缝隙。

如果设计没有要求时，可采用矿棉或玻璃棉毡条分层填塞门窗框与墙体间的缝隙，外表面留 5 ~ 8 mm 深槽口填嵌密封胶，严禁用水泥砂浆填塞。

6）安装窗扇及窗玻璃

窗扇和窗户玻璃应在洞口墙体表面装饰完工后安装；平开窗户在框与扇格架组装上墙、安装固定好后再安玻璃，即先调整好框与扇的缝隙，再将玻璃安人框、扇并调整好位置，最后镶嵌密封条、填嵌密封胶。

7）安装五金配件

五金配件与窗户连接用镀锌螺钉。安装的五金配件应结实牢固，使用灵活。

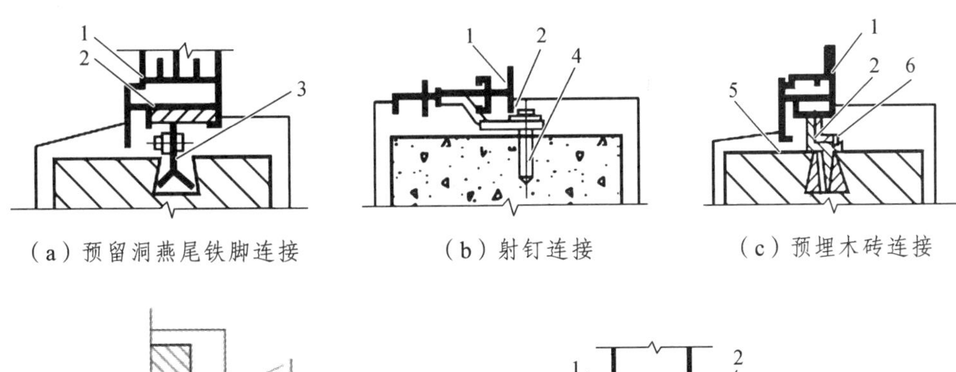

（a）预留洞燕尾铁脚连接　（b）射钉连接　（c）预埋木砖连接

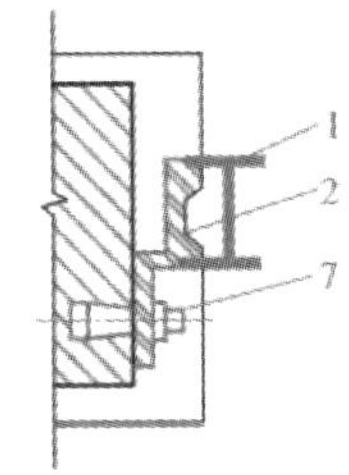

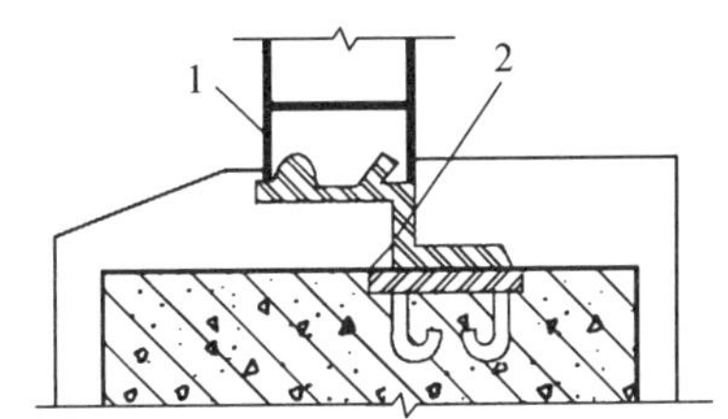

（d）膨胀螺钉连接　（e）预埋铁件焊接连接

1—门窗框；2—连接铁件；3—燕尾铁脚；4—射（钢）钉；
5—木砖；6—木螺丝；7—膨胀螺丝。

图 9.1　铝合金门窗常用的固定方法

9.2.3　塑钢门窗安装

1. 施工准备工作

（1）塑钢门窗安装前，应先认真熟悉图样，核实门窗洞口位置、洞口尺寸，检查门窗的型号、规格、质量是否符合设计要求。如图样对门窗框位置无明确规定时，施工负责人据工程性质及使用具体情况，做统一交底，明确开向、标高及位置（墙中、里平或外平等）。

（2）安装门窗框时，上、下层窗框应吊齐、对正；在同一墙面上有几层窗框时，每层都要拉通线找平窗框的标高。

（3）门窗框安装前，应对 + 50 cm 线进行检查，并找好窗边垂直线及窗框下皮标高的控制线、拉通线，以保证门窗框高低一致。

（4）塑钢门窗安装工程应在主体结构分部工程验收合格后，方可进行施工。

（5）塑钢门窗及其配件、辅助材料应全部运到施工现场，数量、规格、质量应完全符合设计要求。

2. 塑钢门窗安装工艺流程

塑钢门窗安装工艺流程：轴线、标高复核→原材料、半成品进场检验→门窗框定位→安装门窗框（后塞口）→塑钢门窗扇安装→五金安装→嵌密封条一验收。

（1）立门窗框前要看清门窗框在施工图上的位置、标高、型号、门窗框规格、门扇开启方向及门窗框是内平、外平或是立在墙中等，根据图样设计要求在洞口上弹出立口的安装线，照线立口。

（2）预先检查门窗洞口的尺寸、垂直度及预埋件数量。

（3）塑钢门窗框安装时用木楔临时固定，待检查立面垂直、左右间隙大小、上下位置一致，均符合要求后，再将镀锌锚固板固定在门窗洞口内。

（4）塑钢门窗与墙体洞口的连接要牢固可靠，门窗框的铁脚至框角的距离不应大于180 mm，铁脚间距应小于600 mm。

（5）塑钢门窗框上的锚固板与墙体的固定方法有预埋件连接、燕尾铁脚连接、金属膨胀螺栓连接、射钉连接等固定方法；当洞口为砖砌体时，不得采用射钉固定。

（6）塑钢门、窗框与洞口的间隙，应采用矿棉条或玻璃棉毡条分层填塞，缝隙表面留5 ~ 8 mm深的槽口嵌填密封材料。

（7）安装门窗扇时，扇与扇、扇与框之间要留适当的缝隙，一般情况下，留缝限值<2 mm。无下框时，门扇与地面之间留缝 4 ~ 8 mm。

（8）塑钢门、窗交工前，应将型材表面的塑料胶纸撕掉。如果塑料胶纸在型材表面留有胶痕，宜用香蕉水清洗干净。

9.3 饰面砖板工程

9.3.1 饰面砖施工

饰面砖一般在基层上进行粘贴，包括釉面瓷砖、外墙面砖、陶瓷锦砖和玻璃马赛克等。

1. 内墙釉面瓷砖施工

施工工艺：基层处理→抹底子灰→弹线、排砖→贴标志块→选砖、浸砖→镶贴面砖→面砖勾缝、擦缝及清理。

施工注意事项：

（1）基层处理好后，用 1∶3 水泥砂浆或 1∶1∶4 的混合砂浆打底，打底时要分层进行，每层厚度宜为 5 ~ 7 mm，总厚度一般为 10 ~ 15 mm，以能找平为准。

（2）排砖时水平缝应与门窗口齐平，竖向应使各阳角和门窗口处为整砖。

（3）为了控制表面平整度，正式镶贴前，在墙上粘废釉面瓷砖作为标志块，上下用拖线板挂直，作为粘贴厚度的依据。

（4）面砖镶贴前，应挑选颜色、规格一致的砖。将面砖清扫干净，放入净水中浸泡 2 h以上，取出待表面晾干或擦干净后方可使用。阴干时间通常为 3 ~ 5 h 为宜。

（5）铺贴釉面瓷砖宜从阳角开始，先大面，后阴阳角和凹槽部位，并由下向上、由左往右逐层粘贴。

（6）墙面釉面瓷砖用白色水泥浆擦缝，用布将缝内的素浆擦均匀。

2. 外墙面砖施工

施工工艺：基层处理→抹底子灰→弹线分格、排砖→浸砖→贴标准点→镶贴面砖→面砖勾缝、清理。

施工注意事项：

（1）清理墙、柱面，将浮灰和残余砂浆及油渍冲刷干净，再充分浇水润湿，并按设计要求涂刷结合层，再根据不同基本进行基层处理，处理方法同一般抹灰工程。

（2）打底时应分两层进行，每层厚度不应大于 5 ~ 9 mm，以防空鼓，设计无要求时底灰总厚度一般为 10 ~ 15 mm。第一遍抹后扫毛，待六七成干时，可抹第二遍，随即用木杠刮平，木抹搓毛，终凝后浇水养护。

（3）排砖时水平缝应与门窗口平齐，竖向应使各阳角和门窗口处为整砖。

（4）浸砖。与内墙釉面瓷砖相同。

（5）在镶贴前，应先贴若干块废面砖作为标志块，上下用托线板吊直，作为粘接厚度的依据。

（6）找平层经检验合格并养护后，宜在表面涂刷结合层，这样有益于满足强度要求，提高外墙饰面砖粘贴质量。

（7）镶贴应自上而下进行。

（8）勾缝应用水泥砂浆分皮嵌实，并宜先勾水平缝，后勾竖直缝。

9.3.2　饰面板施工

饰面板包括石材饰面板、金属饰面板、塑料饰面板、镜面玻璃饰面板等。

1. 石材饰面板施工

石材饰面板一般采用相应的连接构造进行安装，对薄型小规格块材，可采用粘贴方法安装。

粘贴方法施工工艺：基层处理→抹底层灰、中层灰→弹线分格→选料、预排→石材粘贴→嵌缝、清理→抛光打蜡。

粘贴石材一般用环氧树脂胶，先将胶分别涂抹在墙柱面和板块背面上，刷胶要均匀、饱满，然后准确地将板块粘贴于墙上。石材业可用灰浆粘贴，将厚度为 2 ~ 3 mm 的素水泥浆抹在已湿润的块材上直接进行镶贴。

2. 金属饰面板施工

对于小面积的金属饰面板墙面可采用胶粘贴法施工，胶粘贴法施工时可采用木质骨架。先在木骨架上固定一层细木工板，以保证墙面的平衡度与刚度，然后用建筑胶直接将金属饰面板粘贴在细木工板上。粘贴时建筑胶应涂抹均匀，使饰面板黏结牢固。

面积较大的金属饰面板一般通过卡条、螺栓或自攻螺丝等安装在承重骨架上，骨架通过固定及连接件与基体牢固相连。其施工工艺流程一般如下：

放线→饰面板加工→埋件安装→骨架安装→骨架防腐→保温、吸音层安装→金属饰面板安装→板缝打胶→板面清洁。

9.4 吊顶工程

吊顶是一种室内装修，具有美观、保温、防潮、吸声和隔热等作用，是现代装饰中的重要组成部分。吊顶由吊筋、龙骨和面层三部分组成。

9.4.1 吊筋安装

吊筋主要承受吊顶棚的重力，并将这一重力直接传递给结构层，同时还能用来吊顶的空间高度。现浇混凝土楼板吊筋做法如图 9.2 所示。

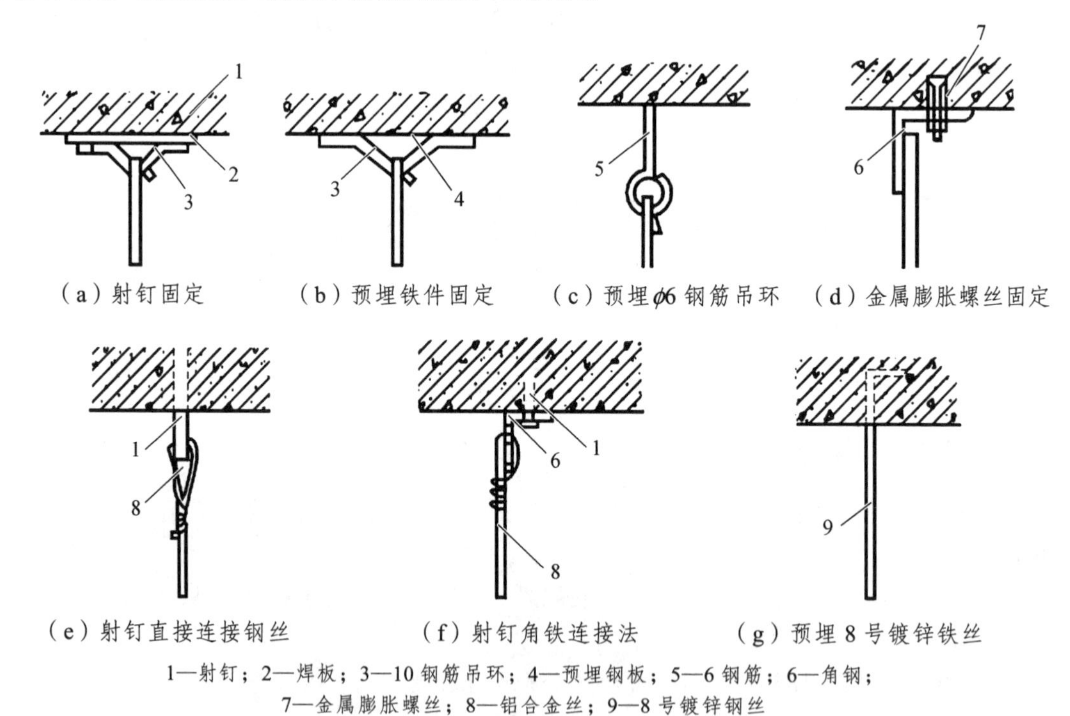

1—射钉；2—焊板；3—10 钢筋吊环；4—预埋钢板；5—6 钢筋；6—角钢；
7—金属膨胀螺丝；8—铝合金丝；9—8 号镀锌钢丝

图 9.2 现浇混凝土楼板吊筋做法

9.4.2 龙骨安装

按制作材料的不同，可分为木龙骨、轻钢龙骨和合金龙骨。

1. 木龙骨

吊顶骨架采用木骨架的构造形式。使用木龙骨其优点是加工容易，施工也较方便，容易做出各种造型，但因其防火性能较差，只能在局部空间内使用。木龙骨系统又分为主龙骨、次龙骨、横撑龙骨，木龙骨规格范围为 20 mm × 30 mm ~ 60 mm × 80 mm。在施工中应做防火、防腐处理。木龙骨吊顶的构造形式如图 9.3 所示。主龙骨沿房间短向布置，用事先预埋的钢筋圆钩穿上 8 号镀锌铁丝将龙骨拧紧，或用ϕ6 或ϕ8 螺栓与预埋钢筋焊牢，穿透主龙骨上紧螺母。吊顶的起拱一般为房间短向的 1/200。次龙骨安装时，按照墙上弹出的水平线，先钉四周小龙骨，然后按设计要求分档画线钉次龙骨，最后装横撑龙骨。

2. 轻钢龙骨

吊顶骨架可采用轻钢龙骨的构造形式。轻钢龙骨有很好的防火性能，再加上轻钢龙骨都是标准规格且都有标准配件，施工速度快，装配化程度高，轻钢骨架是吊顶装饰最常用的骨架形式。轻钢龙骨按断面形状可分为 U 形、C 形、T 形、L 形等几种类型；按荷载类型分有 U60 系列、U50 系列、U38 系列等几类。每种类型的轻钢龙骨都应配套使用。轻钢龙骨的缺点是不容易做成较复杂的造型。

3. 合金龙骨

合金龙骨常与活动面板配合使用，其主龙骨多采用 U60、U50、U38 系列及厂家定制的专用龙骨，其次龙骨则采用 T 形及 L 形的合金龙骨，次龙骨主要承担着吊顶板的承重功能，又是饰面吊顶板装饰面的封、压条。合金龙骨因其材质特点而不易锈蚀，但刚度较差，容易变形。

9.4.3　饰面板安装

1. 饰面板的安装

饰面板常有明装、暗装和半隐装三种安装方法。明装是指饰面板直接搁置在 T 形龙骨两翼上，纵、横 T 形龙骨架均外露；暗装是指饰面板安装后骨架不外露；半隐装是指饰面板安装后外露部分骨架。

2. 嵌缝处理

嵌缝时，采用石膏腻子和穿孔纸袋或网格胶带。在嵌缝前，应先将所有的自攻螺钉的钉头做防锈处理，然后用石膏腻子嵌平。待腻子完全干燥后（约 12 h），用 2 号纱布或砂纸将嵌缝石膏腻子打磨平滑，其中间部分可略微凸起，但要向两边平滑过渡。

9.5　隔墙工程

隔墙按用材可分为砖隔墙、玻璃隔墙、活动式隔墙等。

9.5.1　砖隔墙

砖隔墙砌筑隔墙一般采用半砖顺砌。砌筑底层时，应先做一个小基础；楼层砌筑时，必须砌在梁上，梁的配筋要经过计算。不得将隔墙砌在空心板上。隔墙用 M2.5 以上的砂浆砌筑。半砖隔墙两面都要抹灰，但为了不使抹灰后墙身太厚，砌筑两面应较平整。隔墙长度超过 6 m 时，中间要设砖柱；高度超过 4 m 时，要设钢筋混凝土拉结带。隔墙到顶时，不可将最上面一皮砖紧顶楼板，应预留 30 mm 的空隙，抹灰时将两面封住即可。

9.5.2　玻璃隔墙

1. 工艺流程

玻璃隔墙安装的工艺流程如下：定位放线→固定隔墙边框架→玻璃板安装→压条固定。

2. 施工工艺

（1）定位放线根据图纸墙位放墙体定位线。基底应平整、牢固。

（2）固定隔墙边框架根据设计要求选用龙骨，木龙骨含水率必须符合规范规定。金属框架时，多选用铝合金型材或不锈钢型材。采用钢架龙骨或木制龙骨，均应做好防火防腐处理，安装牢固

（3）玻璃板安装及压条固定把已裁好的玻璃按部位编号，并分别竖向堆放待用。安装玻璃前，应对骨架、边框的牢固程度、变形程度进行检查，如有不牢固应予以加固。玻璃与基架框的结合不宜太紧密，玻璃放入框内后，与框的上部和侧边应留有 3 ~ 5 mm 左右的缝隙，防止玻璃由于热胀冷缩而开裂。玻璃板与木基架的安装如下。

① 用木框安装玻璃时，在木框上要裁口或挖槽，校正好木框内侧后定出玻璃安装的位置线，并固定好玻璃板靠位线条

② 把玻璃装入木框内，其两侧距木框的缝隙应相等，并在缝隙中注入玻璃胶，然后钉上固定压条，固定压条宜用钉枪钉。

③ 对面积较大的玻璃板，安装时应用玻璃吸盘器将玻璃提起来安装

9.5.3　活动式隔墙

现阶段的活动式隔墙使用较多的是推拉直滑式隔墙，这种隔墙使用方便，安装简单，被大多数人们所喜爱。

1. 工艺流程

活动式隔墙安装的工艺流程如下：

定位放线→隔墙板两侧藏板房施工→上下导轨安装→隔扇制作→隔扇的安放与连接→密封条安装→调试验收。

2. 施工工艺

（1）定位放线按设计确定的隔墙位置，在楼地面弹线，并将线引测至顶棚和侧墙。

（2）隔墙板两侧藏板房施工根据现场情况和隔断样式设计藏板房及轨道走向，以方便活动隔板收纳，藏板房外围护装饰按照设计要求施工。

（3）上下导轨安装。

① 上轨道安装为装卸方便，隔墙的上部有一个通长的上槛，一般上槛的形式有两种：一种是槽形，另一种是 T 形。这两种上槛都是用钢、铝制成的。顶部有结构梁的，通过金属胀栓和钢架将轨道固定于吊顶上；无结构梁固定于结构楼板上，做型钢支架安装轨道，多用于悬吊导向式活动隔墙。

② 下轨道安装一般用于支承型导向式活动隔墙。当上部滑轮设在隔扇顶面的一端时，楼地面上要相应地设轨道，隔扇底面要相应地设滑轮，构成下部支承点。这种轨道断面多数是 T 形的。如果隔扇较高，可在楼地面上设置导向槽，在楼地面相应地设置中间带凸缘的滑轮或导向杆，防止在启闭的过程中出现摇摆。

（4）隔扇制作移动式活动隔墙的隔扇采用金属及木框架，两侧贴有木质纤维板或胶合板，根据设计要求覆装饰面。隔声要求较高的隔墙，可在两层板之间设置隔声层，并将隔扇的两个垂直边做成企口缝，以便使相邻隔扇能紧密地咬合在一起，达到隔声的目的。

（5）隔扇的安放与连接分别将隔扇两端嵌入上下槛导轨槽内，利用活动卡子连接固定，同时拼装成隔墙，不用时可打开连接将隔扇重叠置入藏板房内，以免占用使用面积。隔扇的顶面与平顶之间保持 50 mm 左右的空隙，以便于安装和拆卸。

（6）密封条安装隔扇的底面与楼地面之间的缝隙用橡胶或毡制密封条遮盖。隔墙板上下预留有安装隔声条的槽口，将产品配套的隔声条背筋塞入槽口内，当楼地面上不设轨道时，可在隔扇的底面设一个富有弹性的密封垫，并相应地采取专门装置，使隔墙于封闭状态时能够稍稍下落，从而将密封垫紧紧地压在楼地面，确保隔声条能够将缝隙较好地密闭。

9.6　涂饰及裱糊工程

9.6.1　涂饰施工

涂饰工程是指将涂料敷于建筑物或构件表面，并能与建筑物或构件表面材料很好地黏结，在干结后形成完整涂膜（涂层）的装饰饰面工程。建筑涂料是继传统刷浆材料之后产生的一种新型饰面材料，它具有施工方便、装饰效果好、经久耐用等优点。涂料涂饰是当今建筑饰面采用最为广泛的一种方式。

1. 外墙装饰工程材料要求

外墙装饰工程直接暴露在大自然中，受到风、雨、日晒的侵袭，故要求建筑涂料具有耐水、保色、耐污染、耐老化及良好的附着力，其外观给人以清新、典雅、明快之感，能获得建筑艺术的理想效果。根据涂料的形态可分为以下几种：

（1）乳液型外墙涂料。品种多、无污染、施工方便，但光泽度差，耐沾污性能较差，是通用型外墙涂料。

（2）溶剂型外墙涂料。生产简单、施工方便、涂料光泽度高，但对墙面的平整度有特别要求，否则在使用阶段易暴露不平整的地方，有溶剂污染，一般适用于工业厂房。

（3）复层外墙涂料。喷瓷型外观，光泽度高，具有一定的防水性，立体图案，美观性好，但施工过程比较复杂，价格较高，一般适用于建筑等级较高的外墙。

（4）砂壁状外墙涂料。仿石型外观，美观性好，但耐沾污性差，施工干燥期长，一般只能适用于仿石型外墙。

（5）氟碳树脂涂料。其比一般的涂料产品具有更好的耐久性、耐酸性、耐化学腐蚀性、耐热性、耐寒性、自熄性、不黏性、自润滑性和抗辐射性等优良特性，享有“涂料王”的盛誉。

2. 外墙装饰工程施工

外墙装饰工程施工工艺流程：基层处理→修补腻子满刮腻子→涂料涂饰。

（1）基层处理。如基层为混凝土墙面时，应对墙面的浮土、疙瘩等清除干净，表面的隔离剂、油污应用10%的碱水刷干净，然后用清水冲净；如基层为建筑物的抹灰面层时，在涂饰涂料前应刷抗碱封闭底漆；如基层为旧墙面时，应先清除酥散的旧装修层，并涂刷界面剂，干燥后用细砂纸轻磨磨平，并将粉尘扫净，达到表面光滑、平整。

（2）修补腻子。按照聚醋酸乙烯乳液：水泥：水＝1：5：1（质量比）的配比拌制成腻子用该腻子将基层墙面的缝隙及不平处填实填平，并把多余的腻子收净。待腻子干燥后，用砂纸磨平，并将尘土扫净。如发现还有不平之处，再复抹一遍腻子。

（3）满刮腻子。所采用腻子的配合比应为聚醋酸乙烯乳液：水泥：水＝1：5：1（质管比），刮腻子时应横刮或竖刮，并注意接槎和收头时腻子应刮净。每遍腻子干燥后，应用砂纸将腻子磨平，并将浮尘清理干净。如面层涂刷带颜色的浆料时，腻子应掺入适量与面层带颜色相协调的颜料。满刮腻子干燥后，应对墙面上的麻点、坑洼、刮痕等用腻子重新复找刮平、干燥后用细砂纸轻磨磨平，达到表面光滑、平整。

（4）涂料涂饰。

① 刷涂。刷涂是人工使用一些特制的毛刷进行涂饰施工的一种方法。其具有工具简单操作简单、施工条件要求低、适用性广等优点。除少数流平性差或干燥太快的涂料不宜采用刷涂外，大部分薄质涂料和后置涂料均可采用此法。但刷涂生产效率低、涂膜质量不宜控制，不宜用于面积很大的表面。

② 滚涂。滚涂是利用软毛辊、花样辊进行施工。该种方法具有设备简单、操作方便工效高、涂饰效果好等优点，要求涂膜厚薄均匀、平整光滑、不流挂、不露底，图案应完整清晰、颜色协调。

③ 喷涂。喷涂是利用喷枪将涂料喷于基层上的机械施工方法。其特点是外观质量好、工效高，适用于大面积施工，可通过调整涂料的黏度、喷嘴口径大小及喷涂压力获得平壁状、颗粒状或凹凸花纹状的涂层，要求喷涂时厚度均匀，平整光滑，不出现露底、皱纹、挂流、针孔、气泡和失光现象。

④ 弹涂。弹涂是借助专用的电动或手动的弹涂器，将各颜色的涂料弹到饰面基层上，形成直径为 2 ~ 8 mm、大小近似、颜色不同、互相交错的圆粒状色点或深浅色点相同的彩色涂层。需要压平或国轧花的，可待色点两成干后轧压，然后进行罩面处理，

9.6.2　裱糊施工

裱糊工程主要是指在室内平整光洁的墙面、顶棚面、柱面和室内其他构件表面，用壁纸、墙布等材料裱糊的装饰工程。

1. 材料要求

1）壁　纸

（1）纸面纸基壁纸。在纸面上有各种印花或压花花纹图案，价格便宜，透气性好，但因不耐水、不耐擦洗、不耐久、易破碎和不宜施工，故使用较少。

（2）天然材料面壁纸。用草、树叶、草席、芦苇、木材等支撑的墙纸。

（3）金属壁纸。在基层上涂金属膜制成的壁纸，具有不锈钢面与黄铜面的质感与光泽，一种金碧辉煌的感觉，适用于大厅、大堂等气氛热烈的场所。

（4）无毒 PVC 壁纸。无毒 PVC 壁纸不同于传统塑料壁纸，不但无毒且款式新颖，图案给人美观，是目前使用最多的壁纸。

2）墙　布

（1）装饰墙布。用丝、毛、棉、麻等纤维编织而成的墙布，具有强度大、静电小、无毒无光、无味、美观等优点，可用于室内高级饰面裱糊，但造价偏高。

（2）无纺墙布。用棉、麻等天然纤维，经过无纺成型上树脂、印制花纹而成的一种贴墙材料，它具有挺括、富有弹性、不宜折断、纤维不老化、对皮肤无刺激、美观、施工方便等特点；同时，还具有一定的透气性和防潮性，可擦洗而不褪色，适用于各种建筑物的室内墙面装饰。

3）胶粘剂

应按照壁纸和墙布的品种选配，具有粘结力强和防潮性、柔韧性、热伸缩性、防霉性、耐久性、水溶性等性能。常用的主要有 108 胶、聚醋酸乙烯胶粘剂、SG8104 胶等。

4）接缝带

常用的接缝带主要有玻璃网格布、丝绸条、绢条等。

5）底层涂料

粘贴前，应在基层面上先刷一遍底层涂料，作为封闭处理。

2. 裱糊工程的施工

裱糊工程的施工工艺流程：基层处理→满刮腻子→弹线找规矩→计算用料、裁纸→润纸→刷胶、糊纸。

1）基层处理

如基层为混凝土墙面时，应对墙面的浮土、疙瘩等清除干净，表面的隔离剂、油污应用10%的碱水（火碱：水＝1：10）刷干净，然后用清水冲净；如基层为建筑物的抹灰面层时，在涂饰涂料前应刷抗碱封闭底漆；如基层为旧墙面时，应先清除酥散的旧装修层，并涂刷界面剂。基层表面平整度、立面垂直度及阴阳角方正，应达到高级抹灰的要求。

2）满刮腻子

腻子的质量配合比：聚醋酸乙烯乳液：滑石粉或大白粉：2%羧甲基纤维素溶液＝1：5：3.5。混凝土墙面在清扫干净的墙面上刮1～2道腻子，干后用砂纸磨平、磨光；抹灰墙面可满刮1～2道腻子找平、磨光，但不可磨破灰皮；石膏板墙先用嵌缝腻子将缝堵实堵严，再粘贴玻璃网格布或丝绸条、绢条等接缝带，然后局部刮腻子补平。基层腻子应平整、坚实、牢固，无粉化、起皮和裂缝现象；腻子的粘结强度应符合《建筑室内用腻子》（JG/T 298—2010）的规定

3）弹线找规矩

将顶棚的对称中心线通过套方、找规矩的办法弹出中心线，以便从中间向两边对称控制。并将房间四角的阴阳角通过吊垂直、套方、找规矩，并按照壁纸的尺时进行分块弹线控制。

4）计算用料、裁纸

根据设计要求决定壁纸的粘贴方向，然后计算用料、裁纸；应按所量尺寸每边留出20～30 mm余量，一般应在案子上裁割，将裁好的纸用湿温毛巾擦后折好待用。

5）润　纸

壁纸裱糊前，应先在壁纸背面刷清水一遍，随即刷胶；或将壁纸浸人水中3～5 min后取出将水擦净，静置15 min后再进行刷胶。如果在干纸上刷胶后立即上墙裱糊，纸虽被胶固定，但仍会继续吸湿膨胀，因此，墙面上的纸必然出现大量气泡、褶皱；如润纸后再铺贴到基层上，即使裱糊时有少量气泡，干后也会自动胀平。

6）刷胶、糊纸

室内裱糊时，宜按照先裱糊顶棚后裱糊墙面的顺序进行。

（1）顶棚裱糊。裱糊顶棚壁纸时，在纸的背面和顶棚的粘贴部位刷胶，应注意按壁纸宽度刷胶，不宜过宽，铺贴时，应从中间开始向两边铺贴。第一张应按已弹好的线找直粘牢周，应注意纸的两边各甩出10～20 mm不压死，以满足第二张铺贴时的拼接压槎对缝的要求。然后用同样的方法铺贴第二张，两纸搭接10～20 mm，用金属直尺比齐，用壁纸切，随即将搭槎处两张纸条撕去，用刮板带胶将缝隙刮实压牢，最后用湿温毛巾将接缝处辊压出的胶痕擦净，依次进行。

（2）墙面裱糊。裱糊墙面壁纸时，应分别在纸上及墙上刷胶，其刷胶宽度应相吻合，墙面上刷胶一次不应过宽。裱糊应从墙的阴角开始铺贴第一张，按已画好的垂直线吊直，并从上向下用手铺平，刮板刮实，用小棍子将上、下阴角处压实。在墙面上遇到有电门、插销盒时，应在其位置上破纸作为标记，并且在裱糊阳角时，不允许甩槎接缝，阴角处应裁纸搭缝，不允许整纸铺贴，避免产生空鼓与皱褶。

（3）拼接裱糊。如施工中遇壁纸需拼接时，应符合下列要求：

① 壁纸的拼缝处花形应对接拼搭好。

② 铺贴前应注意花形及壁纸的颜色力求一致。

③ 墙与顶壁纸的搭接应根据设计要求而定，一般有挂镜线的房间应以挂镜线为界，没有挂镜线的房间应以弹线为准。

④ 花形拼接如出现困难时，错槎应尽量甩到不显眼的阴角处，大面不允许出现错槎和花形混乱的现象。

壁纸粘贴完成后应认真检查，对墙纸的翘边翘角、气泡、皱折及胶痕未处理等情况，应进行及时的处理和修正，保证裱糊质量。

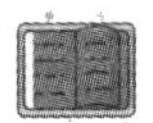

模块小结

本模块主要介绍了抹灰工程、门窗工程、饰面工程、吊顶工程、隔墙工程、涂料及裱糊工程等。抹灰工程包括一般抹灰与装饰抹灰；门窗工程主要介绍了木门窗和铝合金门窗及塑钢门窗；饰面工程主要介绍了饰面砖镶贴与饰面板安装；还着重介绍了吊顶、隔墙工程、涂料及裱糊工程等内容。本项目内容繁多，重点介绍了装饰工程中的各种工程的施工工艺及施工要点。

任务评价

（1）将全班学生分成若干组，每组 4 ~ 5 人。

（2）每组学生根据所学知识，并上网查询资料，将抹灰的主要方法及其特点等相关内容制成 PPT 文件，每组派出一名代表在课堂上进行讲解。（讲解时间控制在 5 min 左右）

（3）老师按下表给各小组打分。

任务评分表

评分标准	满分	实际得分	备注
积极参与活动	25		
内容扣题、正确	25		
讲解流畅	25		
其他	25		
总分	100		

习　题

一、填空题

1. 冲筋根数应根据房间的宽度和高度确定，一般冲筋宽度为＿＿＿＿＿＿，两筋间距不应大于 1.5 m。

2. 水泥砂浆抹灰常温 24 h 后应＿＿＿＿＿＿养护，冬期施工要有保温措施。

3. 装饰抹灰除具有与一般抹灰相同的功能外，主要使＿＿＿＿＿＿更加鲜明。

4. 待底面灰六七成干时，首先将墙面润湿涂一层＿＿＿＿＿＿，然后开始用钢抹子抹面层水泥石子浆。

5. 饰面板的安装工艺有传统＿＿＿＿＿＿、干挂法和直接粘贴法。

二、单选题

1. 一般抹灰基层，不同材料交接处应铺设金属网，搭缝宽度从缝边起每边不得小于（　　）mm。

A. 50　　B. 100　　C. 150　　D. 200

2. 分格条宜采用红松制作也可以采用（　　），木分格条粘前应用水充分浸透。

A. 塑料分格条　　B. 弹线分格条　　C. 起分格条　　D. 钢材分格条

3.（　　）又称剁斧石，是仿制天然石料的一种建筑饰面，但由于其造价高、工效低，一般适用于小面积的外装饰工程。

A. 干粘石　　B. 水刷石　　C. 斩假石　　D. 大理石

4. 饰面板湿作业法施工，灌注砂浆一般采用（　　）的水泥砂浆，稠度为 80～150 mm。

A. 1∶2　　B. 1∶2.5　　C. 1∶3　　D. 1∶3.5

三、简答题

1. 外墙抹灰施工工艺包括哪些内容？
2. 干粘石施工要点包括哪些内容？
3. 大理石饰面板干挂法施工要点包括哪些内容？
4. 整体面层地面施工面层压光包括哪些内容？
5. 裱糊工程中墙布分为哪几种？

模块 10　绿色施工

知识目标

1. 绿色施工的基本概念、原则、基本要求、绿色施工整体框架。
2. 绿色施工技术要点。

技能目标

1. 通过对绿色施工概念的学习，巩固已学的绿色施工的基本知识，了解绿色施工的基本概念、原则、基本要求和绿色施工整体框架。

2. 通过对绿色施工技术的学习，掌握绿色施工管理、环境保护的技术要点、节材与材料资源利用的技术要点、节水与水资源利用的技术要点、节能与能源利用的技术要点、节地与施工用地保护的技术要点等。

价值目标

建筑施工过程中会产生大量灰尘、噪声、有毒有害气体、废物等，对环境品质造成严重的影响，也将有损于现场工作人员、使用者以及公众的健康。《建筑法》规定，建筑施工企业应当遵守有关环境保护和安全生产的法律、法规的规定，采取控制和处理施工现场的各种粉尘、废气、废水、固体废弃物以及噪声、振动对环境的污染和危害的措施。本模块首先指出建筑施工中存在的诸多环境污染问题，以此引入模块任务，告诉学生实施绿色施工的必要性，重点阐述了绿色施工的概述、绿色施工技术要点，帮助学生树立绿色发展理念，以人为本，绿色未来；培养学生精益求精、严谨的大国工匠精神。

施工现场环境保护制度

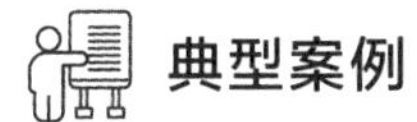

典型案例

某培训中心工程绿色施工实例

1. 工程概况

某培训中心是一个集教学、办公、会议为一体的多功能综合性建筑，由 A、B、C、D、E 五个区域组成，总建筑面积 36 659 m^2，教学区 A、B、C 栋为四层，报告厅 D 为 2 层，宿舍区 E 栋为 7 层，均设地下 1 层，框架结构，工程于 2012 年 9 月 1 日开工，2013 年 12 月 1 日竣工。

2. 绿色施工组织方案及实施

1）绿色施工组织体系

为了贯彻国家建筑业的产业政策，加强绿色施工的指示和管理，成立以总公司、分公司、项目部的三级绿色施工领导小组。

2）绿色施工措施

为了更好地实现绿色施工，施工单位通过科学管理和技术进步，努力做到最大限度地节约资源与减少对环境负面的影响，实现“四节一环保”，即节地、节能、节水、节材。

（1）节地措施

工程施工阶段，施工单位对施工现场的合理布置，对后继工程用临设提前考虑综合利用，对噪声产生大的设备加以封闭，以保证施工期间的土地节约和环境保护，主要措施有：① 现场办公和生活用房的布置充分考虑工程二、三期工程的使用，减少临设重复占用土地的次数。临时建筑在搭设时，沿着建筑物北侧拟建东西向 9 m 宽道路搭设，避开一期工程的汽车坡道、广场等室外用地。一期工程竣工后，在道路和临设之间搭设临时围挡，即可作为二、三期工程的用房，可减少重复占用土地 1 250 m^2。② 利用该工程施工现场环境好、场地开阔的优势，所有开挖的土方均在现场南侧存放，利用存土作为回填土使用，在减少土资源浪费的同时，可降低工程成本。③ B、D 区基坑土方开挖采用土钉墙喷锚技术，以减少土方开挖量，最大限度地减少对土地的扰动，保护施工现场周边的自然生态环境。同时比自然放坡开挖减少 8 000 m^3 土方量，少占 1 020 m^2 的土地。④ 合理选择施工主要道路位置。道路硬化后，在二期和三期工程中仍可继续使用，可减少道路重复占地面积 1 900 m^2，减少硬化混凝土 2 800 m^3。⑤ 与市环保局签订环境监测协议，由市环保局负责定期对施工期间的空气质量、土质、水质、噪声进行监测，确保各项环保指标达标。⑥ 施工和生活垃圾均设置分拣池，分拣出的可回收垃圾过筛分类后，能作回填的立即使用。⑦ 建立封闭式垃圾站，防止对气体污染。垃圾外运采用封闭式运输车，避免产生污染。

（2）节能措施

施工阶段，施工单位采用多块电表在场区内分区计量用电量，并制定了详细的“人走灯灭，人走机停”等措施，以保证施工期间最大化节能：① 施工期间共计采用 14 个电表，测控现场用电量，有专人记录并负责管理。② 办公区采用 21 W 节能日光灯（达到 40 W 照明）；办公区场外照亮采用低压节能碘钨灯（500 W）。办公区加分项电表，控制用电量；夜间施工照明采用节能灯（150 W），达到亮能（1 500 W）。③ 对施工机械合理规划，错峰用电，加分项电表，专控开关，人走机停；办公区采取错峰用电取暖，限时送电；采用低压节能厨房用品。④ 空调人走机停，温度控制在夏天不低于 22 °C，冬天不高于 18 °C。⑤ 厕所、洗水房采用声控开关，节约用电。

（3）节水措施

施工阶段，施工单位采用节水型器具、节水型施工技术和对生产、生活用水的收集、处理、再利用的方式，争取最大化的利用水资源，以达到节约用水目的。① 生活区用水采用节水冲水龙头。② 生活用水沉积后，用于降尘、施肥种植。③ 对施工区用水进行合理规划设计，建立雨水集水池，加压后用雨水对混凝土进行养护。④ 采用滴灌、喷散降尘，安装节水节门水管。⑤ 加装分项控制水表，分项计量，专人专控，人走水停，设置 10 个控制水表。⑥ 拟购置针对该工程现场办公区、生活区、施工现场的汗水处理设备并合理改造。待该工程二、三期开工后周转使用。

（4）节材措施

在施工阶段，施工单位重点从现场材料使用方面入手，降低消耗、合理利用废旧料。① 合理应用新技术。如钢筋直螺纹连接技术、混凝土薄膜养护、外脚手架同时兼用于结构和装修阶段。② 根据本工程 A 和 B、C 和 D 区对称的结构特点，A、C 区所用的周转材料全部重复使用在 B、D 区周转。③ 优化钢筋下料长度，减少钢筋废料及钢筋头的产生。④ A、C 区钢筋加工后散落钢渣，集中收集整理，再用于 B、D 区钢渣回填。⑤ 精确计算混凝土方量，用方量提出后，由预算进行审核，从源头控制材料使用。⑥ 充分利用公司范围内的旧木材，利用其他工程使用过的旧木方，进场后合理使用。⑦ 控制办公用品如办公用纸、计算机耗材用量等。

（5）环保措施

① 大气总悬浮颗粒物月均浓度与城市背景浓度请相关单位进行检测，实施相关措施并检测标准量。② 扬尘控制：a. 办公区、生活区和施工现场道路每天上午、下午两次洒水，制作两台专用洒水车，定时定量控制扬尘。b. 作业面外挂设密目网，清理作业面时，先洒水再清理，确保不扬尘。c. 现场裸露黄土部位，铺设密目网和防尘覆盖，并对主干道进行硬化，减少扬尘，实现目标值。③ 垃圾控制：a. 建立封闭式垃圾站，防止对气体污染。b. 生活垃圾设置分拣池，分拣出的可回收垃圾过筛分类后，能作回填的立即使用。c. 施工垃圾设置分拣池，分拣出的可回收垃圾过筛分类后，能作回填的立即使用。d. 垃圾外运采用封闭式运输车，避免产生污染。④ 噪声控制：a. 在整体四周建立四个噪声观测点，及时监测四点噪声幅度，并请相关单位协助检验。b. 木工棚、钢筋棚等产生噪声的施工区域全封闭，采取一定降噪措施，达到目标要求的分贝值。

（6）除以上所述外，本工程在创新点上也有所考虑

① 雨、污水处理回用：本工程根据自身施工场区较大、二期施工项目待建等特点，考虑雨水、生活废水、冲洗车辆水水量较大可以回收加以利用，在施工现场设置一套雨、污水回收净化处理装置，用于冲洗车辆、现场降尘喷灌等。

② 环境监测：本工程在开伊始就与环境监测单位合作进行现场检测，同时工程周边没有居住区及生产厂区，对于进行环境监测的数据准确性较高，能够真实反映出施工场区产生的噪声、扬尘、大气总悬浮颗粒物月均浓度。

3. 绿色施工带来的效益

1）经济效益

（1）通过绿色施工活动降低工程造价。直接反映的水电费、建筑用材料费、垃圾清运费等费用减少。

（2）通过绿色施工在本工程中的应用，均为企业精细化管理提供数据依据，进一步提高企业的精细化管理水平。

（3）通过绿色施工活动，大家集思广益，在施工技术、材料管理等方面想出了许多好办法，有一些可以以形成工法、论文、QC成果等，促进企业科技发展，创新增效。

2）社会效益

（1）通过绿色施工活动，将节约施工中的用电、用水等，从而达到节约资源和能源消耗，为社会发展作出贡献。

（2）通过绿色施工活动，将减少废水、废弃物的排放，努力做到减少对大气、土壤及水环境的污染。

（3）通过绿色施工活动，将大大提高所有参施人员的节能减排意识，从而转变了传统的施工观念。

模块任务

建筑工程施工中产生的大量灰尘、噪声、有毒有害气体、废物等会对环境品质造成严重的影响，也将有损于现场工作人员、使用者以及公众的健康。因此，减少环境污染，提高环境品质是绿色施工的基本原则。施工过程中，扰动建筑材料和系统所产生的灰尘，从材料、产品、施工设备或施工过程中散发出来的挥发性有机化合物或微粒均会引起室内外空气品质问题。许多挥发性有机化合物或微粒会对健康构成潜在的威胁和损害，需要特殊的安全防护。这些威胁和损伤有些是长期的，甚至是致命的。而且在建造过程中，这些空气污染物也可能渗入邻近的建筑物，并在施工结束后继续留在建筑物内。对那些需要在房屋使用者在场的情况下进行施工的改建项目更需引起重视。

实施绿色施工，尽可能减少场地干扰，提高资源和材料利用效率，增加材料的回收利用等，必须要实施科学管理，提高企业管理水平，使企业从被动地适应转变为主动地响应，使企业实施绿色施工制度化、规范化。这将充分发挥绿色施工对促进可持续发展的作用，增加绿色施工的经济效益，增加承包商采用绿色施工的积极性。实施绿色施工，可延长项目寿命，降低项目日常运行费用，有利于使用者的健康和安全，促进社会经济发展，是项目可持续发展的综合体现。

那么，你知道绿色施工总体框架包括哪些内容吗？能否对框架内容中的“四节一环保”的施工技术要点做一下描述？

10.1 绿色施工概述

10.1.1 绿色施工的基本概念

绿色施工是指工程建设中，在保证质量、安全等基本要求的前提下，通过科学管理和技术进步，最大限度地节约资源与减少对环境负面影响的施工活动，强调的是从施工到工程竣工验收全过程的节能、节地、节水、节材和环境保护（“四节一环保”）的绿色建筑核心理念。实施绿色施工，应依据因地制宜的原则，贯彻执行国家、行业和地方相关的技术经济政策。绿色施工应是可持续发展理念在工程施工中全面应用的体现，绿色施工并不仅仅是指在工程施工中实施封闭施工，没有尘土飞扬，没有噪声扰民，在工地四周栽花、种草，实施定时洒水这些内容，它涉及可持续发展的各个方面，如生态与环境保护、资源与能源利用、社会与经济的发展等。

10.1.2　绿色施工原则

绿色施工是建筑全寿命周期中的一个重要阶段。实随绿色施工，应进行总体方案优化。在规划、设计阶段，应充分考虑绿色施工的总体要求，为绿色施工提供基础条件。实施绿色施工，应对施工策划、材料采购、现场施工、工程验收等各阶段进行控制，加强对整个施工过程的管理和监督。绿色施工的基本原则如下。

1. 减少场地干扰、尊重基地环境

绿色施工要减少场地干扰。工程施工过程会严重扰乱场地环境，这点对于未开发区域的新建项目尤其严重。就工程施工而言，承包商应结合业主、设计单位对承包商使用场地提出要求，制订满足这些要求的、能尽量减少场地干扰的场地使用计划。计划中应明确以下内容。

（1）场地内哪些区域将被保护、哪些植物将被保护，并明确保护的方法。

（2）怎样在满足施工、设计和经济方面要求的前提下，尽量减少清理和扰动的区域面积，尽量减少临时设施、减少施工用管线。

（3）场地内哪些区域将被用作仓储和临时设施建设，如何合理安排承包商、分包商及各工种对施工场地的使用，减少材料和设备的搬动。

（4）各工种为了运送、安装和其他目的对场地通道的要求。

（5）废物将如何处理和消除，如有废物回填或填埋，应分析其对场地生态、环境的影响。

（6）怎样将场地与公众隔离。

2. 施工结合气候

承包商在选择施工方法、施工机械，安排施工顺序，布置施工场地时应结合气候特征。这可以减少由于气候原因而带来施工措施的增加、资源和能源用量的增加，有效地降低施工成本；可以减少因为额外措施对施工现场及环境的干扰；可以有利于施工现场环境质量品质的改善和工程质量的提高。

承包商要能做到施工结合气候，首先要了解现场所在地区的气象资料及特征，主要包括：① 降雨、降雪资料，例如，全年降雨量、降雪量、雨季起止日期、一日最大降雨量等；② 气温资料，例如，年平均气温、最高气温、最低气温及持续时间等；③ 风的资料，例如，风速、风向和风的频率等。

3. 绿色施工要求节水、节电、环保

节约资源（能源）建设项目通常要使用大量的材料、能源和水资源。减少资源的消耗、节约能源、提高效益、保护水资源是可持续发展的基本观点。施工中资源（能源）的节约主要有以下几方面内容。

（1）水资源的节约利用。通过监测水资源的使用，安装小流量的设备和器具，在可能的场所重新利用雨水或施工废水等措施来减少施工期间的用水量，降低用水费用。

（2）节约电能。通过监测利用率，安装节能灯具和设备、利用声光传感器控制照明灯具、采用节电型施工机械、合理安排施工时间，降低用电量，节约电能。

（3）减少材料的损耗。通过更仔细的采购、合理的现场保管、减少材料的搬运次数、减少包装、完善操作工艺、增加摊销材料的周转次数，降低材料在使用中的消耗，提高材料的使用效率。

（4）可回收资源的利用。可回收资源的利用是节约资源的主要手段，也是当前应加强的方向。主要体现在两个方面，一是使用可再 生的或含有可再生成分的产 品和材料，这有助于将可回收部分从废弃物中分离出来。同时减少了原始材料的使用，即减少了自然资源的消耗；二是加大资源和材料的回收，循环利用，如在施工现场建立废物回收系统。再回收或重复利用拆除建筑时得到的材料，这可减少施工中材料的消耗量或通过销售这些材料来增加企业的收入，也可降低企业运输或填埋垃圾的费用。

4. 减少环境污染，提高环境品质

绿色施工要求减少环境污染。工程施工中产生的大量灰尘、噪声、有毒有害气体物等会对环境品质造成严重的影响，也将有损于现场工作人员、使用者以及公众的健康。因此，减少环境污染，提高环境品质也是绿色施工的基本原则。提高与施工有关的室内外空气品质是该原则的最主要内容。施工过程中，扰动建筑材料和系统所产生的灰尘，从材料、产品、施工设备或施工过程中散发出来的挥发性有机化合物或微粒均会引起室内外空气品质问题。许多挥发性有机化合物或微粒会对健康构成潜在的威胁和损害，需要特殊的安全防护。这些威胁和损伤有些是长期的，甚至是致命的。而且在建造过程中，这些空气污染物也可能渗入邻近的建筑物，并在施工结束后继续留在建筑物内。对那些需要在房屋使用者在场的情况下进行施工的改建项目更需引起重视。

对于噪声的控制也是防止环境污染、提高环境品质的一个方面。当前我国已经出台了一些相应的规定对施工噪声进行控制。绿色施工也强调对施工噪声的控制，以防止施工扰民。合理安排施工时间，实施封闭式施工，采用现代化的隔离防护设备，采用低噪声、低振动的建筑机械，例如无声振捣设备等，是控制施工噪声的有效手段。

5. 实施科学管理、保证施工质量

实施绿色施工，必须要实施科学管理，提高企业管理水平，使企业从被动地适应转变为主动地响应，使企业实施绿色施工制度化、规范化。这将充分发挥绿色施工对促进可持续发展的作用，增加绿色施工的经济性效果，增加承包商采用绿色施工的积极性。企业通

过 ISO14001 认证是提高企业管理水平、实施科学管理的有效途径。实施绿色施工，应尽可能减少场地干扰，提高资源和材料利用效率，增加材料的回收利用等，但采用这些手段的前提是要确保工程质量。好的工程质量，可延长项目寿命，降低项目日常运行费用，有利于使用者的健康和安全，促进社会经济发展，本身就是可持续发展的体现。

10.1.3　绿色施工基本要求

（1）我国尚处于经济快速发展阶段，作为大量消耗资源、影响环境的建筑业，应全面实施绿色施工，承担起可持续发展的社会责任。

（2）绿色施工导则用于指导绿色施工，在建筑工程的绿色施工中应贯彻执行。

（3）绿色施工是指工程建设中，在保证质量、安全等基本要求的前提下，通过科学管理和技术进步，最大限度地节约资源与减少对环境负面影响的施工活动，实现“四节一环保”（节能、节地、节水、节材和环境保护）。

（4）绿色施工应符合国家的法律、法规及相关的标准规范，实现经济效益、社会效益和环境效益的统一。

（5）实施绿色施工，应依据因地制宜的原则，贯彻执行国家、行业和地方相关的技术经济政策。

（6）运用 ISO14000 和 ISO18000 管理体系，将绿色施工有关内容分解到管理体系目标中去，使绿色施工规范化、标准化。

（7）鼓励各地区开展绿色施工的政策与技术研究，发展绿色施工的新技术、新设备、新材料与新工艺，推行应用示范工程。

10.1.4　绿色施工总体框架

绿色施工导则中绿色施工总体框架由施工管理、环境保护、节材与材料资源利用、节水与水资源利用、节能与能源利用、节地与施工用地保护六个方面组成，如图 10.1 所示。这六个方面涵盖了绿色施工的基本指标，同时包含了施工策划、材料采购、现场施工、工程验收等各阶段的指标的子集。

组织管理	规划管理	实施管理	评价管理	人员安全与健康管理

扬尘控制	噪声振动控制	光污染控制	土壤保护	建筑垃圾控制	地下设施、文物和资源保护

节材措施	结构材料	围护材料	装饰装修材料	周转材料

提高用水效率	非传统水源利用	用水安全

节能措施	机械设备与机具	生产、生活及办公临时设施	施工用电及照明

临时用地指标	临时用地保护	施工总平面布置

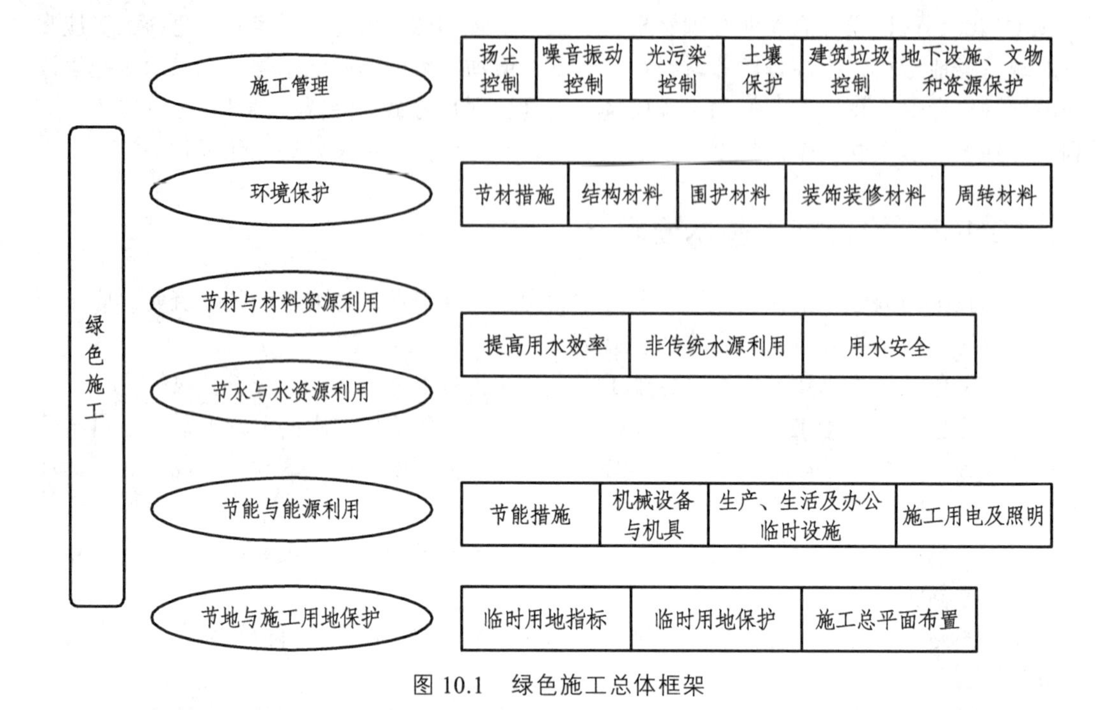

图 10.1　绿色施工总体框架

《绿色施工导则》作为绿色施工的指导性原则，共有六大块内容：① 总则；② 绿色施工原则；③ 绿色施工总体框架；④ 绿色施工要点；⑤ 发展绿色施工的新技术、新设备、新材料、新工艺；⑥ 绿色施工应用示范工程。

在这六大块内容中，总则主要是考虑设计、施工一体化问题。施工原则强调的是对整个施工过程的控制。

10.2　绿色施工技术

绿色施工技术要点包括绿色施工管理、环境保护技术要点、节材与材料资源利用技术要点、节水与水资源利用技术要点、节能与能源利用技术要点、节地与施工用地保护技术要点六方面内容，每项内容又有若干项要求。

10.2.1　绿色施工管理

绿色施工管理主要包括组织管理、规划管理、实施管理、评价管理、人员安全与健康管理五个方面。例如，组织管理要建立绿色施工管理体系，并制定相应的管理制度与目标：规划管理要编制绿色施工方案，该方案应在施工组织设计中独立成章，并按有关规定进行审批。

绿色施工应对整个施工过程实施动态管理，加强对施工策划、施工准备、材料采购、现场施工、工程验收等各阶段的管理和监督。

1. 组织管理

（1）建立绿色施工管理体系，并制定相应的管理制度与目标。

（2）项目经理为绿色施工第一责任人，负责绿色施工的组织实施及目标实现，并指定绿色施工管理人员和监督人员。

2. 规划管理

编制绿色施工方案。该方案应在施工组织设计中独立成章，并按有关规定进行审批。绿色施工方案应包括以下内容。

（1）环境保护措施。制订环境管理计划及应急救援预案，采取有效措施，降低环境负荷，保护地下设施和文物等资源。

（2）节材措施。在保证工程安全与质量的前提下，制定节材措施。如进行施工方案的节材优化、建筑垃圾减量化、尽量利用可循环材料等。

（3）节水措施。根据工程所在地的水资源状况，制定节水措施。

（4）节能措施。进行施工节能策划，确定目标，制定节能措施。

（5）节地与施工用地保护措施。制定临时用地指标、施工总平面布置规划及临时用地节地措施等。

3. 实施管理

（1）绿色施工应对整个施工过程实施动态管理，加强对施工策划、施工准备、材料采购、现场施工、工程验收等各阶段的管理和监督。

（2）应结合工程项目的特点，有针对性地对绿色施工做相应的宣传，通过宣传营造绿色施工的氛围。

（3）定期对职工进行绿色施工知识培训，增强职工绿色施工意识。

4. 评价管理

（1）对照导则的指标体系，结合工程特点，对绿色施工的效果及采用的新技术、新设备、新材料与新工艺，进行自评估。

（2）成立专家评估小组，对绿色施工方案、实施过程至项目竣工，进行综合评估。

5. 人员安全与健康管理

（1）制定施工防尘，防毒、防辐射等职业危害的措施，保障施工人员的长期职业健康。

（2）合理布置施工场地，保护生活及办公区不受施工活动的有害影响。在施工现场建立卫生急救、保健防疫制度，在安全事故和疾病疫情出现时提供及时救助。

（3）提供卫生、健康的工作与生活环境，加强对施工人员的住宿、膳食、饮用水等生活与环境卫生的管理，改善施工人员的生活条件。

10.2.2　绿色施工环境保护技术要点

绿色施工环境保护是个很重要的问题。工程施工对环境的破坏很大，大气环境污染源之一是大气中的总悬浮 颗粒，粒径小于 10 μm 的颗粒可以被人类吸入肺部，对健康十分有害。悬浮颗粒包括道路尘、土壤尘、建筑材料尘等。《绿色施工导则》（环境保护技术要点）对土方作业阶段、结构安装装饰阶段作业区目测扬尘高度明确提出了量化指标；对噪声与振动控制、光污染控制、水污染控制、土壤保护、建筑垃圾控制、地下设施、文物和资源保护等也提出了定性或定量要求。

1. 扬尘控制

（1）运送土方、垃圾、设备及建筑材料等，不污损场外道路。运输容易散落、飞扬、流漏物料的车辆，必须采取措施，严密封闭，保证车辆清洁。施工现场出口应设置洗车槽。

（2）土方作业阶段，采取洒水、覆盖等措施，达到作业区目测扬尘高度小于 1.5 m，不扩散到场区外。

（3）结构施工、安装装饰装修阶段，作业区目测扬尘高度小于 0.5 m。对易产生扬尘的堆放材料应采取覆盖措施；对粉末状材料应封闭存放；场区内可能引起扬尘的材料及建筑垃圾搬运应有降尘措施，如覆盖、洒水等；浇筑混凝土前清理灰尘和垃圾时尽量使用吸尘器，避免使用吹风器等易产生扬尘的设备；机械剔凿作业时可用局部遮挡、掩盖、水淋等防护措施；高层或多层建筑清理垃圾应搭设封闭性临时专用道或采用容器吊运。

（4）施工现场非作业区达到目测无扬尘的要求。对现场易飞扬物质采取有效措施，如洒水、地面硬化、围挡、密网覆盖、封闭等，防止扬尘产生。

（5）构筑物机械拆除前，做好扬尘控制计划。可采取清理积尘、拆除体洒水、设置隔挡等措施。

（6）构筑物爆破拆除前，做好扬尘控制计划。可采用清理积尘、淋湿地面、预湿墙体、屋面敷水袋、楼面蓄水、建筑外设高压喷雾状水系统、搭设防尘排栅和直升机投水弹等措施综合降尘。应选择风力小的天气进行爆破作业。

（7）在场界四周隔挡高度位置测得的大气总悬浮颗粒物（TSP）月平均浓度与城市背景值的差值不大于 0.08 mg/m^3。

如要求土方作业区目测扬尘高度小于 1.5 m；结构施工、安装装饰装修作业区目测扬尘高度小于 0.5 m。

2. 噪声与振动控制

（1）现场噪声排放不得超过国家标准《建筑施工场界噪声限值》（GB 12523—90）的规定。

（2）在施工场界对噪声进行实时监测与控制。监测方法执行国家标准《建筑施工场界噪声测量方法》（GB 12524—90）。

（3）使用低噪声、低振动的机具，采取隔声与隔振措施，避免或减少施工噪声和振动。

3. 光污染控制

（1）尽量避免或减少施工过程中的光污染。夜间室外照明灯加设灯罩，透光方向集中在施工范围。

（2）电焊作业采取遮挡措施，避免电焊弧光外泄。

4. 水污染控制

（1）施工现场污水排放应达到国家标准《污水综合排放标准》（GB 8978—1996）的要求。

（2）在施工现场应针对不同的污水设置相应的处理设施，如沉淀池、隔油池、化粪池等。

（3）污水排放应委托有资质的单位进行废水水质检测，提供相应的污水检测报告。

（4）保护地下水环境。采用隔水性能好的边坡支护技术。在缺水地区或地下水位持续下降的地区，基坑降水尽可能少地抽取地下水；当基坑开挖抽水量大于 500 000 m^3 时，应进行地下水回灌，并避免地下水被污染。

（5）对于化学品等有毒材料、油料的储存地，应有严格的隔水层设计，做好渗漏液收集和处理工作。

5. 土壤保护

（1）保护地表环境，防止土壤被侵蚀、流失。因施工造成的裸土，及时覆盖砂石或种植速生草种，以减少土壤被侵蚀；因施工造成容易发生地表土壤流失的情况，应采取设置地表排水系统、稳定斜坡、植被覆盖等措施，减少土壤流失。

（2）沉淀池、隔油池、化粪池等，应不发生堵塞、渗漏、溢出等现象。及时清掏各类池内沉淀物，并委托有资质的单位清运。

（3）对于有毒有害废弃物如电池、墨盒、油漆、涂料等应回收后交有资质的单位处理，不能作为建筑垃圾外运，避免污染土壤和地下水。

（4）施工后应恢复施工活动破坏的植被（一般指临时占地内）。与当地园林、环保部门或当地植物研究机构进行合作，在先前开发地区种植当地或其他合适的植物，以恢复剩余空地地貌或科学绿化，补救施工活动中人为破坏植被和地貌造成的土壤侵蚀。

6. 建筑垃圾控制

（1）制订建筑垃圾减量化计划，如住宅建筑，每 10 000 m^2 的建筑垃圾不宜超过 400 t。

（2）加强建筑垃圾的回收再利用，力争建筑垃圾的再利用和回收率达到 30%，建筑物拆除产生的废弃物的再利用和回收率大于 40%。对于碎石类、土石方类建筑垃圾，可采用地基填埋、铺路等方式提高再利用率，力争再利用率大于 50%。

（3）施工现场生活区设置封闭式垃圾容器，施工场地生活垃圾实行袋装化，及时清运。对建筑垃圾进行分类，并收集到现场封闭式垃圾站，集中运出。

7. 地下设施、文物和资源保护

（1）施工前应调查清楚地下各种设施，做好保护计划，保证施工场地周边的各类管道、管线、建筑物、构筑物的安全运行。

（2）施工过程中且发现文物，立即停止施工，保护现场并通报文物部门，协助做好工作。

（3）避让、保护施工场区及周边的古树名木。

（4）逐步开展统计分析施工项目的二氧化碳排放量，以及各种不同植被和树种的二氧化碳固定量的工作。

10.2.3 节材与材料资源利用技术要点

绿色施工要点中关于节材与材料资源利用部分是《绿色施工导则》中很重要的一条，也是《绿色施工导则》的特色之一。此条从节材措施、结构材料、围护材料、装饰装修材料到周转材料，都提出了明确要求。例如，模板与脚手架问题。受体制约束，我国工程建设中木模板的周转次数低得惊人，有的仅用一 次。绿色施工规定要优化模板及支撑体系方案。应采用工具式模板、钢制大模板和早拆支撑体系，采用定型钢模、钢框竹模、竹胶板代替木模板。

钢筋专业化加工与配送要求。钢筋加工配送可以大量消化通尺钢材（非标准长度钢筋，价格比定尺原料钢筋低 200～300 元/t），降低原料浪费。

结构材料要求推广使用预拌混凝土和预拌砂浆。准确计算采购数量、供应频率、施工速度等，在施工过程中进行动态控制。结构工程使用散装水泥。建筑工程中水泥 30%用于砌筑和抹灰。现场配制质量不稳定，浪费材料，破坏环境，出现开裂、渗漏、空鼓、脱落等一系列问题。若采用预拌砂浆后，使用散装水泥，会使工业废弃物的利用成为可能。

如果预拌砂浆在国内工程建设中全面实施，将带动我国水泥散装率提高 8～10 个百分点，并能有效地带动固体废物的综合利用，社会经济效益显著，是落实循环经济、建设节约型社会、促进节能减排的一项具体行动。

1. 节材措施

（1）图纸会审时，应审核节材与材料资源利用的相关内容，达到材料损耗率比定额损耗率降低 30%。

（2）根据施工进度、库存情况等合理安排材料的采购、进场时间和批次，减少库存。

（3）现场材料堆放应有序。保证储存环境适宜，措施得当。健全保管制度，落实责任。

（4）材料运输工具适宜，装卸方法得当，防止损坏和遗漏。根据现场平面布置情况就近卸载，避免和减少二次搬运。

（5）采取技术和管理措施提高模板、脚手架等的周转次数。

（6）优化安装工程的预留、预埋、管线路径等方案。

（7）应就地取材，施工现场 500 km 以内生产的建筑材料用量占建筑材料总重量的 70%。

2. 结构材料

（1）推广使用预拌混凝土和商品砂浆。准确计算采购数量、供应频率、施工速度等，在施工过程中进行动态控制。结构工程使用散装水泥。

（2）推广使用高强钢筋和高性能混凝土，减少资源消耗。

（3）推广钢筋专业化加工和配送。

（4）优化钢筋配料和钢构件下料方案。钢筋及钢结构制作前应对下料单及样品进行复核，无误后方可批量下料。

（5）优化钢结构制作和安装方法。大型钢结构宜采用工厂制作，现场拼装；宜采用分段吊装、整体提升、滑移、顶升等安装方法，避免因方案不合理浪费材料。

（6）采取数字化技术，对大体积混凝土、大跨度结构等专项施工方案进行优化。

3. 围护材料

（1）门窗、屋面、外墙等围护结构选用耐候性及耐久性良好的材料，施工确保密封性、防水性和保温隔热性。

（2）门窗采用密封性、保温隔热性、隔音性良好的材料。

（3）屋面材料、外墙材料应具有良好的防水性能和保温隔热性能。

（4）当屋面或墙体等部位采用基层加设保温隔热系统的方式施工时，应选择高效节能、耐久性好的保温隔热材料，以减小保温隔热层的厚度及材料用量。

（5）屋面或墙体等部位的保温隔热系统采用专用的配套材料，以加强各层次之间的黏结或连接强度，确保系统的安全性和耐久性。

（6）根据建筑物的实际特点，优选屋面或外墙的保温隔热材料系统和施工方式，例如保温板粘贴、保温板干挂、聚氨酯硬泡喷涂、保温浆料涂抹等，以保证保温隔热效果，并减少材料浪费。

（7）加强保温隔热系统与围护结构的节点处理，尽量降低热桥效应。针对建筑物的不同部位保温隔热特点，选用不同的保温隔热材料及系统，以做到经济适用。

4. 装饰装修材料

（1）贴面类材料在施工前，应进行总体排版策划，减少非整块材料的数量。

（2）采用非木质的新材料或人造板材代替木质板材。

（3）防水卷材、壁纸、油漆及各类涂料基层必须符合要求，避免起皮、脱落。各类油漆及黏结剂应随用随开启，不用时及时封闭。

（4）幕墙及各类预留、预埋应与同步。

（5）木制品及木装饰用料、玻璃等各类板村等宜在工厂采购或定制。

（6）采用自黏类片材，减少现场液态黏结剂的使用量。

5. 周转材料

（1）应选用耐用、维护与拆卸方便的周转材料和机具。

（2）优先选用制作、安装、拆除一体化的专业队伍进行模板工程施工。

（3）模板应以节约自然资源为原则，推广使用定型钢模、钢框竹模、竹胶板。

（4）施工前应对模板工程的方案进行优化。多层、高层建筑使用可重复利用的模板体系，模板支撑宜采用工具式支撑。

（5）优化高层建筑的外脚手架方案，采用整体提升、分段悬挑等方案。

（6）推广采用外墙保温板替代混凝土施工模板。

（7）现场办公和生活用房采用周转式活动房。现场围挡应最大限度地利用已有围墙，或采用装配式可重复使用围挡封闭。力争工地临房、临时围挡材料的可重复使用率达到70%以上。

10.2.4 节水与水资源利用技术要点

1. 提高用水效率

（1）施工中采用先进的节水施工工艺。

（2）施工现场喷洒路面、绿化浇灌不宜使用市政自来水，现场搅拌用水、养护用水应采取有效的节水措施，严禁无措施浇水养护混凝土。

（3）施工现场供水管网应根据用水量设计布置，管径合理、管路简捷，采取有效措施减少管网和用水器具的漏损。

（4）现场机具、设备、车辆冲洗用水必须设立循环用水装置。施工现场办公区、生活区的生活用水采用节水系统和节水器具，提高节水器具配置比率。项目临时用水应使用节水型产品，安装计量装置，采取有针对性的节水措施。

（5）施工现场建立可再利用水的收集处理系统，使水资源得到梯级循环利用。

（6）施工现场分别对生活用水与工程用水确定用水定额指标，并分别计量管理。

（7）大型工程的不同单项工程、不同标段、不同分包生活区，凡具备条件的应分别计量用水量。在签订不同标段分包合同或劳务合同时，将节水定额指标纳入合同条款，进行计量考核。

（8）对混凝土搅拌站点等用水集中的区域和工艺点进行专项计量考核。施工现场建立雨水、中水或可再利用水的收集利用系统。

2. 非传统水源利用

（1）优先采用中水搅拌、中水养护，有条件的地区和工程应收集雨水养护。

（2）处于基坑降水阶段的工地，宜优先采用地下水作为混凝土搅拌用水、养护用水、冲洗用水和部分生活用水。

（3）现场机具、设备、车辆冲洗，喷洒路面，绿化浇灌等用水，优先采用非传统水源，尽量不使用市政自来水。

（4）大型施工现场，尤其是雨量充沛地区的大型施工现场应建立雨水收集利用系统；充分收集自然降水用于施工和生活中适宜的地方。

（5）力争施工中非传统水源和循环水的再利用量大于30%。

3. 用水安全

非传统水源和现场循环再利用水的使用过程中，应制定有效的水质检测与卫生保障措施，确保避免对人体健康、工程质量以及周围环境产生不良影响。

10.2.5 节能与能源利用技术要点

1. 节能措施

（1）制定合理施工能耗指标，提高施工能源利用率。

（2）优先使用国家和行业推荐的节能、高效、环保的施工设备和机具，如选用变频技术的节能施工设备等。

（3）施工现场分别设定生产、生活、办公和施工设备的用电控制指标，定期进行计量、核算、对比分析，并有预防与纠正措施。

（4）在施工组织设计中，合理安排施工顺序、工作面，以减少作业区域的机具数量，相邻作业区充分利用共有的机具资源。安排施工工艺时，应优先考虑耗用电能少的或其他能耗较少的施工工艺。避免设备额定功率远大于使用功率或超负荷使用设备的现象。

（5）根据当地气候和自然资源条件，充分利用太阳能、地热等可再生能源。

2. 机械设备与机具

（1）建立施工机械设备管理制度，开展用电、用油计量，完善设备档案，及时做好维修保养工作，使机械设备保持低耗、高效的状态。

（2）选择功率与负载相匹配的施工机械设备，避免大功率施工机械设备低负载长时间运行。机电安装可采用节电型机械设备，如逆变式电焊机和能耗低、效率高的手持电动工具等，以利于节电。机械设备宜使用节能型油料添加剂，在可能的情况下，考虑回收利用，节约油量。

（3）合理安排工序，提高各种机械的使用率和满载率，降低各种设备的单位耗能。

3. 生产、生活及办公临时设施

（1）利用场地自然条件，合理设计生产、生活及办公临时设施的体形、朝向、间距和窗墙面积比，使其获得良好的日照、通风和采光。南方地区可根据需要在其外墙窗设遮阳设施。

（2）临时设施宜采用节能材料，墙体、屋面使用隔热热性能好的材料，减少夏天空调、冬天取暖设备的使用时间及耗能量。

（3）合理配置采暖、空调、风扇数量，规定使用时间，实行分段分时使用，节约用电。

4. 施工用电及照明

（1）临时用电优先选用节能电线和节能灯具，临电线路合理设计、布置，临电设备宜采用自动控制装置，采用声控、光控等节能照明灯具。

（2）照明设计以满足最低照度为原则，照度不应超过最低照度的 20%。

10.2.6 节地与施工用地保护技术要点

1. 临时用地指标

（1）根据施工规模及现场条件等因素合理确定临时设施，如临时加工厂、现场作业棚，以及材料堆场、办公生活设施等的占地指标。临时设施的占地面积应按用地指标所需的最低面积设计。

（2）要求平面布置合理、紧凑，在满足环境、职业健康与安全及文明施工要求的前提下，尽可能减少废弃地和死角，临时设施占地面积有效利用率大于 90%。

2. 临时用地保护

（1）应对深基坑施工方案进行优化，减少土方开挖和回填量，最大限度地减少对土地的扰动，保护周边自然生态环境。

（2）红线外临时占地应尽量使用荒地、废地，少占用农田和耕地。工程完工后，及时对红线外占地恢复原地形、地貌，使施工活动对周边环境的影响降至最低。

（3）利用和保护施工用地范围内的原有绿色植被。对于施工周期较长的现场，可按建筑永久绿化的要求，安排场地新的绿化。

3. 施工总平面布置

（1）施工总平面布置应做到科学、合理，充分利用原有建筑物、构筑物、道路、管线为施工服务。

（2）施工现场搅拌站、仓库、加工厂、作业棚、材料堆场等布置应尽量靠近已有交通线路或即将修建的正式或临时交通线路，缩短运输距离。

（3）临时办公和生活用房应采用经济、美观、占地面积小、对周边地貌环境影响较小且适合于施工平面布置动态调整的多层轻钢活动板房、钢骨架水泥活动板房等标准化装配式结构。生活区与生产区应分开布置，并设置标准的分隔设施。

（4）施工现场围墙可采用连续封闭的轻钢结构预制装配式活动围挡，减少建筑垃圾，保护土地。

（5）施工现场道路按照永久道路和临时道路相结合的原则布置。施工现场内形成环形通路，减少道路占用土地。

（6）临时设施布置应注意远近结合（本期工程与下期工程），努力减少和避免大量临时建筑拆迁和场地搬迁。

我国绿色施工尚处于起步阶段，应通过试点和示范工程总结经验，引导绿色施工健康发展。各地应根据具体情况，制定有针对性的考核指标和统计制度，制定引导施工企业实施绿色施工的激励政策，促进绿色施工的发展。

模块小结

绿色施工是指工程建设中，在保证质量、安全等基本要求的前提下，通过科学管理和技术进步，最大限度地节约资源与减少对环境负面影响的施工活动，强调的是从施工到工程竣工验收全过程的“四节一环保”的绿色建筑核心理念。

绿色施工是建筑全寿命周期中的一个重要阶段。实施绿色施工，应进行总体方案优化。在规划、设计阶段，应充分考虑绿色施工的总体要求，为绿色施工提供基础条件。

绿色施工总体框架由施工管理、环境保护、节材与材料资源利用、节水与水资源利用、节能与能源利用、节地与施工用地保护六个方面组成。

绿色施工管理主要包括组织管理、规划管理、实施管理、评价管理和人员安全与健康管理五个方面。

环境保护主要包括对噪声与振动控制、光污染控制、水污染控制、土壤保护、建筑垃圾控制、地下设施、文物和资源保护等。

绿色施工技术是以水、太阳能等自然资源为主线，使建筑物在发挥其使用功能的同时融入自然，充分利用自然界给予我们的资源，以减少对环境的污染，使人与自然和诸相处，从而体现绿色主题。

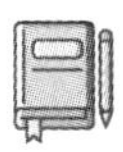

任务评价

绿色施工评分表

序号	评分项目	应得分	实得分	备　注
1	绿色施工总体框架内容	25		
2	绿色施工环境保护技术要点	20		
3	节材与材料资源利用技术要点	25		
4	节水与水资源利用技术要点	10		
5	节能与能源利用技术要点	10		
6	节地与施工用地保护技术要点	10		
7	合　计	100		

习　题

一、简答题

1. 什么是绿色建筑？绿色建筑的原则有哪些？
2. 绿色施工有哪些基本要求？
3. 绿色施工总体框架包括哪些内容？

4. 绿色施工技术要点包括哪些内容？
5. 绿色施工管理主要包括哪些内容？
6. 绿色施工环境保护有哪些要求？
7. 绿色施工节材与材料资源利用技术要点有哪些？
8. 绿色施工节水与水资源利用技术要点有哪些？
9. 绿色施工节能与能源利用技术要点有哪些？
10. 绿色施工节地与施工用地保护技术要点有哪些？